航空油品军民融合系列丛书

航空油料储运设备

赵 梁 主编

赵鹏程 孙元宝 主审

中国石化出版社

内 容 提 要

本书主要介绍航空油料储运的主要设备原理与实践知识，重点介绍常用阀门、泵、过滤分离器和飞机加油车等设备的基本结构、工作原理与常见故障原因及排除。本书共8章，分别叙述了航空油料储运设备简介、油料装卸设备、电动机、阀门、流量计、泵、过滤器和飞机加油设备。

本书适合具有一定流体力学、机械设计基础的本科生或工作人员使用，可作为航空、石油化工、动力工程等相关专业的本科生教材与生产实习或综合论文训练参考书。

图书在版编目(CIP)数据

航空油料储运设备／赵梁主编．—北京：中国石化出版社，2021.9

ISBN 978-7-5114-6381-4

Ⅰ.①航… Ⅱ.①赵… Ⅲ.①航空油料-储运-机械设备 Ⅳ.①V31

中国版本图书馆CIP数据核字(2021)第192977号

中国石化出版社出版发行

地址：北京市东城区安定门外大街58号

邮编：100011 电话：(010)57512500

发行部电话：(010)57512575

http://www.sinopec-press.com

E-mail：press@sinopec.com

北京力信诚印刷有限公司印刷

全国各地新华书店经销

*

787×1092毫米 16开本 17.5印张 430千字

2021年11月第1版 2021年11月第1次印刷

定价：60.00元

《航空油料储运设备》编委会

主　　编　赵　梁

副 主 编　汤海平　杨月新　邓志彬　詹婷雯

编 委 会　刘　翔　张　磊　罗　燕　雷志良

　　　　　黄　江　陈勇刚

主　　审　赵鹏程　孙元宝

前言 PREFACE

随着我国民航业迅速发展，航空公司和机场运营规模得到空前壮大，正在由民航大国向民航强国迈进。航空事业的快速发展，使得航空油料消耗量急剧增加，因此航空油料的安全储存与输运对航空与民航发展意义重大。作为实现安全储运的基本工具，如泵、阀门、过滤器、加油车等，掌握这些航空油料储运设备的基本结构、工作原理、故障排除等，对于每一位基层工作人员和管理人员都尤为关键。

本书以民航为大背景，同时也适合油气储运、化学工程、石油工程等相近能源工程，由浅入深地介绍了油料储运关键设备的结构、原理、维护和故障排除等内容。实践证明，对于一名一线工作人员或管理者，只懂理论而不能解决实际问题，是无法胜任工作的；但只懂技术而不能准确分析设备性能和故障机制，同样不能灵活处理工作中的各种异常情况。本书最大的特点是强调理论联系实际。试图摆脱不懂技术的“纸上谈兵”或只懂技术的“泛泛而谈”的人才培养模式，既是本书的目标，也是本书面临的主要挑战。

行业发展的根本在于人才教育。以“新工科”国家工程专业发展及“军民融合”发展战略为契机，本书立足安全工程与储运工程学科交叉，以满足新时代航空油料储运发展对综合型人才培养的需求。当前，我国航空航天与军事装备的研发取得了巨大突破，国产化水平显著提升，但航空油料储运核心设备的研发能力尚且薄弱，很多高参数、高精度设备与仪器仪表仍然强烈依赖进口，这就需要我们几代人继续坚定决心、负重前行，为我国走向基础工程装备的研发强国贡献每个人的力量！

考虑到专业必修课程《输油管道设计与管理》《油库设计与管理》和《机场供油工程》与本教材的相重合内容，本教材未涉及油罐、管道和其他附属设备。此外，考虑到流量计在航空油料计量中的关键地位，此类设备种类繁多，原理相对复杂，虽在《安全监测技术》《航空油料储运仪器仪表》等相关课程均有简单涉及，本书仍然编入该内容，并作了必要扩展，确保真正满足学生及相关技术人员的学习和参考需求。

本书共8章，其中，第1章由邓志彬编写，第2章和第8章由杨月新编写，第3章(3.2~3.7节)和第6章由汤海平编写，第3章(3.1、3.8节)、第4章和第7章由赵梁编写，第5章由詹婷雯编写，图片由赵梁、杨月新绘制和整理，全书由赵梁统稿。本书由中国人民解放军空军勤务学院赵鹏程教授和孙元宝教授主审。

本书编写过程中得到了中国民用航空局、中国航空油料集团有限公司、解放军陆军勤务学院、空军勤务学院和西南石油大学等有关专家学者的大力支持和帮助，在此向所有提供支持和帮助的单位及个人表示由衷感谢！

限于编者的水平有限，书中难免有疏漏之处，敬请读者不吝赐教，以便不断完善本书内容，对此表示衷心感谢。

编　者

2021年10月

中国民用航空飞行学院

目录 CONTENTS

第1章　绪论

航空燃料是飞机的血液，航空油料供应系统是航空业正常运行的重要组成部分和必需环节。目前，国内的航空业，不论民用航空还是军事与通用航空，都正处于飞速发展的大好时机，航空油料供应的正常、安全运行是我国航空经济腾飞的重要保障。航空油料储运设备是航空血液系统的基础组成部分，设备的稳定运行是整个航空系统的正常运行的关键和基础。对于航空油料储运设备而言，其工作介质是航空油料，工作条件是航空油料储运过程，而其主体则是各类储运设备，本书主要介绍关键设备的基本结构、工作原理与常见的故障及其排除方法。

1.1　航空油料储运设备概述

航空油料是指专门用于航空系统的各种油品，一般说来，航空油料包括航空燃油、润滑油、润滑脂和特种液。各种成品油虽然来源于石油，但物理化学性质具有一定的差异。对于航空油料储运和使用过程而言，所针对的航空油料种类不同，往往对油料储运设备也有不同的要求。

在航空油料作业过程中，不同流体(油、水、蒸汽等)需要流经各种管道、设备和仪表，通常需要将流体从低处输送到高处，或从低压处输送的高压处，沿管道输送到更远的地方，这就需要应用流体机械为流体提供能够克服流动阻力的能量，达到油品沿通道输送或通过设备的目的。因此，作为航空油料流动动力的来源，各类流体动力机械是航空油料储运设备中最重要的组成部分。除此之外，在航空油料的储运和使用过程中，还需要各种各样的设备用于完成航空油料基本作业。例如：在油料系统的不同节点中常需要进行油料的接收与发送，需要鹤管、栈桥、发油台等装卸设备和装备进行作业；为了满足航空油料系统的流量调控、数量统计和在线监测等不同的工艺要求，需要安装配置计量设备和高精传感器的管路系统进行配合；为了消除航空油料中的各类杂质，保障油品的质量要求，需要多种规格的过滤器与分离器；为了使航空油料能快速方便地加注到飞机中，需要各类机场供油设备。

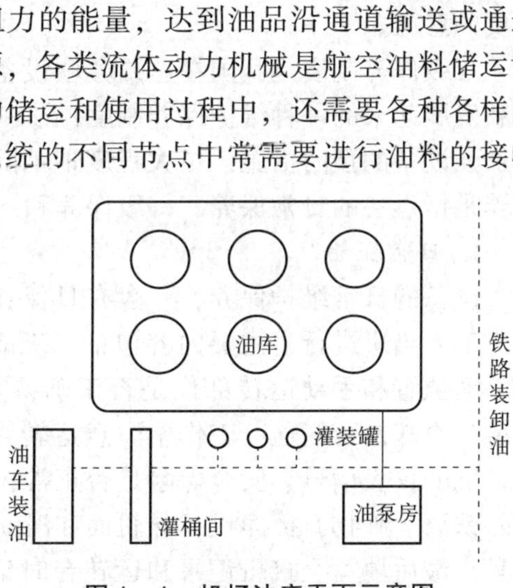

图1－1　机场油库平面示意图

航空油料储运系统处于油气储运的下游端，图1－1是一般机场油库的组成部分示意图，主要包括油库、成品油管道、机坪管网等。对于机场油库而言，其主要的储运设备是储罐。航空油料储罐最大的特点是具有锥形底部，以便于水分和杂质的沉降。通过各种途径，比如火车、油轮等输送来成品油，然后通过泵房或泵棚把油输送到油库中，并储存在储罐内。油车灌装和桶装油品将油品分批次输送，飞机加油有两种主要方式，一般运输机场通过机坪管网将油输送到机场地面，由管线加油车完成燃油加注；另一种主要常见于小型机场和通用机场，由罐式加油车直接给飞机加油。

1.2　航空油料储运设备分类

根据上述油库的工艺流程，简要介绍了一些常见设备的用途和位置，进一步可以对上述航空油料储运设备进行简单的分类：

①根据生产过程，可分为集输设备、长输设备、炼化设备、销售与应用设备；

②根据运行工况，可分为动设备和静设备。其中动设备包括泵、压缩机、电动机等；静设备包括分离器、过滤器、储罐、流量计、阀门等；

③根据工作介质，可分为单相流设备和多相流设备。其中，单相流设备包括泵、储罐等；多相流设备包括分离器、过滤器、流量计等。

1.3　航空油料储运设备的保养制度

航空油料储运设备工作的环境复杂，输送介质性质多样，各种因素都可能对设备的稳定运行造成影响，而航空油料储运设备的稳定运行直接关系到航空油料系统的安全。通过学习故障排除方法，可以显著降低由于人员技能和检修技术这两项导致的故障，而通过建立严格的制度并养成良好的设备维护的习惯，可以减小润滑问题、设备老化问题、安装缺陷和仪器仪表故障问题等。可见，设备原理及维护的学习对减小事故发生的概率有着非常重要的意义。

三级保养制度是我国在总结苏联设备维护保养措施基础上，结合我国工业特点逐步完善和发展起来的一种维护保养制度，该制度强调设备维修管理的重心由维修向保养的偏移，即加强设备的预防措施，更大程度地消除或减少发生故障后再维修的被动局面。所谓三级保养是指设备的日常保养、一级保养和二级保养。

1. 日常保养

设备的日常维护保养，一般有日保养和周保养，又称日例保和周例保。日例保由设备操作工人当班进行，主要内容包括：班前检查交接班记录，擦拭设备，检查润滑系统，检查手柄位置和手动运转部位是否正确，安全装置是否可靠，低速运转检查传动是否正常，润滑、冷却是否畅通；工作中注意运转声音，设备的温度、压力、液位、电气、液压、气压系统的仪表信号、安全保险是否正常；班后检查开关是否关闭，所有手柄是否放到零位，清除铁屑、脏物，擦净设备导轨面和滑动面上的油污，并加油，清扫工作场地，整理附件、工具，最后填写交接班记录和运转台时记录，办理交接班手续。周例保由设备操作工人在每周末进行，保养时间为：一般设备 2h，精、大、稀有设备 4h。主要内容包括：擦净设备导轨、各传动部位及外露部分，清扫工作场地，达到内外洁净无死角、无锈蚀，周围环境整洁；检查各部位的技术状况，紧固松动部位，调整配合间隙，检查互锁、保险装置，达到传动声音正常、安全可靠；清洗油线、防尘毡、滤油器，油箱添加油或换油，检查液压系统，达到油质清洁，油路畅通，无渗漏，无损伤；擦拭电动机，检查绝缘、接地，达到完整、清洁、可靠。

2. 一级保养

一级保养所用时间为4～8h，一级保养完成后应做记录并注明尚未清除的缺陷，车间机械员组织验收。一级保养的范围应是企业全部在用设备，对重点设备应严格执行。一级保养的主要目的是减少设备磨损，消除隐患、延长设备使用寿命，为完成到下次一级保养期间的生产任务在设备方面提供保障。

3. 二级保养

实施三级保养的意义：实行“三级保养制”，必须使操作工人对设备做到“三好四会”“四项要求”，并遵守“五项纪律”。所谓“三好四会”，即管好设备、用好设备、修好设备，以及会使用、会保养、会检查、会排除故障。三级保养制突出了维护保养在设备管理与计划检修工作中的地位，把对操作工人“三好四会”的要求更加具体化，提高了操作工人维护设备的知识和技能。

1.4 航空油料储运设备的发展趋势

对于不同设备，由于用途和使用环境及技术复杂程度的不同，都有各自的发展趋势，以下简单介绍几个主要设备的发展趋势。

1. 泵的发展趋势

随着技术的不断进步，泵产品向智能化方向发展，体现在能够对压力、流量、温度和振动等关键参数进行监测，能够对泵的轴、轴承和密封的状况进行评估，能够对故障的原因进行自诊断等。未来，泵行业的技术发展将集中体现在设计电子调节系统、改善驱动装置和寻求新的材料等方面。同时，提高效率、节约能源一直是重要的追求目标。未来发展趋势包括：

①向机、电、仪一体化的方向发展：机、电、仪一体化的方向发展能够使泵产品更加高效、节能，使用维护更加方便，提高可靠性，延长寿命，小到家用泵，大到电力、石化工业泵，都将朝这一方向发展。

②向大型化和高速化的方向发展：特别是电站、石化和水利工程等，装备朝着大型化、规模化的方向发展，泵作为其配套产品必然要满足发展需求。

③向多品种和多用途方向发展：为满足不同工况和用途的需求，泵产品势必向扩大品种规格、拓展性能范围方向发展。目前国内泵产品在规格、品种和用途广泛性方面还有待于进一步提高。

④理论与设计方法的科学化，加强泵的基础理论研究：注重交叉学科、边缘学科、新兴学科的相互渗透。理论研究的重点是：泵内部流动的测量、数值模拟及性能预测，一元黏性流动的数值计算，多相流动的理论与应用，泵的优化设计及设计的多样化等。

⑤CAD、CAM、CIMS 技术的发展与推广：通过利用先进的计算机辅助设计(CAD)和计算机辅助制造(CAM)技术，不仅保证了产品的设计质量，更重要的是缩短了设计周期，大大提高了产品设计能力，实现了设计方案的最优化，确保了产品的可靠性。

⑥无密封泵技术：无密封泵主要包括磁力驱动泵和屏蔽泵，无密封泵的需求量将呈持续增长的强劲势头。自 20 世纪 80 年代中期以来人类环保与节能意识的日益增强，越来越多的泵制造厂认识到了在其产品系列中需要增添无密封泵的重要性。

⑦模块化和个性化：模块化泵技术是泵业技术发展的一个重要趋势，建立模块化泵系列，只需要少数几个零件就可以构成整个泵系列，扩展泵工作范围，可以降低生产成本，减少零部件和备件的库存，大大提高工作效率和成本。个性化的发展则要求产品逐渐朝多品种、小批量的方向发展，满足工程与实践的各种特殊与极端条件的应用。

⑧新材料的应用：近年来，各种新材料的开发和应用是推动泵技术发展的一个重要因素。泵的零部件采用了各种各样的新材料，所带来的好处主要是延长了泵在腐蚀性介质中的使用寿命和可靠性，并扩展了泵的使用范围。同时，涂覆技术和材料的表面处理技术在改善泵的流动特性、耐腐蚀性和耐磨性方面变得日益重要，具有广阔的应用前景。

2. *流量计的发展趋势*

流量计是工业测量中最重要的仪表之一。随着工业的发展，对流量测量的准确度和范围要求越来越高。全球流量计的主要生产商包括阿西布朗勃法瑞(ABB)、艾默生(Emerson)和恩德斯豪斯(Endress&Hauser)等，这三个品牌占据全球约一半的市场。

预计到 2030 年，世界石油、天然气和电力的基础设施将需要大批更换，可以预见，未来流量计的发展空间在石油天然气和能源行业板块等领域非常可观。为了应对全球节能减排的诉求和激烈的市场竞争，流量计产品更加关注精度、效率和节能，以提高市场竞争力。提升产品自动化水平和现场数据的采集和实时监控，是传感器和现场设备(包括流量计)的发展主流。

传统的机械式流量计，如差压式流量计、容积式流量计和变面积式流量计，已经处于普及化阶段，市场相对成熟的背后是价格竞争激烈和利润空间的日益减少，导致技术革新较少。于是，实现产品的差异化和定制化生产成为流量计生产商获得竞争力的重要突破口。例如，在航空油料储运的特殊环境中，需要坚固耐用的品质要求和必备的防爆认证，用户开始对直管设计的科里奥利质量流量计产生兴趣。

数字电子技术在流量计发展中起到举足轻重的作用，从机械式流量计到电子技术流量计的革新是流量计最重要的发展趋势之一。数字信号处理(DSP)和微处理器，实现流量计自诊断功能，并能够与生产控制层面进行通信。这一点，对于电磁流量计、超声波流量计和涡街流量计这些利用电气原理工作的流量计尤其重要。自诊断功能被引入流量计中，不仅仅是简单的测量工具性能提升，更多的是为了系统维护的目的。此外，电子流量计中结合先进的通信技术，使得控制人员能够远程实时获取生产现场的流量数据和历史数据，解放劳动力。

随着各行业的自动化水平不断提高，用户希望从流量测量中获取除了流量数据以外更多的信息，如诊断信息和状态检测等，这些数据传送就依赖于现场总线支持。目前，西门子和艾默生等厂商正在着力推行现场总线协议的流量测量技术，相信这必将推动现场总线协议流量计在各个行业的应用。

此外，无线技术流量计也正在不断进入市场，对无线技术来说，其巨大优势体现在恶劣环境中的流体测量。不过，用户完全接受并普及无线技术流量计还需要一定的时间。

3. 阀门的发展趋势

阀门的国产化进程将是中国国产化进程的一个缩影。中国阀门产业链众多，但实力相对薄弱。从阀门生产总量，我国可列入世界强国，但从产品质量来看与国外产品尚有一定差距。我国阀门生产集中度低端、高端产品相配套的阀门研发能力弱、阀门行业制造技术水平低等现象仍然存在，阀门行业进出口贸易逆差还在不断扩大。

阀门行业作为制造业的一个重要环节，在国民经济发展中起到非常重要的作用。目前高参数、高温高压、高磅级的关键阀门强烈依赖进口。为了力促阀门国产化，根据国家作出的重大装备国产化的要求，如今阀门国产化在国内阀门行业已形成共识。未来的发展需要积极采用国际标准进行产品设计，吸收国外优秀的结构设计与优化，产品试验、性能检验严格按国际标准进行，吸收国外先进生产工艺经验重视新材料的研究及推广应用，厘清进口的高参数阀门产品的技术参数和工况条件等，推进阀门产品不断更新。

4. 加油车的发展趋势

作为航空油料保障的末端，经过多年的发展和技术变革，飞机加油车已经有了较大的改变，目前应用的飞机加油车一般结构比较合理，具有较高的安全性和较强的功能性。根据国内外机场的装备情况和相关厂家的信息看，其未来的主要发展趋势有：

①动力来源更加环保。目前飞机加油车一般选用欧IV底盘，上装采用液压传动、气压传动。未来一段时间内，飞机加油车的驱动动力将有很大的可能替换为电力，基本无排放，越来越环保。

②设计越来越安全、美观、人性化。随着相关技术的发展，飞机加油车的功能性正在不断得到加强。例如，在加油过程中，戴德曼手柄需要不断被激活，防止人在加油过程中离开；具备各联锁点保护防止损坏飞机和加油接头等；设置紧急情况声光报警；整车防爆性能更好。

③种类更多，适用范围更广。随着油料品种和保障机型的丰富，将来飞机加油车的种类会更多，以便能够完全满足各个型号的飞机、各种类型的机场、各种不同环境的地区等多样化的保障需求。

思考题

1－1. 原油和石油是同一个概念吗？是否有区别，区别是什么？

1－2. 泵与压缩机的区别是什么？

1－3. 航空油料储运设备的分类包括什么？

1－4. 设备的三级保养制度的具体内容有哪些？

1－5. 了解下列设备国内外的工业品牌，调研下列设备的国产化水平：

(1)航空油泵；(2)流量计；(3)航空过滤器

第 2 章　油品装卸设备

航空油料的运输方式主要有管道运输、铁路运输、公路运输、水路运输和油桶运输。油料通过运输后进入库区，油库设置的进行油料装卸作业的场所称为装卸油作业区。根据油品运输方式的不同，装卸油作业区布置有不同的设备与设施。航空油料除管道运输以外，其余运输方式都需要配备专门的装卸油设备。本章主要介绍航空油料装卸过程中使用的平台、鹤管及管道等相关设施设备，以及装卸设备发生的气阻现象和相应的消除方法。

2.1　装卸油平台

2.1.1　栈桥

栈桥是形状像“桥”的建筑物，是为铁路装卸油作业所设置的专业操作台，如图 2 – 1 所示。由于铁路油罐车具备一定的高度和长度，因此栈桥也具备又高又长的特点。为方便收发油作业，鹤管、扫槽胶管、阀门等部分装卸油设备都建在栈桥上。由栈桥到罐车之间设有可活动的吊梯，以方便操作人员由此上到油罐车进行操作。

图2 – 1　铁路栈桥

为保证铁路油罐车的正常通行，栈桥上的任何部分都不能伸到规定的铁路界限中去。如果有些部件(如鹤管、吊梯等)必须伸入到界限以内时，该部件要做成旋转式的，在不装卸油时，应位于铁路界限之外。

对于航空油料装卸，栈桥的布置形式主要有单侧操作和双侧操作两种，如图 2 – 2 所示。栈桥的设置形式主要与铁路作业线形式、油库的占地面积、油库周转量和机场吞吐量等因素有关。油库作业线根据具体条件一般有单股和双股两种布置形式，分别对应栈桥的单侧操作和双侧操作模式。在一次卸车量相同的情况下，单侧卸油栈桥较双侧卸油栈桥长，且占地多，但可使铁路减少一副道岔，机车调车次数减少一次。一般说来，为大中型机场供油的油库一般设双侧操作栈桥，单侧操作栈桥主要适合为小型运输机场或通用机场供油的油库。

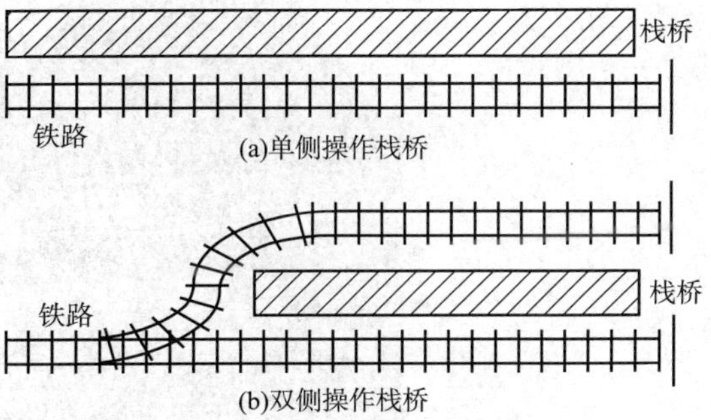

图2-2　栈桥布置形式

栈桥可采用钢结构或钢筋混凝土结构，栈桥的台面高度一般在铁路轨顶以上3.4～3.6m。对于卸车台长度，两端鹤位距栈台端头的距离，宜为3m；同侧同种物料鹤管间距应按罐车长度确定。对于卸车台宽度，采用上卸方式时，双侧卸车台宽度应为2～3m，单侧宽度不宜小于1.5m；采用下卸方式时，卸车台宽度宜为1.5～2m。

栈桥立柱间距应尽量与鹤管间距一致，一般为6m或12m。栈桥上应设有安全栏以防止人员摔落。栈桥两端和中间一般每隔60～80m设上下栈桥用的斜梯。装卸栈台上，每隔20m左右应设清扫用软管接头。

单侧栈桥的长度可以按照下式计算：

$$L = nl - l/2 \tag{2-1}$$

式中，L为卸油栈桥的长度，m；n为每列油罐车的辆数；l为每辆油罐车车钩距离的平均值，m。双侧栈桥的长度可以按照下式计算：

$$L = (n-1)l/2 \tag{2-2}$$

航空油料铁路装卸线的中心线与装卸栈桥边缘的距离，自轨面算起3m及以下时不应小于2m，3m以上时不应小于1.85m。在无栈桥一侧其中心线与其他建筑物或构筑物的距离，露天场所不应小于3.5m，非露天场所不应小于2.44m。道路边缘至铁路线路中心线的距离，不得小于3.75m。

按照MH 5008《民用运输机场供油工程设计规范》的要求，铁路装卸油站专用线的车位数应按远期规划目标年航空油料供油量和运输条件进行规划，可按近期目标年的车位数设计建设。由于供油工程近期、远期目标年航空油料供应量差异较大，铁路的车位数按远期规划并预留好发展空间，可按近期设计建设。

2.1.2　装卸站台与码头

1. 装卸站台

装卸站台是针对公路装卸油的平台，如图2-3所示。为了便于航空油料收发，油库中一般均修建汽车油罐车装卸站台，在站台上设置鹤管、流量表和过滤器等设备。站台高度应便于人员登车操作，在站台上一般加盖防雨棚，用以改善操作人员的工作条件。装卸站台的设置要充分考虑场地条件、自动化程度、装载油品的种类、车辆大小等多种因素。装卸站台与其他建筑物之间应符合防火安全距离的要求，并采取必要的防雷和防静电措施。

图2-3　装卸站台

装卸站台有通过式、倒车式、旁通式、圆盘式、云桥式等多种形式，其中最常见的为通过式及倒车式。通过式装卸站台的运油车位于操作室两边，其配置可使汽车油罐车直接通过鹤管灌装，这种装卸站台因无须调车，故汽车停顿时间短、占地面积少，但同一时间装车的数量少，所以当装车频繁或油品种类较多的时候受到一定的限制。倒车式装卸站台的运油车位于操作室同一侧，可同时灌装多辆汽车油罐车和多种油品，但停靠车时间长，占用的场地大。图2-3的装卸站台即属于倒车式装卸站台。

若向单个汽车油罐车装油时，一般由单独的汽车油罐车装油鹤管来进行。对于小型机场油库，由于装车任务少，所以采用单个鹤管装油较多。

汽车罐车油品装卸鹤管与铁路类似，但由于上部装卸油的危险性较高，蒸发损耗较大，现在基本不再使用。而是改为下部装卸，此时不再需要鹤管，采用底部快速接头的形式开展装卸作业。此外，航空加油站往往采用下部装油的形式为罐式加油车灌油，此时的装油设施按照习惯一般称为灌油台或灌油岛。

2. 装卸码头

装卸码头是针对航空油料水路装卸油的平台，如图2-4所示。油品装卸码头主要有顺岸式固定码头、栈桥式固定码头和栈桥式浮动码头三种类型。顺岸式固定码头一般适合于陡峭的海岸地形，其修建比较容易，遭到局部破坏时修复比较快，但停靠的船只少。栈桥式固定码头，停靠的船只多，但修建困难，受潮汐影响大，破坏后修复慢。栈桥式浮动码头，修建容易，停靠船只多，能随水位的涨落而升降，不受潮汐等影响。

图2-4　装卸码头

按照 MH 5008《民用运输机场供油工程设计规范》的要求，码头装卸油站的吨位应按水域条件、停靠油轮船型以及近、远期规划目标年的吞吐量确定。码头装卸油站由于受水域条件的限制，可按近远期综合考虑，并做好预留发展。

码头是为油船提供装卸作业的专用场所，应按照 JTS 165《海港总体设计规范》、JTS 166《河港总体设计规范》和 JTS 158《油气化工码头设计防火规范》进行设计，宜于建造装卸码头的港湾必须满足下列条件：

①地质条件：装卸码头的建造必须有较好的地质条件，否则会产生过大的位移或沉降，影响正常使用。一般岩石、砂土及较硬的黏土等选作装卸码头的地基较为合适。

②防波条件：码头尽可能不受波浪的冲击，最好设在河湾或海湾。如果没有这种条件，就要尽可能采用透空式结构的码头，以减少波浪的反射影响，也可设置专用的防波堤和围栅保护装卸码头。

③足够的水域：装卸码头应有足够的水域面积，以便设置适当数量的码头以及供调度油船、拖船使用。

④足够的深度：装卸作业时应有足够的深度，以便能在直接靠近海岸、河岸的地方设置码头，使停靠的最大油船进出安全。

⑤避免泥沙淤积：在油港内应尽量避免淤积泥沙，否则需要经常进行疏浚工程，这样既影响油船的停靠装卸，降低码头使用率，又增加疏浚维护经费。

⑥控制间距：装卸码头应与其他货运码头、客运码头及桥梁等建筑离开一定距离，并尽可能设置在它的下游，以免发生火灾时危及这些建筑的安全。

⑦规模形式：应根据装卸油的作业量大小、油品的品种、船只的吨位、一次停靠的最大吨位、同时停靠的最多船只数及自然条件、防火间距等综合考虑。

⑧设置趸船：在水位经常变化，起伏(如潮汐影响)明显地区的油料装卸港口码头，应设置可随水位升降的浮动码头，即趸船。趸船有钢质和水泥两种，钢质趸船的抗冲击能力较强，船体不易破损，宜于安装大型的设施设备，而水泥趸船具有造价低、不易腐蚀的优势。

2.1.3 灌油台

灌油台是针对油桶灌装的专用平台，如图 2－5 所示。桶装航空油料主要包括航空燃油、航空润滑油、航空润滑脂和航空特种液等，也称整装航空油料，是目前小型运输机场和通用机场仍然保留的一种常见的油料供应形式。油桶是储存航空油料的小型容器，通常使用的油桶有三种，即 200L 圆桶、30L 扁桶和 19L 方听。

图2－5 灌油台

200L 圆桶是最常见的通用机场供油方式。在圆桶顶上有 500mm 和 9mm 的大小口各一个，大小口上都装有螺丝塞盖。大口用于灌装或倒出油品，小口用于进出空气，有些油桶只设大口而无小口。专门装润滑脂用的200L桶，桶顶全开口，装有大盖。

30L扁桶体积小，质量坚固，适用于向交通不便的机场油库运送油品。

19L方听主要用于航空润滑油等附属油品的储存和短途运输。

除以上3种容积外，还有150L、100L、90L、75L、56L、20L、10L、5L、3L等不同容积的油桶，但使用较少。

灌桶设施设备主要由灌装储罐、灌装泵房、灌桶间、计量室、空桶堆放场、重桶库房(棚)、装卸车站台、灌油栓、叉车、吊车和必要的辅助生产设备等组成。作业方式分为人工操作和自动灌装两种，灌油方式主要有泵直接灌桶和高位罐自流两种形式。

泵直接灌桶时，油泵一般采用离心泵，其结构与原理类似于油库内的输油泵。泵入口设过滤器，出口设止回阀，并设回油管线至油罐，必要时可增设减压阀。泵的流量应根据灌装的桶(位)数和灌装速度确定。泵的扬程应根据装油总管和装油支管的操作压力降确定。一般情况下，装油总管的压力为0.3MPa，装油支管的压力为0.1MPa左右。当采用高位罐自流的灌桶形式时，对于高位罐的容量，一、二级石油库不大于日灌装量的1/2；三、四级油库不大于1天的灌装量。

灌油管道的大小应根据泵的排量和灌油操作压力确定。目前装油支管、灌油栓多选用DN40的管道。轻质油的灌油栓应采用有色金属材质，装油主管和支管应接地。开启油桶的小盖必须使用特制的有色金属扳手。

按照GB 50074《石油库设计规范》要求，油桶灌装所需的空桶堆放场地、重桶库房(棚)、收发桶场地等应合理分区布局，避免油桶搬运作业交叉和往返，以利于操作，互不干扰。空、重桶的堆放，应满足灌装作业及油桶收发作业的要求。空桶的堆放量宜为1天的灌装量，重桶的堆放量宜为3天的灌装量。空桶宜卧式堆码，码层宜为3层，且不得超过6层；重桶应立式堆码：机械堆码时，航空汽油不得超过2层，航空煤油不得超过3层；人工堆码时，各类液体均不得超过2层。

油桶的灌装作业一般在灌桶间内进行。灌桶间(棚)的位置应考虑交通运输方便等条件，一般可布置在公路两旁并靠近货物装卸站台，以便于汽车运输或由铁路转运。为了能自流灌桶，灌桶间一般宜设在较低之处，并靠近中继罐。灌桶间的布置通常是空桶从一个方向进，从另一方向出。灌油总管横穿灌桶间的中央，下面装设灌油栓。不同油品的灌油管分布在不同的区域并相互连通，平时用阀门相隔并加盲板，各段灌油栓分灌不同油品。如遇业务变化需要，打开中间的分段阀门，各段灌油栓可改灌其他油品，这样可增加灌油栓使用的灵活性。每个灌油栓都与几种油品的灌油总管接通，这种布置可节省灌桶间面积和减少灌油栓数目。

2.2 鹤管

2.2.1 鹤管用途与分类

鹤管是铁路罐车、公路罐车和油轮装卸油料的专用设备，又称液体装卸臂，主要由旋转接头、内臂、外臂、垂管、三维接头、平衡器、控制系统等部件组成，如图 2－6 所示。对于不同牌号的车用汽油和柴油等轻质油品的鹤管可以混用，但对于航空燃油装卸油鹤管，必须专管专用。

图2－6 鹤管

根据鹤管的使用场所，分为陆用鹤管与船用鹤管两大类，陆用鹤管又分为火车用鹤管和汽车用鹤管。根据装卸位置，分为上部装卸和下部装卸两大类。根据使用场所和对象油料的不同，鹤管又具有不同的特点。

【例题 2－1】

图 2－6 中的鹤管是用于铁路装卸油、水路装卸油还是公路装卸油？

答：铁路装卸油的鹤管数量较多，位于铁路栈桥上；水路装卸油的鹤管数量一般为 2～4 根，位于码头附近；公路装卸油的鹤管一般数量较少，位于装卸站台上。图中鹤管明显具有数量多的特点，且位于铁路栈桥上，因此为铁路装卸油鹤管。

对于铁路装卸油，由于常用设备很多，这里主要介绍航空油料装卸使用的鹤管。装卸作业时一般都是通过人工操作或液压传动，使鹤管伸入罐车内或使卸油臂接口与油罐车下卸接口相连。因此，为了减轻劳动强度和启动时间，且要满足工艺需要，要求鹤管具有操作灵活、密封性好、可靠耐用、有效工作半径大等特点。按照原理和用途，目前国内常用的铁路鹤管主要有以下几种形式。

1. 固定式万向鹤管

固定式万向鹤管又称万向式鹤管，在其立管上装有旋转接头，能使鹤管在水平方向旋转，如图 2－7 所示。横管固定在可以旋转的活动杠杆上，并利用橡胶软管与立管相连，当横管上下起落时，短管即可插入或从车内取出，进而开始或停止装卸油作业。为了减轻劳动强度，在活动杠杆的另一端有平衡重锤。横管和短管是靠特制的法兰连接的，当松动法兰的螺栓后，短管则可保持自然铅垂。短管一般用铝管制成，不仅重量轻，同时当它与油罐车碰撞时也可避免产生火

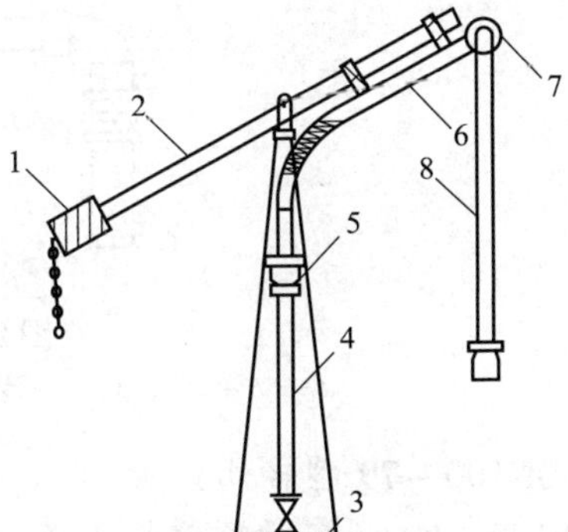

图 2－7 固定式万向鹤管

1—平衡重锤；2—活动杠杆；3—集油管；4—立管；5—旋转接头；6—横管；7—法兰；8—短管

花。这种鹤管的优点是结构简单，重量较轻，操作方便，转动灵活，减轻了劳动强度，减少了装卸油的辅助作业时间。

2. 自重力矩平衡鹤管

自重力矩平衡鹤管属于人工操作的装卸油设备，它采用压缩弹簧平衡器与鹤管自重力矩平衡，如图 2 - 8 所示。这种鹤管配有回转器，能旋转 360°，故能给栈桥两旁铁路专用线上的油罐车装卸油品。此外，还配有使鹤管上下运动的升降器、对准油罐车位的水平活节和垂直活节及调节对位距离的小臂。经准确计算，平衡力矩与鹤管自重力矩在各个角度及部位均能达到平衡，因此这种鹤管能上下自如，操作轻便灵活。

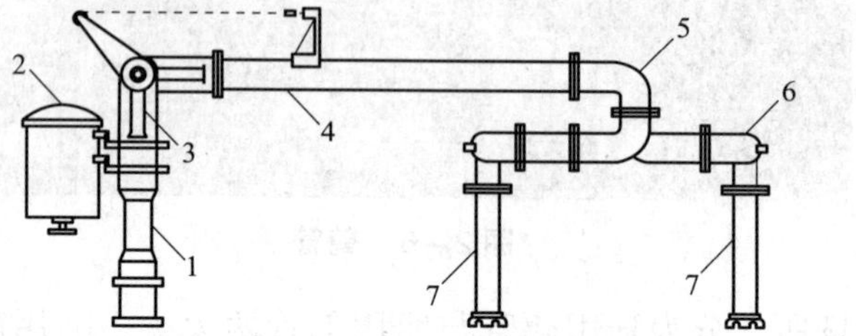

图 2 - 8　自重力矩平衡鹤管

1—回转器；2—平衡器；3—升降器；4—水平管；5—水平活结；6—垂直活结；7—小臂直管

3. DN100 - I 型轻油鹤管

由于各种不同类型的轻油鹤管，在不同程度上存在着密封不严、旋转不灵活、操作不方便等缺点，为此研发了新型 DN100 - I 型轻油鹤管，其属于位移配重式轻油鹤管，如图 2 - 9所示。利用加长管可调整半径管的活动半径，通过各转动接头的相互配合可使吸油管自由进出油罐车，利用杠杆平衡原理可使半径管和吸油管上下移动。通过操作位移配重和 3 个转动接头配合，鹤管能旋转 360°进行双面作业，仅需一人即可在栈桥上操作。因此这种鹤管适合栈桥两面作业，具有对位灵活方便的优点。

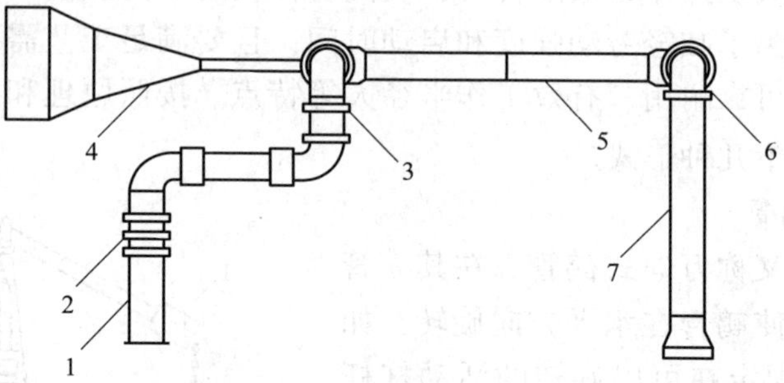

图 2 - 9　DN100 - Ⅰ 型鹤管

1—立管；2，3，6—转动接头；4—位移配重；5—半径管；7—吸油管

4. DN100 - 79 型轻油鹤管

DN100 - 79 型轻油鹤管属于重锤平衡式铁路油罐车轻油装卸鹤管，如图 2 - 10 所示。这种鹤管的最大工作范围为 8m，水平转动范围为 360°。它适用于两股铁路作业线中心距为 6. 5m 的栈桥平台上，装卸各种轻油用。

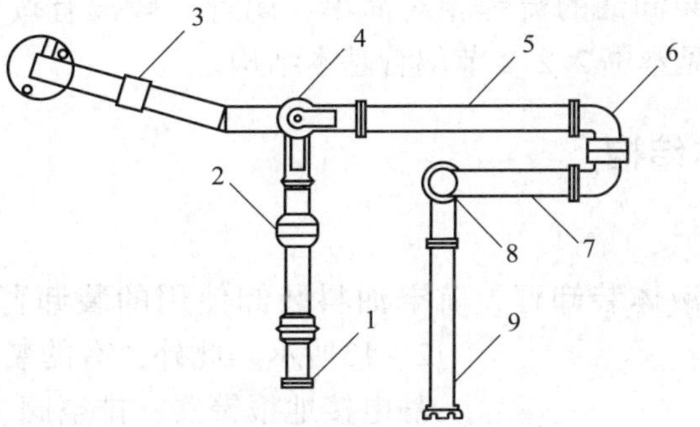

图2-10 DN100-79型鹤管

1—立管；2—旋转接头；3—重锤平衡器；4—"S"形摆动接头；5—长横臂管；6—水平回转活结；7—短横臂管；8—竖向回转活结；9—吸油管

5. 气动鹤管

气动鹤管的起落以压缩空气为动力，如图2-11所示。当需要提起鹤管时，首先向气缸内通入压缩空气，气缸里的活塞在压缩空气的推动下移动，并使与活塞杆铰接的活动臂围绕旋转轴转动从而带动鹤管使其升起。装卸油品时，放走气缸里的空气，鹤管在自身重力的作用下垂入油罐车。鹤管的前后位置靠延伸滚轮在活动臂上的滚动来调节，活动臂还可以和气缸一起围绕着支点作水平方向的旋转。这种鹤管操作方便，劳动强度小，适用于收发频繁而且收发量大的油库。

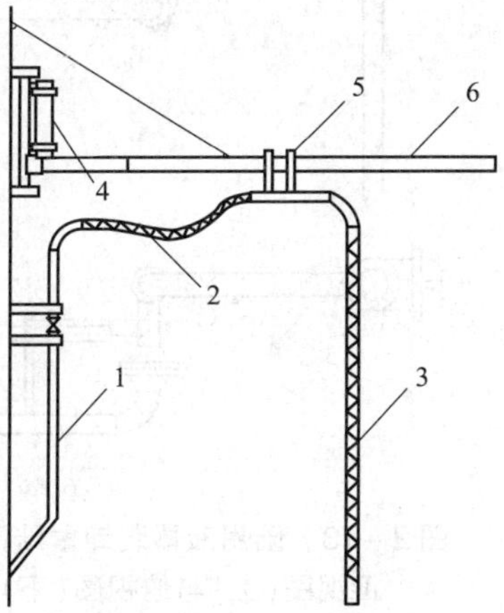

图2-11 气动鹤管

1—立管；2—软管；3—吸油管；4—气缸；5—延伸滚轮；6—活动臂

6. 卸油臂

卸油臂也称下卸鹤管，用于黏油罐车下部装卸油，如图2-12所示。卸油臂的一端带旋转接头，与集油管两侧的固定支撑短管相连；另一端带卡口快速接头，与油罐车下卸器的排油阀相连。这类鹤管操作灵活方便，收缩和伸长位置调节幅度可达4m，有效工作半径范围大，便于油罐车对位和编组。但航空油料的装卸基本不采用此类型的鹤管。

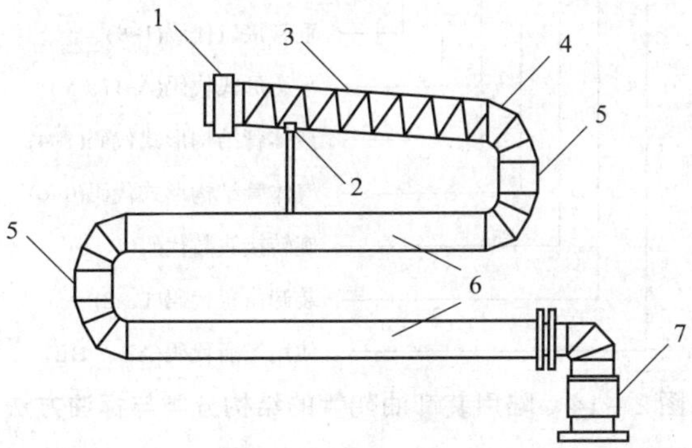

图2-12 卸油臂

1—卡口快速接头；2—托架；3—耐油胶管；4—胶管接头；5、7—旋转接头；6—钢管

公路装卸油和水路装卸油的流程相对简单，鹤管一般没有按照原理和用途进行分类，只是结构上略有不同，见本书2.2.2节鹤管基本结构。

2.2.2　鹤管基本结构

1. 陆用鹤管

陆用鹤管又称陆用液体装卸臂，航空油料装卸使用的装卸臂的主要组成与结构如图2－13所示。此外，有的装卸臂还配有导静电系统、静电接地报警器、排空阀、内臂锁紧、紧急脱离系统、快速连接器、液位报警系统和潜液泵等附件。

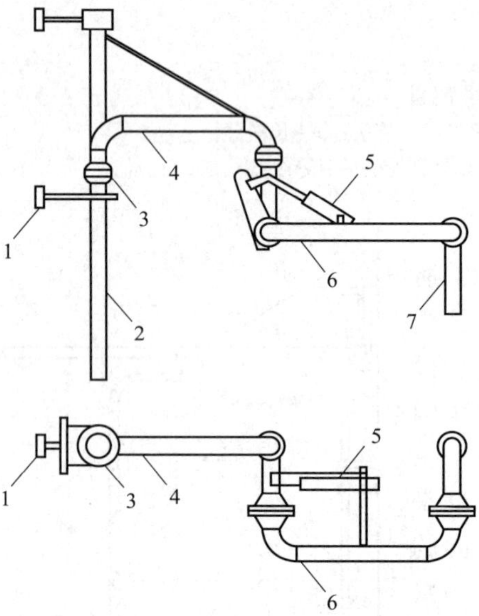

图2－13　陆用液体装卸臂结构图，正视图(上)与俯视图(下)

1—支架；2—立柱；3—旋转接头；4—内臂；5—平衡器；6—外臂；7—垂管

鹤管各主要组成部分的功能如下：

①支架：起辅助支撑作用，承受装卸臂展开时的翻转力矩，部分鹤管不设此部件。

②立柱：起支撑作用，并承受装卸臂展开时的翻转力矩。

③旋转接头：由转动件及密封件等组成，主要用于连接液体装卸臂的不同组件作相对旋转并能承受荷载的部件。

④内臂：用于连接输送管道，并与外臂连接的部件。

⑤平衡器：用于平衡外臂转动力矩的部件。

⑥外臂：可在水平面和垂直面的范围内转动，主要用于装卸臂同槽车调整对接工作位置的部件。

⑦垂管：能与槽车连接或插入槽罐口的管件。

陆用装卸油鹤管的主要结构分类以及标注方法如图2－14所示。

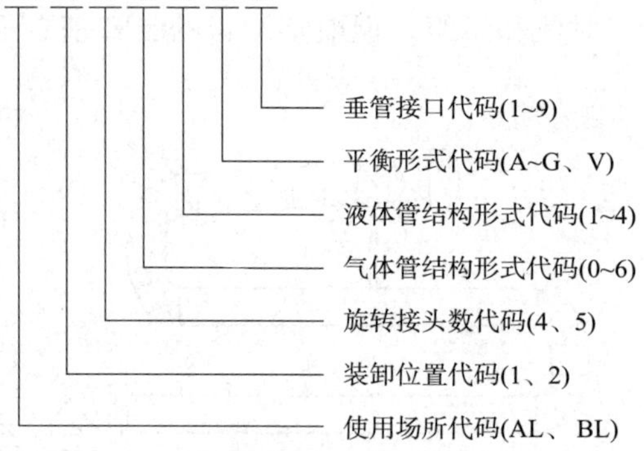

图2－14　陆用装卸油鹤管的结构分类与标注方法

第1位：使用场所代码，A、B表示装卸火车槽车或汽车槽车的液体装卸臂。

第2位：使用场所代码，L表示陆用。

第 3 位：装卸位置代码，1 表示顶部装卸；2 表示底部装卸。

第 4 位：旋转接头数代码，4、5 分别表示 4、5 个旋转接头。

第 5 位：气体管结构形式代码，0 表示无气体管，1 表示上接式，2 表示下接式，3 表示上翻式，4 表示下翻式，5 表示转角，6 表示直接。

第 6 位：液体管结构形式代码，1 表示上接式，2 表示下接式，3 表示上翻式，4 表示下翻式。

第 7 位：平衡形式代码，如图 2－15 所示。A 表示配重式，B 表示弹簧缸式，C 表示气缸式，D 表示配重气缸式，E 表示配重锁紧杆式，F 表示弹簧缸锁紧杆式，G 表示弹簧缸气缸式，V 表示任意，即用户没有特殊要求，制造厂根据液体装卸臂的结构和使用条件需要选用一种形式。

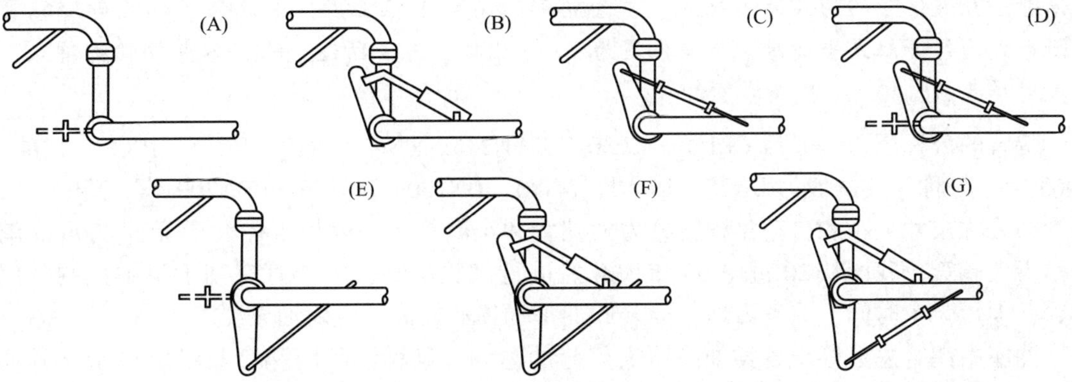

图 2－15　平衡形式与代码

(A)配重式；(B)弹簧缸式；(C)气缸式；(D)配重气缸式；(E)配重锁紧杆式；(F)弹簧缸锁紧杆式；(G)弹簧缸气缸式

第 8 位：垂管接口代码，如图 2－16 所示。1 表示 90°平出口，2 表示 45°斜出口，3 表示分帽流出口，4 表示法兰连接出口，5 表示 90°转角法兰连接出口，6 表示有回气管双法兰连接出口，7 表示有回气管密闭短垂管出口，8 表示有回气管密闭伸缩管出口，9 表示敞口伸缩管出口。

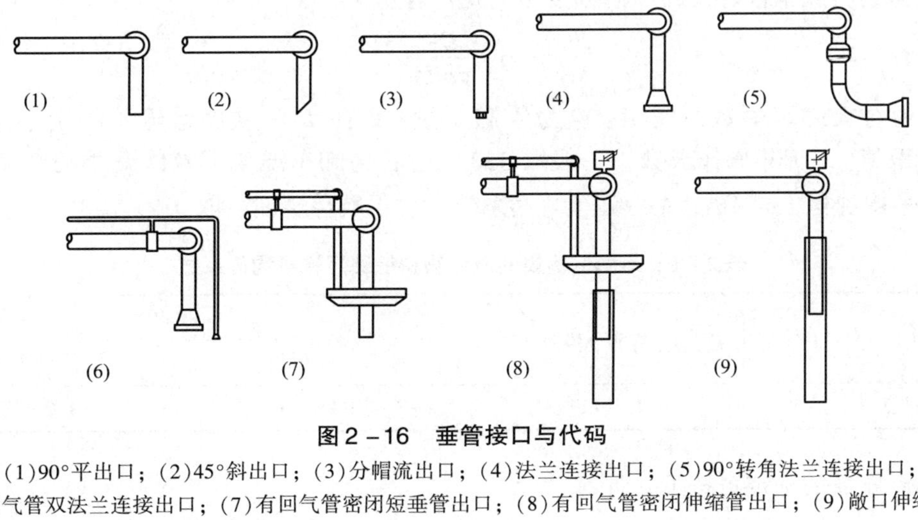

图 2－16　垂管接口与代码

(1)90°平出口；(2)45°斜出口；(3)分帽流出口；(4)法兰连接出口；(5)90°转角法兰连接出口；(6)有回气管双法兰连接出口；(7)有回气管密闭短垂管出口；(8)有回气管密闭伸缩管出口；(9)敞口伸缩管出口

【例题 2-2】

某航空燃油装卸臂的标志为 AL1502F1，分析其功能结构。

答：依次分析各代码位置的意义，各字母与符号的意义分别是：AL(1、2 位)表示装卸火车槽车的陆用鹤管，1(第 3 位)表示顶部装卸，5(第 4 位)表示有 5 个旋转接头，0(第 5 位)表示无气体管，2(第 6 位)表示液体管为下接式，F(第 7 位)表示平衡形式为弹簧缸锁紧杆式，1(第 8 位)表示 90°平出口。

【例题 2-3】

图 2-13 表示的是哪种液体装卸臂？

答：从左向右依次观察，该装卸臂为陆用鹤管，有 4 个旋转接头。该装卸臂显然只有液体管，且液体管的形式为下接式。垂管的形式为自下往上吸，因此为顶部装卸。鹤管的平衡形式为弹簧缸式平衡器，出口位置为 90°平出口。综上所述，根据各部件结构特点，该装卸臂属于 AL1402B1 型液体装卸臂。

鹤管的公称压力一般为 CL150、CL300 或 PN2.5、PN6、PN10、PN16、PN25、PN40 和 PN63 等，公称尺寸一般为 DN25、DN50、DN80、DN100、DN150 和 DN200 等。其中，按照鹤管的公称尺寸大小和自动化程度分为大鹤管和小鹤管，一般将口径大于等于 200mm 鹤管的称为大鹤管，我国从 20 世纪 60 年代开始进行试验研制，大鹤管有利于集中控制，用人较少，缩短装车时间，节省占地，但装卸油平均损耗较高，且对油泵要求更高。

油库中鹤管总数等于各类油品所需鹤管的总和。某种油品的鹤管数量取决于该种油品一次到库的最大油罐车数，使到库油罐车能一次对位实施装卸。在确定每种油品所需的鹤管数时，应当考虑装卸油的形式。对单股作业道，某种油品的鹤管数等于该种油品一次到库的最大油库车数。对双股作业道，布置在两股作业道中间的鹤管可以两股作业道共同使用，因此鹤管数可以减少一半，即等于该种油品一次到库最大油罐车数的一半。

对于铁路卸车设施中鹤管数量的确定，SH/T 3107《石油化工液体物料铁路装卸车设施设计规范》按照装卸油站年装卸油需求，给出了铁路卸车设施中鹤管数量的推荐计算方法。其中，液体物料卸车台每天卸车辆数按照下式计算：

$$n = \frac{GK}{\tau\rho VA} \tag{2-3}$$

式中，n 为每天卸车辆数，辆/d；G 为年卸车量，t/a；K 为铁路运输不均衡系数，按表 2-1进行取值；τ 为年操作天数，一般取 350d/a；ρ 为卸车温度下液体介质的密度，t/m³；V 为罐车平均容积，m³/辆；A 为罐车装满系数，对于航空燃油，取 0.9。

表 2-1 不同运输量的液体物料铁路运输不均衡系数

运输量/(t/a)	$\leqslant 50\times10^4$	$>50\times10^4$	
		卸车	装车
K	1.5~2.0	1.2~1.6	1.2~1.3

卸车台座数的确定可按下式计算：

$$N=\frac{n}{mn_1} \tag{2-4}$$

式中，N 为卸车台座数，座；m 为每天卸车批数，批/d；n_1 对于小鹤管，指机车在本线路上的牵引定数，辆/批，单侧装车台为每批罐车的辆数的一半，双侧装车台为每批罐车的辆数；对于大鹤管，指大鹤管配属的罐车牵引设备牵引定数，辆/批，单侧装车台为牵引设备所能牵引的罐车辆数，双侧装车台为牵引设备所能牵引的罐车辆数二倍。

计算所得的 N 值应按下列原则圆整：

①当 N 值的小数部分大于0.25且小于等于0.5时，小数部分宜取0.5；

②当 N 值的小数部分大于0.75时，小数部分宜取1.0。

鹤位数确定按照下式计算：

$$n_2=\frac{n}{m} \tag{2-5}$$

式中，n_2 为鹤位数，个。

液体物料卸车鹤位不应少于2个。鹤管布置宜采用双侧卸车台，每侧的鹤管数宜为半列车的辆数；每个车位最多设两种不同物料的鹤管，同种物料的鹤管宜布置在同侧。

此外，根据铁路油罐车的长度不同鹤管的间距不同，罐车计算长度宜取12m，特殊情况可按实际车长计算。每座装车台的日作业批数不应大于4批。液体物料罐车宜根据铁路线路的机车牵引定数组列进厂，每天卸车不应大于5批，亦可间断定期进厂。每批车的净装卸车时间应为2～3h，如为上部卸油，航空煤油系统可搭配自吸泵；航空汽油系统宜搭配潜油泵卸车方式。

对于汽车罐车油品装卸鹤管数量的确定，HG/T 21608《液体装卸臂工程技术要求》给出了推荐的计算方法。首先对每天液体装卸臂每小时灌装能力进行计算，按照下式计算：

$$F=900\pi D^2 V \tag{2-6}$$

式中，F 为每台液体装卸臂每小时的灌装能力，m^3/h；900即3600/4，分别为计算时间与体积中涉及的常数；D 为液体装卸臂内径，m；V 为控制装车流速，m/s，油品流速一般不大于4.5m/s。

装卸臂数量的计算：

$$N=\frac{GK}{\tau\rho Ft} \tag{2-7}$$

式中，N 为装卸所需液体装卸臂的台数，台；G 为年装卸航空油料量，m^3/a；t 为汽车槽车日作业时间，一般为8～12h/d；K 为运输不均衡系数，宜取1.4；τ 为年操作时间，一般取330d/a；ρ 为装卸车时液体介质的密度，kg/m^3。

汽车液体装卸臂除设置必要的流量计量外，汽车液体装卸臂宜设有超装报警信号或联锁信号。采用敞开插入式液体装卸臂进行灌装时，在灌装完毕、提升液体装卸臂前，应打开真空短路装置的阀门，防止垂管带出液体。汽车装卸区内，装卸腐蚀性的酸、碱等液体介质的停车车位，地面应进行防腐蚀处理。装卸可燃液体介质时，装卸车场应采用不产生火花的混凝土地面。

向汽车油罐车上装油品时，应采用能插到油罐车底部的上部灌油鹤管。这样，既可减少油品的蒸发损耗，又可减少静电积聚。当罐车无下卸器时用上卸鹤管亦可卸油。用上部卸油鹤管卸油时，应尽量采用自吸式离心泵卸油，这样可以使卸油操作简单、方便。为了防止上部装油时溢油事故的发生，可以在鹤管上安装防溢阀。

对于航空油料的汽车装卸，由于使用上部装卸油容易产生静电，危险性较大，一般采用密闭管道系统，并从罐车底部进行装卸，因此鹤管使用较少。

2. 船用鹤管

航空油料水路装卸时，5000 吨级以下船舶可根据作业量等条件采用软管装卸作业，而国内外大型航空油料油库广泛采用船用鹤管，其功能与铁路装卸的鹤管类似。船用鹤管又称船用液体装卸臂，或称油品装卸导管，是油船在装卸油过程中与码头管路相连接的导管。船用鹤管的规格和数量应根据船型、装卸量、设备额定能力、船舶接管口的数量和口径等因素综合确定。船用鹤管应能适应油船的浮动和深度的变化，它可以克服橡胶软管普遍存在的装卸效率低、寿命短、易泄漏和劳动强度大等缺点。

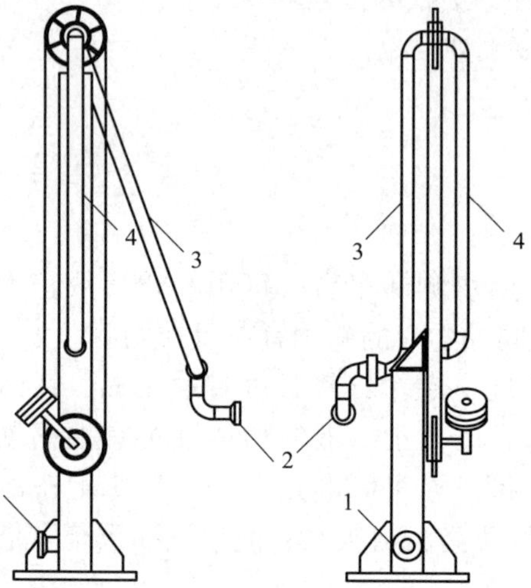

图 2－17　船用液体装卸臂结构图，侧视图(左)与正视图(右)

1—出口法兰；2—进口法兰；3—外臂；4—内臂

船用液体装卸臂的结构组成与陆用相似，主要有立柱、旋转接头、内臂、外臂、平衡器和垂管等部件，如图 2－17 所示。最大的区别在于船用液体装卸臂广泛使用三维接头进行连接，三维接头是由三个旋转接头、管件及快速接头组成的部件，安装在船用装卸臂外臂头部，设计为自平衡式，用于装卸臂与槽船的连接。

当油船停靠码头进行装卸时，装卸臂液压系统开始动作，驱动内、外臂迅速达到需要的位置。当快速接管器与油船上集油管法兰连接妥善后，即可将液压系统断开，使装卸臂随船自由运动。装卸臂可用来装油，也可用来卸油或接卸压舱水。

船用装卸臂的公称压力一般为 CL150、CL300 或 PN6、PN10、PN16、PN25、PN40 和 PN63 等，由于油船的载油量远远超过油罐车，因此装卸臂的公称尺寸一般较陆用的口径大，为 DN100、DN150、DN200、DN250、DN300、DN350、DN400 和 DN500 等。图 2－18 表示了船用液体装卸臂的种类和标注方法。

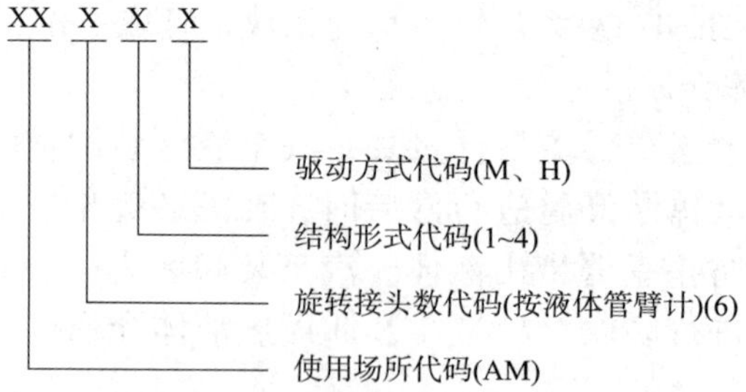

图 2－18　船用液体装卸臂的种类和标注方法

第 1 位：使用场所代码，A 表示液体装卸臂适用于内河或海岸码头上的装卸槽船。

第 2 位：使用场所代码，M 表示船用。

第 3 位：旋转接头数代码，6 表示 6 个旋转接头。

第 4 位：结构形式代码，1 表示自支承双配重单管船用液体装卸臂，2 表示混支承单配重单管船用液体装卸臂，3 表示独立支承单配重单管船用液体装卸臂，4 表示独立支承单配重双管船用液体装卸臂。

第 5 位：驱动方式代码，M 表示手动，H 表示液压传动。

【例题 2 –4】

某航空煤油的水路装卸臂的标注代码为 AM63M，分析其功能结构。

答：依次分析各代码位置的意义，各字母与符号的意义分别是：AM 表示船用液体装卸臂，6 表示 6 个旋转接头，3 表示独立支承单配重单管船用液体装卸臂，M 表示驱动方式为手动驱动。

船用液体装卸臂台数的确定，应符合码头停靠最大船舶装船吨位和装船时间限制的要求，应与设计船型的装卸能力相适应。液体装卸臂公称尺寸的确定，应符合液体介质流速的规定。按照 HG/T 21608《液体装卸臂工程技术要求》的要求，液体装卸臂在码头上应合理布置，液体装卸臂立柱中心线至码头前沿的距离、液体装卸臂间距及装卸臂规格等可按表 2 –2选用。

表 2 –2　码头液体装卸臂选用与布置间距

泊位吨级 DWT/t	装卸臂口径 DN/mm	装卸臂立柱中心与码头前沿距离/m	装卸臂数量/台	装卸臂间距/m	装卸臂驱动方式
1000 ~ 3000	100 ~ 150	2.5 ~ 3.0	1	2.5	手动
5000	150 ~ 200	2.5 ~ 3.0	1	2.5	手动或液动
10000	200 ~ 250	3.0 ~ 4.0	1 ~ 2	2.5 ~ 3.5	液动
20000	200 ~ 250	3.0 ~ 4.0	1 ~ 2	3.0 ~ 3.5	液动
30000	250	3.0 ~ 4.0	1 ~ 2	3.0 ~ 4.0	液动
50000	300	4.0 ~ 5.5	2	3.0 ~ 4.0	液动
80000	300	4.0 ~ 5.5	2 ~ 3	3.5 ~ 4.0	液动
100000	300 ~ 400	5.0 ~ 6.5	3 ~ 4	3.5 ~ 4.0	液动
120000	300 ~ 400	5.0 ~ 6.5	3 ~ 4	3.5 ~ 4.0	液动
150000	350 ~ 400	6.0 ~ 7.0	3 ~ 4	3.5 ~ 4.0	液动
250000	400	6.0 ~ 7.0	4	3.5 ~ 4.0	液动
≥30000	400 ~ 500	6.0 ~ 7.0	4	4.5 ~ 5.0	液动

船用液体装卸臂应安装超限报警装置。码头上液体装卸臂系统应与装船泵房之间有可靠的通信联络或设置启停联锁装置。码头装卸油宜采用船泵输送工艺，对无卸船泵的船舶应在码头上设置卸船泵，并设置泄压装置。

鹤管的工作包络线范围是指能包容槽船罐口所能达到的全部位置空间体积的范围。河岸码头布置液体装卸臂时，应根据河流枯水水位、洪水水位、槽船漂移范围等因素，确定液体装卸臂的包络范围。海岸码头布置液体装卸臂时，应根据海岸涨、退潮水位、槽船漂移范围等因素，确定液体装卸臂的包络范围。

此外，液体装卸臂回收复位后，液体装卸臂最外缘至码头前沿的最小净距不应小于1m。船用液体装卸臂在码头上布置时，可单体布置或成组布置。当有多台船用液体装卸臂同组布置时，其中一台可单独操作或组合操作，按组合方式确定液体装卸臂复合包络范围。船用液体装卸臂多台同组布置时，两台之间最外缘突出部位之间的净距不应小于600mm。装卸槽船时，槽船漂移的安全距离达到包络半径的允许极限时，应立即开启紧急脱离系统。

2.2.3 鹤管使用

1. 操作前的准备工作

装卸人员进入操作现场之前，必须保证：

①所有操作人员应明确了解装卸油安全操作规程。

②清理工作场所的所有障碍物(如电缆、工具、软管等)，以免造成人身伤害或设备损坏。

③现场的所有人员应穿戴个人劳保用品，如防护手套、防护眼镜、安全帽、安全鞋及防护服等。并携带必需的作业用具，如对讲机、防爆手电、铅封钳、化验及计量设备等。

④禁止携带火种、移动电话、照相机、非防爆设备等可能引起静电或火花的物品进入航空油料装卸现场，以防引起火灾或爆炸。

2. 操作过程中的注意事项

①每次装卸操作前先检查各系统是否正常。

②操作过程中，外臂上、下角度不得超过包络线图中规定的极限角度。

③在整个操作过程中，应避免摇晃，以免造成设备损坏。

④禁止倚靠在装卸臂上或踩踏装卸臂进行登高作业等。

⑤装车臂在非工作状态时，应保持在固定位置，以免产生不应有的移动而造成人员伤害或设备损坏。

⑥装卸臂的接口未与罐车接好时，不允许将工艺管线的阀门打开。

⑦对危险品装卸过程中如有出现泄漏，应立刻停止装卸作业。

3. 操作步骤

①打开内臂锁紧和外臂锁紧，牵引垂管，展开内、外臂，使垂管正对罐车罐口。

②提住垂管把手，使垂管伸进罐车内合适位置；如有密封帽，需将密封帽压紧在罐车罐口上，并锁上外臂锁紧。

③装卸作业开始时，密切关注装卸臂工艺管线的工作情况，观察油品是否出现跑、冒、滴、漏等现象，预防意外现象的出现，若有异常情况应立即停泵。

④装卸完成后，打开真空断流阀和外臂锁紧装置，缓慢提起垂管，尽量排尽管线内的剩余航空油料。

⑤收回内、外臂，锁上内臂锁紧或外臂锁紧，关闭真空断流阀，使鹤管和装卸油系统

处于正常待机状态，并做好相关的作业记录。

2.2.4 维修维护与故障排除

1. 维修维护

在进行检查和维修前之前，必须确保鹤管已经回收到位，鹤管处于非工作状态，鹤管的管线已经排空。为保证设备能够处于良好的运行状态，应定期进行不同级别的检修。根据不同时间，主要包括的鹤管维修维护内容有：

(1)每日检查：

每次装卸车过程中，检查鹤管各部件是否工作正常，有无异响。

每次装卸车过程中，检查各旋转接头是否泄漏，如果有泄漏及时更换主密封圈。

鹤管投入运行的前两次装车后，应检查和重新紧固所有螺栓。

检查鹤管表面的腐蚀情况，MH/T 6002《民用航空油料设备完好技术规范》规定，鹤管刷漆部位漆层脱落每块面积应不超过400mm^2，脱漆面积之和应不超过总面积的10%。锈蚀点应不超过10个，锈蚀余厚应不小于3mm。

每次装卸车过程中，检查鹤管有无异响。

(2)每月检查：

检查鹤管所有旋转接头。

检查连接法兰螺栓是否有松动，旋转接头滚珠塞是否有松动。如有松动，应及时紧固。

检查紧固件是否有松动。如有松动，应及时紧固。

检查鹤管内液体流动是否正常，有无堵塞现象。

(3)每半年检查：

检查所有部件是否有损坏或存在安全隐患。

检查鹤管升降是否方便，转动是否灵活。

检查螺栓、螺母是否有松动。

检查各部件是否有裂纹或弯曲变形。

检查油漆是否有严重脱落或缺损。

检查导静电系统的导电性是否符合要求。

检查弹簧缸是否疲劳。

2. 故障排除

装卸油鹤管常见故障与处理方法见表2-3。液压系统是鹤管最易发生故障之一，最主要的故障原因是液压油受到污染，因此要做好液压系统的密封，选用符合规范的液压油型号，定期检查过滤系统，及时处理污染物，防止污染物进入泵等其他设备。鹤管的检修周期，中修一般为3~6个月，大修一般为6~12个月。

鹤管的检修内容主要包括：中修项目包括打磨或更换污损或氧化的触点；检查并及时紧固所有松动的螺丝等基础检查。大修项目除包括上述中修项目外，还包括检查主密封圈渗漏情况，及时更换主密封圈；检查鹤管活动部件润滑情况，打开外臂平衡弹簧缸塑料盖并下压外臂，使弹簧压缩，这时在缸体内加注钙基或锂基润滑脂；对旋转接头进行一次换润滑脂等检查。

表 2-3 装卸油鹤管常见故障与处理方法

故障	故障原因	排除方法
液压系统故障	1. 液压油污染 2. 液压油型号不符合要求 3. 密封不良	1. 去除杂物，更换新液压油 2. 及时更换液压油 3. 修复磨损部件，更换密封部件
旋转接头渗漏	1. 密封圈老化、磨损 2. 密封口出现破坏 3. 螺栓紧固件松动	1. 更换密封圈 2. 研磨修复，当研磨后不能保证其配合尺寸和精度时应更换 3. 拧紧螺栓紧固件
装卸臂旋转不灵活	1. 润滑不够 2. 生锈或有杂物 3. 平衡器未调好	1. 加满润滑油 2. 除锈、除杂，或更新部件 3. 重新调节平衡器
内臂自动转动	内臂立轴不垂直	调节立柱与内臂连接件，使内臂的立轴垂直

2.3 装卸管道

2.3.1 集油管

航空油料装卸油系统主要由输油系统和真空系统组成，如图 2-19 所示。其中，输油系统是工艺流程的主要部分，用来开展航空燃油的收发，它由装卸油鹤管、集油管、输油管和输油泵等组成。真空系统只用于上部卸油系统，用来为鹤管抽真空引油和抽油罐车底油，它由扫槽胶管、抽底油管、真空管、真空罐和真空泵等设备组成。这两大系统主要是由装卸管道、阀门、油泵等设备组成，其中装卸管道起到关键的连接作用。

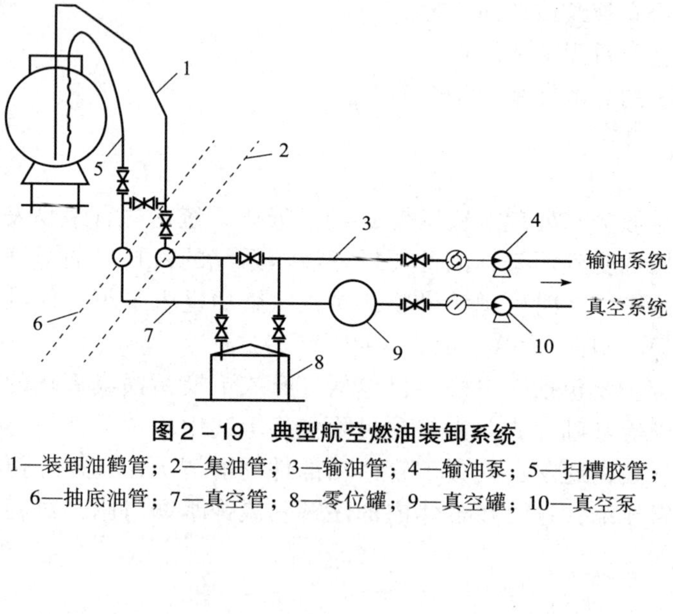

图 2-19 典型航空燃油装卸系统

1—装卸油鹤管；2—集油管；3—输油管；4—输油泵；5—扫槽胶管；
6—抽底油管；7—真空管；8—零位罐；9—真空罐；10—真空泵

集油管是将各个鹤管的来油汇集起来的管线，其位置位于图 2－19 的 2 部分。不同油料有各自的集油管与该油料的鹤管相连接，如图 2－20 所示。集油管的平面布置，一般是与铁路作业线相平行。对单股作业线，集油管布置在泵房一侧，对双股作业线，集油管应布置在两股作业线中间。此时鹤管供两条作业线共用，泵的吸入管需要穿过铁路，施工较麻烦。

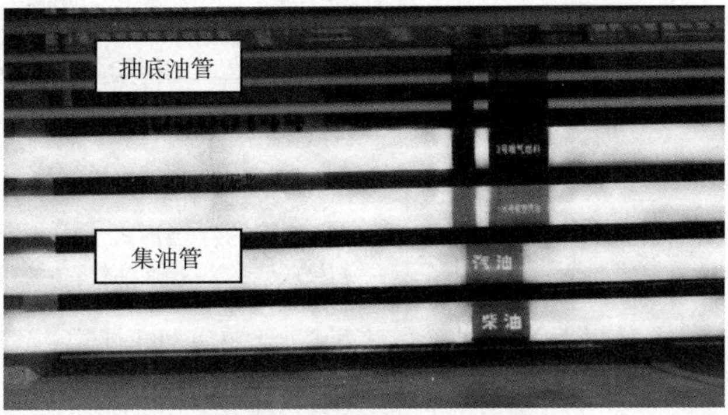

图 2－20 集油管与抽底油管

用泵卸油时，集油管与泵吸入管相接，油料经泵吸入管直接进泵。自流卸油时，集油管与卸油管相接，油料进入零位油罐后再用泵输送到储油区。航空油料的装卸油大多数采用前者的形式进行。集油管的直径一般比泵的吸入口径大一些，减少吸入阻力。例如泵的吸入口径为 150mm 时，集油管直径为 200mm。

集油管的敷设方式，有空中架设、直接埋土和管沟敷设三种。空中架设是将集油管架设在半空中，一般位于栈桥下方。其优点是施工和检修方便，但受环境影响较大。直接埋土是将集油管直接埋入土中或沙砾石里。其优点是管路受大气温度影响小、施工方便，但检修较麻烦。管沟敷设是将管路敷设在有盖板的管沟内。其优点是检修方便，但造价较高，只有黏油管路采用管沟敷设。图 2－19 采用的是空中架设的方式。

直接埋土时集油管的中心距铁路枕木端部的距离应大于 60mm，以免影响铁路安全。集油管管顶的最大标高，应低于铁路道碴厚度的一半以下，以利于铁路排水。

集油管的坡度应大于 2‰，一般从两端坡向中间，中部与泵吸入管相接，以减少集油管的阻力损失。泵吸入管应连接于集油管下面，以便放空。如果采用自流下卸，坡度应大于 8‰。

集油管的连接，一般采用焊接而不采用法兰，尤其是直接埋入土中时更应如此。在特殊情况需用法兰连接时，在连接处应设检查井，以便检修。

2.3.2 抽底油管

使用鹤管对航空油料进行卸油，往往不能将罐车底部的燃油抽吸干净，因此需要使用真空泵搭配胶管抽吸罐底剩余的燃油，因此需要专门的抽底油管进行输送，其位置位于图 2－19的 6 部分。抽底油管是将罐车底部的油抽吸至真空罐的管道，主要用以收集各扫槽胶管的燃油，又称为真空集油管。扫槽胶管管径大多为 DN25，并搭配能够快速开关的阀门。

抽底油管一般与集油管平行设置，其管径较集油管小，如图 2－20 所示。抽底油管与集油管的连接形式主要有两种，如图 2－21 所示。

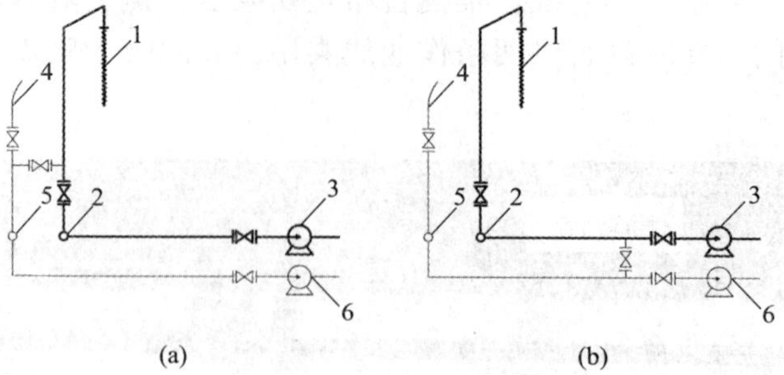

图 2－21　抽底油管与集油管的连接形式

1—鹤管；2—集油管；3—输油泵；4—扫槽胶管；5—抽底油管；6—真空泵

第一种形式是每一种油料的抽底油管在该种油料鹤管处预留一个短管接头，供抽底油用，如图 2－21(a)所示。同时分出一个支管接至鹤管控制阀门上方，打开该支管阀门，即可抽净鹤管中的空气，造成虹吸。这种形式的优点是鹤管造成虹吸卸油的速度很快，油料在虹吸作用下进入泵房或零位油罐。这种形式主要用于自流卸油系统。

第二种形式是在离心泵吸入口处附近将真空管路与泵吸入管连接，如图 2－21(b)所示。使用时，泵吸入系统的空气由真空系统抽走。这种形式造成虹吸的速度较慢，但离心泵可以避免开阀启动。真空管只作抽底油用。

抽底油管一般采用 2in 钢管，在 5～10min 内可以抽吸 $1m^3$ 左右的底油。抽底油管的直径太大则胶管直径也需相应加大而使操作不便；若直径太小，则抽底油的时间要加长。

2.3.3　输油管与真空管

集油管和抽底油管分别汇集了鹤管和扫槽胶管中燃油后，在各自的中部引出一条管与输油泵相连，这条引出的管道分别称为输油管与真空管，其位置分别位于图 2－19 的 3 和 7 部分。即输油管是汇集了鹤管和集油管中的燃油，而真空管汇集了扫槽胶管和抽底油管中的燃油，这一点可以明显地从图 2－19 典型航空燃油装卸系统中看出。输油管与真空管大多采用埋地敷设，收集完油料后输送至泵房增压，并最终输送至储罐。

2.4　装卸油设备气阻现象及消除方法

2.4.1　气阻现象

气阻是温度较高时在接卸饱和蒸气压较高的液体时常常发生的现象。气阻的存在，严重影响了卸油作业的正常进行。在夏季气温较高的日子，甚至有整天都无法卸油的情况。以下介绍气阻产生的原因和目前消除气阻的一些措施。

液体在一定温度和压力条件下会产生剧烈的气化，即沸腾现象。铁路卸油管系在输转过程中，管内任意处液体压力达到相应温度下的饱和蒸气压时，所输送液体便会发生沸腾现象。在易于气体积集的部位，聚积气化气(俗称“气袋”)，阻碍甚至完全阻塞液体的流动，严重时整个管段都会产生气化。这些现象统称为气阻。卸油作业中最容易产生气阻的是航空汽油，航空煤油等乙 A 类油品，因它们的饱和蒸气压力较小，一般不容易产生气阻。

对于卸油管系，如果忽略流速的变化，从油罐车液面鹤管到泵进口管任一点的剩余压力(绝对压力)P_r，都可用下式计算：

$$P_r = P_0 - \rho g(\Delta Z + h_f) \tag{2-8}$$

式中，P_r为剩余压力，Pa；P_0为油罐车油液面压力，Pa；ρ 为液体密度，kg/m^3；ΔZ 为计算点与油罐车液面的标高差，m；h_f为从油罐车液面到计算点间管道的水力摩阻损失，m。式(2-8)中 P_r和 P_0可用压头的形式表示。令：

$$H_r = \frac{P_r}{\rho g}, H_0 = \frac{P_0}{\rho g} \tag{2-9}$$

则式(2-8)可写成：

$$H_r = H_0 - \Delta Z - h_f \tag{2-10}$$

式中，H_r和 H_0分别为剩余压头和大气压头。根据饱和蒸气压的定义，防止气阻断流的条件可由不等式表示：

$$P_r > P_t \tag{2-11}$$

式中，P_t为油品在工作温度下的饱和蒸气压，Pa。或写成压头的形式：

$$H_r > H_t \tag{2-12}$$

式中，H_t为油品在工作温度下的饱和蒸气压对应的压头，m。将式(2-10)代入式(2-12)可以得到：

$$H_0 - \Delta Z - h_f > H_t \tag{2-13}$$

上式即为气阻现象产生的理论条件。

2.4.2　消除气阻

结合上述分析和现场实际，通过系统工况调节进而消除气阻，理论上可以采用的方法主要有以下两种。

1. 流量调节法

如式(2-12)，对于一种特定的油品，在固定的工作温度下的饱和蒸气压对应的压头为一定值，因此我们希望 H_r越大，则越不容易发生气阻。流量调节法的目的就是通过减少临界气阻点前的 h_f，增大 H_r，以消除气阻。

在式(2-13)中，H_0和 ΔZ 一般都是定值，可以用降低 h_f的方法。h_f是管道的水力摩阻损失，其与鹤管卸油量有关，可设法减少鹤管流量，进而降低摩阻损失。油库目前流量调节主要有两种途径，多鹤管并联卸油法和节流调节法(如卸油离心泵的出口流量调节)。

2. 降温法

降温法是目前应用较广的消除气阻的一种有效方法，有人工降温和自然降温两种。其中，人工降温分油罐车淋水和回冷油两种。自然降温是在午夜或清晨待油温自然冷却到较低温度后卸油。

降温法能消除气阻的原理同油品的饱和蒸气压随温度变化而变化的性质有关，即通过降温可减小该温度下的油品饱和蒸气压，使 H_r满足大于 H_t的条件。但节流和降温法调节效应均较小，因为在盛夏季节昼夜油温都偏高，综合调节后也常出现无法卸油的情况，这时应考虑采用其他方法来缓和气阻。

消除气阻，一直是从事航空油料装卸工作的人们的愿望，长期以来，进行了不懈的努力，并已取得了显著进展。从式(2－12)可知，消除气阻的工艺及设备都应使不等式(2－13)成立。也就是应使不等式中几项因素都得到有效的调整，即提高 H_0或降低 ΔZ、h_f、H_t，均是消除气阻的基本原理和方法。

结合现场实际工况，现对航空油料装卸过程中能消除气阻的设备及应用情况讨论如下。

(1)加压卸油。

通过提高不等式中的 H_0，即提高罐车液面压力的方法。具体的做法是设法将油罐车盖口密封，加入压缩空气来提高 H_0。加压卸油工艺的主要问题是压缩空气导入罐车可能存在一定的安全隐患，如静电和混合气体的危险浓度等，以及油品溶入空气后的质量变化情况。研究表明，理论上完全可行，在南方一些油库也有一定应用。

直接影响加压卸油工艺推广应用的原因在于我国油罐车车型杂、盖口规格多，很难设计出一种能适合各种车型油罐车盖口密封要求，同时又操作简单、安全耐久的密封盖。

(2)分层卸油。

据有关资料，在阳光辐射下，油罐车中油品温度上层、中间和下层变化很大。在气温为28℃时，罐车内上、中、下层油品温度可分别为39℃、31℃和24℃。有的上层油温可达47℃。按传统的鹤管卸油方法，将鹤管插到罐车底部，首先卸出的是罐车底层油品，而上层油温最高的油品却要待到油位最低时才开始卸出。显然这将促使气阻现象的发生，理由是最上层高温油品本身的位能在卸油过程中被损耗掉了。

分层卸油工艺便是根据高层、高温油品先卸，利用其本身的位能，相当于减小了 ΔZ，以减轻或消除气阻。常见的分层卸油设备是一个圆柱形的套筒，原理类似于储罐内的浮动吸油管。其外径应能方便地从油罐车口伸入，将其装在鹤管伸入罐车内的管段上。圆筒内设计一个漏斗状的浮筒，当该装置连同鹤管伸入罐车内卸油时，会首先将上层油品导向鹤管，随着油位的下降，浮筒也逐渐往下降，最后才卸下层温度较低的油品，由此达到分层卸油目的。

分层卸油工艺是一种理论可行的工艺，但需要面临的问题是装置的局部摩阻损失较大。因为局部摩阻损失的存在，相当于在消耗位能，若其量值过大，也就失去了分层卸油工艺能充分利用的位能。而且分层卸油工艺容易产生静电，存在空吸的安全隐患，抽吸不安全，因此航空油料装卸时较少采用此方式。

(3)卸槽泵卸油。

卸槽泵或潜油泵工艺是一种将小型离心泵安装在鹤管吸入口，浸没在油液下与卸油泵串联工作的模式。对卸槽泵所需提供的扬程不高，当泵扬程大于 $\Delta Z+h_f$时便可使鹤管处于正压状态，完全消除气阻。卸槽泵有卸槽泵和启动潜油泵两种类型，它们的防爆性能已经能满足要求，并在南方和西北地区有一定应用。

(4)改进鹤管形式。

现有鹤管形式存在的缺点主要有：弯头活节多；水力摩擦阻力大；密封不严易漏气；

鹤管由栈桥中心向油罐口延伸，必须高于栈桥栏杆，再伸入罐车，这使得位能损失较大等。这些缺点的存在，不仅易产生气阻，而且也影响卸油泵的位置。通过改进鹤管形式，将鹤管改成固定弯管式，可直接搭在罐车口，降低了高度，同时这种管弯头少，转弯半径大，改善了油品流动状态。故这种形式的鹤管可以在一定程度上减轻气阻，但会带来鹤管不灵活、操作不方便等问题。

(5)真空系统与离心泵联合卸油。

真空系统与离心泵联合卸油工艺的原理是利用真空系统改善卸油泵的吸入工况，通过加大鹤管流量，带走气阻点气化气的方式，来减轻或消除气阻。真空泵联合法卸油的最大前提条件必须是离心泵不发生汽蚀，换句话也就是说离心泵能维持正常的吸入真空。当未发生气阻时，若真空系统一直联合卸油工作只会增加能量。在临界气阻状态时，真空系统的并入对克服气阻的效率不高，且会产生很高的蒸发损耗。一旦发生气阻，抽气后还会使离心泵发生汽蚀，结果是尽管泵机一直工作，不但卸油泵无法卸油，就连真空系统也卸不下一点油。尽管目前油库对这种卸油方法有一定程度的应用，但它不是克服气阻的最佳工艺，只能在一定程度上缓和。

(6)下部卸油。

由于上部卸油的结构，导致最易产生气阻的部位是在鹤管的最高远端。如果同黏油罐车卸油那样，从航空油料罐车的下部卸油，就不存在鹤管的最高远端，那么卸油管系中的气阻将不复存在。实现航空油料罐车下部卸油，应是最理想的方案。但由于航空油料易燃、易爆、渗透性强，要保证铁路油罐车或油轮在高度机动和大范围运行中的安全，以及全部改造将涉及社会的许多部门，在我国目前几乎难以实现。所以，目前航空油料的铁路装卸和水路装卸几乎不采用此种方式，仅公路装卸能考虑此种卸油方式。综上所示，现阶段解决气阻问题仍然以改进上部装卸作业条件和设备性能为前提进行。

思考题

2-1. 栈桥、装卸站台和装卸码头是否有区别，区别是什么？

2-2. 为什么要设置鹤管？鹤管的用途主要是什么？

2-3. 陆用鹤管和船用鹤管的结构分别包括哪些部分？有什么区别？

2-4. 铁路装卸油鹤管如何使用？整个铁路装卸油的标准流程是什么？

2-5. 装卸管道包括哪些部分？各部分分别有什么特点？

2-6. 什么是气阻现象？如何消除装卸油管道的气阻？各种方法分别有什么优缺点？

第3章　电动机

为了方便地将电能转换成机械能为人类服务，电动机作为一种高效的机电能量转换工具，是航空油料储运不可或缺的动力装置，在机场油库动力设备中发挥着重要的作用。

3.1　电动机概述

电动机是一种最常见的电力机械。它是根据电磁感应原理将电能转换为机械能的一种原动机，例如，泵的运行都依靠电动机提供动力。

电动机的种类很多，分类方法也很多。如按运动方式分，静止的有变压器，运动的有直线电动机和旋转电动机；直线和旋转电动机按电源性质分，又有直流电动机和交流电动机两种；而交流电动机按运行速度与电源频率的关系又可分为异步电动机、同步电动机和整流子电动机三大类。其中，异步电动机可分为三相异步电动机和单相异步电动机。在机场油库及相关油料储运工程中，又以三相交流电动机应用最为广泛，根据绕组形状，还可分为鼠笼型和绕线型。

异步电动机具有结构简单、坚固耐劳、运行稳定可靠、维护方便、价格经济等诸多优点，因而应用最广泛。本章主要介绍异步电动机的工作原理和调节方法。

3.2　异步电动机的工作原理和运行状态

3.2.1　异步电动机的用途与分类

异步电动机是工农业生产中应用最广泛的一种电动机。在工业方面，用于拖动中小型轧钢设备、各种金属切削机床、轻工机械、矿山机械等；在农业方面，用于拖动水泵、粉碎机及其他农副业加工机械等；在民用电器方面，则用于电风扇、洗衣机、电冰箱、空调机等。

异步电动机的特点是结构简单、运行可靠、容易制造、价格低廉且坚固耐用；缺点是运行时必须从电网中吸取滞后的无功功率，使电网功率因数降低。因此，对那些单机容量较大、转速恒定运行的场合，一般采用功率因数可调的同步电动机。

异步电动机的种类繁多，根据结构上的差异，可分为以下几类：

①按定子相数分有单相、两相和三相异步电动机。

②按转子结构分有绕线型和笼型异步电动机，后者又包括单笼、双笼和深槽式异步电

动机。

③按有无换向器又可分为无换向器和换向器异步电动机。

此外，还有高启动转矩异步电动机、高转差率异步电动机、高转速异步电动机等。

3.2.2 异步电动机的工作原理

三相异步电动机定子接三相电源后，电动机内便形成圆形旋转磁动势，产生圆形旋转磁场，设其方向为逆时针转，如图3-1所示。若转子不转，转子鼠笼导条与旋转磁场有相对运动，导条中有感应电动势，方向由右手定则确定。由于转子导条彼此在端部短路，于是导条中有电流，不考虑电动势与电流的相位差时，电流方向与电动势方向相同。这样，导条就在磁场中受力，受力方向可用左手定则确定，如图3-1所示。转子受力，产生转矩为电磁转矩 T，方向与旋转磁动势同方向，转子便沿该方向旋转起来。

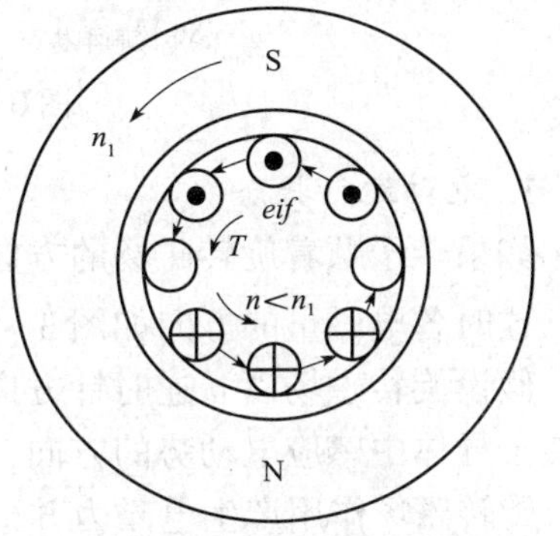

图3-1 异步电动机的工作原理

转子旋转后，转速为 n，只要转子导条与磁场仍有相对运动，产生与转子不转时相同方向的电动势、电流并受力，电磁转矩仍然为逆时针方向，转子继续旋转，在 $T=T_L$ 情况下稳定运行，其中 T_L 为负载转矩。

异步电动机不可能依靠自身的电磁转矩达到旋转磁场的同步转速，因为如果两者相等，转子导条与旋转磁场之间没有相对运动，转子导条中没有感应电动势和电流，电动机便没有电磁转矩。由于转子转速与定子旋转磁场的转速必须有差异才能产生电磁转矩，所以称为异步电动机。又由于转子导条中的电动势和电流是由电磁感应产生的，所以异步电动机又称为感应电动机。

综上所述可见，三相电流通入三相绕组产生旋转磁场，旋转磁场在转子导体条感应电流，转子导条通过电流又与旋转磁场作用产生电磁转矩使转子转动，这就是异步电动机旋转的基本原理。

定子旋转磁场的同步转速 n_1 与转子的转速 n 之差，称为转差 $\Delta n=n_1-n$。转差与同步转速之比称为转差率 s，即：

$$s=\frac{n_1-n}{n_1} \tag{3-1}$$

转差率是表征异步电动机运行性能的一个重要参数，根据转差率的大小和正负，便可以判断异步电动机运行在电动状态、发电状态或电磁制动状态。

3.2.3 异步电动机的运行状态

分析异步电动机的三种运行状态时，将定子旋转磁场用磁极N、S表示，定、转子感应电动势和电流方向用以前的方法标出，如图3-2所示。

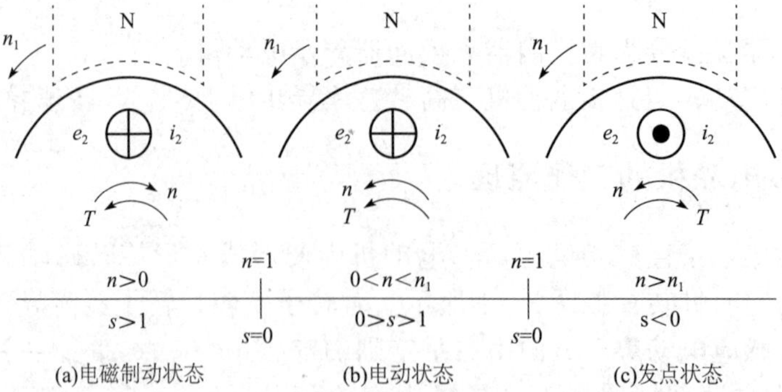

图3-2　异步电动机的三种运行状态

1. 电动运行状态

如果转子顺着旋转磁场的方向旋转，且 $0<n<n_1$，也就是 $1>s>0$，电动机处于电动状态。这时各电磁量的方向如图3-2(b)所示。

假设旋转磁场以 n 逆时针方向旋转，相当于转子导体顺时针方向切割磁力线，N 极下的转子导体中感应电动势的方向，由右手定则知为"⊕"，转子电流有功分量 i_{2a} 与 e_2 同相，i_{2a} 与旋转磁场作用产生电磁力并形成电磁转矩，由左手定则知电磁转矩为逆时针方向，带动转子顺旋转磁场方向旋转，克服轴上负载的阻转矩做功，输出机械功率，因而是电动运行状态。

2. 发电运行状态

如果用原动机拖动转子顺旋转磁场的方向旋转，使转子的转速 n 高于旋转磁场的转速 n_1，即 $n>n_1$，$s<0$，异步电动机便运行于发电状态，如图3-2(c)所示。转子导体切割磁力线的方向与电动状态相反，转子电动势和电流都改变了方向，所以电磁转矩也变为顺时针方向，与原动机拖动转子的方向相反，对原动机起制动作用，转子从原动机吸收机械功率，送出电功率，因而是发电状态。

专门作为发电动机运行的异步电动机有时用于小型水力、风力和潮汐发电站。较多情况是异步电动机从电动运行状态过渡到发电状态，例如，当吊车重物下降，转速大于同步转速时就会出现这种情况。

3. 电磁制动运行状态

若在某种情况下，使转子逆着旋转磁场方向转动，即 $n<0$，$s>1$，异步电动机就运行于电磁制动状态，如图3-2(a)所示。由于这时转子导体切割旋转磁场的方向与电动运行时相同，所以转子感应电动势、电流有功分量和转矩的方向都不变。这时的电磁转矩方向与旋转磁场的转向相同，与转子转向相反，因此起制动作用。

电磁制动用来获得制动转矩，例如起重机下放重物时，如让重物自由下坠非常危险，这时要使电动机运行在电磁制动状态，由电磁转矩来制止转子加速，调整其下降速度。

一台异步电动机既可以运行在电动状态，也可以运行在发电状态或电磁制动状态，这是由外界条件所决定的。

3.3 异步电动机的基本结构

3.3.1 异步电动机的结构

图3-3所示为一台笼型三相异步电动机的结构图。它主要由定子和转子两大部分组成，定、转子之间是空气隙。此外，还有端盖、轴承、机座、风扇等部件。分别简述如下。

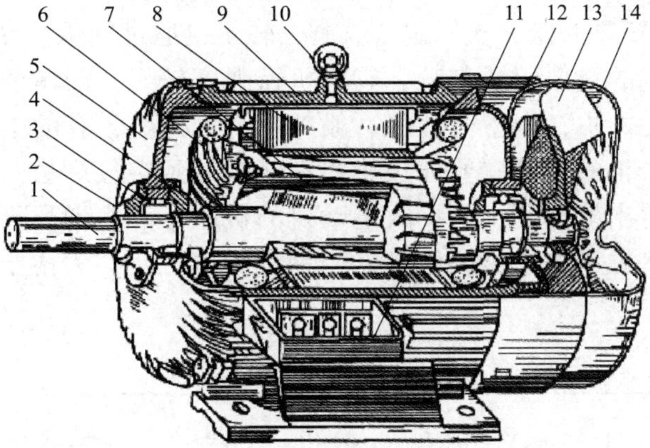

图3-3 笼型三相异步电动机的结构图

1—轴；2，4—轴承盖；3—轴承；5，12—端盖；6—定子绕组；7—转子；8—定子铁心；9—基座；10—吊环；11—出线盒；13—风扇；14—风罩

1. 异步电动机的定子

异步电动机的定子主要包括定子铁心、定子绕组和机座三部分。

定子铁心是电动机磁路的一部分。由于旋转磁场以同步速度相对于定子旋转，因此，定子铁心中的磁通大小和方向都是变化的，为了减少其涡流损耗和磁滞损耗，定子铁心用导磁性能好的硅钢片叠压而成，一般为0.5mm厚，两面涂有绝缘漆形成片间绝缘。图3-4所示为异步电动机定子铁心。当铁心直径小于1m时，用整圆的硅钢片叠成；大于1m时，用扇形硅钢片。

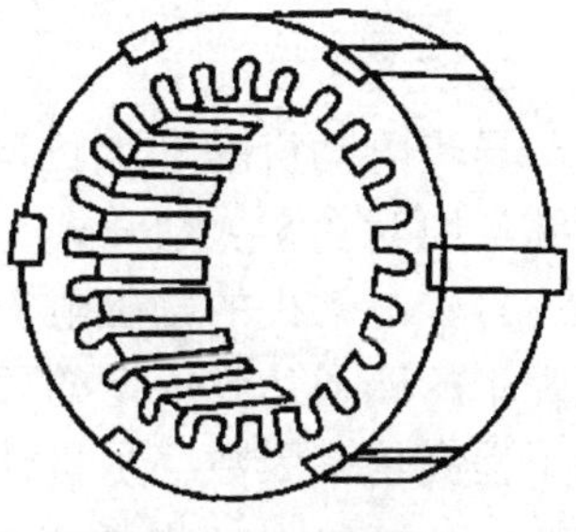

图3-4 定子铁心

定子铁心的内圆冲有均匀分布的齿和槽，槽内放置定子绕组(也叫电枢绕组)。图3-5所示为部分定子槽形，其中图3-5(a)是开口槽，用于大、中型容量高压异步电动机；图3-5(b)是半开口槽，用于中型500V以下的异步电动机；图3-5(c)是半闭口槽，用于低压小型异步电动机。

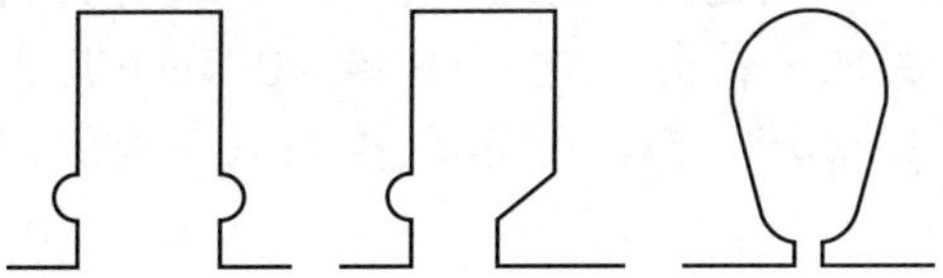

图3-5 定子槽形

绕组是电动机的电路部分，每相绕组由若干个良好绝缘的线圈组成安放于槽内，并按一定规律连接。容量较小的电动机，绕组由高强度漆包圆铜线或圆铝线做成，可分散嵌入半闭口槽中；中、大容量异步电动机的绕组可由玻璃丝包扁铜线绕成，这时多用开口槽。线圈放入槽内，用绝缘材料与铁心可靠绝缘，以免运行时绕组对铁心击穿，造成接地短路。槽内定子线圈用槽楔紧固，槽楔常用的材料是竹、胶木板或环氧玻璃布板等非磁性材料。采用开口槽的异步电动机，有时采用磁性槽楔，以减少杂散损耗。

高压大、中型异步电动机的定子绕组常采用 Y 接，只有三根引出线，而中、小容量低压异步电动机常把定子绕组的三相六个出线头都引出来，根据需要接成 Y 或 △（见图 3－6）。机座的作用主要是固定、支撑定子铁心，转子也通过轴承、端盖固定在机座上，所以它是电动机机械结构的重要组成部分，它的机械强度较好，能承受制造、运输和使用过程中产生的各种作用力。中、小型电动机一般都用铸铁机座，有的电动机铁心紧贴机座内圆，这样绕组和铁心产生的热量就要通过机座表面散发到空气中去。为增加散热面积，小型封闭式电动机表面铸出散热筋，防护式电动机的机座上开有通风孔，增加机内、外空气对流以便散热。大容量异步电动机一般都采用钢板焊接机座，为便于通风散热，往往留有冷却空气的通道。

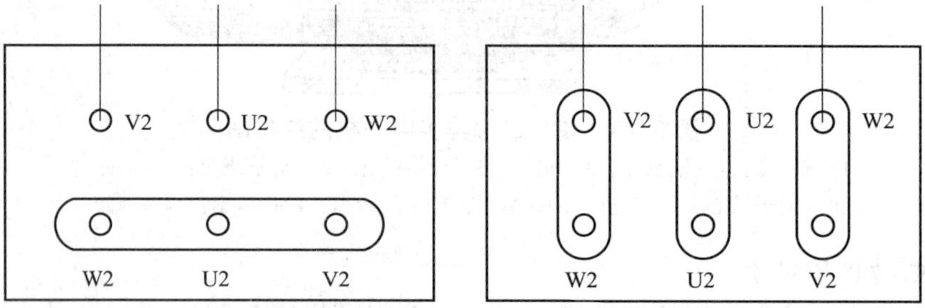

图 3－6　三相异步电动机的引出线

2. 气隙

异步电动机的气隙比同容量直流电动机的气隙要小得多。在中、小型异步电动机中，气隙一般为 0.5 ~ 1.5mm。

异步电动机的励磁电流是由定子电源供给的。气隙较大时，磁路的磁阻较大。若要使气隙中的磁通达到一定的要求，则相应的励磁电流也就大了，从而影响电动机的功率因数。为了提高功率因数，尽量让气隙小些，但也不应太小，否则定子和转子有可能发生摩擦或碰撞。从减少附加损耗以及减少高次谐波磁动势产生的磁通的角度来看，气隙大点也有好处。

3. 异步电动机的转子

异步电动机的转子主要是由转子铁心、转子绕组和转轴等部分组成的。整个转子靠端盖和轴承支撑着。转子的主要作用是产生感应电流，形成电磁转矩，以实现机电能量的转换。转子铁心也是电动机磁路的一部分，它用 0.35 ~ 0.5mm 厚的硅钢片叠压而成。转子铁心叠片冲有嵌放绕组的槽。整个转子铁心固定在转轴上，或固定在转子支架上，转子支架再套在转轴上。

根据转子绕组的结构形式，异步电动机分为绕线型转子和笼型转子两种。如果是绕线转子异步电动机，则转子绕组也是三相对称绕组，它可以连接成 Y 形或△形。一般小容量电动机连接成△形，大、中容量电动机连接成 Y 形。转子绕组的 3 条引线分别接到 3 个滑环上，用一套电刷装置引出来，如图 3－7 所示。其目的是把外接的电阻串联到转子绕组回路里去，用以改善异步电动机的特性或者为了异步电动机的调速。

如果是笼型异步电动机，则转子绕组与定子绕组大不相同，它是一个自己短路的绕组。在转子的每个槽里放上一根导体，每根导体都比铁心长，在铁心的两端用两个端环把所有的导条都短路起来，形成一个自己短路的绕组。如果把转子铁心拿掉，则可看出，剩下来的绕组形状像一个笼子，如图 3－8(a)所示，因此称为笼型转子。导条的材料有用铜的，也有用铝的。如果导条采用的是铜材料，就需要把事先做好的裸铜条插入转子铁心上的槽里，再用铜端环套在伸出两端的铜条上，最后焊接在一起。如果导条采用的是铝材料，就用熔化了的铝液直接浇铸在转子铁心上的槽里，连同端环、风扇一次铸成，如图 3－8(b)所示。

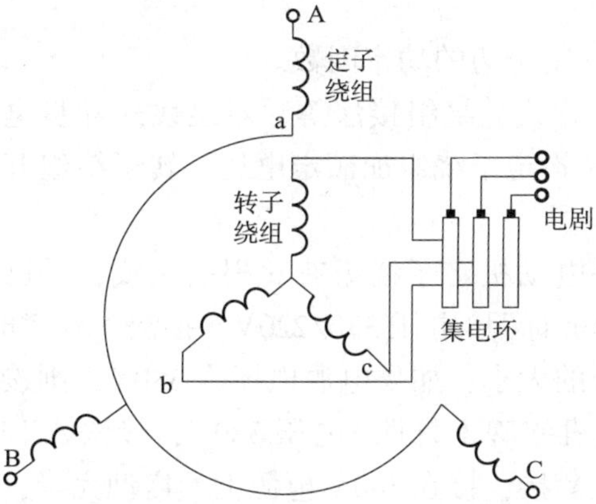

图 3－7 绕线式异步电动机定、转子绕组接线方式

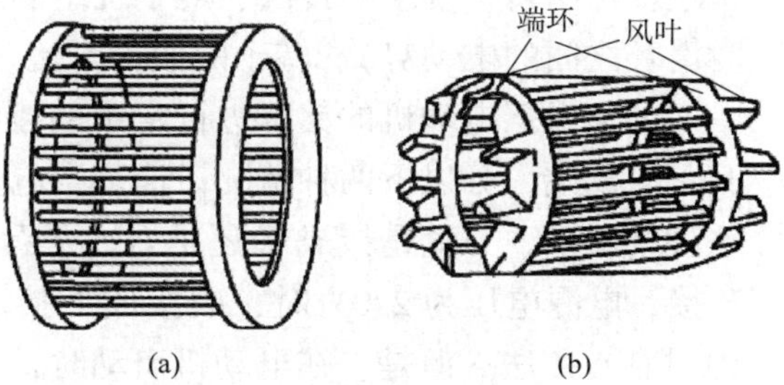

图 3－8 笼型转子

3.3.2 异步电动机的结构形式与型号

根据不同的冷却方式和保护方式，异步电动机有开启式、防护式、封闭式和防爆式几种。

防护式异步电动机能够防止外界杂物落入电动机内部，并能在与垂直线成 45°角的任何方向防止水滴、铁屑等掉入电动机内部。这种电动机的冷却方式是在电动机的转轴上装有风扇，冷空气从端盖进入电动机，冷却了定、转子以后再从机座旁边出去。

封闭式异步电动机是电动机内部的空气和机壳外面的空气彼此互相隔开。电动机内部的热量通过机壳的外表面散出去。为了提高散热效果，可在电动机外面的转轴上装上风扇和风罩，并在机座的外表面铸出许多冷却片。这种电动机用在灰尘较多的场所。

防爆式异步电动机是一种全封闭的电动机，它把电动机内部和外界的易燃、易爆气体隔开，多用于有汽油、酒精、天然气等易爆性气体的场所。

我国电动机的产品型号一般是由大写印刷体的汉语拼音字母和阿拉伯数字组成。其中当头的字母是根据电动机的全名称选择有代表意义的汉语拼音字母。如 Y 系列三相异步电动机表示如下：

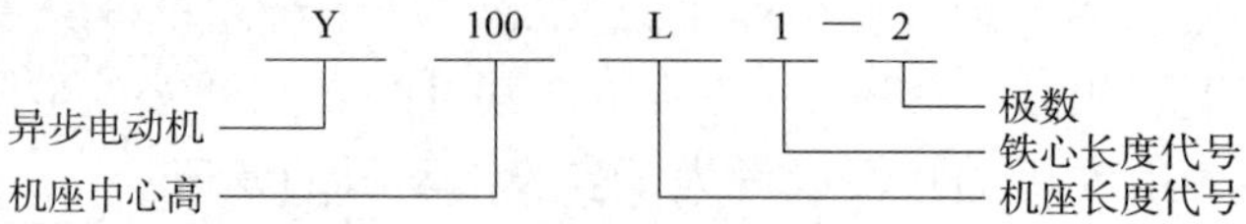

下面介绍异步电动机的额定值相关概念。

额定功率 P_N：指电动机在额定运行时轴上输出的机械功率，单位是 kW。

额定电压 U_N：指额定运行状态下加在定子绕组上的线电压，单位为 V。

额定电流 I_N：指电动机在定子绕组上加额定电压、轴上输出额定功率时，定子绕组中的线电流，单位为 A。

额定频率 f_N：我国规定工业用电的频率是 50Hz。

额定转速 n_N：指电动机定子加额定频率的额定电压，且转轴输出额定功率时电动机的转速，单位为 r/min。

额定功率因数 $\cos\varphi_N$：指电动机在额定负载时，定子边的功率因数。

此外，铭牌上还标明了绝缘等级与温升、工作方式、绕组接法等。对绕线式异步电动机还要标明转子绕组的接法、转子绕组额定电动势(指定子绕组加额定电压、转子绕组开路时滑环之间的电动势)和转子的额定电流。

如何根据电动机的铭牌进行定子的接线？如果电动机定子绕组有 6 根引出线，并已知其首、末端，分以下两种情况讨论。当电动机铭牌上标明“电压 380/220V，接法 Y/△”时，这种情况下，究竟是接成 Y 还是△，要看电源电压的大小；如果电源电压为 380V，则接成 Y 接；电源电压为 220V 时，则接成△接。当电动机铭牌上标明“电压 380V，接法△”时，则只有△接法。但是，在电动机启动时，可以接成 Y 接，接在 380V 电源上，启动完毕，恢复△接法。对有些高压电动机，往往定子绕组有 3 根引出线，只要电源电压符合电动机铭牌电压值，便可使用。

【例题 3－1】

已知一台三相异步电动机，额定功率 $P_N=90\text{kW}$，额定电压 $U_N=380\text{V}$，额定功率因数 $\cos\varphi_N=0.91$，额定效率 $\eta=0.938$，额定转速 $n=2970\text{r/min}$。求电动机额定运行时的输入功率 P_1 和额定电流 I_N。

解：电动机额定运行时的输入功率为：

$$P_1=\frac{P_N}{\eta_N}=\frac{90\times10^3}{0.938}=95.95(\text{kW})$$

额定电流为：

$$I_N=\frac{P_1}{\sqrt{3}U_N\cos\varphi_N}=\frac{95.95\times10^3}{\sqrt{3}\times380\times0.91}=160.2(\text{A})$$

或

$$I_N=\frac{P_N}{\sqrt{3}U_N\cos\varphi_N\eta_N}=\frac{90\times10^3}{\sqrt{3}\times380\times0.91\times0.938}=160.2(\text{A})$$

3.4 异步电动机的性能参数

3.4.1 异步电动机的功率和转矩

1. 功率关系

当三相异步电动机以转速 n 稳定运行时，定子绕组从电源输入的电功率为：

$$P_1 = 3U_1 I_1 \cos\varphi_1 \tag{3-2}$$

式中，U 为定子绕组相电压，I 为定子绕组相电流，$\cos\varphi_1$ 为定子边功率因数。

定子的铜损耗为：

$$p_{\mathrm{Cu1}} = 3I_1^2 R_1 \tag{3-3}$$

异步电动机正常运行时，由于转子转速接近于同步转速，即转子铁心与气隙磁密 B_δ 的相对速度较小，且转子铁心和定子铁心同样是用0.5mm 厚的硅钢片叠压而成，所以转子铁心磁滞和涡流损耗比定子铁心小，可忽略不计。因此，正常运行的异步电动机的铁损耗 p_{Fe}。主要是定子铁心损耗，即：

$$p_{\mathrm{Fe}} = p_{\mathrm{Fe1}} = 3I_0^2 R_{\mathrm{m}} \tag{3-4}$$

输入功率 P_1 减去定子铜损耗和铁损耗，剩下的就是传递给转子的电磁功率 P_{M}。因为定、转子之间并没有电路上的直接联系，P_{M} 是通过电磁感应向转子电路传送的。由图 3－9 所示 T 形等效电路可以看出，传送给转子电路的电磁功率等于转子电路中全部电阻上的功率，即：

电磁功率还可以表示为：

$$P_{\mathrm{M}} = 3E_2' I_2' \cos\varphi_2 = m_2 E_2 I_2 \cos\varphi_2 \tag{3-5}$$

转子绕组铜损耗：

$$p_{\mathrm{Cu2}} = 3I_2'^2 R_2' = sP_{\mathrm{M}} \tag{3-6}$$

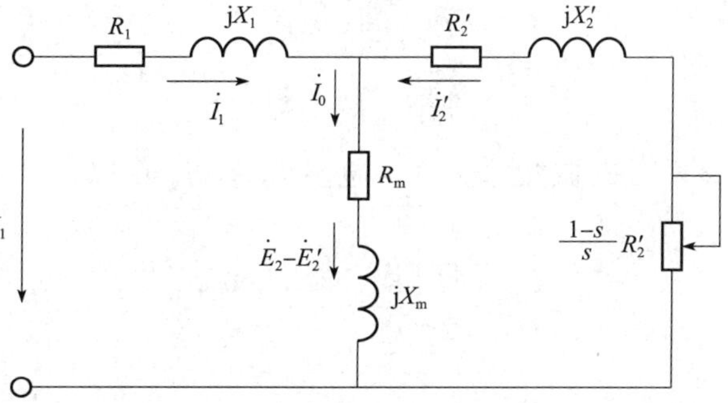

图 3－9 三相异步电动机 T 形等效电路

$$P_{\mathrm{M}} = P_1 - p_{\mathrm{Cu1}} - p_{\mathrm{Fe}} = 3I_2'^2\left(R_2' + \frac{1-s}{s}R_2'\right) = 3I_2'^2\frac{R_2'}{s} \tag{3-7}$$

电磁功率 P_{M} 减去转子铜损耗 p_{Cu2} 即为等效电阻上的功率，这部分功率实际上就是传输给电动机转轴上的机械功率 P_{m}。它是转子电流与气隙旋转磁密共同作用产生的电磁转矩，

带动转子以转速 n 旋转所对应的功率，即：

$$P_m = P_M - p_{Cu2} = 3I_2'^2 \frac{1-s}{s} R_2' = (1-s)P_M \tag{3-8}$$

从式(3-6)~式(3-8)可以看出，电磁功率、转子铜损耗和机械功率之间存在一定的比例关系，即 $P_M : p_{Cu2} : P_m = 1 : s : (1-s)$。

异步电动机运行时，存在着轴承及风扇等摩擦阻转矩，这也要损耗一部分功率，这部分功率为机械损耗，用 p_m 表示。此外，异步电动机定、转子开槽和存在谐波磁动势，还要产生一些附加损耗，用 p_{ad} 表示。附加损耗一般很难用公式来计算，通常根据经验估算。对中小型异步电动机，满载时 p_{ad} 可达额定输出功率的1%~3%；对于大型异步电动机，p_{ad} 约为额定输出功率的0.5%。

$$P_2 = P_M - p_m - p_{ad} \tag{3-9}$$

由上述分析可见，异步电动机运行时从电源输入电功率，到转轴上输出功率的全过程为：

$$P_2 = P_1 - p_{Cu1} - p_{Fe} - p_{Cu2} - p_m - p_{ad} \tag{3-10}$$

用功率流程图表示如图3-10所示。

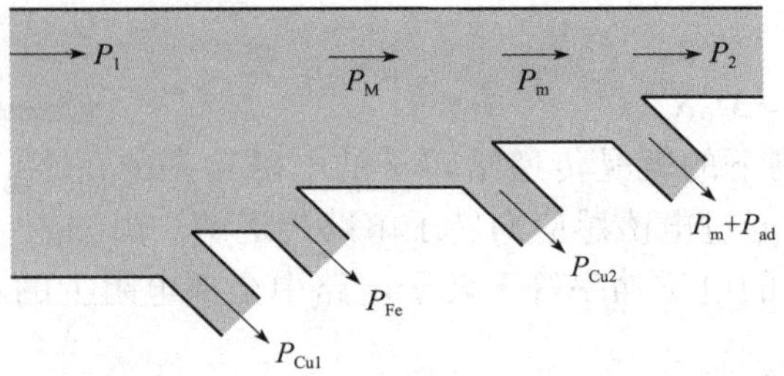

图3-10 异步电动机的功率流程图

2. 转矩关系

异步电动机的机械功率 P_m 等于电磁转矩T与转子机械角速度 Ω 的乘积，即 $P_m = T\Omega$。将式(3-9)等号两边同除以 Ω 得到异步电动机的转矩关系为：

$$\frac{P_2}{\Omega} = \frac{P_m}{\Omega} - \frac{p_m + p_{ad}}{\Omega},\quad T_2 = T - T_0 \tag{3-11}$$

式中，T_2 为电动机转轴上的输出转矩，T_0 为电动机的空载转矩。由此可得电磁转矩与电磁功率的关系，为：

$$T = \frac{P_m}{\Omega} = \frac{P_m}{\frac{2\pi n}{60}} = \frac{P_m}{(1-s)\frac{2\pi n_1}{60}} = \frac{P_M}{\Omega_1} \tag{3-12}$$

式中，Ω_1 为同步角速度(用机械角表示)。电磁功率 P_M 除以同步机械角速度 Ω_1 得电磁转矩：

$$\begin{aligned} T &= \frac{P_m}{\Omega_1} = \frac{3I_2'^2 R_2'}{\frac{2\pi n_1}{60}} = \frac{3E_2 I_2 \cos\varphi_2}{\frac{2\pi n_1}{60}} \\ &= \frac{3(\sqrt{2}\pi f_1 N_2 k_{dp2} \Phi_1) I_2 \cos\varphi_2}{\frac{2\pi n_1}{60}} \\ &= \frac{3}{\sqrt{2}} p N_2 k_{dp2} \Phi_1 I_2 \cos\varphi_2 = C_T \Phi_1 I_2 \cos\varphi_2 \end{aligned} \tag{3-13}$$

由此可以看出，异步电动机的电磁转矩 T 与气隙每极磁通 Φ_1、转子电流 I_2 及转子功率因数 $\cos\varphi_2$ 成正比，式(3－13)称为电磁转矩的物理表达式。

【例题 3－2】

已知一台三相 50Hz 绕线型异步电动机，额定电压 $U_N=380V$，额定功率 $P_N=100kW$，额定转速 $n_N=950r/min$，在额定转速下运行时，机械摩擦损耗 $p_m=1kW$，忽略附加损耗。求额定运行时：

(1) 额定转差率 s_N；

(2) 电磁功率 P_M；

(3) 转子铜损耗 p_{cu2}。

解：

(1) 额定转差率为：

$$s_N=\frac{n_1}{n_1-n_N}=\frac{1000-950}{1000}=0.05$$

(2) 求额定运行时的电磁功率，已知：

$$P_M=P_2+p_m+p_{Cu2}$$
$$p_{Cu2}=s_NP_M$$

则可得：

$$P_M=P_2+p_m+s_NP_M$$
$$P_M=\frac{P_2+p_m}{1-s_N}=\frac{100+1}{1-0.05}=106.3(kW)$$

(3) 额定运行时转子铜损耗：

$$p_{Cu2}=s_NP_M=0.05\times106.3=5.3(kW)$$

3.4.2 异步电动机的机械特性

三相异步电动机在电源电压 U、电源频率 f 和电动机参数固定的条件下，其电磁转矩 T 与转子转速 n(或转差率 s)之间的关系，叫做三相异步电动机的机械特性。机械特性可以用函数表示，也可以用曲线表示。

3.4.2.1 机械特性的参数表达式

将式(3－4)代入式(3－12)，得：

$$T=\frac{3I_2'^2\frac{R_2'}{s}}{\frac{2\pi n_1}{60}}=\frac{3I_2'^2\frac{R_2'}{s}}{\frac{2\pi f_1}{p}} \tag{3-14}$$

再利用图 3－11 所示的三相异步电动机简化等效电路，得到转子电流有效值为：

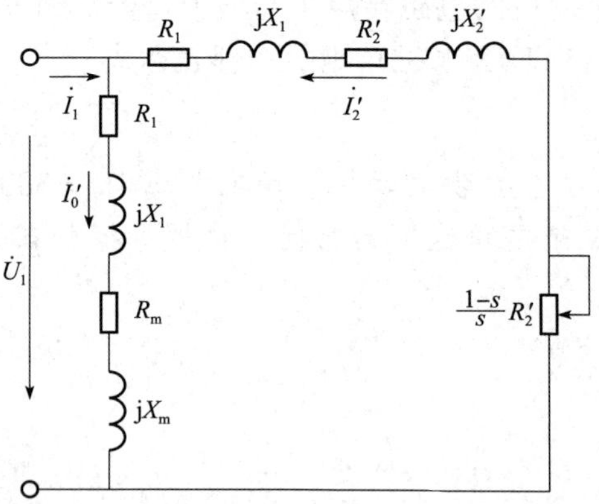

图 3－11　三相异步电动机的简化等效电路

$$I_2'' = \frac{U_1}{\sqrt{\left(R_1 + \frac{R_2'}{s}\right)^2 + (X_1 + X_2')^2}} \tag{3－15}$$

因为 $I_2' \approx I_2''$，所以可以将式(3－15)代入式(3－13)得：

$$T = \frac{3U_1^2 \frac{R_2'}{s}}{\frac{2\pi n_1}{60}\left[\left(R_1 + \frac{R_2'}{s}\right)^2 + (X_1 + X_2')^2\right]} = \frac{3pU_1^2 \frac{R_2'}{s}}{2\pi f_1\left[\left(R_1 + \frac{R_2'}{s}\right)^2 + (X_1 + X_2')^2\right]} \tag{3－16}$$

3.4.2.2　固有机械特性

1. 固有机械特性曲线

三相异步电动机在电压、频率均为额定值，定、转子回路不串任何电路元件时的机械特性称为固有机械特性。其 $T-s$ 曲线如图 3－12 所示，其中曲线 1 为电源正相序时的曲线，曲线 2 为电源负相序时的曲线。

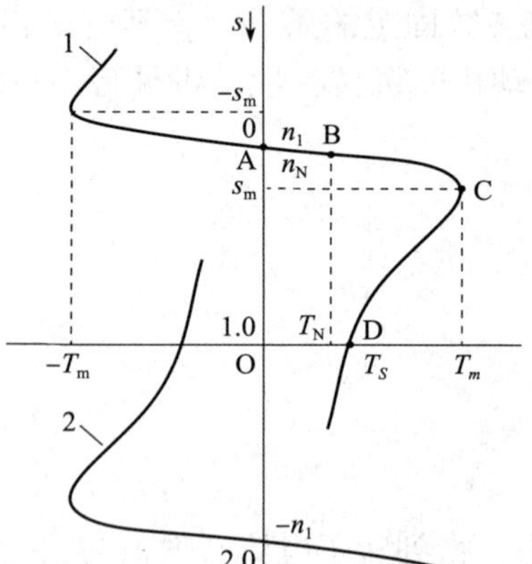

图 3－12　三相异步电动机固有机械特性

从图 3－12 中可以看出，三相异步电动机的机械特性是一条非线性曲线。该曲线可以反映电动机所处的不同状态：

①当 $0<s<1$，即 $0<n\leq n_1$时，特性曲线在第一象限，电磁转矩 T 和转子的转速 n 都为正，这时电动机处于电动运行状态。异步电动机正常运行时，其转速在同步转速 n_1与额定转速 n_2之间；

②当 $s<0$，即 $n>n_1$时，特性曲线在第二象限，电磁转矩 T 为负，n 为正，电动机处于制动运行状态，称回馈制动运行状态，即为异步发电状态。

③当 $s>1$，即 $n<0$ 时，特性曲线在第四象限，电磁转矩 T 为正，转速 n 为负，电动机处在制动状态。有关制动状态，后面将详细介绍。

在第一象限电动状态的特性上，B 点为额定运行点，其电磁转矩与转速均为额定值。A 点 $n=n_1$，$T=0$，为理想空载运行点。C 点是电磁转矩最大点。D 点 $n=0$，转矩为 T_s，是启动点(见图 3－12)。

2. 最大电磁转矩

将机械特性的参数表达式即式(3－16)对转差率 s 求导数，并令 $dT/ds=0$，在一般情况下，$R_1{}^2$的值不超过$(X_1+X_2{}')$的5%，如果忽略 R_1的影响，最大电磁转矩 T_m和临界转差率(最大转矩对应的转差率)s_m可以近似表示为：

$$T_m = \pm\frac{1}{2}\frac{3pU_1^2}{2\pi f_1[\pm R_1+\sqrt{R_1^2+(X_1+X_2')^2}]}\approx\pm\frac{1}{2}\frac{3pU_1^2}{2\pi f_1(X_1+X_2')} \tag{3-17}$$

$$s_m = \pm\frac{R_2'}{\sqrt{R_1^2+(X_1+X_2')^2}}\approx\pm\frac{R_2'}{X_1+X_2'} \tag{3-18}$$

由式(3－19)和式(3－20)可得如下结论：在给定电动机的参数和电源频率下，最大转矩与定子相电压的平方成正比；最大转矩的大小与转子电阻值无关，临界转差率则与转子电阻成正比；当电源电压与频率一定时，最大转矩与定、转子漏抗之和近似成反比。

电动机的最大转矩与额定转矩之比为最大转矩倍数，称为过载能力，这是异步电动机的重要指标之一，用 λ 表示，即：

$$\lambda=\frac{T_m}{T_N} \tag{3-19}$$

如果负载转矩超过电动机的最大转矩，电动机就会停转，为保证电动机不因短时间负载突然增大或电源电压下降而停转，要求电动机具有一定的过载能力，各类电动机都有规定指标，一般三相异步电动机，其过载倍数 $\lambda=1.6\sim2.2$；起重、冶金机械用的三相异步电动机，过载倍数 λ 达 2.2～2.8。但是，实用中绝不允许电动机长期处在最大转矩下运行，因为这时电动机已过载，有可能将电动机烧坏，同时在最大转矩处运行也不稳定。

3. 启动转矩

电动机启动时，$n=0$，$s=1$ 的电磁转矩，叫做启动转矩，用 T_s表示。将 $s=1$ 代入式(3－16)，得到启动转矩为：

$$T_s=\frac{3pU_1^2R_2'}{2\pi f_1[(R_1+R_2')^2+(X_1+X_2')^2]} \tag{3-20}$$

由式(3－20)可以看出，启动转矩与相电压平方成正比，漏抗越大，启动转矩越小。

启动转矩 T_s与额定转矩 T_N之比，称为启动转矩倍数，用 K_T表示，即：

$$K_T=\frac{T_s}{T_N} \tag{3-21}$$

启动转矩倍数 K_T的大小，反映了电动机启动负载的能力。电动机启动时，启动转矩 T_s 大于 1.1～1.2 倍的负载转矩就可顺利启动。启动转矩倍数设计得越大，电动机启动就越快，电动机的成本也随之而增加。一般三相异步电动机的启动转矩倍数 $K_T=0.8\sim1.2$。

4. 稳定运行问题

从三相异步电动机机械特性曲线上看，当 $0<s<s_m$，机械特性下斜，拖动恒转矩负载和泵类负载运行时均能稳定运行。当 $s_m<s<1$，机械特性上翘，拖动恒转矩负载不能稳定

运行；但拖动泵类负载时，满足 $T=T_L$ 处，$dT/dn<dT_L/dn$ 的条件，即可稳定运行，但是由于这时转速低，转差率大，转子电动势 $E_{2s}=sE_2$ 比正常运行时大得多，造成转子电流、定子电流都很大，因此不能长期运行。三相异步电动机稳定运行在 $0<s<s_m$ 范围内，可以长期稳定运行在 $0<s<s_N$ 范围内。

【例题 3－3】

一台三相6极笼型异步电动机定子绕组Y接，额定电压 $U_N=380V$，额定转速 $n_N=975r/min$，电源频率 $f_1=50Hz$，定子电阻 $R=2.08\Omega$，定子漏电抗 $X_1=3.12\Omega$，转子电阻折合值 $R_2'=1.53\Omega$，转子漏电抗折合值 $X_2'=4.25\Omega$。试求：

(1)额定电磁转矩；

(2)最大电磁转矩及过载能力；

(3)临界转差率；

(4)启动转矩及启动转矩倍数。

解：旋转磁场的转速：

$$n_1=\frac{60f_1}{p}=\frac{60\times 50}{3}=1000(r/min)$$

额定转差率：

$$s_N=\frac{n_1-n_N}{n_1}=\frac{1000-957}{1000}=0.043$$

定子绕组额定相电压：

$$U_1=\frac{U_N}{\sqrt{3}}=\frac{380}{\sqrt{3}}=220(V)$$

(1)额定转矩：

$$T_N=\frac{3pU_1^2R_2'}{2\pi f_1\left[\left(R_1+\frac{R_2'}{s_N}\right)^2+(X_1+X_2')^2\right]}=\frac{3\times 3\times 220^2\times\frac{1.53}{0.043}}{2\pi\times 50\times\left[\left(2.08+\frac{1.53}{0.043}\right)^2+(3.12+4.25)^2\right]}$$

$$=33.5(N\cdot m)$$

(2)最大转矩：

$$T_m=\frac{1}{2}\times\frac{3pU_1^2}{2\pi f_1(X_1+X_2')}=\frac{1}{2}\times\frac{3\times 3\times 220^2}{2\pi\times 50\times(3.12+4.25)}=94(N\cdot m)$$

过载能力 λ：

$$\lambda=\frac{T_m}{T_N}=\frac{94}{33.5}=2.8$$

(3)临界转差率：

$$s_m=\frac{R_2'}{X_1+X_2'}=\frac{1.53}{3.12+4.25}=0.2$$

(4)启动转矩：

$$T_s = \frac{3pU_1^2R'_2}{2\pi f_1[(R_1+R'_2)^2+(X_1+X'_2)^2]} = \frac{3\times3\times220^2\times1.53}{2\pi\times50\times[(2.08+1.53)^2+(3.12+4.25)^2]}$$

$= 31.5(\mathrm{N\cdot m})$

启动转矩倍数：

$$K_T = \frac{T_s}{T_N} = \frac{31.5}{33.5} = 0.94$$

3.4.2.3 人为机械特性

由异步电动机机械特性的参数表达式即式(3－16)可知，异步电动机电磁转矩的数值是由某一转差率 s(或转速 n)下的定子电压 U_1、定子频率 f_1、极对数 p、定子及转子回路的电阻和电抗 R_1、R'_2、X_1、X'_2决定的。因此人为地改变这些参数，就可得到不同的人为机械特性。

1. 降低定子端电压的人为机械特性

当电源电压降低时，由式(3－17)和式(3－20)可知，最大转矩 T_m 和启动转矩 T_s 与 $U_1{}^2$成正比地降低；从式(3－18)可知，临界转差率 s_m与 U_1的降低无关，保持不变；同步转速 n_1也与 U_1无关而不变。因此，电源电压降低的人为机械特性是一组过同步运行点，保持 s_m不变的曲线族，如图3－13所示。

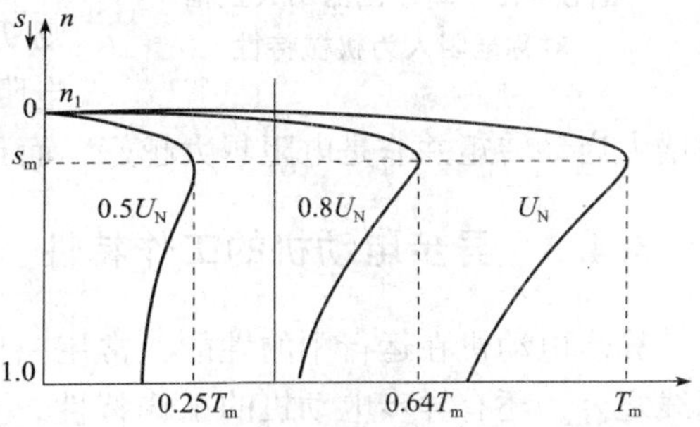

图3－13 降低定子端电压的人为机械特性

如果电动机原来在额定负载下运行，此时电动机的 $U_1=U_N$，$I_1=I_N$，$n=n_N$，$T=T_N$，若电源电压由于某种原因降低了，而额定负载转矩仍保持不变时，从式 $T=C_T\Phi_1I_2\cos\varphi_2$可以看出，当定子端电压降低后，气隙主磁通 Φ_1减小了，而转子功率因数 $\cos\varphi_2$却变化不大，转子电流 I_2要增大，同时定子电流 I_1也要增大，它将大于电流的额定值，电动机将不能长期运行，否则会由于铜损耗增加太多，造成电动机发热，甚至可能烧坏电动机。因此电动机不能长时间连续运行。如果异步电动机处于轻载下运行，降低定子端电压 U_1，使主磁通 Φ_1减小以降低电动机的铁损耗，从节能的角度看，又是有好处的。

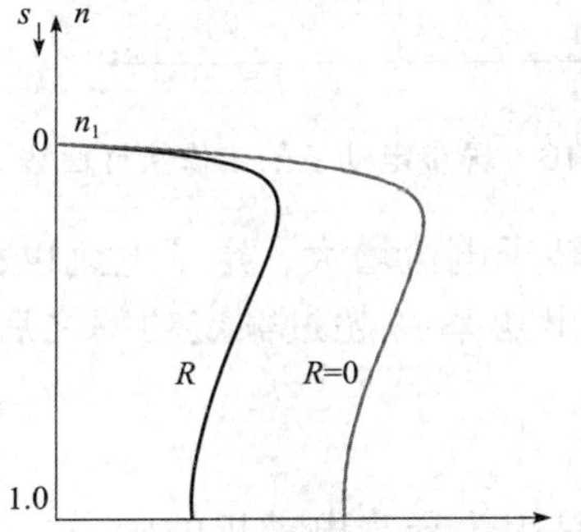

图3－14 定子串入三相对称电阻的人为机械特性

2. 定子回路串接三相对称电阻的人为机械特性

定子回路串入三相对称电阻 R 并不影响同步转速 n_1，所以 n_1保持不变。从式(3－17)、式(3－20)和式(3－18)可知，此时的最大转矩 T_m、启动转矩 T_s以及临界转差率 s_m都随串入电阻 R 的增大而减小。定子回路串接电阻时的人为机械特性如图3－14所示。

3. 定子回路串接三相对称电抗的人为机械特性

定子回路串入三相对称电抗的人为机械特性与串电阻的相似，n_1不变，最大转矩 T_m、启动转矩 T_s以及临界转差率 s_m都减小。这种情况下电抗不消耗有功功率，串电阻时电阻消耗有功功率。

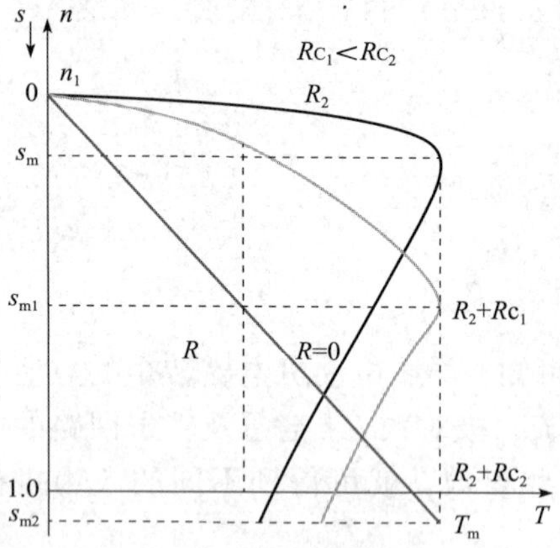

图 3－15　转子回路串入三相对称电阻人为机械特性

4. 转子回路串入三相对称电阻的人为机械特性

绕线型异步电动机可以通过滑环和电刷，把三相对称电阻串入转子回路。从式(3－17)和式(3－18)可知，最大转矩与转子回路电阻无关，即转子串入电阻后不变，但临界转差率则随转子回路电阻的增大而成正比地增加，而同步转速不变。图 3－15 所示为转子回路串入三相对称电阻的人为机械特性。从图 3－15 可以看出，随着转子回路电阻的适当增加，可增大异步电动机的启动转矩，若串入的电阻合适，使：

$$s_m = \frac{R_2' + R_c'}{X_1 + X_2'} = 1 \qquad (3-22)$$

则 $T_s = T_m$，即启动转矩为最大转矩。但是若串入的电阻再增加，则 $s_m > 1$，$T_s < T_m$。因此转子回路串电阻增大启动转矩并非是电阻越大越好，而是有一个限度。

3.4.3　异步电动机的工作特性

异步电动机在运行中的性能，常用一些特性曲线来表示。除了异步电动机的机械特性曲线之外，还有异步电动机的工作特性。三相异步电动机的工作特性是指电动机在额定电压和额定频率下运行时，转子转速 n、输出转矩 T_2、定子电流 I_1、效率 η、定子功率因数 $\cos\varphi_1$ 随输出功率 P_2 而变化的关系。

三相异步电动机的工作特性曲线如图 3－16 所示。

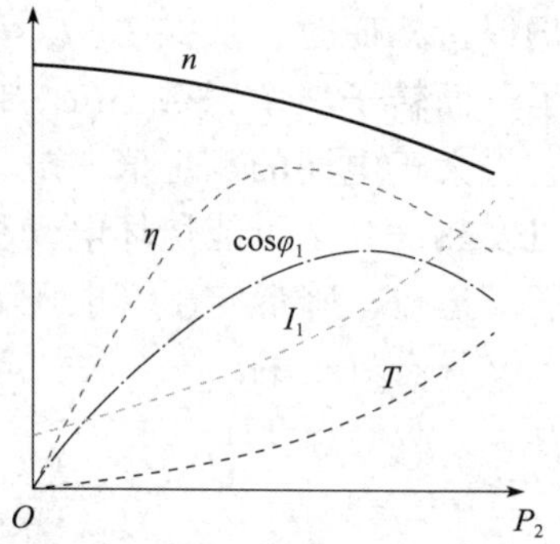

图 3－16　异步电动机的工作特性曲线

1. 转速特性 $n = f(P_2)$

三相异步电动机空载时，转子的转速接近同步转速。随着负载的增加，转速略微下降，这时转子感应电动势增加，转子电流增大，相应地电磁转矩也增大，以便与负载转矩相平衡。所以，随着 P_2 的增加，转速特性是一条略微下降的曲线。

2. 定子电流特性 $I_1 = f(P_2)$

当三相异步电动机空载运行时，转子电流差不多为零，定子电流近似为励磁电流。随着输出功率 P_2 的增加，转子电流增大，定子电流也相应增大。所以其特性曲线是一条从 I_0 逐渐增大的曲线，当输出功率 P_2 超过额定功率之后，转子电流增大较快，定子电流也相应增大较快。

3. 定子功率因数特性 $\cos\varphi_1 = f(P_2)$

三相异步电动机运行时必须从电网中吸取无功功率，这是因为异步电动机的励磁电流必须由电源提供，故它的功率因数永远小于 1。空载时，定子功率因数很低，不超过 0.2。当负载增大时，定子电流中的有功分量增加，使功率因数提高，当接近额定负载时，功率因数最高。如果负载继续增大，由于转差率的增加，使 φ_1 增大，功率因数开始减小。

4. 电磁转矩特性 $T=f(P_2)$

稳定运行时异步电动机的转矩方程为 $T=T_2+T_0$，输出功率 $P_2=T_2\Omega$，所以 $T=T_2/\Omega+T_0$。当电动机空载时，电磁转矩 $T=T_0$。随着负载增加，P_2 增大，由于机械角速度 Ω 变化不大，电磁转矩 T 随 P_2 的变化近似地为一条直线。

5. 效率特性 $\eta=f(P_2)$

根据式(3－23)：

$$\eta=\frac{P_2}{P_1}=1-\frac{\sum p}{P_2+\sum p} \tag{3-23}$$

异步电动机空载时，输出功率 $P_2=0$，效率 η 也为0，随着 P_2 的增加，效率 η 也增加。电动机从空载到额定负载运行，因主磁通和转速变化较小，所以铁损耗和机械损耗变化不大，这两部分损耗合起来叫不变损耗。而定、转子铜损耗分别与定、转子电流平方成正比，它们随负载变化较大，叫可变损耗。可以证明，当不变损耗等于可变损耗时，电动机效率最高。对中、小型异步电动机，当输出功率 $P_2=0.75P_N$ 左右时，效率最高。如果负载继续增大，效率反而要下降。一般来说，电动机容量越大，效率越高。

三相异步电动机的工作特性可以用直接负载法测出来，也可以利用电动机的等效电路间接地计算出来。

用直接负载法求异步电动机的工作特性，需要测出电动机的定子电阻 R_1、铁损耗 p_{Fe} 和机械损耗 p_m，这些参数可从电动机的空载试验中得到。直接负载试验是在电源为额定电压 U_N 和额定频率 f_N 的条件下，给电动机轴上加上机械负载，测量不同负载下的输入功率 P_1、定子电流 I_1 和电动机转速 n，即可算出各个工作特性，并画出曲线来。

若用等效电路求异步电动机的工作特性，需要通过试验测出异步电动机的参数，测出机械损耗和附加损耗，然后间接地计算出电动机的工作特性。

3.5 异步电动机的启动

3.5.1 异步电动机启动性能要求

异步电动机的转速从零加速到稳定运行转速的过程，称为启动。衡量异步电动机启动性能的好坏主要从启动电流、启动转矩、启动过程的平滑性、启动时间及经济性等方面来考虑，其中最主要的是启动电流和启动转矩的大小。

1. 启动电流不能太大

异步电动机启动时 $n=0$，$s=1$。由简化等效电路可知，刚启动时的转子电流为：

$$I''_{2s}=\frac{U_1}{\sqrt{(R_1+R'_2)^2+(X_1+X'_2)^2}}=\frac{U_1}{Z_k} \tag{3-24}$$

启动时若忽略励磁电流，则定子从电网吸收的启动电流近似为 $I_{1s}=I_{2s}''=U_1/Z_k$，可见，启动电流很大。一般电动机的启动电流倍数为 $K_I=I_{1s}/I_{1N}$，对于普通笼型三相异步电动机，

$K_I = 4 \sim 7$。

较大的启动电流造成的影响如下：

①对供电变压器和其他负载的影响。异步电动机启动时，变压器提供较大的启动电流，会使供电变压器输出电压下降。如果变压器额定容量相对于电动机额定功率大得多时，电动机的启动电流不会使变压器输出电压下降多少。如果变压器额定容量相对不够大时，电动机较大的启动电流会使变压器输出电压短时间下降幅度较大，超过了正常规定值。例如，短时间使电压下降大于10%或更大。电压短时间下降就会影响到由同一台配电变压器供电的其他负载。如其他运行着的异步电动机可能会过载甚至停转，照明灯会突然变暗等。显然，这是不允许的。所以，当供电变压器额定容量相对电动机额定功率不是足够大时，三相异步电动机不允许在额定电压下直接启动，需要采取措施减小启动电流。

②对电动机本身的影响。异步电动机启动时较大的启动电流引起电压下降，对电动机本身也会有不良影响，因电压太低会使电动机启动转矩下降很多，当负载较重时，电动机可能启动不了。通常，异步电动机启动过程时间很短，短时间过大的电流，从发热角度来看，电动机本身是可以承受的。但是，对于启动频繁的异步电动机，过大的启动电流会使电动机内部过热，导致电动机的温升过高。因此，从这个角度来讲也需要采取相应措施，减小启动电流的影响。

2. 要有足够的启动转矩

启动转矩可用转矩的物理表达式 $T = C_T \Phi_1 I_2 \cos\varphi_2$ 说明。因为启动电流大，定子绕组阻抗压降变大，电压为定值，则感应电动势将减小，主磁通 Φ_1 将减小；又因 $R_2' < X_2'$，启动时的功率因数 $\cos\varphi_2 = R_2'(R_2' + X_2')^{-0.5}$ 很小，所以启动转矩不是很大。

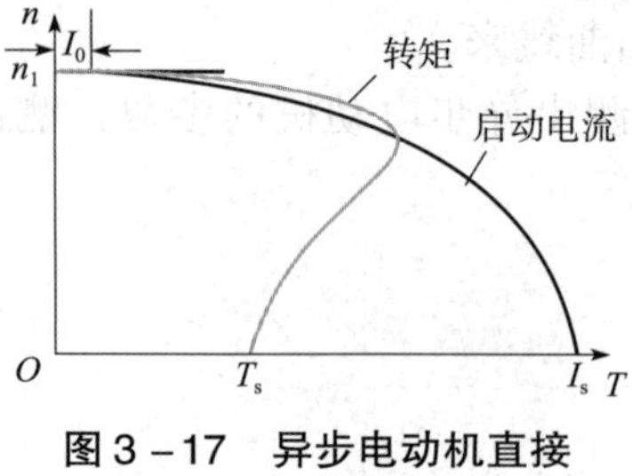

图3－17　异步电动机直接启动时的电流和转矩特性

异步电动机启动时电流和转矩的特性曲线如图3－17所示。电动机启动时，要求启动转矩大于等于负载转矩的1.1～1.2倍，即 $T_s \geq (1.1 \sim 1.2) T_L$，电动机才能正常启动。如启动转矩不足，将使启动时间拖长，由于启动电流大，启动时间长将使电动机绕组严重发热，降低电动机的绝缘寿命，对于重载启动将遇到困难。异步电动机的启动转矩倍数 $K_T = 0.8 \sim 1.2$，说明异步电动机的启动转矩并不大。为此，必须采取人为措施改善其启动性能。

此外，还要求启动设备简单，价格低廉，便于操作及维护。

3.5.2　笼型转子异步电动机的启动

异步电动机的启动方法有：直接启动、降压启动、绕线型异步电动机的转子串电阻启动等。

3.5.2.1　直接启动

三相异步电动机直接启动是指电动机直接加额定电压，定子回路不串任何电器元件时的启动。直接启动是最简单的启动方法。启动时用闸刀开关、磁力启动器或接触器将电动机定子绕组直接接到额定电压的三相交流电源上。对于一般小型笼型异步电动机，如果电源容量足够大，则应尽量采用直接启动方法。对于某一电网，可按照下列经验公式计算来决定是否允许大容量电动机直接启动。

$$K_{\mathrm{I}}=\frac{I_{1\mathrm{s}}}{I_{1\mathrm{N}}}\leqslant\frac{1}{4}\left(3+\frac{\text{电源总容量(kVA)}}{\text{电动机额定功率(kV)}}\right) \tag{3-25}$$

电动机的启动电流倍数 K_{I} 小于电网允许的启动电流倍数，才允许直接启动，否则应采用降压启动。一般容量在7.5kW以下的小容量笼型异步电动机都可以直接启动。随电网容量的加大，允计直接启动的电动机容量也变大。

3.5.2.2　降压启动

如果电动机容量较大，超出式(3-25)给定的范围，就不能直接启动。若电动机是轻载启动，启动时的主要矛盾就是限制启动电流，可以采用降压启动。下面简单介绍不同的降压启动方法。

1. 定子串接电抗器启动

这种方法启动时定子回路串电抗器，启动后切除电抗器，进入正常运行。启动时定子回路中串电抗器使电动机绕组的实际电压降低，从而减小启动电流。定子边串电抗启动可以理解为增大定子边电抗值，也可以理解为降低定子实际所加电压，其目的是减小启动电流。定子串电抗器启动，降低了启动电流，但却使启动转矩降低得更多。因此，定子串电抗器启动，只能用于空载和轻载。若定子回路串电阻启动，也属于降压启动，也可以降低启动电流。

2. 星形-三角形(Y-△)启动

Y-△启动适用于正常运行时定子绕组为△接法的电动机。启动时先接成Y接，启动后再改接成△接。启动接线图如图3-18所示。启动时，把开关S2合向下边，电动机定子绕组Y接，电动机开始转动，当转速升高到一定程度后，将开关S2从下边断开合向上边，定子绕组换为△接，电动机进入正常运行。Y-△启动方法的优点是设备简单，只需一个Y-△启动器。它体积小，质量轻，价格便宜，不易损坏，维修方便。缺点是启动电压不能调节，只适用于正常运行时定子绕组为△接的异步电动机，而且定子绕组要引出6个出线端，对于高压电动机有一定的困难，由于启动转矩小，只适合于空载或轻载启动。

3. 自耦变压器降压启动

自耦变压器也称为启动补偿器。三相笼型异步电动机采用自耦变压器降压启动接线图如图3-19所示。启动时，开关S合向启动一侧，定子绕组通过自耦变压器接到三相电源上，待电动机的转速升高到一定程度后，再将开关S合向运行一侧，自耦变压器被切除，电动机定子绕组直接接到三相电源上，电动机进入正常运行。采用自耦变压器降压启动，虽然电动机定子电压下降到直接启动时的 $K_{\mathrm{A}}{}^{-1}$ 倍，但是对电源造成的冲击电流却只有直接启动时的 $K_{\mathrm{A}}{}^{-2}$ 倍；采用自耦变压器降压启动时，电动机的启动转矩也只有直接启动时的 $K_{\mathrm{A}}{}^{-2}$ 倍。自耦变压器降压启动，比起定子串电抗启动，当限定的启动电流相同时，启动转矩损失较少；比起Y-△启动，有几种抽头供选用，比较灵活；在启动次数少，容量较大的笼型异步电动机上应用较为广泛。缺点是自耦变压器体积大，价格高，维修麻烦，而且不允许频繁启动，也不能带重负载启动。

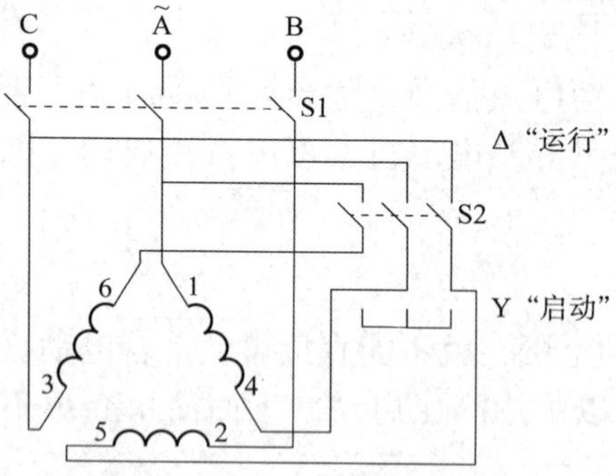

图 3－18　Y－△启动接线图

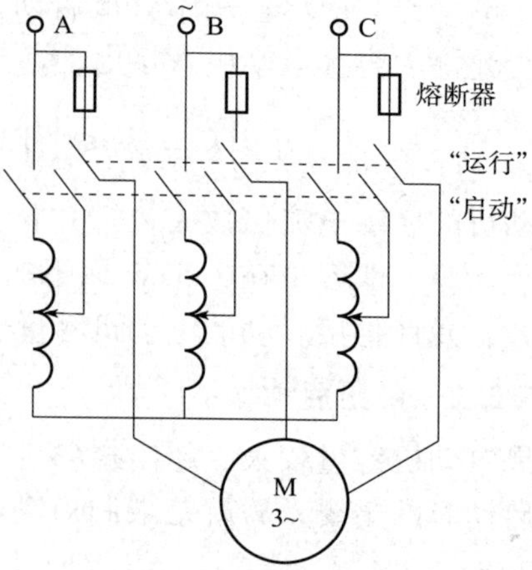

图 3－19　自耦变压器降压启动接线图

3.5.3　绕线转子异步电动机的启动

绕线转子三相异步电动机在正常运行时，转子上的三相绕组通过滑环彼此短接。如果在转子绕组短接的情况下启动电动机，定、转子绕组中将产生较大的电流，而且启动时转子回路的功率因数很低，启动转矩较小，往往不能满足启动要求。为了改善启动特性，通常采用转子回路串电阻启动或转子串频敏变阻器启动两种方法。

3.5.3.1　转子回路串电阻启动

由前面分析可知，绕线型三相异步电动机转子回路串电阻，一方面可以减小启动电流，另一方面可以增加启动转矩，当串入某一合适电阻时，还能使 $T_s = T_m$，即启动转矩达到最大转矩。

为了使整个启动过程中尽量保持较大的启动转矩，可采用逐级切除启动电阻的转子串电阻分级启动，如图 3－20(a)所示。启动电阻的切换应使启动转矩保持在所设定的启动转矩最大值与启动转矩最小值之间变动，启动转矩最大值 T_1 一般取 $0.85T_m$ 左右，启动转矩最小值 T_2 又称切换转矩，应大于 $(1.1 \sim 1.2)T_L$，如图 3－20(a)所示。根据图 3－20 所示的转子串电阻分级启动接线图与机械特性曲线，分析其启动过程如下：

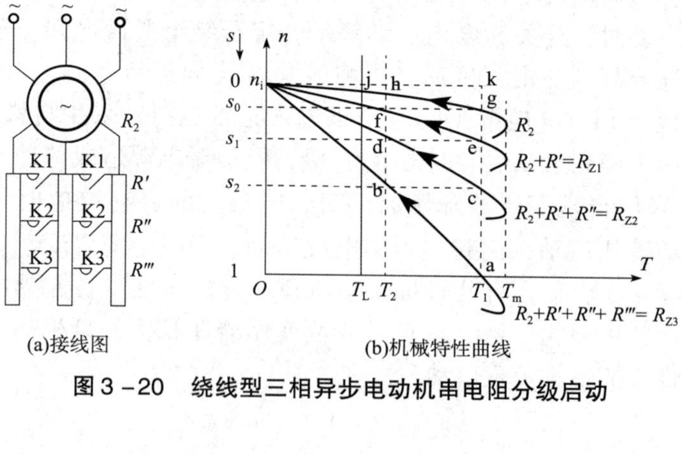

图 3－20　绕线型三相异步电动机串电阻分级启动

①接触器 K_1、K_2、K_3断开，此时，转子每相串入启动电阻($R'+R''+R''$)，电动机定子接额定电压开始启动，启动点为机械特性曲线 3 上的 a 点，启动转矩为 T_1，$T_1<T_m$。

②电动机转速上升到 b 点时，电动机的电磁转矩 $T=T_2(>T_L)$，为了加大电磁转矩以加速启动过程，接触器触点 K_3闭合，切除启动电阻 R'''，忽略异步电动机的电磁惯性，只考虑拖动系统的机械惯性，电动机运行点从 b 点移动到机械特性曲线 2 上的 c 点，该点上电动机的电磁转矩 $T=T_1$。

③电动机转速继续上升到 d 点，$T=T_2$，接触器触点 K_2闭合，又切除启动电阻 R''，

电动机运行点从 d 点移到机械特性曲线 1 上的 e 点，该点上电动机的电磁转矩 $T=T_1$。

④电动机转速又继续上升，到达 f 点时，$T=T_2$，接触器触点 K_1闭合，又切除启动电阻 R'，电动机运行点从 f 点移到固有机械特性曲线 0 上的 g 点，该点上电动机的电磁转矩$T=T_1$。

⑤电动机转速继续上升，经过 h 点，最后稳定运行在 j 点。

上述启动过程中，转子回路的外串电阻分三级切除，故称为三级启动。接触器触点 K_1 闭合时，转子绕组便被直接短路。为了在电动机运行时，减小电刷在滑环上的摩擦，启动次数不多的大容量绕线型异步电动机，常装有提刷装置，在启动结束后，将电刷举起，同时把滑环直接短路。当电动机停止转动时，应把电刷重新放下，并将外串的启动电阻全部接入，以便下次重新启动。

3.5.3.2 转子串频敏变阻器启动

对于单纯为了限制启动电流，增大启动转矩的绕线型异步电动机，可以采用转子串频敏变阻器启动。在电动机启动过程中，频敏变阻器的阻值能随着转子转速的升高而自动减小，做到自动变阻，使电动机启动平稳。

频敏变阻器实际上是一个三相铁心线圈，它的铁心是由实心的铁板或钢板叠成，板的厚度为 30~50mm。每一相的等效电路与变压器空载运行时的等效电路是一致的，忽略线圈漏阻抗，该电路为励磁电阻 R_p和励磁电抗 X_p串联组成，即励磁阻抗 $Z_p=R_p+jX_p$。但是它与普通变压器励磁阻抗不同：一是频敏变阻器在较高频率时，如在 50Hz 时其励磁电阻 R_p大于励磁电抗 X_p。这是因为在设计频敏变阻器时，铁心中的磁密取得较高，铁心处于饱和状态，因此励磁电抗 X_p较小，并且铁心是厚铁板或厚钢板叠成，其磁滞与涡流损耗很大，频敏变阻器单位质量铁损耗，比普通变压器要大几百倍，因此励磁电阻 R_p 较大。二是频敏变阻器的励磁阻抗比普通变压器的励磁阻抗小得多。这样，串接在转子回路中，既限制了启动电流，又不至于使启动电流过小而减小了启动转矩。

三相异步电动机启动时 $s=1$，转子电流的频率为 50Hz，频敏变阻器励磁阻抗 Z_p中的 $R_p>X_p$，因此转子回路主要是串入了电阻 R_p，这样既限制了电动机启动电流，又提高了电动机的启动转矩。

随着转速升高，转子电流的频率 f_2逐渐降低，频敏变阻器的铁损耗与 f_2的平方成正比，因而铁损耗逐渐减小，电阻 R_p也就减小，电抗 X_p与 f_2成正比，它也随 f_2的降低而减小。所以，频敏变阻器的 Z 在启动过程中自动减小，而使电动机在启动过程中保持较大的电磁转矩。电动机启动结束后，$f_2=sf_1$很低，因而 Z_p很小，频敏变阻器自动不起作用，这时可通过闭合接触器触点 K 予以切除。

3.5.3.3 深槽式异步电动机

为了克服普通笼型异步电动机启动电流大、启动转矩小的缺点，可通过改进笼型结构来改善启动性能。这类电动机有深槽异步电动机和双笼型异步电动机。本节介绍前者。

深槽式笼型异步电动机的转子槽形窄而深，其深度与宽度之比为 10～20，而普通笼型异步电动机槽深和槽宽之比不超过 5。当转子导条中有电流流过时，槽中漏磁通分布如图 3－21(a)所示。槽底部分导条链着的磁通比槽口部分导条链着的要多。

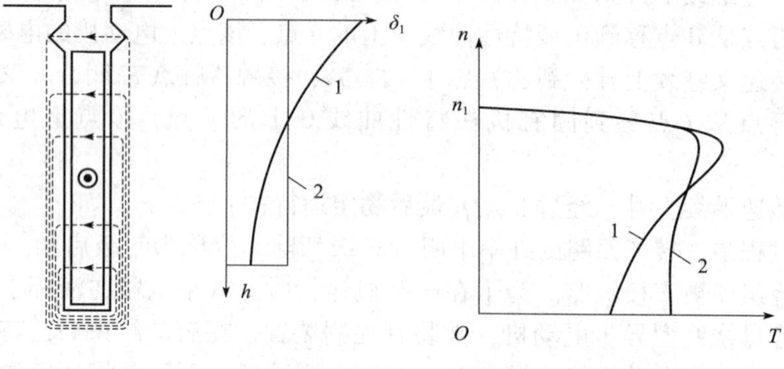

(a)槽中漏磁通分布　(b)电流密度分布　(c)机械特性

图 3－21　深槽式异步电动机

在电动机开始启动时，$s=1$，转子电流的频率 $f_2=sf_1=f_1$ 为电源频率，漏磁通也以此频率交变着，转子漏抗较大。因此启动时，有 $X_2 \gg R_2$，在感应电动势的作用下，转子导条中的电流分布主要取决于 X_2，而此时槽底部分的漏电抗比槽口部分的漏电抗要大得多，所以槽导条中的电流分布极不均匀，电流主要集中在槽口部分，这就是电流的集肤效应或趋表效应，其电流密度分布如 3－21(b)中的曲线 1 所示。

电流集中在槽口部分的结果，就相当于减小了导条的有效高度和截面积，增大了转子绕组电阻 R_z。因此，在刚启动时具有较大的启动转矩。

随着转速的升高，转子电流的频率逐渐降低，集肤效应逐渐减弱，转子电阻逐渐减小，直至电动机进入正常运行时，s 很小，转子电流频率也很低，转子漏抗 $X_{2s}=sX_2$ 变得很小，$sX_2 \ll R_2$，此时转子电流分布主要取决于转子电阻，这样转子电流在导条内的分布趋于均匀，集肤效应不明显，如图 3－21(b)中的曲线 2 所示。转子导条的电阻自动变回到正常运行值，所以正常运行时电动机的转差率仍较小，也不会增加转子铜损耗和降低电动机的效率。深槽式笼型异步电动机的机械特性如 3－21(c)所示，其中曲线 1 是普通笼型的，曲线 2 为深槽式的。

深槽式异步电动机转子槽漏抗较大，功率因数稍低，最大转矩倍数也相对稍小些。

3.5.3.4 双笼型异步电动机

双笼型异步电动机的转子上有两套鼠笼，如图 3－22(a)所示。上层鼠笼导条截面小，用黄铜制成，其电阻率较高，电阻较大；下层鼠笼导条截面大，用紫铜制成，其电阻率较低，电阻较小。上、下笼可以合用一个端环，也可以各自有自己的端环。当电动机运行时，导条里有交流电流通过，下笼链着的漏磁通多，所以漏电抗较大；上笼链着的漏磁通少，其漏电抗较小。

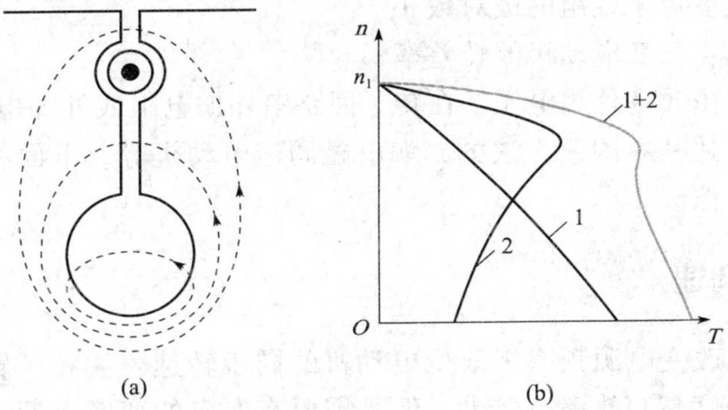

图 3－22 双笼型异步电动机

电动机刚启动时，转子电流的频率较高，导条里的电流分配主要取决于电抗。下笼漏电抗大、电流小，上笼电抗小、电流大。由于上笼电阻大，所以这时电动机有较大的启动转矩。由于上笼在启动时起主要作用，所以上笼又叫做启动笼。启动结束进入正常运行时，转子电流的频率很低，转子漏电抗很小，电流的分配主要取决于电阻，下笼电阻比上笼小，电流主要流经下笼。下笼在正常运行时起主要作用，因此下笼又叫运行笼。上、下笼各自的机械特性曲线及二者叠加曲线如图 3－22(b)中所示，就是双笼型异步电动机的机械特性。

双笼型异步电动机的转子漏电抗比普通单笼型异步电动机大，其功率因数稍低，最大转矩也稍低，但电动机的效率却相差不多。和深槽式电动机相比，只要改变上笼和下笼的参数，便可以灵活地得到所需要的机械特性，而且双笼型电动机的机械强度较好，适用于高转速大容量的异步电动机。

3.6 异步电动机的调速

三相异步电动机的优点是结构简单、价格便宜、运行可靠、维护方便，在工农业等生产部门大量使用。从调速方面来看，它虽然也能调速，但实现起来比较困难，而且调速性能不如直流电动机。然而，近年来随着电力电子技术、微电子技术、自动控制技术和计算机技术的发展，异步电动机交流调速系统有了飞跃的发展，打破了过去直流拖动在调速领域中的统治地位。由于交流调速系统克服了直流电动机结构复杂、应用环境受限制、维护困难等缺点，充分发挥交流电动机本身结构简单、运行可靠、动态响应好等优点，所以异步电动机交流调速系统将在更多的领域中得到广泛的应用。并且随着交流调速技术的不断提高，交流调速性能可以做到和直流机的调速性能一样好，甚至在某些方面优于直流调速系统。

异步电动机转速的表达式为：

$$n = n_1(1-s) = \frac{60f_1}{p}(1-s) \tag{3-26}$$

由此可以看出，异步电动机有三种基本的调速方法：

①变频调速：改变电源频率f_1；

②变极调速：改变定子绕组的极对数p；

③变转差率调速：改变电动机的转差率s。

改变转差率可以由改变外施电压、在转子回路串外加电阻或外加电动势等方法来实现。此外，还有不属于上述基本调速方法的，如电磁调速电动机等。下面将分别讨论异步电动机几种常用的调速方法。

3.6.1 变频调速

变频调速是通过改变电源频率来改变电动机的同步转速，使转子转速随之变化。这种方法调速范围宽、精度高、效率也较高，但是需要有专有的变频电源，应用上受到一定限制。近年来，随有电力电子技术的发展，变频器性能提高，价格降低，已成为交流调速中发展最快、使用最广的方法之一。

把电动机的额定频率称为基频，变频调速可以从基频向下调，也可从基频向上调。

3.6.1.1 从基频向下变频调速

三相异步电动机运行时，定子漏阻抗压降很小。因此，电动机定子每相电压：

$$U_1 \approx E_1 = 4.44 f_1 N_1 k_{dp1} \Phi_1 \tag{3-27}$$

当降低电源频率f_1时，如果U_1保持不变，势必造成Φ_1增加，电动机磁路过于饱和，励磁电流会急剧增加，电动机无法运行。所以，在降低电源频率f_1时，必须同时降低电源电压。降低U_1有两种控制方式。

1. 保持$E_1/f_1=$常数

降低电源频率f_1的同时，保持$E_1/f_1=$常数，则Φ_1保持不变。这是恒磁通控制方式。

在这种变频调速过程中，电动机的电磁转矩为：

$$\begin{aligned} T &= \frac{P_M}{\Omega_1} = \frac{m_1 I_2'^2 \frac{R_2'}{s}}{\frac{\omega}{P}} = \frac{m_1 p}{2\pi f_1}\left[\frac{E_2'}{\sqrt{\left(\frac{R_2'}{s}\right)^2 + X_2'^2}}\right]\frac{R_2'}{s} = \frac{m_1 p f_1}{2\pi}\left(\frac{E_1}{f_1}\right)^2 \frac{\frac{R_2'}{s}}{\left(\frac{R_2'}{s}\right)^2 + X_2'^2} \\ &= \frac{m_1 p f_1}{2\pi}\left(\frac{E_1}{f_1}\right)^2 \frac{1}{\frac{R_2'}{s} + \frac{s X_2'^2}{R_2'}} \end{aligned} \tag{3-28}$$

式(3－28)是保持$E_1/f_1=$常数的变频调速机械特性方程式。将式(3－28)对s求导，并令$dT/ds=0$，可得产生最大转矩时的临界转差率s_m：

$$s_m = \frac{R_2'}{X_2'} \tag{3-29}$$

将式(3－29)代入式(3－28)即得最大转矩：

$$T_m = \frac{m_1 p}{4\pi}\left(\frac{E_1}{f_1}\right)^2 \frac{f_1}{X_2'} = \frac{m_1 p}{4\pi}\left(\frac{E_1}{f_1}\right)^2 \frac{1}{2\pi L_2'} \tag{3-30}$$

式中，L_2'为转子静止时转子－相绕组漏电感系数折合值，$X_2'=2\pi f_1 L_2'$。最大转矩处的转速降为：

$$\Delta n_{\mathrm{m}} = s_{\mathrm{m}} n_1 = \frac{R_2' f_1}{X_2' p} = \frac{R_2'}{2\pi L_2'} \frac{60_1}{p} \tag{3-31}$$

从式(3－30)、式(3－31)可以看出，当改变频率时，若保持 E_1/f_1 = 常数，T_{m}和 Δn_{m}与f_1无关，那么不同频率时的各条机械特性曲线相互平行，硬度相同。

由式(3－28)画出的机械特性曲线如图 3－23 所示。这种调速方法与他励直流电动机降低电源电压调速相似，其优点为：机械特性较硬，在一定的转差率要求下，调速范围宽，低速运行时稳定性好。由于频率可以连续调节，可实现无级调速，调速平滑性好，电动机在正常负载运行时转差率 s 较小，转子铜损耗小，效率高，属恒转矩调速方式。

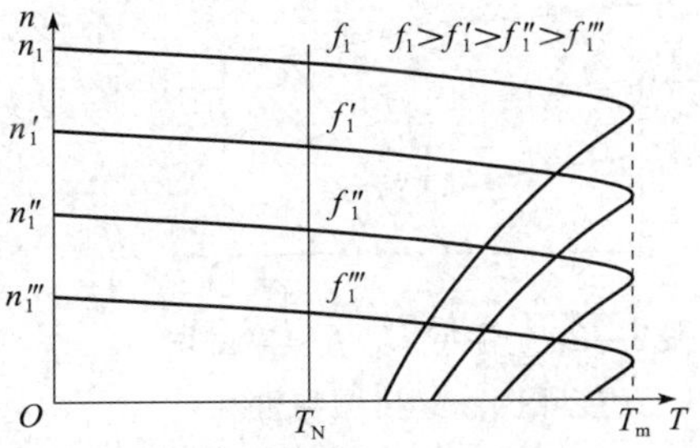

图 3－23 保持 E_1/f_1 = 常数时变频调速的机械特性

下面分析这种调速方法属于恒转矩调速方式的理由。当 E_1/f_1 = 常数，变频调速时电动机电磁转矩用式(3－28)表示，若 T = 常数，则：

$$\frac{\frac{R_2'}{s}}{\left(\frac{R_2'}{s}\right)^2 + X_2'^2} = C \tag{3-32}$$

其中 C 为常数。那么又有 $f_1(R_2'/s) = C(R_2'/s)^2 + CX_2'^2$，则：

$$s = \frac{f_1 R_2' + \sqrt{(f_1 R_2')^2 - 4C(2\pi f_1 L_2') R_2'^2}}{2C(2\pi f_1 L_2')^2} = \frac{K}{f_1} \tag{3-33}$$

式中，K 为常数。式(3－33)所示结果说明，当 T = 常数，可得 $s \propto f_1^{-1}$。这是因为 $s = \Delta n/n_1$，而 $n_1 \propto f_1$，Δn 则由于各条机械特性是互相平行的，对同一个 T，Δn 相等，所以$s \propto f_1^{-1}$。

根据 $s = K/f_1$的结论，$k = K/f_1$(常数)的变频调速中，在 T 不变时，转子电流：

$$I_2' = \frac{E_1}{\sqrt{\left(\frac{R_2'}{s}\right)^2 + X_2'^2}} = \frac{kf_1}{\sqrt{\left(\frac{R_2' f_1}{K}\right)^2 + (2\pi f_1 L_2')^2}} = \text{常数} \tag{3-34}$$

因此，$T = T_{\mathrm{N}}$，$I_2' = I_{2\mathrm{N}}'$，$I_1 = I_{1\mathrm{N}}$，为恒转矩调速方式。

2. 保持 U_1/f_1 = 常数

降低频率调速过程中，如果保持 U_1/f_1 = 常数，则每极磁通 $\Phi_1 \approx$ 常数，即近似属于恒磁通控制方式。其电磁转矩 T、最大转矩 T_{m}和对应的临界转差率 s_{m}为：

$$T = \frac{m_1 p U_1^2 \frac{R_2'}{s}}{2\pi f_1 \left[\left(R_1 + \frac{R_2'}{s}\right)^2 + (X_1 + X_2')^2\right]} = \frac{m_1 p}{2\pi}\left(\frac{U_1}{f_1}\right)^2 \frac{f_1 \frac{R_2'}{s}}{\left(R_1 + \frac{R_2'}{s}\right)^2 + (X_1 + X_2')^2} \tag{3-35}$$

$$T_{\mathrm{m}} = \frac{1}{2} \frac{m_1 p}{2\pi}\left(\frac{U_1}{f_1}\right)^2 \frac{f_1}{R_1 + \sqrt{R_1^2 + (X_1 + X_2')^2}} \tag{3-36}$$

$$s_m=\frac{R_2'}{\sqrt{R_1^2+(X_1+X_2')^2}} \tag{3-37}$$

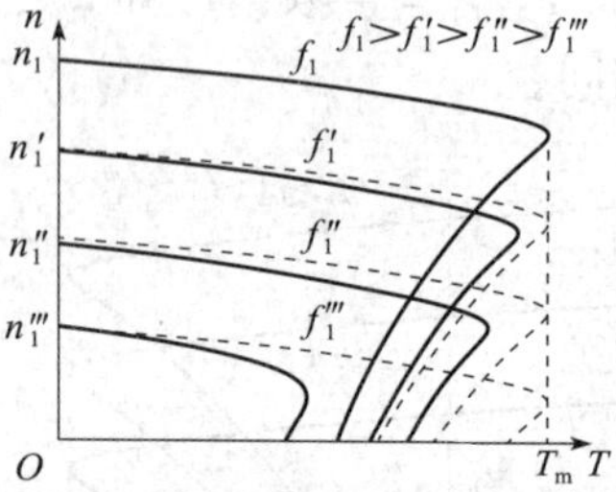

图 3-24　保持 U_1/f_1 = 常数时变频调速的机械特性

式(3-37)表明，最大转矩 T_m 将随 f_1 的降低而减小。在接近额定频率 f_N 时，$R_1 \ll (X_1+X_2')$，随着 f_1 的减小，T_m 下降不多，但是，当 f_1 较低时，(X_1+X_2') 比较小，R_1 相对变大了，随着 f_1 的下降，T_m 将明显减小。

保持 U_1/f_1 = 常数，降低频率调速的机械特性如图 3-24 所示，其中虚线部分是保持 E_1/f_1 = 常数的机械特性，显然保持 U_1/f_1 = 常数时的机械特性不如保持 E_1/f_1 = 常数时的机械特性，特别是在低频时 T_m 下降较多，所以电动机在低速运行时，可能会带不动负载。

3.6.1.2　从基频向上变频调速

从基频向上升高频率调速时，由于升高电源电压 U_1 是不允许的，只能保持电压为 $U_1=U_N$ 不变，频率 f_1 越高，磁通 Φ_1 越小，是一种降低磁通升速的调速方法，类似于他励直流电动机的弱磁调速。

保持 $U_1=U_N$ 不变升高频率时，电动机的电磁转矩 T、最大转矩 T_m 和临界转差率 s_m 分别为：

$$T=\frac{m_1pU_1^2\frac{R_2'}{s}}{2\pi f_1\left[\left(R_1+\frac{R_2'}{s}\right)^2+(X_1+X_2')^2\right]} \tag{3-38}$$

$$T_m=\frac{1}{2}\frac{m_1pU_1^2}{2\pi f_1\left[R_1+\sqrt{R_1^2+(X_1+X_2')^2}\right]}\approx\frac{1}{2}\frac{m_1pU_1^2}{2\pi f_1\ (X_1+X')^2}\propto\frac{1}{f_1^2} \tag{3-39}$$

$$s_m=\frac{R_2'}{\sqrt{R_1^2+(X_1+X_2')^2}}\approx\frac{R_2'}{X_1+X_2'}=\frac{R_2'}{2\pi f_1(L_1+L_2')}\propto\frac{1}{f_1} \tag{3-40}$$

可见，频率越高时 T_m 越小，s_m 也减小。保持 $U_1=U_N$ 不变升频调速的机械特性如图 3-25 所示。

图 3-25　保持 U_N 恒定，升高频率时的机械特性

在升频调速过程中，若保持定子电流 I_1 不变，则不同频率下 s 变化不大，可近似认为不变，因此 P_M = 常数，可近似看成恒功率调速方式。

综上所述，三相异步电动机变频调速具有以下几个特点：

①从基频向下调速，为恒转矩调速方式；从基频向上调速，近似为恒功率调速方式；

②机械特性基本平行，特性较硬，调速范围大，转速稳定性好；

③运行时 s 小，转差功率损耗小，效率高；

④频率 f_1 可连续调节，能实现无级调速。

异步电动机变频调速的电源是一种能调压的变频装置，近年来，多采用由晶闸管元件或自关断的功率晶体管器件组成的变频器。变频调速已经在很多领域内获得广泛应用，如轧钢机、辐道、纺织机、球磨机、鼓风机及化工企业中的某些设备等。随着生产技术水平不断提高，变频调速必将获得更大的发展。

3.6.2 变极调速

改变三相异步电动机的极对数 p，可以改变同步转速 n_1，从而使转速得到调节。

笼型异步电动机极对数的改变，是通过改变定子绕组的接线方式来实现的。图 3－26 所示为三相异步电动机定子 A 相绕组的接线图及产生的磁极数。A 相绕组为两个等效集中线圈正向串联组成，即 AX 绕组为 a1x1 与 a2x2 头尾串联而成，如图 3－26(a)所示。当 AX 绕组流过电流时，它产生的磁极数是 4 极的，如图 3－26(b)所示。

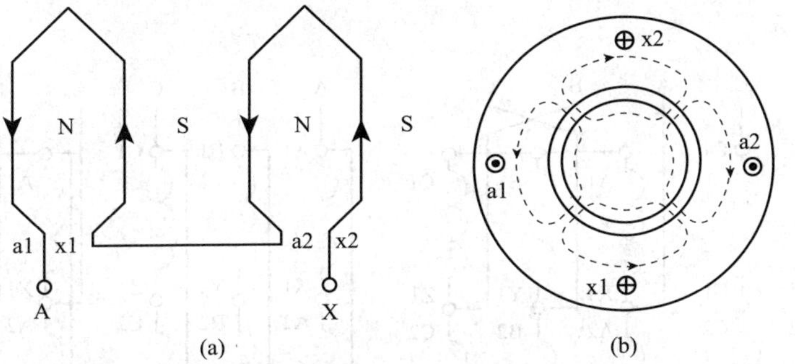

图 3－26 4 极三相异步电动机定子 A 相绕组

如果把图 3－26 中的接线方式改变一下，A 相绕组不再是两个线圈正向串联，而变成反向串联，即 AX 为 a1x1 与 a2x2 反向串联而成，如图 3－27(a)所示。或者把两个线圈变成反向并联，即 AX 为 a1x1 与 a2x2 反向并联，如图 3－27(b)所示。改变接线的 AX 绕组流过电流时，它产生的磁极数是 2 极的，如图 3－27(c)所示。

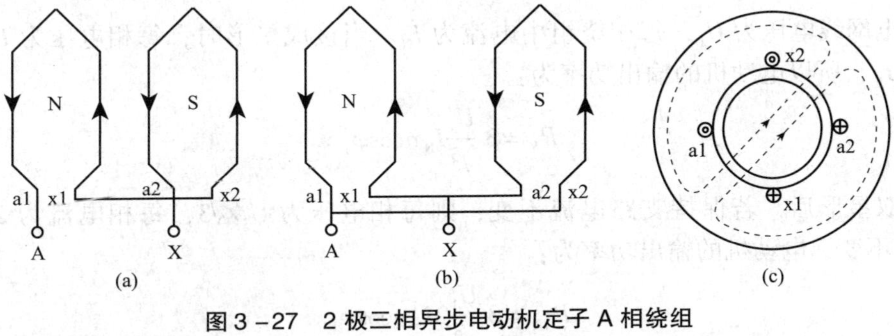

图 3－27 2 极三相异步电动机定子 A 相绕组

实际上，三相绕组的接线方式都是相同的。变极时，三相绕组应同时换接。另外，从电流流动方向来看，变极时，A 相绕组中有半相绕组的电流改变方向。因此可以看出，三相笼型异步电动机的定子绕组，如果把每相绕组中的半相绕组的电流改变方向，则电动机的极对数便成倍变化，同步转速也成倍改变，电动机运行的转速也接近成倍变化。

绕线型异步电动机转子极对数不能自动地随定子极对数变化，而同时改变定、转子绕组极对数又比较麻烦，因此绕线型异步电动机一般不采用变极调速。

还需指出，为了保证变极调速前后电动机的转向不变，当改变定子绕组的接线时，必须同时改变电源的相序。这是因为在电动机定子的圆周上，空间电角度 = 极对数 p × 空间机械角度。例如，当极对数 $p=1$ 时 A、B、C 三相绕组在空间分布的电角度依次为 0、2π/3、4π/3；而当极对数 $p=2$ 时，A、B、C 三相绕组在空间分布的电角度则依次为 0、4π/3、8π/3。这就说明，极对数改变后，三相绕组在空间电角度排列的相序改变了，如果三相绕组的接线端子连接的电源相序没变，则三相绕组产生的合成旋转磁动势将反向，因而电动机转速也跟着反向。所以在改变定子绕组接线的同时，要改变电源的相序，以保证变极调速时电动机转向一致。

笼型异步电动机改变定子绕组的接法很多，其中最常用的有两种：一种是从星形改成双星形，写作 Y/YY，如图 3－28(a)所示；另一种是从三角形改成双星形，写作 △/YY，如图 3－28(b)所示。

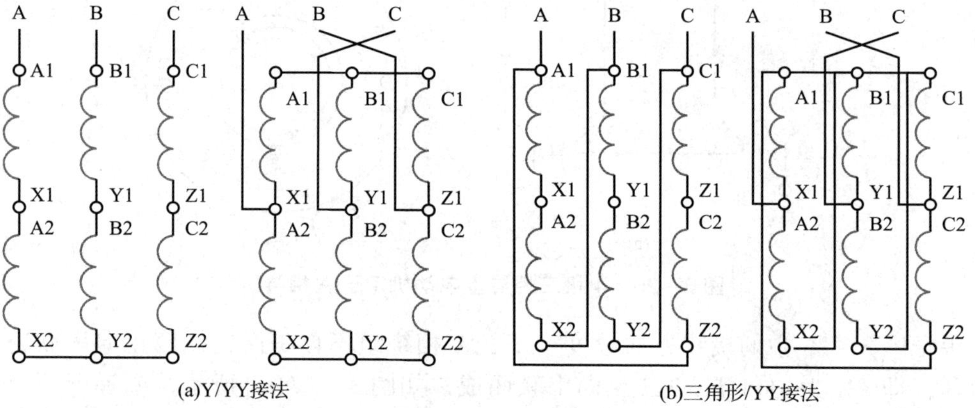

图 3－28　三相变极绕组的两种接法

上述两种接线都能使电动机极数减少一半，但不同接法电动机的允许输出不同。

假设电网线电压为 U_1，每相绕组中电流为 I_N。当接成星形时，每相电压为 $U_1/\sqrt{3}$，每相电流为 I_N，所以电动机的输出功率为：

$$P_Y = 3\frac{U_1}{\sqrt{3}}I_N\eta\cos\varphi_1 \tag{3-41}$$

改成双星形后，若保持支路电流不变，则每相电压为 $U_1/\sqrt{3}$，每相电流为 $2I_N$，假定 $\cos\varphi_1$ 和 η 不变，电动机的输出功率为：

$$P_{YY} = 3\frac{U_1}{\sqrt{3}}2I_N\eta\cos\varphi_1 \tag{3-42}$$

改接前后的输出功率之比为：

$$\frac{P_{YY}}{P_Y}=\frac{3\dfrac{U_1}{\sqrt{3}}2I_N\eta\cos\varphi_1}{3\dfrac{U_1}{\sqrt{3}}I_N\eta\cos\varphi_1}=2 \tag{3-43}$$

这说明由 Y 改成 YY 后，转速提高一倍，输出功率也提高一倍，然而转矩 $T=9550P/n$ 不变，所以此接法适用于恒转矩负载的调速，其机械特性曲线如图 3-29(a)所示。

对于△改成 YY 接法，△接时输出功率为：

$$P_\triangle=3U_1I_N\eta\cos\varphi_1 \tag{3-44}$$

改成 YY 后，假定 $\cos\varphi_1$ 和 η 不变，输出功率为式(3-42)，改接前后的输出功率之比为：

$$\frac{P_{YY}}{P_\triangle}=\frac{3\dfrac{U_1}{\sqrt{3}}2I_N\eta\cos\varphi_1}{3U_1I_N\eta\cos\varphi_1}=1.15 \tag{3-45}$$

式(3-45)说明改接后输出功率变化很小，转速提高了，转矩就要相应地减小，适用于恒功率负载的调速，其机械特性曲线如图 3-29(b)所示。

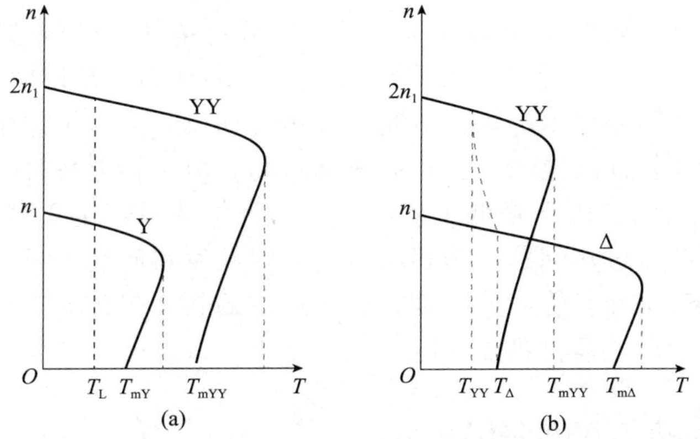

图 3-29 变极调速机械特性曲线

YD 系列电动机即为变极多速电动机。该系列电动机采用改变绕组的接法来变换电动机的极数和输出功率。在生产中可以选用 YD 系列多速电动机，简化变速系统，并能节省电能。

3.6.3 降低电源电压调速

由式(3-16)可知，三相异步电动机电磁转矩与定子每相电压的平方成正比，即 $T\propto U_1^2$，因此降低电压时电磁转矩要成平方关系减小。若电动机拖动恒转矩负载，降低电压调速的特性，如图 3-30 所示。a 点为固有机械特性上的运行点，b 点为降低电压的运行点，$n_b<n_a$，但调速范围较小。若电动机拖动通风机类负载，降压调速有较好的调速效果，如图 3-30(a)中曲线 2 所示。

定子电压较低时，最大转矩 T_m 减小很多，即使有稳定工作点，其过载能力也很低，负载稍有波动，电动机就会停转。因此，对于恒转矩负载，降低定子电压调速方法几乎没有什么实用价值。对于通风机负载，调速范围虽然较大，但在低转速时，磁通 Φ_1 较小，$\cos\varphi_1$ 降低，转子电流 I_2 较大，转子的铜损耗增大，电动机发热严重，因此电动机不能在低速下长期运行。

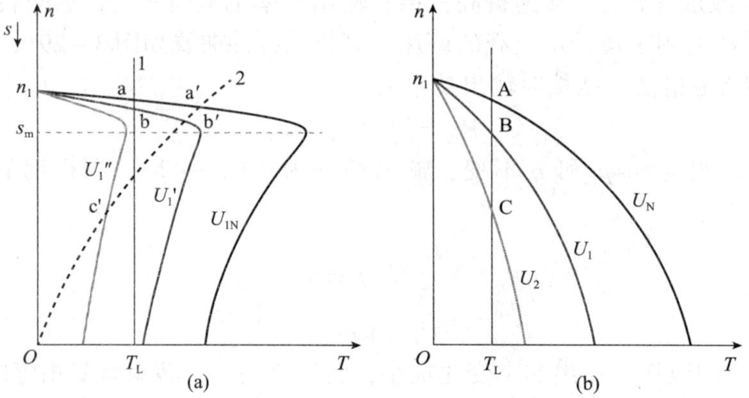

图 3－30　异步电动机降压调速

如果要求电动机拖动恒转矩负载并且有较宽的调速范围，则应选用高转差率电动机，其机械特性曲线如图 3－30(b)所示。要得到图 3－30(b)所示机械特性曲线，对绕线型异步电动机，可以在其转子回路里串电阻；对笼型异步电动机，可以采用电阻率高的黄铜条制作笼型转子。但这种软特性的电动机，在高速运行时，由于转差率比普通电动机的大，运行效率较低；低速运行时，由于降低了供电电压，为保持恒转矩负载，需要更大的电流。除效率降低外，还存在着过热问题。为解决电动机内部发热问题，近年来开始采用热管冷却技术。如将电动机转轴和热管做成一体，转子产生的热量先传至热管轴，然后经热管轴冷却段的散热翅，由冷却风扇将热量带走。

3.7　异步电动机的制动速

在交流电力拖动系统中，如果三相异步电动机的电磁转矩 T 与转速 n 的方向相反，那么电动机便处于制动状态。异步电动机制动时，电磁转矩 T 为制动性转矩，此时，电动机将从轴上吸收机械能，并把它转换成电能，而转换的电能或者回馈电网，或者消耗在转子回路中。

通常，异步电动机制动有两个目的：为了使拖动系统迅速减速及停车，这时，制动是指电动机从某一稳定转速下降到零的过程；为了限制位能性负载的下放速度，这时，制动是指电动机处于某一稳定的制动运行状态，电动机的转矩 T 与负载转矩相平衡，系统保持匀速运行。

三相异步电动机的制动分为：能耗制动、反接制动、倒拉反转和回馈制动四种。

3.7.1　能耗制动

如图 3－31(a)所示，三相异步电动机处于电动运行状态的转速为 n，如果把异步电动机的定子绕组从交流电源上切断，同时按一定接线方式把它接到直流电源上，此时电动机即进入制动状态。

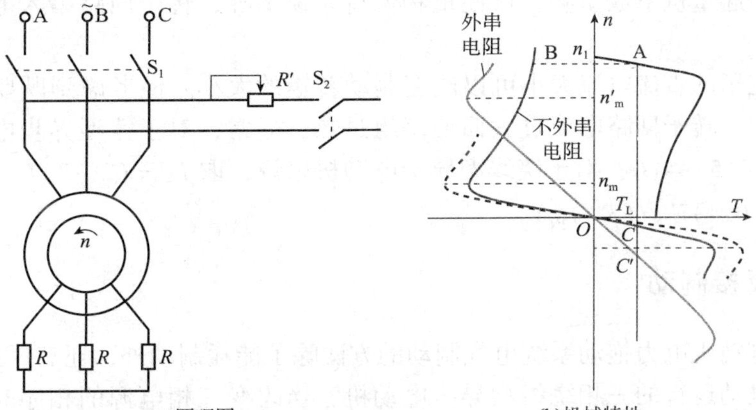

(a)原理图　　(b)机械特性

图3－31　异步电动机能耗制动原理图与机械特性

电动机在断开交流电源的同时，在定子两相上通入直流电流，直流电流流过定子绕组，便在电动机内建立一个位置固定、大小不变的恒定磁场。电动机转子由于惯性继续旋转，转子导体切割恒定磁场而产生感应电动势及电流，该电流和恒定磁场相互作用产生电磁转矩，转矩的方向与转子实际旋转方向相反，起到了制动的作用。在制动过程中，电动机转速不断下降，电动机不断吸收系统储存的机械能，并把它转换成电能消耗在转子电路的电阻上。如果电动机拖动的负载为反抗性恒转矩负载，电动机减速到 $n=0$，制动过程结束。此时，转子与恒定磁场相对静止，感应电动势为零，转子电流为零，电动机的转矩也等于零，电动机停止转动。

能耗制动时，制动转矩的大小，与通入定子中的直流电流大小有关，也与转子电路中的电阻有关。图3－31(b)所示为异步电动机能耗制动时的机械特性。其特点是：

①机械特性曲线过 $T-n$ 坐标的原点。

②当通入定子的直流电流大小不变时，其最大转矩 T_m 不变，如果转子回路的电阻增大，则最大转矩对应的转速增加。图3－31(b)中转子不外串电阻时的机械特性曲线，最大转矩对应的转速为 n_m；根据转子回路外串电阻 R 时的机械特性曲线，最大转矩对应的转速为 n'_m，其中 $n'_m>n_m$。

③当转子回路电阻不变时，如果直流电流增大，则最大转矩 T_m 随之增大，而最大转矩对应的转速 n_m 不变，如图3－31(b)中虚线曲线所示。

下面以图3－31(b)中转子不外串电阻时的机械特性曲线为例来分析能耗制动过程。设电动机原来稳定运行于A点，能耗制动时，由于机械惯性，电动机制动开始时转速来不及变化，工作点由A点平移至B点，电动机的转矩为负，即为制动性转矩，然后电动机由B点沿机械特性曲线不断减速，减至坐标原点($n=0$，$T=0$)。如果负载是反抗性负载，则电动机停止转动，实现了快速制动停车。所以能耗制动应用于快速停车时，对于这种负载能够实现准确停车，因为电动机减速到零时就自动停止。

如果拖动的负载是位能性负载，当转速减速到零时若要停车，必须用机械抱闸将电动机轴刹住。否则，电动机在位能性负载转矩 T_L 拖动下反转，直到 C 点（$T = T_L$），电动机处于稳定的能耗制动运行状态，使负载保持匀速下降。C 点称为能耗制动运行点。所以能耗制动也可应用于起重机下放重物，可使重物保持匀速下降，转子回路串入电阻越大，下放速度越快。

改变通入定子的直流电流大小可以改变制动转矩的大小。但考虑到既要有较大的制动转矩，又不使定、转子回路电流过大而使绕组过热，通常，对于笼型异步电动机来说，取直流电流 $I_= = (3.5 \sim 4)I_0$；对于绕线型异步电动机来说，取 $I_= = (2 \sim 3)I_0$，转子回路串接电阻 $R = (0.2 \sim 0.4)E_{2N}/(3^{0.5}I_{2N})$。

3.7.2 反接制动

三相异步电动机电力拖动系统电气制动的方法除了能耗制动外，还有反接制动。

处于正向电动运行的三相绕线型异步电动机，当改变三相电源的相序时，电动机便进入了反接制动过程。如图 3－32(a)所示，接触器触点 K_1 闭合为正向电动运行，K_1 断开 K_2 闭合，则改变了电源相序。图 3－32(b)所示为拖动反抗性恒转矩负载，反接制动的同时转子回路串入较大电阻时的反接制动机械特性。电动机的运行点由 A 到 B 再到 C，到 C 点后，$-T_L < T < T_L$，可以准确停车。

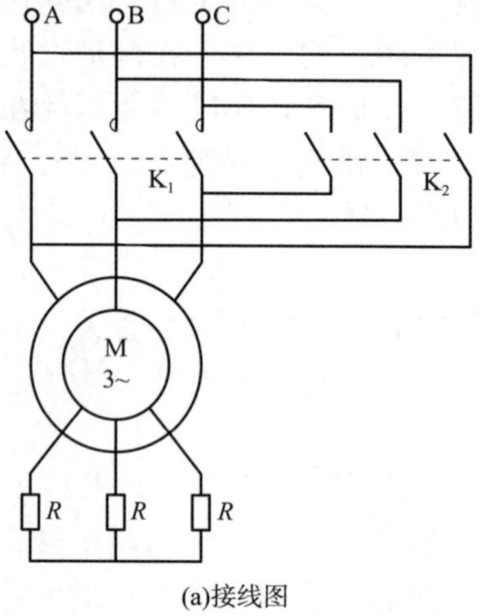

(a)接线图

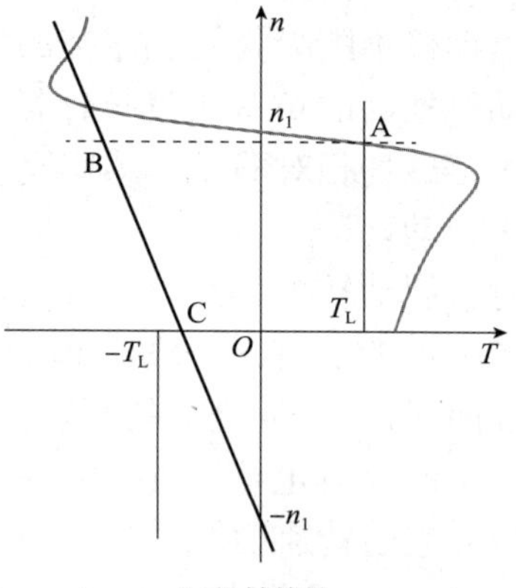

(b)机械特性

图 3－32 绕线型三相异步电动机反接制动过程

反接制动过程中，电动机电源相序为负序，因此转速 $n \geqslant 0$ 时，相应的转差率 $s \geqslant 1$。从异步电动机等效电路上看出，在 $s > 1$ 的反接制动过程中，若转子回路总电阻折合值为 R_2'，则机械功率为：

$$P_m = 3I_2'^2 \frac{1-s}{s} R_2' < 0 \tag{3-46}$$

即负载向电动机内输入机械功率。显然负载提供机械功率是靠转动部分减少动能。从定子到转子的电磁功率为：

$$P_M = 3I_2'^2 \frac{1}{s} R_2' > 0 \tag{3-47}$$

转子回路铜损耗：

$$p_{Cu2}=3I_2'^2R_2'=P_M-P_m=P_M+|P_m| \tag{3-48}$$

因此，转子回路中消耗了从电源输入的电磁功率及由负载送入的机械功率，数值很大，因此在转子回路中必须串入较大的外串电阻，以分担大部分转子回路铜损耗，从而保护电动机不致由于过热而损坏。所谓大电阻是指比启动电阻阻值还要大的电阻。

从转子回路串电阻反接制动的机械特性可以看出，为了使整个制动过程中保持比较大的电磁转矩，可以采用转子回路串入大电阻并分级切除的分级制动方式。

电动机拖动负载转矩较小的反抗性恒转矩负载运行，或者拖动位能性恒转矩负载运行，在这两种情况下，如果进行反接制动停车，那么必须在降速到 $n=0$ 时切断电动机电源并停车，否则电动机将会反向启动。

三相异步电动机反接制动停车比能耗制动停车速度快，但能量损失较大。一些频繁正、反转的生产机械，经常采用反接制动停车接着反向启动，就是为了迅速改变转向，提高生产率。

反接制动停车的制动电阻计算，根据所要求的最大制动转矩进行。为了简单起见，可以认为反接制动后瞬间的转差率 $s\approx2$，处于反接制动机械特性的 $s=0\sim s_m$ 之间。

笼型异步电动机转子回路无法串电阻，因此反接制动不能过于频繁。

3.7.3　倒拉反转运行

三相绕线型异步电动机拖动位能性恒转矩负载运行，当转子回路串入一定的电阻时，电动机的转速会下降。如果所串的电阻超过某一数值后，电动机的电磁转矩 T 小于负载转矩 $T_L(0<s<1)$，使得电动机反转，即位能性负载倒过来拉着电动机反转。此时，电动机旋转磁场的方向与转子转动的方向相反，若电动机旋转磁场的方向为正，同步转速为 n_1，则电动机转速 n 为负，于是电动机转差率 $s>1$。这种情况下的能量关系与电源相序反向的反接制动时相同，这里不再重述。负载的位能不断被电动机吸收，即向电动机输入机械功率，并转换成电功率，连同定子传送给转子的电磁功率一起，全部消耗在转子回路的电阻上。三相异步电动机倒拉反转运行的机械特性如图 3-33 所示。

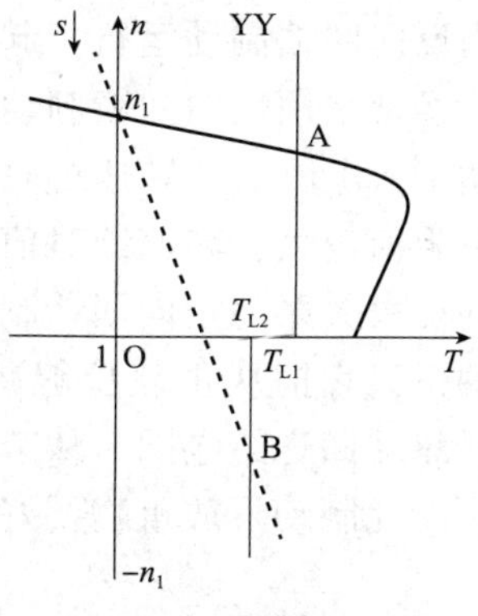

图 3-33　绕线型异步电动机倒拉反转运行

倒拉反转制动运行是转差率 $s>1$ 的一种稳态，其功率关系与反接制动过程一样，电磁功率 $P_M>0$，机械功率 $P_m<0$，转子回路总铜损耗 $p_{Cu2}=P_M+|P_m|$。但是倒拉反转运行时负载向电动机送入机械功率是靠着负载储存的位能的减少。这种运行状态与直流电动机倒拉反转运行的情况是一样的，也是位能性负载倒过来拉着电动机反转。

3.7.4　回馈制动

当三相异步电动机的实际转速高于同步转速，即 $n>n_1$ 时，异步电动机便处于回馈制动状态。这时电动机转子导体切割旋转磁场的方向与电动状态时的方向相反，相应地转子感应电动势和转子电流的方向与电动状态时的方向相反，则电磁转矩 T 也改变方向，这样 T 的方向与转速 n 的方向相反起到制动的作用。

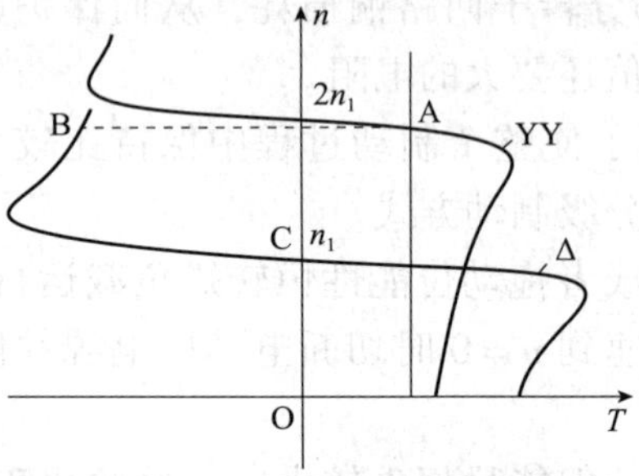

图 3－34　三相异步电动机的正向回馈制动

图 3－34 所示为三相笼型异步电动机 YY－△变极调速时的机械特性。当电动机拖动恒转矩负载 T 运行时，如果原来运行于定子绕组 YY 接方式，工作点为 A，转速接近于 $2n_1$，突然把定子绕组接线改为△接方式以后，电动机运行点将从 A→B→C→D，最后稳定运行于 D 点，转速接近于 n_1，在这个降速过程中，电动机运行在第二象限 B→C 这一段机械特性上，转速 $n>0$，电磁转矩 $T<0$，是制动运行状态，称为正向回馈制动过程。整个回馈制动过程中，始终有 $n>n_1$，转差率 $s=(n_1-n)/n_1<0$，从三相异步电动机等效电路上可以看出，电动机输出的机械功率为：

$$P_m = 3I_2'^2\frac{1-s}{s}R_2' < 0 \tag{3-49}$$

$P_m<0$ 表示机械功率输送给电动机，减去转子铜损耗变为电磁功率 P_M。$P_M<0$ 表示电动机发出电功率，减去定子损耗后，回馈给电网。

以上是第二象限的正向回馈制动过程分析。当三相异步电动机拖动位能性恒转矩负载，电源相序改变后，电动机运行于第四象限，如图 3－35 中的 B 点，电磁转矩 $T>0$，转速 $n<0$，称为反向回馈制动运行。起重机高速下放重物（指 $|n|>n_1$）时，经常采用反向回馈制动运行方式，若负载大小不变，转子回路串入电阻后，转速绝对值加大，如图 3－33 中的 C 点，串入电阻值越大，转速绝对值越高。反向回馈制动运行时，电动机的功率关系与正向回馈制动过程是一样的，电动机是一台发电动机，它把从负载位能减少而输入的机械功率转变为电功率，然后回送给电网。从节能的观点看，反向回馈制动下放重物比能耗制动下放重物要好。

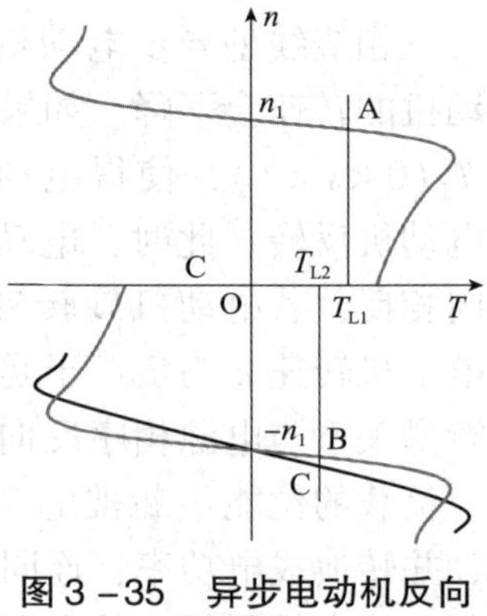

图 3－35　异步电动机反向回馈制动运行

3.8　电动机常见故障与排除

3.8.1　电动机常见故障与排除

正常情况下，三相异步电动机任意两相间的绝缘电阻应不低于 0.5MΩ。如果发现相间绝缘电阻为零或接近零时，表明相间绝缘损坏，发生了相间短路故障。主要原因是绝缘薄弱而产生电击穿，绝缘薄弱的原因较多，如电动机绕组过热，特别是在潮湿环境中受潮（运行发热，停车吸潮），或者在双层绕组的电动机，槽中的上、下层边分属于两相绕组，可能会因层间绝缘薄弱而造成电击穿。相间短路故障表现为电动机运行声音异常、定子电流不稳定，导致保护电器动作或熔断器烧断，甚至绕组烧坏。

三相异步电动机定子某相绕组的线圈中线匝之间发生的短路，一般而言，是由于线圈中导线表皮绝缘损坏使相邻的导体接触而造成。匝间短路开始之初，可能只有两根导线因绝缘磨坏而接触，形成短路，短路线匝内产生环流，使线圈迅速发热，进一步损坏邻近导线的绝缘，导致短路的匝数不断增多，严重时，会烧断熔断器，甚至烧焦绕组。当三相绕组中有一相发生匝间短路时，此时相当于绕组匝数减少，定子三相电流不再平衡，引起电动机振动并发出异响，电动机平均转矩明显下降，从而引起拖动负载时无力。

产生匝间短路的原因包括：操作不当，碰伤绕组端部绝缘；电动机长时间超负荷运行，电动机过热而使线圈局部变得薄弱；定子下线时，个别导线在槽内交叠，长期运行过程中由于电磁力的作用，会使交叉处的绝缘损坏而发展成匝间短路。通过外观检查或短路侦察器可确定短路点。

定子绕组导体与铁心之间绝缘电阻为零或接近于零时，即认为电动机发生了定子绕组接地故障。发生定子绕组接地故障的原因主要有：电动机绝缘老化，失去绝缘性能；定子槽口处绝缘破损，导体与铁心接触；绕组端部绝缘损坏并碰端盖；定子绕组引出电缆绝缘破损而碰壳。定子绕组接地后，如果电动机机座未严格接地，会使机座带电，威胁操作人员的人身安全；定子绕组多点接地时，会发生短路故障，所以当定子绕组发生一点接地后，必须认真检查及时排除，可使用兆欧表可以检查接地故障。

三相异步电动机定子线圈不能超过制造厂规定的允许值，表3－1为一般三相异步电动机的最高允许温度。异步电动机过热是最常见的故障现象之一，其原因诸多，当出现此类故障时，可以从电源电压过高或过低、电动机三相不对称工作、控制设备维护不佳和电动机结构异常等方面寻找原因。

表3－1 三相异步电动机最高允许温度 ℃

电动机结构	A级绝缘		E级绝缘		B级绝缘		F级绝缘		H级绝缘	
	温度计法	电阻法	温度计法	电阻法	温度计法	电阻法	温度计法	电阻法	温度计法	电阻法
转子绕组	95	100	105	115	110	120	125	140	145	165
定子绕组	100		115		120		140		165	
滑环	100		115		120		130		140	
滑动轴承	70		70		70		70		70	
滚动轴承	95		95		95		95		95	

电源电压过高或过低时，都会引起机温过高。当电源电压过高时，磁通增大，电动机磁路饱和，定子电流剧烈增加；当电源电压过低时，若负载转矩已定，磁通减少，同样导致转子电流增大。定子电流增大，电磁能转化为热能损失能量，电动机温升提高。

电源电压三相不对称时，即三相电压数值相差较大时，将使异步电动机定子三相电流不平衡，由于额定负载下某相绕组电流可能超过额定值，使该相绕组过热，从而引起异步电动机定子绕组局部过热。

控制线路如果维护不佳，就可能存在各种电动机故障，如触头接触不良，短时间多次启动，或超定额运行等，都会对定子发热有影响。电动机长时间在过载下运行，而保护装置未能及时动作，可能使电动机定子电流超过额定值；电动机与被拖动的机械联接不好、齿轮箱有污物或联轴器偏心等使电动机空载损耗增大；电动机承受不应有的冲击负荷；由于负荷的故障使电动机堵转等。

电动机散热设计问题或散热设备故障(如风扇损坏或堵塞等)，或长期运行而使转轴弯曲变形、轴承损坏、摩擦严重等，导致散热障碍或产生额外能量损失，这就要求使用期间需要做好设备的日常保养。

电动机运行中如出现下列情况之一时，应立即切断电源，停机检查处理，切断电动机的电源以后，必须详细检查发生上述现象的原因，并在消除故障后才能合闸运行：

①电动机所拖动的泵发生故障；

②电动机冒烟起火或有火花出现；

③电动机轴承温度超过许可值；

④电动机电流超过铭牌规定，或在运行中电流猛增；

⑤电动机在发热和发响的同时，转速急剧下降；

⑥电动机内部发生冲击(串轴)；

⑦电动机传动装置失灵或损坏；

⑧电动机出现强烈的振动；

⑨启动电器或保护电器发生故障。

三相异步电动机的常见故障现象、原因与排除方法总结见表3－2。

表3－2　三相异步电动机常见故障与排除

故障现象	故障原因	排除方法
电动机通电后不转动，无异响，也无异味和冒烟	1. 电源至少有两相未通 2. 熔丝至少有两相熔断 3. 过流继电器调得过小 4. 控制设备接线错误	1. 检查电源回路开关、熔丝、接线盒处是否有断点，并修复 2. 检查熔丝型号、熔断原因，换新熔丝 3. 调节继电器整定值，使之与电动机相配合 4. 收正接线
电动机通电后不转，然后熔丝熔断	1. 缺一相电源，或定子线一相接反 2. 定子绕组相间短路 3. 定子绕组接地 4. 定子绕组接线错误 5. 熔丝截面过小 6. 电源线短路或接地 7. 开关和定子之间接线短路 8. 电动机负载过大或有机械卡住	1. 检查刀闸是否有一相未合好，电源回路是否有一相断线，消除故障 2. 查出短路点，予以修复 3. 消除接地 4. 查出误接，予以更正 5. 更换合格的熔丝 6. 消除短路或接地点 7. 拆开电动机接线头，检查导线的绝缘性能，并消除故障 8. 检查定子电流、转子有无卡住现象，减轻负载，解除故障

续表

故障现象	故障原因	排除方法
电动机通电后不转，有嗡嗡声	1. 定、转子绕组有断路（一相断线）或电源一相失电 2. 绕组引出线始末端接错或绕组内部接反 3. 电源回路接点松动，接触电阻大 4. 电动机负载过大或转子卡住 5. 电源电压过低 6. 电动机装配太紧或轴承内油脂过硬 7. 轴承卡住 8. 槽配合不当	1. 查明断点，予以修复 2. 检查绕组极性，判断绕组首末端是否正确 3. 紧固松动的接线螺栓，用万用表检查各接头是否假接，予以修复 4. 减载或查出并消除机械故障 5. 检查是否按规定的接法接线，是否由于电源导线过细使压降过大，予以纠正 6. 重新装配使之灵活；更换合格油脂 7. 修复轴承 8. 将转子外圈适当车小或选择适当定子线圈跨距
电动机启动困难，带额定负载时，电动机转速明显低于额定转速	1. 电源电压过低 2. △接法误接为Y接法 3. 笼型转子开焊或断裂 4. 定转子局部线圈错接 5. 修复电机绕组时增加匝数过多 6. 电机过载	1. 测量电源电压，设法改善 2. 纠正接法 3. 检查开焊或断点并修复 4. 查出误接处，予以改正 5. 恢复正确匝数 6. 减载
电动机空载电流不平衡，三相相差大	1. 重绕时定子三相绕组匝数不等 2. 绕组首尾端接错 3. 电源电压不平衡 4. 绕组存在匝间短路、线圈接反等故障	1. 重新绕制定子绕组 2. 检查并纠正 3. 测量电源电压，设法消除不平衡 4. 消除绕组故障
电动机空载时过负载，电流表指针不稳、摆动大	1. 笼型转子导条开焊或断条 2. 绕线型转子故障（一相断路），或电刷、集电环短路装置接触不良	1. 找出断条予以修复或更换转子 2. 检查绕线转子回路并加以修复
电动机空载电流平衡，但电流大	1. 修复时，定子绕组匝数减少过多 2. 电源电压过高 3. Y接电动机误接为△ 4. 电动机装配时，转子装反，使定、转子铁芯未对齐，有效长度减短 5. 气隙过大或不均匀 6. 大修拆除旧绕组时，拆法不当，使铁芯烧损	1. 按正确的匝数、重绕定子绕组 2. 检查电源，设法恢复额定电压 3. 改接为Y 4. 重新装配 5. 调整气隙或更换新转子 6. 检查铁芯或重新计算绕组，适当增加匝数
电动机运行时响声不正常	1. 转子与定子绝缘纸或槽楔相擦 2. 轴承磨损或油内有砂粒等异物 3. 定、转子铁芯松动 4. 轴承缺油 5. 风道填塞或风扇叶擦风罩 6. 定转子铁芯相擦 7. 电源电压过高或不平衡 8. 定子绕组错接或短路	1. 修剪绝缘或削低槽楔 2. 更换或清洗轴承 3. 检修定、转子铁芯 4. 加油 5. 清理风道或重新安装风罩 6. 消除擦痕，必要时车小转子 7. 检查并调整电源电压 8. 消除定子绕组故障

续表

故障现象	故障原因	排除方法
电动机振动剧烈	1. 轴承磨损，间隙过大 2. 气隙不均匀 3. 转子不平衡 4. 转轴弯曲 5. 铁芯变形或松动 6. 联轴器(皮带轮)中心未校正 7. 风扇不平衡 8. 机壳或基础强度不够 9. 电动机地脚螺栓松动 10. 笼型转子开焊、断路；绕线转子断路 11. 定子绕组故障	1. 检修轴承，必要时更换 2. 调整气隙，使之均匀 3. 校正转子动平衡 4. 校直转轴 5. 校正重叠铁芯 6. 重新校正，使之符合规定 7. 检修风扇，纠正其几何形状，校正平衡 8. 进行加固 9. 紧固地脚螺栓 10. 修复转子绕组 11. 修复定子绕组
轴承过热	1. 润滑脂过多或过少 2. 油质不好，含有杂质 3. 轴承与轴颈或端盖配合不当(过松或过紧) 4. 轴承盖内孔偏心，与轴相擦 5. 电动机端盖或轴承盖未装平 6. 电动机与负载间联轴器未校正，或皮带过紧 7. 轴承间隙过大或过小 8. 电动机轴弯曲	1. 按规定加润滑脂(容积的1/3～2/3) 2. 更换清洁的润滑脂 3. 过松可用黏结剂修复，过紧应磨轴颈或端盖内孔，使之适合 4. 修理轴承盖，消除擦点 5. 重新装配 6. 重新校正，调整皮带张力 7. 更换新轴承 8. 校正电动机轴或更换转子
电动机过热冒烟	1. 电源电压过高，使铁芯发热大大增加 2. 电源电压过低，电动机在额定负载运行时，电流过大使绕组发热 3. 修理拆除绕组时，拆法不当，烧伤铁芯 4. 定、转子铁芯相擦 5. 电动机过载或频繁启动 6. 笼型转子断条 7. 电动机缺相，两相运行 8. 重绕后定子绕组浸漆不充分 9. 环境温度高，电动机表面污垢多，或通风道堵塞 10. 电动机风扇故障，通风不良或曝晒 11. 定子绕组故障(相间、距间短路；定子绕组内部连接错误) 12. 正、反转频繁或启动次数过多	1. 降低电源电压(如调整供电变压器分接头)。若是电机接法错误引起，则应改正接法 2. 提高电源电压或换粗供电导线 3. 检修铁芯，排除故障 4. 消除擦点(调整气隙或锉、车转子)，检查轴承 5. 减载或按规定次数控制启动 6. 检查并消除转子绕组故障 7. 恢复三相运行 8. 采用二次浸漆或真空浸漆工艺 9. 清洗电动机，改善环境温度，采用降温措施 10. 检查并修复风扇，必要时更换 11. 检修定子绕组，消除故障 12. 减少正、反转和启动次数或改用合适电动机

续表

故障现象	故障原因	排除方法
机壳带点	1. 引出线或接线盒接头的绝缘损坏而碰壳 2. 端部太长碰机壳 3. 槽子两端的槽口绝缘破坏 4. 槽内有铁屑等杂物未除尽，导线嵌入后即接地 5. 在嵌线时，导体绝缘有损伤 6. 外壳没有可靠接地	1. 检查后套上绝缘套管或包扎绝缘布 2. 如端盖卸下后接地现象消除，应将绕组端部刷一层绝缘漆并垫上绝缘纸再装上端盖 3. 细心扳动绕组端接部分，找出绝缘损坏处，垫上绝缘纸，再涂上绝缘漆 4. 拆开每个线圈接头，用淘汰法找出接地线圈后，进行局部修理 5. 见4 6. 按上述几个方法排除故障后，将外壳可靠接地
绝缘电阻过低	1. 潮气浸入或雨水淋入电动机内 2. 绕组上灰尘油垢太多 3. 引出线或接线盒接头的绝缘即将损坏 4. 电动机过热后绝缘老化	1. 用兆欧表检查后，进行烘干处理 2. 消除灰尘、油垢后，浸渍处理 3. 重新包扎引出线接线头或更换接线盒 4. 可重新做浸漆处理

3.8.2 电动机日常维护

1. 灰尘与污垢清理

电动机及其附属设备都要经常清除灰尘和污垢，会使电动机温升增加，同时灰尘又易吸收水分，使绝缘性能减弱，现象严重时甚至可能损坏电动机。可用布干擦电动机污垢，而灰尘需要用干燥的压缩空气或手风箱(俗称“皮老虎”)来吹除，吹除灰尘时应将送风管或手风箱先朝着其他地方试吹几下，不可直吹，以防更多杂质被吹入电动机内部。如果灰尘中含有导电性的细末(如煤粉等)就应当轻一点吹，以免把这些细末吹入电动机的深处。

2. 绝缘电阻的测量

电动机久停未用，或在正常状态下运行时，都应当每隔一定时间检查电动机绕组间和组对地绝缘电阻。对于同步电动机和绕线式电动机，除检查定子绝缘外，还应检查转子绕组及滑环对地和滑环间的绝缘电阻。绝缘电阻与绕组工作电压有关，每1kV工作电压应不小于1MΩ。通常，500V以下电动机的绝缘电阻用500V兆欧表测量，500～3000V电动机用1000V兆欧表测量，3000V以上的电动机用2500V兆欧表测量。一般380V电动机常温下的绝缘电阻应大于0.5MΩ方可使用，否则要对其进行烘干。

3. 滑环和电刷的检查保养

绕线式电动机的滑环、电刷的检查和维护，主要是保证它们光滑清洁、紧密接合。在检查滑环时，应注意滑环表面有无烧毛、黑斑、粗糙或擦伤的痕迹，如果存在，须进行打磨，如果滑环表面凹凸不平很严重或偏心过大，则应当送到修配厂去进行车光。

在检查电刷时，要仔细察看电刷的表面光滑和磨损情况，如果已经磨损很多或受热裂开，应调换同样型号的新电刷。在检查电刷的同时，还应对刷握进行检查，刷握内壁应清洁无烧灼痕迹，否则应用砂纸擦拭干净。刷握上的弹簧压力需定期检查，使其保持在0.2～

0.34kg/cm^{2}之间，并且三相的压力应大小一致。压力过小，电刷下面会产生火花，压力过大，可能磨损滑环和电刷。同时还应检查电刷上的软铜线是否完整，它与电刷的连接是否良好，如果连接不良，接触电阻增大，会引起电动机局部过热。

4. 轴承的检查保养

检查轴承的目的，主要是了解工作面的磨损情况，是否有损坏，是否清洁和润滑等。检查轴承磨损情况，测量其间隙的大小，是一项很重要的工作。因为，中小型感应电动机的定子和转子间的间隙很小(0.3～0.5mm)，当轴承磨损后转子便下降，可能会碰触定子，损坏电动机。

轴承最重要的是它的密封和润滑，日常保养工作主要包括定期换油及清洗轴承。为了防止灰尘及脏物落入轴承中，不进行检修时轴承盖应该密闭着。滚珠轴承大约在电动机每运行1000h换油一次。换油前，应用汽油或其他溶剂清洗轴承各部分后，再加注洁净的黄油。电动机轴承润滑脂(黄油)的选用，要考虑电动机工作环境的潮湿程度和轴承运行的温度，否则会造成润滑脂流失、水解，导致轴承损坏。滚动轴承使用钠基润滑脂较多，这种材料耐高温性能良好，附着力强，可用于清洁无水分的、工作温度较高的电动机。根据国家相关标准，Y系列及其派生系列电动机的密封轴承润滑均应使用锂基润滑脂，该润滑脂不但具有良好的抗水性，而且可在－20～120℃的温度范围内使用。

思考题

3－1. 什么情况下异步电动机不能直接启动？

3－2. 某三相笼型异步电动机铭牌上标注的额定电压为380/220V，Y/△接，能否接在380V的交流电网上空载启动？能否采用Y－△降压启动？

3－3. 绕线型异步电动机转子回路串频敏变阻器启动的原理是什么？它与转子回路串电阻启动相比有何好处？

3－4. 一台绕线型三相异步电动机，定子绕组Y接，4极，其额定数数据如下：$f_1=50\text{Hz}$，$P_N=150\text{kW}$，$U_N=380\text{V}$，$n_N=1455\text{r/min}$，$\lambda=2.6$，$E_{2N}=213\text{V}$，$I_{2N}=420\text{A}$。求：

(1)启动转矩；

(2)欲使启动转矩增大一倍，转子每相串入多大电阻？

3－5. 一绕线型异步电动机，$P_N=60\text{kW}$，$n_N=577\text{r/min}$，$I_N=133\text{A}$，$E_{2N}=253\text{V}$，$I_{2N}=160\text{A}$，$\lambda=2.9$。如果电动机在回馈制动状态下下放重物，$T_L=0.8\text{T}$，转子串接电阻为0.06Ω，求此时电动机的转速。

第4章　泵

在航空油库作业中，流体(油、水、蒸汽等)流经各种管道、设备和仪表时，通常需要将流体从低处输送到高处，或从低压处输送的高压处，或沿管道输送到更远的地方，这就需要应用流体机械为流体提供能够克服流动阻力的能量(位能、压能和动能)，达到油品沿通道输送或通过设备的目的。作为动力机，常见的设备包括泵、风机与压缩机，其中泵用来输送液体，风机和压缩机用来输送气体。本章重点介绍泵的用途、分类、工作原理和基本故障排除方法。

4.1　泵的分类

泵是把机械能转换为液体能量、用来增压输送液体的机械。泵是液体输送所需的动力来源，其功能相当于人体的心脏，使得油料或水持续不断地沿管道输送。

航空油库应用泵的场合较广，除了用油泵来收发和传输油品外，消防系统、真空系统、含油污水处理系统和给水系统也离不开泵，另外蒸汽加热系统也需要泵。此外，输送油品在不同场合也可能需要提供的能量形式和大小也不同。例如在铁路卸油过程中，通常要求快速完成卸油工作，需要泵提供较大的流量，但由于油库随着液位不断升高，又需要泵提供较大的扬程，然而泵所能提供的能量是有限的。由此可见，在不同输送的液体介质、不同的温度和压力环境、不同工况条件下，需要使用不同结构和性能的泵来适应流体的输送要求。

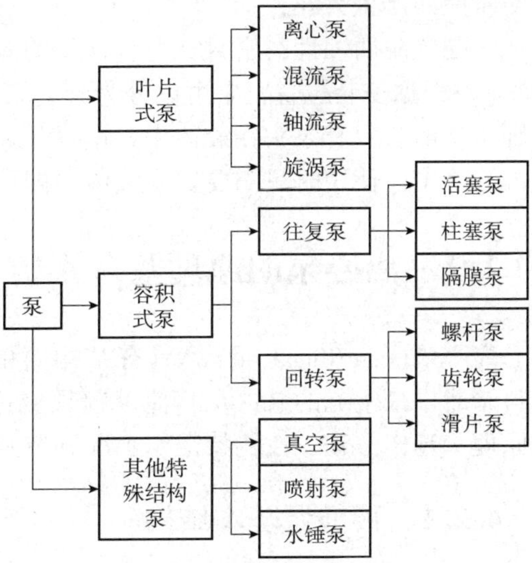

图4－1　根据泵的结构特点分类

泵的分类方式很多，例如根据结构特点、工作压力、液体介质和安装位置进行分类。

(1)根据结构特点，泵通常可以分为三类：容积式泵、叶片式泵和其他特殊结构的泵，如图4－1所示。这也是最常用的分类方式。

容积式泵是依靠工作容积的周期性变化来实现流体的增压和输送的。容积式泵又可分为往复泵和回转泵两种。往复泵包括活塞泵、柱塞泵和隔膜泵等，活塞泵和柱塞泵是依靠活塞/柱塞在气缸内作往复运动而实现工作容积的周期性变化，隔膜泵则是利用可变形的膜片来代替活塞的作用。回转泵是借助于转子在缸内作回转运动来实现工作容积的周期性变化，例如滑片泵、螺杆泵和齿轮泵等。与叶片式泵相比，容积式泵的主要特点是具有较强的自吸性能，能够提供相对较高的扬程。

叶片式泵是依靠旋转的工作叶轮，将机械能传给流体介质，并转化成流体的能头。根据介质在叶轮内的流动方向，主要分为离心泵和轴流泵，混流泵的结构特征介于离心泵和轴流泵之间，旋涡泵的叶片端头则有特殊的设计，能够提供流体较高的扬程。与容积式泵相比，除了旋涡泵外，其他的叶片式泵的主要特点是流量较大，但提供的扬程相对较低。

除了容积式和叶片式的泵之外，还有一些特殊结构的泵，例如喷射泵是以一种介质的能量来输送另一种流量；水锤泵利用水锤效应将低水头能转换为高水头能；真空泵的结构多种多样，如液环式真空泵、旋转式叶片泵等。不同的泵的结构及其基本工作原理将在本章各节内容中进行介绍。

(2)根据工作压力，泵可以分为低压泵、中压泵和高压泵三类，其中，压力低于2MPa的称为低压泵，2~6MPa的称为中压泵，高于6MPa的称为高压泵。

(3)根据工质，泵可以分为清水泵、污水泵、油泵、耐腐蚀泵、耐酸泵、耐碱泵等。

不同特性的工质对泵的性能的要求有所不同。例如，水泵和航空燃油用泵分别用于输送水和航空油品，航空汽油属于易燃液体(甲类液体)，航空煤油属于可燃液体(乙类液体)，因此油泵严格要求防爆性能。与水泵相比，油泵的防爆性能主要体现在以下几个方面：

①配置防爆电动机：防爆电动机采用隔爆外壳，可以隔开火花、电弧等危险源与易燃易爆物质；

②采用铜质叶轮：铜可以有效避免摩擦引起的火花，水泵通常采用铸铁或不锈钢，容易因摩擦而产生火花；

③配置耐腐蚀性的密封材料：常见的有聚四氟乙烯等，具有优良的耐腐蚀性。

(4)根据安装位置，泵可以分为管道泵、液下泵、潜水/油泵等。液下泵和潜水/油泵的区别是，前者只有泵头在液体中，电动机不在液体中，安装时需要固定，而潜水泵则完全浸入液体中，使用时只需要置于液体中即可。

4.2 离心泵的原理及基本方程

离心泵(centrifugal pump)具有结构简单、流量-扬程性能均衡、操作方便等优点，是油料储运中最常见的泵，在其他工程领域也具有最广泛的应用。本章重点介绍离心泵的工作原理、基本方程、性能特征、工况调节及其故障排除与维护。

4.2.1 离心泵基本结构

离心泵的基本外观如图4-2所示，主要构成部件包括叶轮、泵体(吸入室、压水室)、泵轴、联轴器、电动机和底座，如图4-3。

图4－2 典型的单级单吸式离心泵

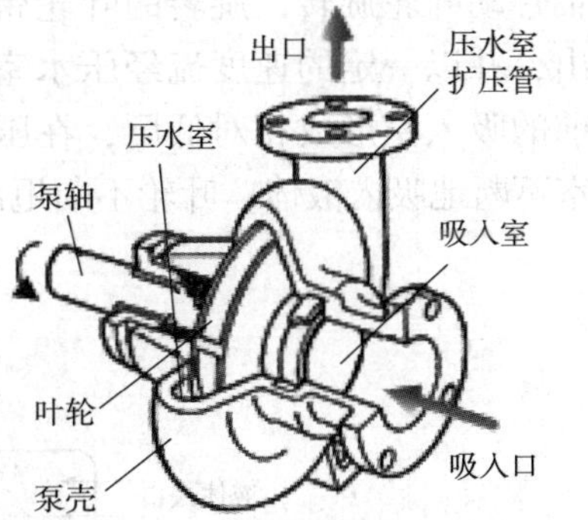

图4－3 离心泵基本结构示意图

1. 叶轮(impeller)

叶轮由数枚叶片和轮毂构成(如图4－4)，而连接各叶片的是盖板，同时具有前、后盖板的叫做封闭式叶轮，只有一个盖板的是半开式叶轮，只有简单的加强筋连接的则是全开式叶轮。油库离心泵叶轮通常采用封闭式叶轮，因为此类叶轮效率更高。叶轮通过旋转将机械能传递给液体，因此液体就是从叶轮中得到能量的。对叶轮的要求是在流动损失最小的情况下使单位质量的液体获得较高的能头。根据液流在叶轮中流动的方向，可将叶轮划分为离心式、轴流式和混流式，分别应用在离心泵、轴流泵和混流泵中。叶轮设计是泵设计的核心内容，不同形式的叶轮的叶片式泵，其工作范围也不同。

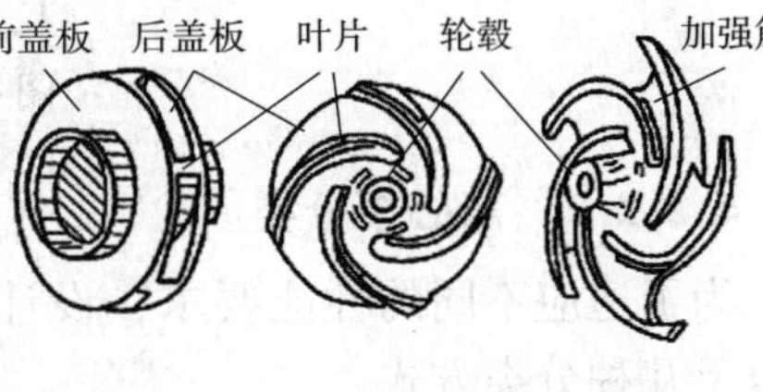

图4－4 不同样式的叶轮

2. 吸入室(suction chamber)

吸入室位于泵的进口法兰到叶轮进口之间的过流通道。吸入室的作用是把液体从吸入管引入叶轮，要求液体流过吸入室时流动损失较小，并使液体流入叶轮时速度分布较均匀。

3. 压水室(casing)

压水室是指从叶轮出口到泵出口法兰之间的过流通道。压水室的作用是将从叶轮流出的液流收集起来，并将这部分液体输送到泵外或下一级叶轮。由于液体从叶轮流出时速度很大，为了减小后面管路中的流动损失，在泵出口位置设计成扩压管来降低液体流速，即使液体动能转化为压能。压水室在完成上述两项功能，也要求流动损失越小越好。压水室的结构设计分为两种，一种是围绕叶轮外围形成流通面积相近的环形，另一种围绕叶轮外围形成的流通面积逐渐扩大的螺旋形，形状酷似蜗壳，因此压水室有时也叫做蜗壳。

4.2.2 离心泵工作原理与分类

4.2.2.1 离心泵工作原理

离心泵的工作原理如图4－5所示，离心泵启动前需要灌泵，所谓灌泵就是采取一定措施来使泵内充满液体。目前已经设计出多种结构的自吸式离心泵，因此使用过程中只需要灌泵一次，再次使用时无须人工灌泵。离心泵的工作原理是，电动机工作并通过联轴器和泵轴带动叶轮旋转，旋转的叶轮带动液体跟着旋转，在离心力的作用下，液体自叶轮出口甩出，并以一定的速度流经压水室输送到排出管道；由于叶轮内的液体被抛出，在叶轮入口前的吸入室形成相对低压，在压差作用下液体被吸入叶轮。这样，叶轮在旋转过程中，吸入室不断地吸入液体，叶轮不断甩出液体，液体获得了动能和压能而被持续不断地输送出去。

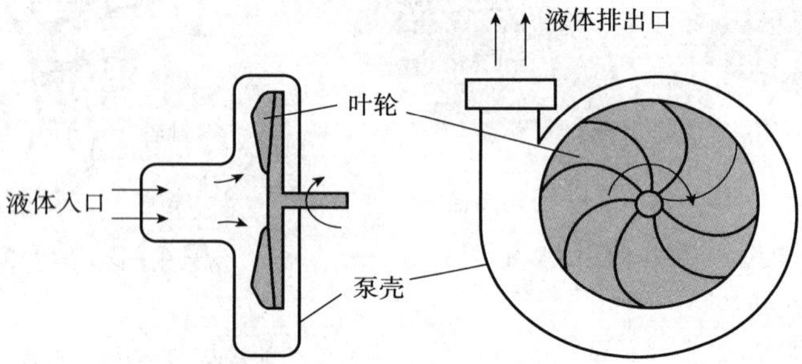

图 4－5　离心泵工作原理

4.2.2.2　离心泵分类

为了适应不同的性能要求，设计出了很多结构类型的离心泵。根据不同的结构特征，有以下几种分类方式。

1. 按照泵安置的方向分类

卧式离心泵(horizontal centrifugal pump)和立式离心泵(vertical centrifugal pump)，前者泵体和电动机在同一平面，泵轴水平与地面，后者电动机位于泵体上方，泵轴垂直于地面，如图 4－6 所示。

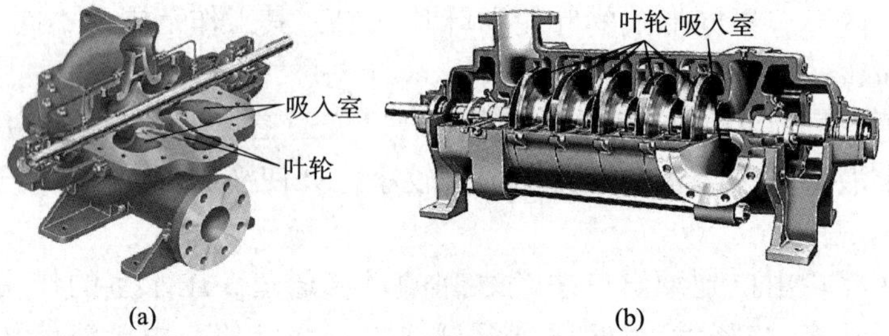

图 4－6　双吸离心泵(a)与多级离心泵(b)

2. 按照叶轮并联个数分类

单个叶轮称为单吸式离心泵(single－suction centrifugal pump)，两个叶轮并联称为双吸式离心泵(double－suction centrifugal pump)。双吸离心泵的叶轮两侧都有吸入口，液体从两面同时进入叶轮，如图 4－6(a)所示。相比单吸泵，双吸泵的主要目的是提供更高的流量，而不会提高扬程，双吸泵的优势还在于具有更高的抗空蚀性能，但由于需要增加一个密封腔，因而价格更昂贵。

3. 按照叶轮串联个数分类

单个叶轮称为单级离心泵(single－stage centrifugal pump)，两个或多个叶轮串联称为两级或多级离心泵(multiple－stage centrifugal pump)。多级离心泵的吸入口只有一个，但压水室相互串联，如图4－6(b)所示，相比单级泵，多级泵的主要目的是提供更高的扬程，而不会明显改变流量。

4. 按照泵体的形式分类

泵体呈现螺旋线形状的泵称为蜗壳式离心泵(volute centrifugal pump)，液体自叶轮甩出后，进入螺旋形的蜗室，再送入排出管；筒式离心泵(cylindrical centrifugal pump)的泵体设计为双层泵壳，外泵壳是一个铸造圆筒，两端用端盖封闭，上部设吸入管和排出管，在泵工作时，外泵壳承受全部液体压力。上述两种泵的典型外观如图4－7所示。

(a) (b)

图4－7 蜗壳式离心泵(a)与筒式离心泵(b)

5. 不同结构的离心泵

一般的离心泵在启动前，务必保证泵内填充足够量的液体，才能正常启动。为了方便使用或要求不经灌泵就能启动时，再或输送含有气体的工质时，就需要具有一定自吸能力的自吸式离心泵(self－priming centrifugal pump)。自吸式离心泵的形式有很多，最大特点是吸入口位置高于叶轮轴线位置，而排出口布置在泵壳上方，当泵停车后，被传输液体会保留下来，从而保证下一次启动所需的液量，无须人工灌泵。泵体上部空间为油气分离室，下部为储油室，通过射流孔与叶轮室相通。自吸式离心泵由于操作方便，因此用于收发频繁的设备中，如加油机和加油车等。自吸式离心泵的缺点是不可避免地形成气阻，因此寿命较短，需要经常维护和保养。

潜油泵(oil－submerged pump)的工作原理与一般地面多级离心油泵相同，主要用于油库卸油系统，置于储油罐内，可用于加油机供油、铁路或油轮卸油工作以及井下抽油，其工作范围较广，可满足大流量、高扬程的油料输送要求。潜油泵的特殊之处在于使用时要将泵体浸没如输送液体中，并且应用环境通常是空间狭窄的井或储罐，因此结构较小或细长，主要由泵头、输油管和泵体组成，泵头上体内有电容器盒、压力调节阀等，泵头下体内有接线盒，底部有支撑管口、进油口，侧面有出油口。

4.2.2.3 离心泵的命名

目前，中国对于离心泵的命名方式尚没有统一的规范，大多数泵产品通常采用汉语拼音字母来代表泵的名称。离心泵产品除了用相应的拼音字母构成的形式代表泵的名称外，还有一系列数字补充说明该泵的设计与性能参数，常用的命名构成如下：

150	QJ	65-50	/或×	5	A
①	②	③		④	⑤

①：泵的吸入口直径，新产品标出毫米数：该泵的吸入口直径为150mm；

②：泵类型，一般用汉语拼音首字母表示，更多的泵类型详见表4－1：该泵为井用潜水泵；

③：泵的设计参数，前面的数字代表设计流量，后面的数字代表设计扬程，如果只有一个数字，则代表设计扬程：该泵的设计流量为65m^3/h，扬程为50m；

④：泵的级数，没有此数字标出，说明为单级泵：该泵为5级泵；

⑤：泵的切割等级，A/B/C分别表示叶轮外加经过了1/2/3次切割。

表4－1　离心泵型号

代号	泵产品	代号	泵产品	代号	泵产品
IS	单级单吸离心泵	S	单级双吸离心泵	D	分段式多级离泵
DS	分段式多级离心泵（首级为双吸叶轮）	KD	中开式多级离心泵	KDS	中开式多级离心泵（首级为双吸叶轮）
DL	立式多级离心泵	DG	分段式多级锅炉给水泵	NB	卧式凝结水泵
NL	立式凝结水泵	Y	油泵	YT	筒式油泵
YG	管路泵	IH	单级单吸耐腐蚀离心泵	FY	液下泵
JC	长轴离心深井泵	QJ	井用潜水泵	NDL	低扬程立式钻井泵
WGF	高扬程卧式耐腐蚀泵污水泵	WDL	低扬程立式污水泵	ND	高扬程卧式钻井泵

【例题4－1】

解释下列型号的离心泵的入口直径、类型、设计流量、设计扬程、级数和切割次数。

(1)150S50A　(2)150D30×5　(3)200QJ80－55/5　(4)IS80－65－160

答：

(1)口径150mm的单级双吸离心泵，扬程50m，切割1次。

(解析：没有流量的数字代号时"50"只表示扬程)

(2)口径150mm的多级离心泵，扬程30m，5级(5叶轮)。

(3)口径200mm的井用潜水泵，流量80m^3/h，扬程55m，5级。

(4)单级吸水离心泵，吸入口直径80mm，压力出口直径65mm，叶轮直径160mm。

(解析：单级吸水离心泵用IS表示，其命名比较特殊，三个数字分别表示吸入口、出口和叶轮的直径。)

4.2.3　离心泵基本参数

4.2.3.1　流体的基本物性参数

流体的基本物理性质由一系列表示物体所处物理状态的基本物性参数来表达，主要的物性参数包括流体的密度、黏度、温度、压力等，涉及热量传递时需要了解流体的比热容与导热系数。

(1)密度(density):单位体积流体所具有的惯性质量,用ρ表示,单位m^3/h。

(2)黏度(viscosity):流体在切应力作用下发生变形,流体内各层流体做相对运动时由于内摩擦作用而产生阻力,流体的黏度即表征流体在切应力作用下变形速率大小的宏观属性,表现为流体的内摩擦。这种内摩擦阻力称为黏性剪切应力,与流体的变形速率成正比(牛顿剪切定律),比例系数叫做流体的黏性系数,常用的黏性系数叫做运动黏度系数,用μ表示,单位为Pa·s;用μ除以流体密度ρ,叫做流体的动力黏度,用ν表示,单位为m^2/s。不同流体或同一流体不同压力和温度环境下黏性系数不同。

(3)温度(temperature):温度的微观意义是表示分子热运动的碰撞频率,宏观上表现为流体的冷热程度,用T表示,单位K。温度对流体的黏性影响比较明显,一般来说,液体的温度越高,黏度越小;与液体不同,气体温度越高,黏度越大。温度变化也可能引起密度变化,因此也可能引起流体压力的变化。

(4)压力(pressure):工程上讲的压力实际上是物理学中的压强,即表示单位面积上的作用力,力的单位为N,面积单位为m^2,故压力的单位是N/m^2,即Pa。通常采用压力表测量的压力是该测点相对于大气压力的差值,这个差值叫表压,计算绝对压力时须加上大气压力值$0.101325MPa \approx 101kPa = 1.01 \times 10^5 Pa$。低于表压时压力表值为负数,这个负值被称为真空度。

当液体温度较高、压力较低时,液体分子脱离分子间作用力的束缚成为蒸气,形成气泡,气泡刚产生时的压力称为液体的饱和蒸气压,用P_V表示。空化产生的气泡也叫做空泡。一般地,液体温度愈高,饱和蒸气压也愈高,就意味着液体越容易汽化而成为气体分子。

4.2.3.2 离心泵主要性能参数

离心泵的主要性能参数包括泵的流量、扬程、转数、功率和效率。

1. 流量(flow rate, flow discharge)

流量是泵在单位时间内输送出去的液体的量。这个量可以用体积衡量,就是液体的体积流量;也可以用质量衡量,就是液体的质量流量。流体的体积流量与质量流量的区别在于密度是否发生变化,或者说流体是否具有可压缩性而发生体积变化。对于液体而言,压力和温度对流体的密度影响都不大,因此油料储运工程中所说的流量通常都是指体积流量,用Q表示,单位m^3/s,$1m^3/s = 3600m^3/h$。

2. 扬程(head)

扬程是单位重量液体由泵入口(入口法兰)到泵出口(出口法兰)能量的变化量,单位为m。虽然扬程表现为泵所能排送的液体高度,但实际上泵所提供的能头除了提高液体的位能,还包括用来克服液体输送过程的流动阻力、提高液体的静压能和动压能(动能)。

对于运转的泵本身而言,泵的扬程不包括泵前后管路系统的流动阻力损失,只包括液体的位能、压能和动能变化:

$$H = E_2 - E_1 = \left(\frac{P_2}{g\rho} + \frac{U_2^2}{2g} + H_2\right) - \left(\frac{P_1}{g\rho} + \frac{U_1^2}{2g} + H_1\right) \tag{4-1}$$

式中,E为总能量;P为压力;U为过流断面的液体平均速度;ρ为液体密度;g为重力加速度;H为扬程;$H_{1,2}$为入口或出口的高度,下标1和2分别表示入口处和出口处的参数。

在已知的管路系统中输送一定流量的液体时需要计算泵所需的扬程，此时除了泵自身的扬程，还需考虑泵前后吸入和排出管路的流动阻力损失：

$$H = E_2 - E_1 = \left(\frac{P_2}{g\rho} + \frac{U_2^2}{2g} + H_2\right) - \left(\frac{P_1}{g\rho} + \frac{U_1^2}{2g} + H_1\right) - \sum H_f \tag{4-2}$$

式中，$\sum H_f$为液体的流动阻力损失，注意，这部分流动损失不包括液体在泵内的流动损失，泵内的流动损失已经体现在压能损失。

如果认为泵的出、入口直径相差不多，则 $U_1 \approx U_2$，因此动能变化不大；假设H_f很小，则扬程可以简单理解为叶轮给液体传递的压能和位能之和等效为离心泵的位能：

$$H = \frac{P_2 - P_1}{g\rho} + H_2 - H_1 \tag{4-3}$$

【例题 4-2】

某离心泵用20℃清水测定扬程 H。测得流量 Q 为 720m^3/h，泵出口压力表读数 P_2 为 0.4MPa，泵吸入口真空表读数 P_1 为 -0.028MPa，进出口截面垂直距离 H_0 为 0.41m。已知清水密度为 998.2kg/m^3。

求该泵的扬程大约多少米？

解：20℃清水密度为 998.2kg/m^3；

位能变化：$H_0 = 0.41$m；

压能变化：$P_2/(\rho g) - P_1/(\rho g) = [0.4 \times 106 - (-0.028) \times 10^6]/(998.2 \times 9.81) = 43.71$(m)

不计沿程阻力损失，假设泵出入口流速近似相等，则离心泵的扬程 H 大约为：

$H = h_0 + (P_2 - P_1)/(\rho g) = 0.41 + 43.71 = 44.12$(m)

（注意：计算时需注意通用的标准单位的使用，长度单位为 m，压力单位为 Pa，密度单位为 kg/m^3。）

【例题 4-3】

如右图所示，用离心泵将油罐中的航空煤油输送到一定高度的加油车中，吸油高度为 $H_1 = 1.4$m，泵到加油车注入口的高度 $H_2 = 1.6$m，航空油料油罐和加油车注入口均处于大气压环境。管路系统包括吸油管和排油管，吸入管总长 $L_1 = 16$m，总的局部阻力系数为 $\zeta_1 = 9$，排出管总长 $L_2 = 30$m，总的局部阻力系数为 $\zeta_2 = 12$，管内径均为 $D = 100$mm，沿程阻力系数 $\lambda = 0.035$。已知航空煤油的密度为 880kg/m^3。已知泵入口压力读数 $P_i = 65$kPa。

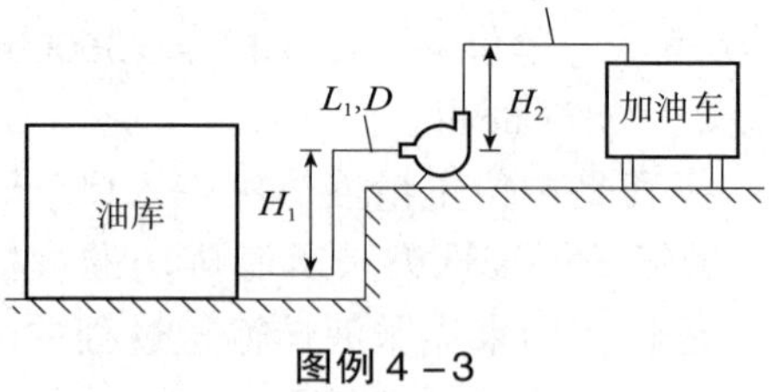

图例 4-3

(1) 离心泵的工作流量是多少？(2) 离心泵的扬程是多少？

已知：沿程阻力损失 $H_f = (\lambda L/D + \Sigma\zeta) U^2/2g$，其中 L 为管长度，D 为管内径，U 为管内流体截面平均流速。

解：(1) 为了求出流量 Q，可以通过建立油罐液面和油泵入口建立 Bernoulli 方程，可得：

$(P_i - P_1)/\rho g = U^2/2g + H_1 + H_{f01}$

其中，U 为管道内流速，H_{f01} 为吸入管总的沿程阻力损失：

$H_{f01} = (\lambda L_1/D + \zeta_1) U^2/2g$

上述二式联立得到 P_i 与 U 的关系：

$2g[(P_i - P_1)/\rho g - H_1]/(1 + \lambda L_1/D + \zeta_1) = U^2$

得 $U = [2 \times 9.81(65000/880/9.81 - 1.4)/(1 + 0.035 \times 16/0.1 + 9)]^{0.5} \approx 2.78(\text{m/s})$

则 $Q = UA = 2.78 \times 0.25 \times 3.14 \times 0.1^2 \times 3600 = 78.6\text{m}^3/\text{h}$. 其中 A 为管道横截面积。

(2) $H = (P_2 - P_1)/\rho g + (U_2^2 - U_1^2)/2g + (H_2 + H_1) + \Sigma H_f$

$P_2 = P_1 = 101.325\text{kPa}$，$U_2 = U_1 = 2.78\text{m/s}$，$H_2 + H_1 = 3\text{m}$

$H_{f01} + H_{f02} = [\lambda(L_1 + L_2)/D + (\zeta_1 + \zeta_2)]U^2/2g + = [0.035 \times (16 + 30)/0.1] \times 2.78^2/2/9.81 = 6.34(\text{m})$

$H = 3 + 6.34 = 9.34\text{m}$. 因此该泵的扬程为 9.34m。

3. 转速(rotational speed，revolution speed)

泵的主轴在单位时间内转动的周数，用 n 表示，单位通常采用 r/min，角速度 ω 单位 rad/s，n 与 ω 的关系为 $\omega = \pi n/30$。

4. 功率(power)与效率(efficiency)

功率是指驱动机给泵单位时间内做的功，通称轴功率，用 N 表示，单位 kW。轴功率反映泵自身的输入功率。泵的有效功率 N_e 是单位时间内液体在泵中获得的有效能量，反映对液体实际的做功情况：

$$N_e = \rho g Q H/1000(\text{kW}) \tag{4-4}$$

式中，ρg 为液体的重度，kg/m³；Q 为体积流量，m³/s；H 为扬程，m。

泵的效率 η 为有效功率与轴功率的比值，反映泵对液体做功的效率：

$$\eta = N_e/N \times 100\% \tag{4-5}$$

4.2.4 离心泵基本方程

4.2.4.1 速度三角形

离心泵基本方程用来描述泵内叶轮与流体之间的能量传递过程，从而确定离心泵内液体获得的有效能头。

首先研究液体在叶轮中的流动过程。叶轮旋转使得流体获得能量，在离心力作用下液体相对叶轮发生运动，液体在泵内的流动区域是叶轮与泵体蜗壳构成的空间，该流动通道是一个弯曲的渐扩通道。为了简化问题的讨论，引入下列假设：

(1)理想流体假设：即不考虑流体黏性，因此认为液体流过叶轮过程中无任何能量损失；

(2)流动轴对称假设(无限多叶轮假设)：液体微团流线与叶轮弯曲形状相一致，以叶轮中心为圆心，同径位置的流速大小与液流角相同，上述条件只有假设叶轮很多时才能成立，意味着叶轮通道不再认为是渐扩通道。

叶轮中液体的流动分解为相对于叶轮的相对速度(relative velocity)，用 **V** 表示[图 4-8

(a)]，即以叶轮的叶片为参考系；相对于轴心的圆周速度(peripheral velocity)，用 $\boldsymbol{W}$ 表示[图 4－8(b)]，即以叶轮圆心为参考系，液体被迫随叶轮旋转，因此也叫牵连速度。两个速度的合速度就是以静止的观察者为参考坐标的绝对速度(absolute velocity)，用 $\boldsymbol{U}$ 表示[图 4－8(c)]，并有 $\boldsymbol{U}=\boldsymbol{V}+\boldsymbol{W}$。从图 4－8(d)可以看出矢量 $\boldsymbol{U}$、$\boldsymbol{V}$、$\boldsymbol{W}$ 构成一个封闭的三角形，这就是离心泵的速度三角形。

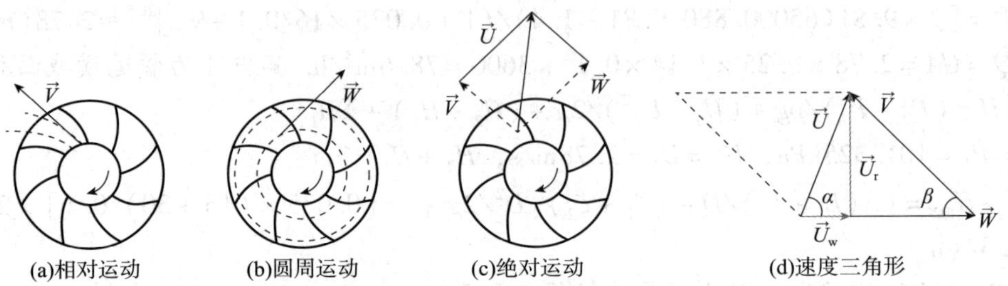

图 4－8　叶轮中的液体流动分解

为了便于分析，将绝对速度 $\boldsymbol{U}$ 分解为垂直和平行于圆周速度 $\boldsymbol{W}$ 的两个分量，分别为与流量有关的径向分速度 U_r 和与角动量有关的周向速度 U_v，如图 4－8(d)所示。此外，α 为绝对速度与周向速度的角度，称为叶片的工作角，β 为液流角，也就是液体相对于叶轮径向的偏离角度，按照上面的理想假设条件下，液流角和叶片相对于径向的偏离角度的叶片角 β_A 相等。

确定速度三角形需要三个参数：圆周速度 W 大小、速度三角形的高 U_r 大小和液流角 β。圆周速度 W 与叶轮直径 D、转速 n 有关：

$$W=\pi Dn \tag{4-6}$$

在无限多叶片假设下，$U_{r\infty}$ 大小与理论流量 Q_T 和叶轮几何尺寸有关，两枚叶片构成的通道横截面积 A 为叶片高度 b 和叶片周向的距离 πD 的乘积，因此有：

$$U_{r\infty}=Q_T/\pi Dn\delta \tag{4-7}$$

式中，∞ 表示无限多叶片假设的结果，δ 为叶片的排挤系数，或叫叶片的阻塞系数，表示因叶片厚度的存在而占据了一定的流通面积而对液体流通的影响，通常取 0.9～0.95。

4.2.4.2　离心泵基本方程：欧拉方程

构建离心泵的基本方程(能量方程)需要模型简化假设，获得理想条件下的基本方程后再进行针对性的模型修正，以满足工程和研究的预测需要。

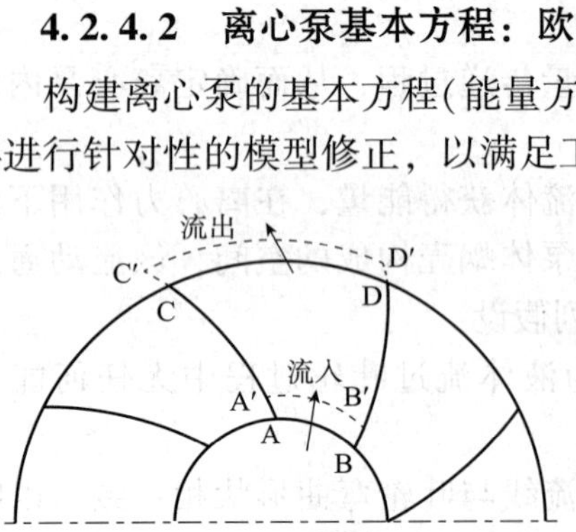

图 4－9　叶片流域示意图 1

前面提到了理想流体假设和无限多叶片假设，这样流动过程的流动阻力损失和流动分离引起的局部阻力损失都不考虑，此外，假设流动为稳态过程，即流速和压力分布不随时间发生变化。

取叶轮前后盖板与相邻叶片的入口与出口所包围起来的液体流域为研究对象，如图 4－9 所示。在某个瞬间 dt 时间内，液体从入口流域 ABCD 流动到出口 A′B′C′D′，根据质量守恒定律(不考虑温度对液体密度的影响)，入口和出口的体积变化 ABB′A′等于 DCC′D′，则质量守恒：

$$m_{ABB'A'} = m_{DCC'D'} = \rho Q_T dt \quad (4-8)$$

因为假设无限多叶片，将上述两个微小流域的液体视为质点运动，则根据动量矩守恒可知，液体质点对某一轴线的动量矩对时间的导数等于作用于该质点合外力对轴的力矩之和(见图 4-9，图 4-10)，可以得到：

$$M = \frac{dL}{dt} = \rho Q_T (U_{2\infty} R_2 \cos\alpha_2 - U_{1\infty} R_1 \cos\alpha_1) \quad (4-9)$$

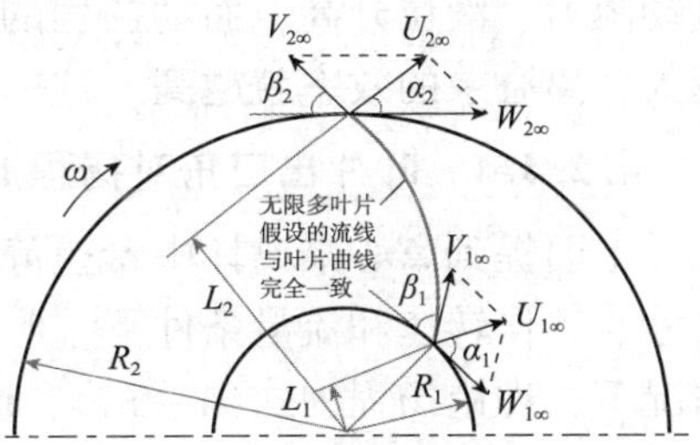

图 4-10 叶片流域示意图 2

其中 M 为力矩之和，R_1，R_2 为液体质点到叶轮轴心位置的半径，$U_{2\infty}$、$U_{1\infty}$ 为入口和出口处液体的绝对速度，下标∞ 表示无限多叶片假设的值。M 是理论流量 Q_T 时驱动机输入的做功力矩，假设没有能量损失，轴功率全部转化为液体获得的能量，因此有：

$$N_{T\infty} = M\omega = \rho Q_T H_{T\infty} \Rightarrow H_{T\infty} = \frac{M\omega}{\rho Q_T} \quad (4-10)$$

其中 ω 为电动机或叶轮的旋转速率，ω 与圆周速度 W 的关系、U 在 W 上的分量分别为：

$$W = R\omega, \quad U_W = U\cos\alpha \quad (4-11)$$

则联立式(4-9)和式(4-10)得到：

$$H_{T\infty} = (W_2 U_{W2\infty} - W_1 U_{W1\infty}) \quad (4-12)$$

工程中通常将能量转换为能头，单位 m：

$$H_{T\infty} = (W_2 U_{W2\infty} - W_1 U_{W1\infty})/g \quad (4-13)$$

式(4-12)或式(4-13)就是离心泵的基本方程——欧拉方程(Euler equation)。欧拉方程不仅适合离心泵，也适合一切离心式的流体机械，例如风机、离心式压缩机等。轴向吸入室设计的离心泵，液体流入叶轮流道时基本无预旋，则 $W_1 \sim 0$；蜗状吸入室的叶轮入口处液体有旋转，但相比出口处的圆周速度很小，可以近似忽略，此时欧拉方程简化为：

$$H_{T\infty} = W_2 U_{W2\infty}/g \quad (4-14)$$

从欧拉方程可以看出，离心式流体机械在理想条件下，流体获得的能量仅与叶轮几何尺寸(D, β 或 α)、离心泵转速 n 和理论流量 Q_T 有关，而与流体性质无关，即在上述参数相同情况下，风机和离心泵具有相同的理论扬程。

4.2.4.3 静扬程与动扬程分析

根据三角函数结果，可以将欧拉方程(4-13)改写为以下形式：

$$H_{T\infty} = \frac{-(V_2^2 - V_1^2)}{2g} + \frac{(W_2^2 - W_1^2)}{2g} + \frac{(U_2^2 - U_1^2)}{2g} \quad (4-15)$$

分析上式中各项的物理意义，右边第一项为液体做圆周运动的速度差，圆周运动是离心力作用的结果，因此该项表现为液体获得的静压能，即完全转化为静扬程；右边第二项为相对速度变化量，显然是液体获得的动能或动压能，在这个过程中，由于叶片通道是渐扩通道，因此速度减小，部分动能转化为液体的静压能，因此该项部分为液体的动扬程，部分为静扬程；第三项是绝对速度变化情况，既然是绝对速度，因此表现为液体获得的动扬程。

由此可见，离心泵的理论扬程可以分为动扬程和静扬程，其中静扬程来自液体的圆周运动和相对运动，动扬程来自液体的绝对运动和相对运动。静扬程可以直接用于液流克服流动阻力、液位升高，而动扬程的获得总是不可避免地引起能量损失，因此静扬程的占比越大，离心泵的效率就越高。这一结论为离心泵的设计提供了理论支持。

4.2.4.4 叶片出口角对扬程的影响

上面提到离心泵设计中希望静扬程越高越好，可以提高离心泵的效率。在相同的叶轮尺寸、工作转速和流量条件下，叶片的设计角度是影响静扬程的主要参数。假设在无限多情况下，理论扬程为式(4－14)，改写为绝对速度在径向分量的表达式，可以得到：

$$H_{T\infty} = W_2^2 - W_2 \frac{\cot\beta_2}{\pi D_2 b_2 \delta} Q_T = A - BQ_T \tag{4-16}$$

其中，系数 A 和 B 分别为等号左边对应的形式，并且有 $A>0$，B 的正负取决于出口液流角 β_2，分以下三种情况：

①$\beta_2<90°$，$B>0$，则流量与扬程成反比；

②$\beta_2=90°$，$B=0$，则扬程与流量无关；

③$\beta_2>90°$，$B<0$，则流量与扬程成正比。

不同叶轮形式的扬程与流量关系曲线如图 4－11 所示。根据速度三角形可知，如果在相对速度和圆周速度相同条件下(转速与叶轮直径相同)，β_2越小，绝对速度越小，因此动扬程也越小，这有利于提高静扬程的占比，这就是为什么离心泵的叶轮设计均采用$\beta_2<90°$的设计。通常$\beta_2=15°\sim40°$，石油工业多采用$\beta_2=25°\sim30°$。

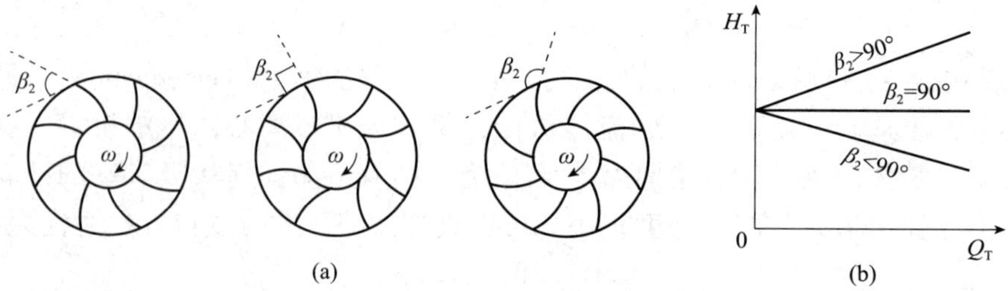

图 4－11 不同叶轮形式(a)和理论扬程与理论流量的关系曲线(b)

4.3 离心泵性能

4.3.1 离心泵能量损失

实际条件下，泵的效率不可能达到 100%，通过分析影响泵效率的因素，可以分为三类能量损失：流动损失、流量损失和机械损失。

1. 流动损失

包括因流体具有黏性而造成的摩擦阻力损失和因液流角与叶片角不符合而产生的冲击损失。流动损失效率用 η_{dyn} 表示。

摩阻损失系指液体流经吸入室、叶轮流道、蜗壳和扩压管时的沿程摩擦阻力损失，以及液流因转弯、突扩或突缩通道等所产生的局部阻力损失。当黏性流体沿固体壁面流动时，流体流场可分为紧靠壁面很薄的一层边界层和边界层之外的中心主流。在边界层中必须考虑流体的黏性力，即黏性力起主导作用，边界层中的流动可看成黏性流体的有旋流动，沿其厚度方向流体速度急剧变化，它严重影响流体流动过程的能量损失及流体与壁面间的热交换等物理过程。实验证明，流体的摩阻损失集中在边界层中。边界层以外的中心主流黏性力相对较小，惯性力起主导作用，这部分流动除了湍动能耗散引起的能量损失之外，流动可以近似认为是理想流体的无旋流动。

冲击损失是指在实际流量与设计流量不一致时(大于或小于)，使得液体进入和流出叶道时的液流相对运动方向角(液流角)与叶轮设计的叶片进口角和出口叶片角度不相符，导致工作面上产生强烈的旋涡，从而引起的很大的能量损失。实际流量偏离设计流量越大，能量损失越大，且实际流量小于设计流量时造成的损失远大于高于设计流量时的工况(约大一个量级)。

2. 流量损失

由于泵的转动部件与静止部件之间必须留出一定的间隙，来保证泵的正常工作，使得间隙两侧的液体因获得不同的能量而产生压差，部分液体从高压侧通过间隙向低压侧泄漏，这种损失称为流量损失，也叫做泄漏损失。用 q 表示漏损的流量，q 取负值表明是泄漏的流量，q 与扬程 H 有关，研究证明，$q=f(H)$ 关系是一条二次曲线，通常 q 值相对于泵的输送流量很小，故曲线呈现较陡的情况，如图 4－12 所示。流量损失效率用 η_{vol} 表示，反映 q 的存在而造成的效率损失程度。

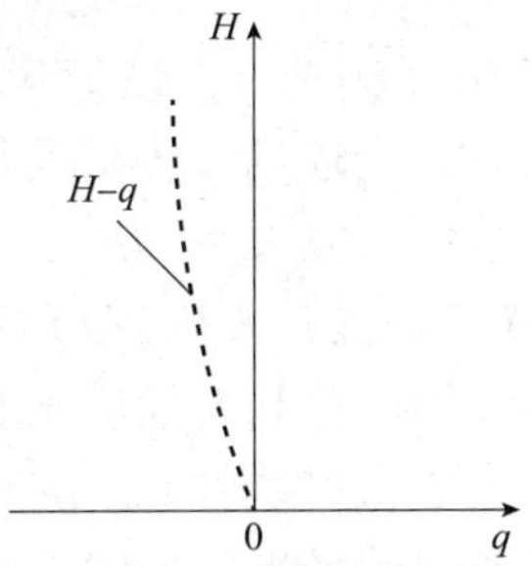

图 4－12 流量损失曲线

3. 机械损失

包括叶轮外盘面与液体之间的摩擦而引起的轮阻摩擦损失，和泵轴与填料密封件之间的摩擦损失以及轴与轴承之间的摩擦损失等。机械损失效率用 η_{mec} 表示，反映机械损失造成的效率损失程度。

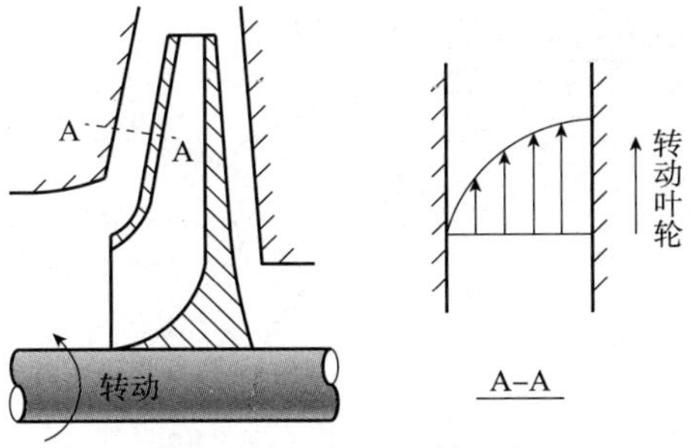

图 4－13 轮阻损失示意图

轴承和密封的摩擦损失相对其他各项损失较小，仅约为轴功率的 1% ~5%。机械损失中轮阻摩擦损失为最大。所谓轮阻摩擦损失(也叫轮阻损失)，是当叶轮在充满液体的泵壳中转动时，靠近叶轮外表面的液体被叶轮带着转动，其圆周速度与叶轮上相应点的圆周速度大致相同；而靠近固定不动的泵壳的液体的圆周速度很小，因为固壁面流体无滑移，如图 4－13 的截面 A－A 所示，因此自壳壁至叶轮外表面的间隙中液体的圆周速度是不均匀的，存在很大的速度梯度，同时也由于圆周速度不同，沿 A－A 的流体所受到的离心力也不同，从而形成额外的旋涡回流运动，增加功耗，但为此消耗的功对液体总能没有帮助，因而造成泵的效率降低。

4.3.2 离心泵性能曲线

由于泵的流动损失、流量损失和机械损失，离心泵理论的性能与实际表现出的性能并不一致。为了描述离心泵的工作性能，可以通过分析各性能参数之间的关系曲线来了解，这种性能参数的关系曲线就是离心泵的性能曲线(performance curve)。

离心泵的性能参数在第4.2节进行了介绍。其中，独立性能参数为流量 Q、转速 n、扬程 H 和轴功率 N，效率则跟流量、扬程和轴功率相关。通常通过扬程－流量曲线($H-Q$)、功率－流量($N-Q$)、效率－流量($\eta-Q$)曲线来了解和反映一个泵的性能。

4.3.2.1 *H*－*Q* 性能曲线

图4－14是离心泵典型的扬程－流量($H-Q$)特性曲线。$H_{T\infty}-Q_T$是最理想条件下的特性曲线，扬程为无限多叶片、叶片出口角 $\beta_2<90°$、不考虑流动损失和流量损失的流量时的结果。实际的叶片数量有限，可以用修正系数 $\mu<1$ 进行修正，该无量纲数与流量无关，得到 H_T-Q_T曲线。继续考虑流动损失，包括摩擦阻力损失 h_f-Q 和冲击损失 h_s-Q 后，H_T-Q_T减去上述两个损失后得到实际扬程和理论流量 $H-Q_T$曲线。最后，实际情况流量损失不可避免，减去 $q-H$ 性能曲线后得到该泵的实际 $H-Q$ 性能曲线。可以看到，理想条件下(无任何能量损失)扬程和流量呈现线性关系，而实际条件下由于流动损失和流量损失，离心泵的扬程和流量呈现非线性关系。

$H-Q$ 性能曲线是选择泵以及泵操作的主要依据。$H-Q$ 性能有三种，如图4－15所示，有典型的平坦类型的，也有陡降类型和驼峰类型。平坦型的泵，调节流量对扬程的影响较小，陡降型的泵扬程对流量的影响比较明显，而驼峰型在扬程最大的工作条件下存在不稳定的状态。工程中可以根据需求选择不同性能的泵。从 $H-Q$ 性能曲线，可以作为通过调节扬程改变泵输送液体流量的依据，例如，通常采用调节泵出口处的阀门来改变泵的扬程，从而达到调节流量的目的。

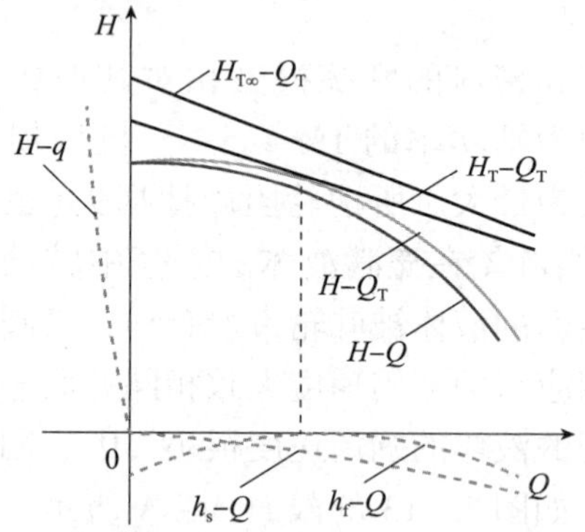

图4－14 离心泵 *H*－*Q* 性能曲线

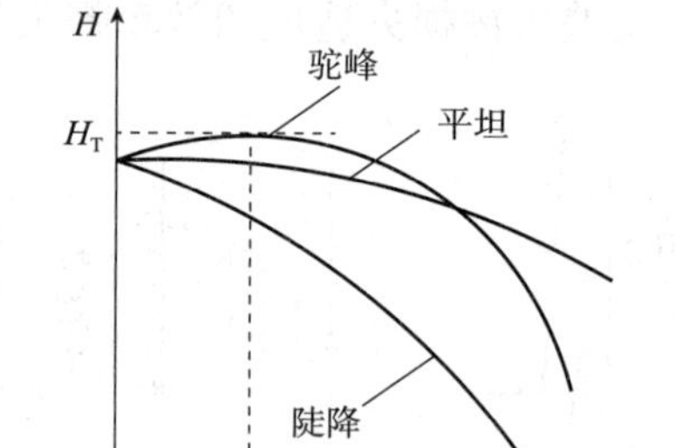

图4－15 不同类型的 *H*－*Q* 性能曲线

4.3.2.2 *N*－*Q* 性能曲线

图4－16为离心泵的典型 $N-Q$ 性能曲线。同样，先得到理想功率－流量性能曲线 N_T-Q_T，近似抛物线，当流量为零时，轴功率也为零。但实际功率为理论功率 N_T与机械摩

擦损失功率 N_f 之和，N_f 为泵和电动机固有的性质，与流量无关，因此实际功率和理论流量性能曲线 $N-Q_T$ 为 N_T-Q_T 加机械摩擦损失功率 N_f，因此电动机工作需要一个启动最低功率。再考虑到实际流量，即考虑流量损失 q，从而得到实际的 $N-Q$ 性能曲线。

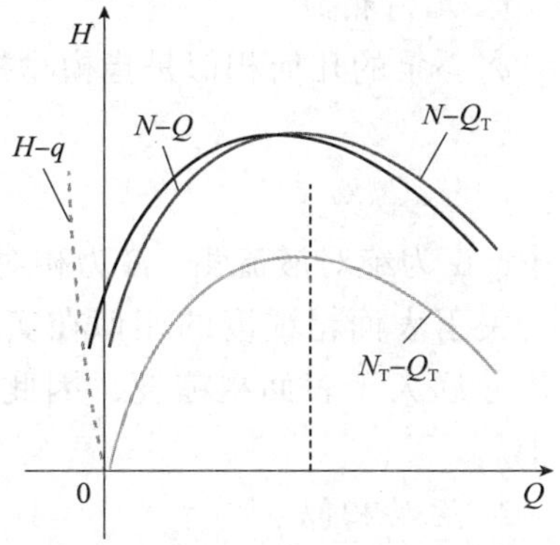

图 4-16　离心泵 $N-Q$ 性能曲线

离心泵的 $N-Q$ 性能曲线是合理选择驱动机以及启动泵的依据。根据 $N-Q$ 曲线可以选择满足功率需求的驱动机。此外可以注意到，在 $Q=0$ 时轴功率一般最小，因此离心泵启动泵时应关闭泵出口阀门，从而减小启动电流、保护驱动机。

4.3.2.3　$\eta-Q$ 性能曲线

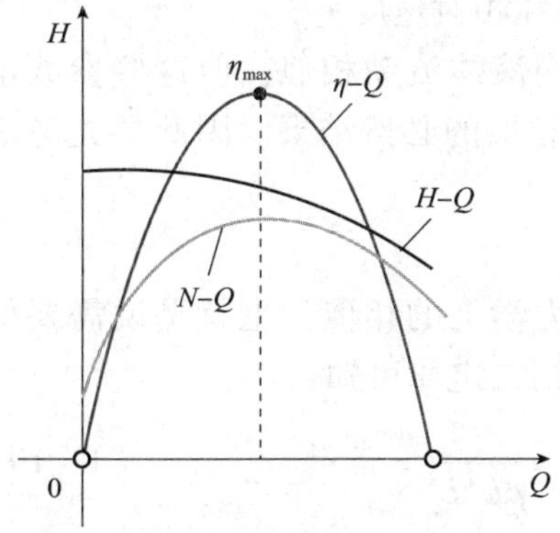

图 4-17　离心泵 $\eta-Q$ 性能曲线

已知效率 $\eta=\rho QH/N$，根据 $H-Q$ 和 $N-Q$ 曲线容易得到 $\eta-Q$ 曲线，如图 4-17 所示。显然，$Q=0$ 时效率为零。实际工况调节下，液体通过泵必然有流速，因此液体的能头不可能为零，因此曲线与 $Q=0$（横坐标）不可能相交。

离心泵的 $\eta-Q$ 性能曲线是评价泵工作经济的依据。由性能曲线可知，离心泵必然存在一个效率最高点，叫做泵的工作点。在工作点对应的流量、扬程和轴功率称作泵的额定流量 Q_{opt}、额定扬程 H_{opt} 和额定轴功率 N_{opt}。一般而言，离心泵只有一个工作点，为了扩大离心泵的工作范围，一般取最高效率以下的 7.0% 范围为泵的良好工作区，并以此作为离心泵叶片切割的依据。

4.4　相似原理在泵中的应用

鉴于大型设备的实验研究经济投入较大，实验环境要求较高，通常依据相似理论对原型机进行缩小而得到小尺寸的模型机，进一步做相似设计和研究，并且大大减省了资金投入，也能够达到研究的目的。相似理论可以提供模型机实验条件的依据，除了几何参数的变化，模型机的运动参数和动力参数也要做出相应调整，但通常不可能做到所有参数达到原型机的相似调整，这就需要选择出研究和设计最关心的物理过程，然后选择与研究目的相关的参数进行调整。本节讨论相似理论在离心泵设计中的一些应用，包括离心泵的三个定律和一个无量纲参数：相似定律、比例定律、切割定律和比转数。

4.4.1　相似原理基础

离心泵的模型机与原机要保证流动相似，则根据相似原理，需要满足和流动相关的物理量全部相似，包括几何相似、运动相似和动力相似。

1. 几何相似

离心泵的几何相似是指模型机与原机对应的角度相同、尺寸比值为定值 λ_L：

$$\alpha=\alpha',\ \beta=\beta'$$
$$\lambda_L D=D',\ \lambda_L b=b' \tag{4-17}$$

式中，α 为绝对液流角，β 为相对液流角，D 为叶轮直径，b 为叶片高度。

关于表面粗糙度的相似在实际建模中很难实现，不过对于大型设备的原机和模型机，其尺寸远大于表面粗糙度，因此表面粗糙度对流动形似的影响很小，无须考虑到几何相似中。

2. 运动相似

离心泵的运动相似是指模型机与原机各局部通道的流速的比值为定值 λ_V：

$$\lambda_V U=U',\ \lambda_V W=W',\ \lambda_V V=V' \tag{4-18}$$

式中，U、W 和 V 分别为叶轮内流体的绝对速度、牵连速度和相对速度。

离心泵的运动相似也包括转速的相似和出、入口管道内液体流动相似，但这些参数不能直接按照比值 λ_V 设置，因为运动相似是几何相似和动力相似的必然结果，因此要先考虑离心泵的几何相似和动力相似。

3. 动力相似

离心泵的动力相似是指模型机与原机中的流体微团在力学上的相似，也就是说需要保证流体微团所受的各种力满足一定比例关系，根据 Newton 第二定律可知：

$$\frac{F'}{F}=\frac{m'a'}{ma}=\frac{m'U'^2/L'}{mU^2/L}=\frac{\rho'U'^2L'^2}{\rho U^2L^2}\Rightarrow\frac{F'}{\rho'U'^2L'^2}=\frac{F}{\rho U^2L^2}=\text{常量} \tag{4-19}$$

上式中，F 可以是研究对象所受的不同的作用力，得到不同的相似准则数。常见的相似准则数有雷诺数（Reynolds number，Re）、弗劳德数（Froude number，Fr）和欧拉数（Euler number，Eu）等。

（1）Re 数：Re 数表征流体所受惯性力与黏性力的比值。若流动中黏性力起到主导作用，则考虑 Re 相似准则数。根据 Newton 黏性剪切定律可知，流体微团所受黏性力 $F_\mu=\mu L^2\mathrm{d}U/\mathrm{d}y=\mu LU$，则有：

$$Re=\frac{\rho LU}{\mu} \tag{4-20}$$

如果模型机与原型机的 Re 数相同，则两机在黏性力上是动力相似的。

（2）Fr 数：Fr 数表征惯性力与重力的比值。若流动中重力起到主导作用，则考虑 Fr 相似准则数。将 $F_g=mg$ 代入式（4-19）：

$$Fr=\frac{U^2}{gL} \tag{4-21}$$

如果模型机与原型机的 Fr 数相同，则两机在重力上是动力相似的。

（3）Eu 数：Eu 数表征压力与惯性力的比值。如果流动中压力起主导作用，则考虑 Eu 相似准则数。压力 $F_p=\Delta PL^2$，则有：

$$Eu=\frac{\Delta P}{\rho U^2} \tag{4-22}$$

如果模型机与原型机的 Eu 数相同，则两机在压力上是动力相似的。

4.4.2 相似定律

考虑模型机性能与原型机性能的关系，需从相似工况入手，所谓相似工况就是指模型机与原型机运动形似时所对应的工况。显然，两个泵的工况相似，二者的流道满足几何相似，流体的流动满足运动相似，此时两泵称作相似泵。表征离心泵性能的两个关键参数是流量、扬程和功率，现在分析相似泵的各参数的关系。

(1)流量相似关系。假设没有流量损失($\eta_{vol}=1$)，则模型机与原型机的流量关系为：

$$\frac{Q'}{Q}=\frac{\tau_2'D_2'b_2'U_{2r}'}{\tau_2D_2b_2U_{2r}}=\frac{\tau_2'D_2'b_2'n'D_2'}{\tau_2D_2b_2nD_2}=\lambda_L^3\frac{n'}{n} \tag{4-23}$$

式中，τ 为叶片厚度占据叶轮流通面积而引起的流量修正系数，当两泵的几何相似时，$\tau'=\tau$。

(2)扬程相似关。假设没有流动损失($\eta_{dyn}=1$)，根据欧拉公式与速度三角形的几何关系，则模型机与原型机的扬程关系为：

$$\frac{H'}{H}=\frac{U_2'U_{2W}'}{U_2U_{2W}}=\left(\frac{n'D_2'}{nD_2}\right)^2=\lambda_L^2\left(\frac{n'}{n}\right)^2 \tag{4-24}$$

(3)功率相似关系。假设机械效率也不考虑($\eta_{mec}=1$)，则功率 $N=\rho QH$，因此可得：

$$\frac{N'}{N}=\lambda_L^5\left(\frac{n'}{n}\right)^3 \tag{4-25}$$

式(4-23)、式(4-24)和式(4-25)统称为离心泵的相似定律。相似定律反映了两台相似泵(几何相似、工况相似)条件下性能参数之间的换算关系。

4.4.3 比例定律

对于一台泵，在恒定的转速下只有一条 $H-Q$、$N-Q$ 和 $\eta-Q$ 性能曲线与之对应。工程中为了扩大泵的工作范围，常常采用两种方式：改变转速和改变叶轮直径。离心泵的比例定律就是反映同一泵在改变转速前后时性能参数的换算关系。既然是同一台泵，因此几何相似比例系数 $\lambda_L=1$，因此根据相似定律，就有：

$$\frac{Q_0}{Q}=\frac{n_0}{n},\quad \frac{H_0}{H}=\left(\frac{n_0}{n}\right)^2,\quad \frac{N_0}{N}=\left(\frac{n_0}{n}\right)^3 \tag{4-26}$$

式中，下标0表示调整转速后的参数。上式即为离心泵的比例定律。比例定律是相似定律应用于同一台泵的特例。注意，比例定律的适用范围为原转速的 ±20% 的转速变化范围之内，否则计算结果偏差会很大。

现在考虑 $H-Q$ 曲线，根据式(4-26)，消去转速比 n_0/n 后有：

$$\left(\frac{Q_0}{Q}\right)^2=\frac{H_0}{H}\Rightarrow\frac{H}{Q^2}=\frac{H_0}{Q_0^2}=K(\text{常量}) \tag{4-27}$$

从上式可以看出，离心泵在任意转速条件下，流量与扬程满足一条抛物线，称作离心泵的相似抛物线。现举例说明相似抛物线的意义，对于泵的一条 $H-Q$ 曲线上的某工作点

$p_i(Q_i, H_i)(i=1, 2, 3, \cdots)$，当转速改变后，$H-Q$ 曲线随之改变，对应的工作点变为 $p_i(Q_{0i}, H_{0i})(i=1, 2, 3, \cdots)$，从 p_i 到 p_{0i} 所经过的路径就是相似抛物线。相似抛物线表明，调整泵工况时 $H \propto Q^2$ 的关系不发生改变。

【例题 4-4】

某航空煤油输送管路，输油量为 $Q_0=36.52\text{m}^3/\text{h}$，需要提供的能头约为 $H_0=30\text{m}$。现在有一台离心泵，通过改变转速来实现上述需求。已知离心泵出厂提供的 $H-Q$ 性能曲线，近似为一条抛物线，如右图所示，该曲线为泵转速 $n=2900\text{r/min}$ 时得到的。现在试确定离心泵调整后的转速，以适应上述输油管路的油料输送。

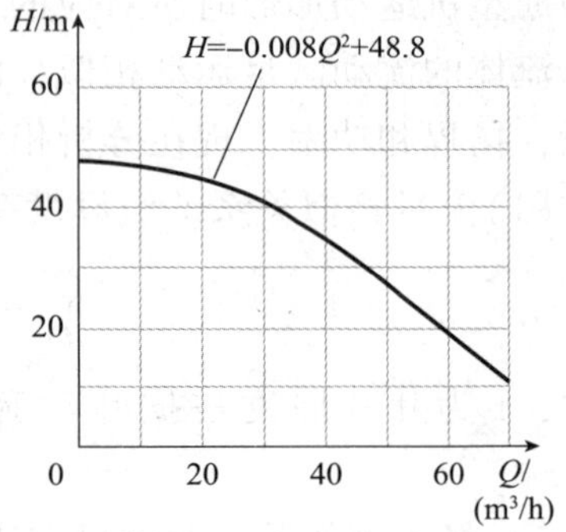

图例 4-5　某离心泵 H-Q 性能曲线

解题思路：根据需求的工作点，得到相似抛物线，相似抛物线与已知的 $H-Q$ 性能曲线的交点就是离心泵转速为 2900r/min 时对应的工作点的流量 Q 与扬程 H，最后，根据相似定律 Q 与 Q_0 或者 H 与 H_0 的关系，就可以得到需求的转速 n_0。

解：根据所需求的工况，可以得到相似工作点的相似抛物线：

$$K=H/Q^2=30/36.52^2=0.0225$$

该相似抛物线与离心泵 $n=2900\text{r/min}$ 时的性能曲线交点就是转速 $n=2900\text{r/min}$ 下对应的工作点(联立方程组 $0.0225=H/Q^2$ 和 $H=-0.008Q^2+48.8$ 可得)：

$$H=36\text{m}, \quad Q=40\text{m}^3/\text{h}$$

根据比例定律，从而得到 n_0：

$$n_0/n=H_0/H \Rightarrow n_0 \approx 2648\text{r/min}$$

因此离心泵的转速应调节到 2648r/min。

注意：单位可以不采用标准单位(流量 m^3/s 或扬程 J/kg)，取决于计算过程中是否有单位的变化，在没有单位变化的情况下，泵的相似定律、比例定律和切割定律都无须进行单位换算。

4.4.4　切割定律

前面提到，扩展离心泵的工作范围，一种方法是调节泵转速，另一种方法是对叶轮叶片进行切割，从而减小叶轮直径，将同一台离心泵的工作范围调整为一个面。比例定律就是描述切割前后性能参数之间关系的规律。

从式(4-23)、式(4-24)和式(4-25)可知，切割对流量、扬程和功率的影响只与叶轮直径有关(不考虑各类能头损失)，容易得到如下规律：

$$\frac{Q_0}{Q}=\frac{D_0}{D}, \quad \frac{H_0}{H}=\left(\frac{D_0}{D}\right)^2, \quad \frac{N_0}{N}=\left(\frac{D_0}{D}\right)^3 \tag{4-28}$$

式中，下标 0 代表切割后的参数。上式就是离心泵的切割定律。切割定律的适用范围较小，因为切割定律要求切割的叶轮前后相应出口处的速度三角形近乎相似，但这是不可能的。离心泵叶轮最大切割量与离心泵综合性能有关。

4.4.5 比转数

前面提到的比例定律和切割定律都是关于离心泵单一属性变化时所满足的关系，比例定律是离心泵转速变化的性能关系规律，切割定律是离心泵叶轮切割的性能关系规律。在离心泵系列设计中，还需要一个表征离心泵综合性能的工况参数——比转数，用 n_s 表示，这个参数将离心泵的流量、扬程和转速都考虑进去。

根据相似定律可知 $N_0/N=\lambda_L{}^2(n_0/n)^2$，$N_0/N=\lambda_L{}^5(n_0/n)^3$。联立上述关系的几何相似比值 λ_L，可以得到：

$$\frac{n'N'^{0.5}}{H'^{1.25}}=\frac{nN^{0.5}}{H^{1.25}}\Rightarrow\frac{nN^{0.5}}{H^{1.25}}=n_s=\text{常数} \tag{4-29}$$

式中，n_s 就是相似泵的比转数。上式来自水轮机研究结果，对于离心泵，N 是介质密度、流量和扬程的函数，N 取不同的单位，或液体为不同介质，比转数的表达式不同。设功率的单位转换系数 K_N，N 单位为 W 时，K_N 等于 1，N 单位为 kW 时，K_N 为 1000，我国常用功率单位为马力，则 K_N 等于 735.5。将 $N=\rho gQH/K_N$ 代入，得到：

$$n_s=\frac{nQ^{0.5}}{H^{0.75}}\left(\frac{\rho g}{K_N}\right)^{0.5} \tag{4-30}$$

上式对于特定的功率单位和液体介质条件下，比转数 n_s 只是转数、流量和扬程的函数。

另一种根据相似定律的 H 和 Q 的关系可以直接得到：

$$n_s=\frac{nQ^{0.5}}{H^{0.75}} \tag{4-31}$$

上式欧美国家普遍使用，本质上与式(4-30)是一样的，只是不用考虑介质种类和功率单位。

双吸离心泵的 n_s 中，流量取一半，即 $Q/2$；多级泵的 n_s 中，扬程取级数分量，即 H/i，i 为多级泵的级数。比转数的概念也扩展到了其他叶片式泵中，如混流泵和轴流泵。关于混流泵和轴流泵的工作原理，将在后面的内容中进行介绍。

比转数的结果来自相似定律，因此相似泵的比转数必然相等，即要求泵的几何相似且工况相似，如果两个泵的比转数不同，二者的几何必然不相似，如果两个泵的比转数相同，几何也未必相似。

比转数反映了离心泵的综合性能，是泵的工况参数。根据比转数可以对离心泵甚至叶片式泵进行分类，也常应用于泵的设计和选用。表4-2总结了根据比转数大小对离心泵的分类、叶轮设计、性能选择。注意，表中比转数范围是根据介质为水、功率单位采用马力的结果，对于油泵和其他功率单位，可以根据式(4-31)进行换算。

表 4-2　比转数 n_s 与泵的分类、叶轮设计和性能选择

泵类型	容积式泵	离心泵			混流泵	轴流泵
		低比转数	中比转数	高比转数		
n_s	$n_s<30$	$30<n_s<80$	$80<n_s<150$	$150<n_s<300$	$300<n_s<500$	$500<n_s$
叶轮形状		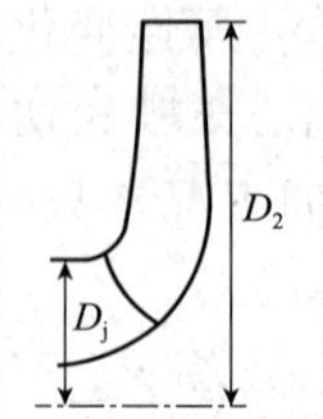	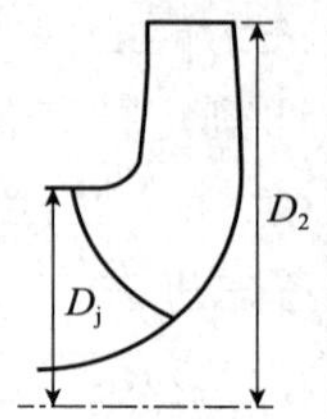	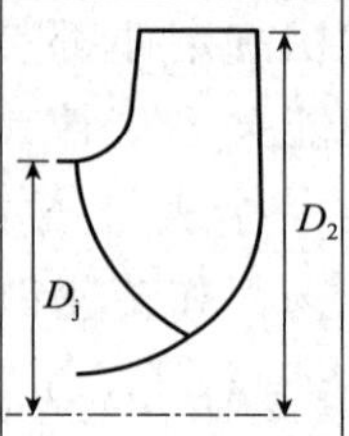	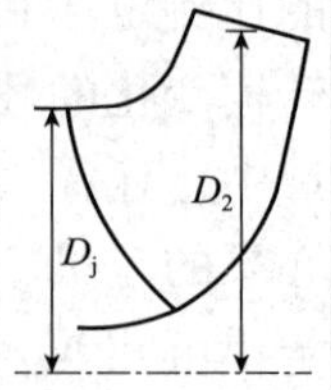	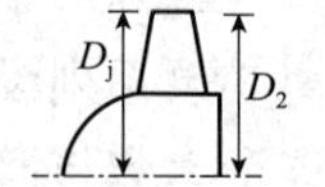
D2/Dj		~3	~2	~1.8~1.4	1.2~1.3	1
叶片形状		圆柱形	进口处扭曲形 出口处圆柱形	扭曲形	扭曲形	扭曲形
性能曲线	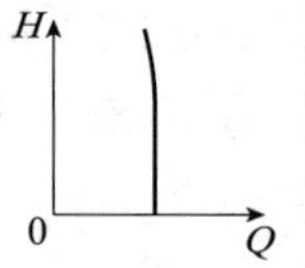	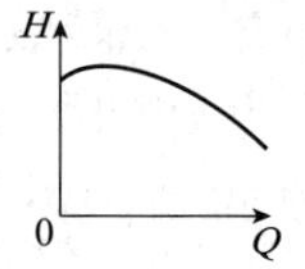	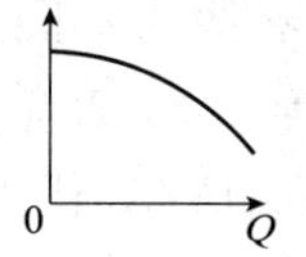	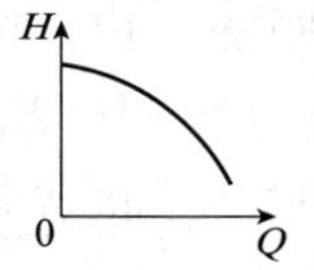	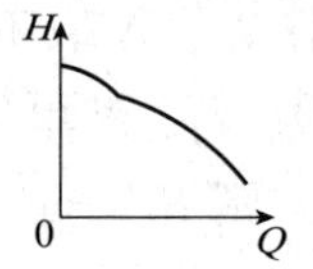	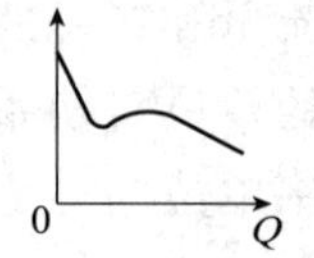

4.5　离心泵空化空蚀

液体在特定压力环境下，随着温度升高到某一临界温度时会发生相变，由液体转为气体，这个过程就是我们日常生活中常见的沸腾，临界温度值就是液体在特定压力下的沸点。液体在特定温度环境下，随着压力减小到某一临界压力时也会发生相变，有液体转为气体而形成空泡，这种现象叫做空化(cavitation，也叫做气化)，临界压力值就是液体在特定温度下的气化压力。

最早研究空化现象的是 1753 年的数学家 Euler，而工程中正式提出空化概念的是 1897 年，由 Barnaby 和 Parsons 研究船艇的推进器推力不足的原因时提出的。离心泵叶轮旋转在一定条件下就会发生空化现象，空化的产生对设备的运行和安全会带来一定的影响和隐患，因此需要尽量避免。本节介绍离心泵内的空化现象、发生条件以及预防措施。

4.5.1　空化空蚀原理

根据离心泵工作原理可知，液流是在吸入容器液面表压力 P_A 和叶轮入口最低压力 P_{min} 间形成的压差 P_A-P_{min} 作用下流入叶轮的，叶轮入口压力 P_{min} 越低，产生的局部低压越低，吸入能力就越大，但若 P_{min} 低于当前温度条件下输送液流的气化压力 P_{vap} 时，液体就会气化产生空泡(即气泡)。同时，还可能有溶解在液体内的不可凝结气核析出，形成空穴(cativy)。空化过程实际上是液体承受拉力的过程中达到承受拉力的极限后连续性遭到破坏

的过程。当物体和液体之间存在足够大的相对速度时就会发生空化。由于介质的连续性遭到破坏，两相流动能使得叶轮与介质的能量交换效率降低，使得泵的扬程和效率下降，增加泵运行能耗，含气率过大时甚至可能使得离心泵无法输送液体。

当这些空泡随液体流入叶轮流道内压力高于临界值的区域时，由于空泡内是气化压力 P_{vap}，而外面液体压力高于气化压力，则空泡重新凝结，发生溃灭。由空泡溃灭所引起的过流表面材料损坏的现象叫做空蚀(cavitation erosion)。空蚀必然发生在固体边界位置。空泡溃灭是一个复杂的过程，伴随着机械、电化学和热力学等各种复杂现象，就空蚀机理而言，很难归结为单一因素的作用。目前提出了多种空蚀机理，如“机械作用说”“化学腐蚀说”“电化学作用说”“热作用说”。当前比较成功的是“机械作用说”，包括冲击波作用模型和微射流模型。冲击波作用模型认为膨胀的空穴经过较高压力的流动区域时发生局部压缩，空穴中心辐射出冲击压力波，直接超过了过流表面材料的屈服强度，或反复地对过流表面产生冲击使材料疲劳破坏。微射流模型认为空泡溃灭时靠近主流区域的空泡开始变形，形成凹面，从而形成指向过流表面的冲击射流，由于尺度非常小，因此叫做微射流，其特点是瞬间发生，流速高达百米每秒或更大，这种局部的冲击对过流表面产生直接破坏或疲劳破坏。上述两种模型都在不同程度上得到了实验验证，获得了普遍认可。

综上，离心泵的空化空蚀及其造成的危害总结为：叶轮旋转时与液体之间存在相对速度，形成局部低压区，当局部压力低于液体的气化压力时形成空泡，发生空化；空泡的存在使液体流动连续性遭到破坏，阻碍了能量传递过程，导致泵的扬程和效率降低；过流表面的空泡经过高于气化压力的区域时发生溃灭，溃灭过程产生的冲击波或微射流对表面材料造成严重的结构破坏，发生空蚀。

4.5.2 空化余量与空化判别式

空化发生的前提是管路系统的最低压力 P_{min} 低于液体的气化压力 P_{vap}，系统内的压力高出气化压力的余量称做空化余量，一些教材中也叫空蚀余量、汽蚀余量等。事实上严格上讲应该叫做空化余量更合理，因为空化未必发生空蚀。管路系统的不同位置的空化余量可能不同。这里介绍两个重要的空化余量。

4.5.2.1 有效空化余量

如图4－18所示，为典型的泵装置管路系统，由吸入罐、吸入管路、泵和排出管路组成。离心泵的安装高度为 H_0；S－S断面为入口法兰位置，流速 U_S，压力 P_S；A－A截面为液面位置，流速 U_A，表压 P_A；1点和k点分别为叶轮流道入口位置和管路系统的最低压位置，通常k点出现在1点之后，即叶轮流道靠里一点的位置，流速 U_k，压力 $P_k = P_{min}$。在泵的吸入口处(S－S断面)液体所具有的高出气化压力的有效能头，叫做泵的有

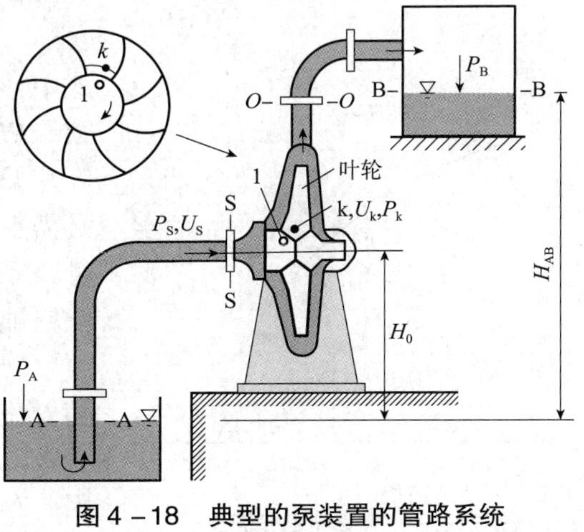

图4－18 典型的泵装置的管路系统

效空化余量(available net positive suction head)，简写为 $NPSH_a$，也叫有效净正吸入水头。根据此定义，可以得到：

$$NPSH_a = \frac{P_S}{\rho g} + \frac{U_S^2}{2g} - \frac{P_{vap}}{\rho g} \tag{4-32}$$

以 S－S 断面为基准，断面 A－A 和 S－S 的能头关系满足 Bernoulli 方程，即 S－S 的压能与动能之和(上式右边前两项)等于 A－A 的位能、压能与动能之和，相比管内流动，U_A 几乎很小，可以不考虑，则上式可以改写作：

$$NPSH_a = \frac{P_A}{\rho g} - \frac{P_{vap}}{\rho g} - H_0 - h_{A-S} \tag{4-33}$$

式中，h_{A-S} 为从 A－A 到 S－S 的流动阻力损失，包括沿程摩擦阻力损失与局部阻力损失之和。由此可见，有效空化余量也可以理解为吸入罐液面的压能克服吸入管路的流动损失、把液体抬高一定高度后，还高出气化压力的那部分能头，反映为泵装置的空化余量。

4.5.2.2　必需空化余量

液体经过吸入口(S－S 断面)到达最低压力位置 k 点过程中，液体流向发生变化，湍流剧烈，旋涡强烈，因此能头不可避免地继续损失，这两个部位的能头损失直接反映了泵自身的抗空化能量，叫做离心泵的必需空化余量(required net positive suction head)，简写为 $NPSH_r$，也叫做必需净正吸入水头。这部分能头损失包括以下几个方面：

①从 S－S 到 k 的流道通常设计为渐缩通道，存在摩擦阻力损失和压能损失，这部分损失记作 h_{S-k}。

②液流进入叶轮流道时迅速转弯，入口 1 点位置的动能 $U_1{}^2/2g$ 全部转为压能。进入叶轮流道的流体相对流速及其分布都发生变化，流动阻力损失分为两个部分，一个是相对速度的动能变化 $(V_k - V_1)^2/2g$；另一部分是圆周速度变化而引起的压能增加 $(W_k - W_1)^2/2g$。

③从 S－S 到 k 的位能损失 H_{S-k}。

从能量变化的角度看，S－S 所具有的能头减去 k 点所具有的能头，其实就是必需空化余量 $NPSH_r$。忽略 S 到 k 点的位能损失和有限的流动阻力损失、1 到 k 点圆周运动能量损失，则可以得到 $NPSH_r$ 的近似计算表达式：

$$NPSH_r = \frac{U_1^2}{2g} + \frac{(W_k - W_1)^2}{2g} = \frac{U_1^2}{2g} + \lambda\,\frac{W_1^2}{2g} \tag{4-34}$$

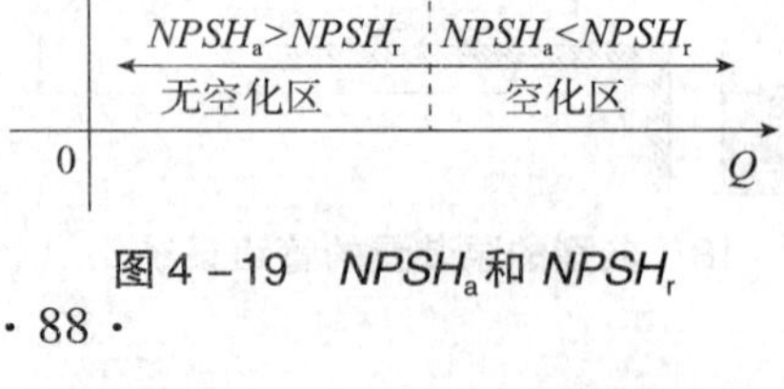

图 4－19　$NPSH_a$ 和 $NPSH_r$

式中，$\lambda = (W_k/W_1)^2 - 1$ 称为叶片进口的绕流压降系数。$NPSH_r$ 与吸入室和叶轮的几何结构、叶片数量、叶片偏离角以及叶片头部形状等的设计有关。可见，必需空化余量只与泵自身构造、转速和流量有关，与管路系统无关，所以在一定程度上是一台泵自身抗空化空蚀性能的标志，因此也直接叫做泵的空化余量。

现在分析离心泵空化的条件，如图 4－19 所示，随着流量增大，管路和泵内流动的水力损失增大，则有效空化余量随之减小，而必需空化余量随之增大，因此存在一个临界流量，如果吸入口位置液体所具有的高出气化压力的能头($NPSH_a$)能够克服掉从吸入口到最低压力位置的全部能量损失($NPSH_r$)，则离心泵就不会发生空化，否则就会发生空化，用公式表达为：

$$
\begin{aligned}
&NPSH_a > NPSH_r \Rightarrow \text{不发生空化}\\
&NPSH_a = NPSH_r \Rightarrow \text{将发生空化}\\
&NPSH_a < NPSH_r \Rightarrow \text{已发生空化}
\end{aligned}
\tag{4-35}
$$

上式就是离心泵空化判别式或空化条件。

4.5.3 吸上真空度与允许几何安装高度

离心泵空化判别式可以判定泵内空化是否发生或空化程度，然而和都不能直接用仪表测量，因此不方便直接应用，可以在法兰入口处安装真空压力表，根据压力表读数 P_S 来反映吸入罐液面压力能头与泵入口压力能头的能头差：

$$H_S = \frac{P_A}{\rho g} - \frac{P_S}{\rho g} \tag{4-36}$$

式中，H_S 称为吸上真空度，单位 m，如果上式右边不除以 g，则单位为 J/kg；P_A 和 P_S 分别为吸入液罐液面压力和泵入口压力，可分别由压力表测量得到。如果液罐开口通大气，则 P_A 为大气压。吸上真空度与有效空化余量的关系为：

$$NPSH_a = \frac{P_A}{\rho g} - H_S + \frac{U_S^2}{2g} - \frac{P_{vap}}{\rho g} \tag{4-37}$$

上式各值均容易得到，因此即计算 $NPSH_a$ 非常方便。显然，H_S 越大，则 $NPSH_a$ 越小，因为入口压力更低，所以越容易发生空化，按照 $NPSH_a = NPSH_r$ 的空化发生条件关系，可以得到基于 H_S 的临界值作为空化判断条件：

$$H_{S,\max} = \frac{P_A}{\rho g} + \frac{U_S^2}{2g} - \frac{P_{vap}}{\rho g} - NPSH_a \tag{4-38}$$

为了确保泵能够安全运转，避免空化发生，通常要在上述临界值上继续减小一个安全余量 H_{add}：

$$[H_S] = \frac{P_A}{\rho g} + \frac{U_S^2}{2g} - \frac{P_{vap}}{\rho g} - NPSH_a - H_{add} \tag{4-39}$$

式中，$[H_S]$ 称为允许吸上真空度，安全余量 H_{add} 通常取 0.3 ~ 0.5m，多数情况取 0.4m。同理，允许空蚀余量就是：

$$[NPSH_a] = NPSH_a + H_{add} \tag{4-40}$$

从 H_S 的定义可以分析其影响因素，包括吸入管路流动阻力损失、泵的几何安装高度和吸入罐液面表压，这一结论也可以联立式(4-33)和式(4-36)得到。所以根据允许吸入真空度 $[H_S]$ 或允许空化余量 $[NPSH_a]$ 的临界值还可以进一步得到泵的允许几何安装高度：

$$[H_0] = \frac{P_A}{\rho g} - \frac{P_{vap}}{\rho g} - NPSH_a - H_{add} - h_{A-S} \tag{4-41}$$

式中，h_{A-S} 为吸入罐液面到泵吸入口的管路流动损失，即吸入损失，包括摩擦阻力损失和局部阻力损失。

【例题4-5】

某离心泵在额定流量下运行，流量 $Q=0.763\text{m}^3/\text{h}$，泵入口管径为 $D=10\text{mm}$。现从开口油桶抽送40℃的某航空油料($\rho=884\text{kg/m}^3$)至油箱，泵入口真空压力表读数为0.036MPa，吸入管路压头损失 h_f 为1.5m，环境压力为0.101MPa。已知此时航空油料的气化压力为 $P_{vap}=9.22\text{kPa}$。

求该泵的吸上真空度、有效空化余量和允许安装高度。安全余量取0.4m。

解题思路： 吸上真空度可以直接从压力表的结果得到；先计算泵入口流速(动能)，然后计算 $NPSH_a$，最后计算允许几何安装高度。

解： $H_S=(P_A-P_S)/(\rho g)=(101000-36000)/884/9.81=7.50\text{m}$

$U_S=Q/(0.25\pi D^2)=0.763/0.25/3.14/0.01^2=2.70\text{m/s}$

$NPSH_a=(P_A-P_{vap})/(\rho g)-H_S+U_S^2/(2g)=(101000-9220)/884/9.81-7.50+2.70^2/2/9.81=3.46\text{m}$

$[H_0]=(P_A-P_{vap})/(\rho g)-NPSH_a-H_{add}-h_{A-S}=(101000-9220)/884/9.81-3.46-0.4-1.5=5.22\text{m}$

因此只要泵低于5.22m即可。

4.5.4 空化空蚀预防措施及分析

由于空化空蚀会严重影响泵的正常工作，所以工程应用中会采取相应的措施来尽可能地避免空化的发生。根据前面的分析可知，离心泵的空化是由泵吸入装置条件，即 $NPSH_a$，以及泵自身的抗空化性能决定的，即 $NPSH_r$。因此提高离心泵抗空化空蚀性能有两方面措施，一是合理地设计吸入管路尺寸和长度、泵的安装高度等，使泵入口处有足够的有效空化余量；另一方面是优化泵进口和叶轮的结构与参数，使泵自身具有较小的能头损失，即较小的必需空化余量。下面对主要的措施进行介绍。

4.5.4.1 提高装置有效空化余量的措施

有效空化余量越大，装置的抗空化性能越好。有效空化余量是离心泵吸入口处高出气化压力的能头，它是吸入管路的入口处液体能量进过管路到达泵吸入口时剩余能头，因此，液体的流动损失 h_{A-S} 越小，管路入口压力 P_A 越大，或液体的气化压力 P_{vap} 越低，则剩余的有效空化余量就越大，由此可以采取的措施是：

①适当地增大吸入管路的管径和管线长度。增大管径是减小流动阻力损失的有效方式之一，此外尽可能改善工艺，减小管线的总长，尽可能减小流动损失。

②尽量减少弯管数量和多余管接件或阀门等。可有效地减小局部阻力的能量损失。

③根据情况提高入口液位与泵吸入口位置的相对高度或相对压力。例如提高吸入口液位高度，或者采用具有一定高压的储液罐来装载被输送液体，或者适当降低泵的安装高度。

④适当降低液体温度，减小液体气化压力，从而使泵的有效空化余量增大。

4.5.4.2 提高离心泵必需空化余量的措施

必需空化余量是离心泵吸入口到叶轮内流体最低静压点位置之间的能头损失量，必需空化余量越小，则对有效空化余量的要求越低，抗空化性能越出色，因此可以对叶轮和泵入口位置的优化设计来降低这部分能量损失，或者说降低必需空化余量。可以采取的措施有：

①适当增大叶轮入口直径和叶片入口宽度。这样可以降低吸入口到叶轮之间的平均流速和叶道内的相对流速，从而减小流动阻力损失。

②采用双吸泵。双吸泵的两侧入口使流量减半，一般双吸泵的必需空化余量是单吸泵的0.6倍左右，大大提高了泵的抗空化性能。

③采用圆弧形叶片进口边和前盖板形状。液体从泵吸入口进入叶轮的叶道过程中，液体流向发生变化，采用圆弧形叶片进口边和前盖板形状可以减小流体流过过流通道的局部阻力损失，弧形的半径越大，效果越好。

④采用诱导轮。诱导轮是轴流式旋转形叶轮，当液体流过诱导轮时，诱导轮在液体推动作用下旋转，并对液体沿周向做功而增加周向的能头，使得液体静压升高，提高泵的抗空化性能。诱导轮具有自身的工作特性，其扬程－流量特性曲线近似线性关系。但是需要注意的是，并不是装有诱导轮就一定能够提高泵的抗空化性能，诱导轮需要与离心泵叶轮配合好，对于大比转数泵，诱导轮的作用并不明显。

此外，除了提高离心泵管路装置以及泵自身的抗空化性能，为了预防空化空蚀带来的危害，应采用耐空蚀材料制造叶轮，或在叶轮表面喷涂耐空蚀材料，从而可以延长叶轮的使用寿命。油泵耐空蚀材料主要包括非金属和金属材料两类，常用的非金属材料如复合龙涂层、聚氨酯类涂层、仿陶瓷涂层和橡胶涂层等，金属材料主要是用不锈钢焊条堆焊和线材喷涂。

4.6 离心泵工况调节与联合使用

油料输送系统由泵、管路及其他设备组成。在介绍离心泵空化条件时，可以看到离心泵装置对离心泵性能的影响。离心泵的装置特性是指安装在泵上、下游的管路和配套阀门、仪表等的能量变化情况。根据质量守恒定律与能量守恒定律，首先，管路中的液体流量与机械设备排出的流量相等，并且，液体所获得的能量等于泵等机械设备向液体提供的能量与液体在输送过程中损失的能量相平衡。如果装置特性发生变化或者工况调节而造成能量损耗增大或减小，会引起泵等动力机械的工况发生变化，从而引起泵性能的改变，因此有必要对泵装置特性进行深入了解。本节介绍泵的装置特性、常见的工况调节和泵的联合使用对泵性能的影响，包括阀门开度调节、离心泵转速调节、离心泵的串联和并联。

4.6.1 离心泵管路特性与工作点

离心泵输送液体时需要向液体提供速度变化、位置变化、入口和出口的压差以及流动过程的阻力损失的全部能量。提高液体的位置和克服系统压差所需要的能头与管路中流量无关，而克服液体流动报失所需能头则与液体的流速平方成正比。如图4－18典型的泵与管路系统图，根据工程流体力学知识，首先对吸入罐液面A－A到排出罐液面B－B建立Bernoulli方程，假设流速相等，则管路所需能头h，或者说液体获得的实际总能头为两个断面的位能与压能变化之和加上管路中液体总的流动损失h_{A-B}为：

$$h_{A-B}=\frac{P_B-P_A}{\rho g}+H_A+H_B+\sum H_f \tag{4-42}$$

上式右边，位能 H_{A-B} 与压能变化之和是与流量 Q 无关的能头，即泵传递给液体的能头，等于理想条件下离心泵的静扬程，记作 H_{pot}。管路的摩擦阻力损失与局部阻力损失 $\sum H_f$ 为：

$$\sum H_f=\frac{Q^2}{2g}\left(\lambda\frac{\sum L}{D}+\sum\zeta\right) \tag{4-43}$$

式中，λ 为管道摩擦阻力系数，ζ 为局部阻力系数，U 为管道横截面液体平均流速。将速度改为体积流量，则有：

$$\sum H_f=\frac{8}{\pi^2 g}\left(\lambda\frac{\sum L}{D^5}+\frac{\sum\zeta}{D^4}\right)Q^2=kQ^2 \tag{4-44}$$

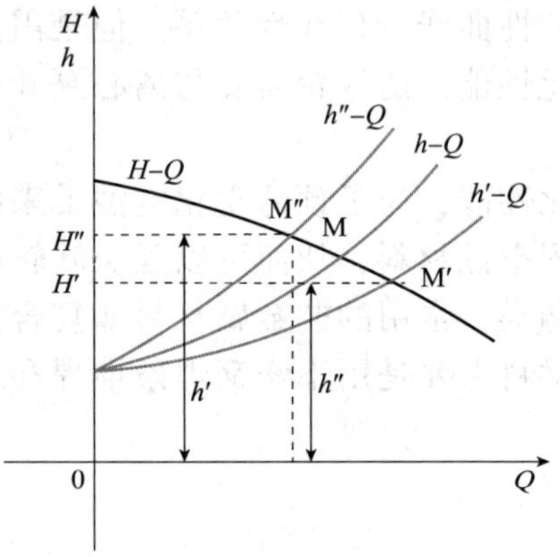

图 4-20　管路特性曲线与离心泵的工作点

式中，k 为管路特性系数，与管长、管道内径、摩擦阻力系数和局部阻力系数有关。可见总能头 h 与流量 Q 的关系呈现抛物线关系，该 $h-Q$ 曲线就是管路特性曲线，如图 4-20 所示。

由于离心泵是串联在管路中的，则泵输送的液体流量等于管路的液体流量，并且泵所提供的扬程 H 应等于管路输送所需要的能头 h，只要上述两点同时满足，泵就处在最稳定的工作状态。前面分别得到了泵的 $H-Q$ 性能曲线和 $h-Q$ 管路特性曲线，将二者画到同一个图中得到装置特性曲线，如图 4-20 所示，两条曲线相交的 M 点就是泵工作最稳定的点，叫做泵的工作点。

离心泵之所以将在 M 点处于稳定工作状态，是因为工作点 M 处泵的扬程与管路装置需要的能头达到平衡状态，即泵提供单位质量液体的能头等于把单位质量液体从吸液罐输送到排液罐所需的能头。如图 4-20 所示，假设泵在比 M 点流量大的 M′点运行，假设管路特性变化不大，此时对应的泵的扬程 H' 小于管路装置消耗的能头 h'，意味着泵提供的能量不足以满足液体从吸液罐到排液罐所需要的能头，这就必然导致流速减慢、流量减小，工作点 M′沿泵扬程性能曲线向 M 点移动。反之，如果泵处在流量小于 M 点的 M″点运行，则管路装置所需能头 h'' 小于泵的扬程 H''，液体从泵中获得的能头克服管路输送所需能头后还有剩余，因此管路内的液体获得能量而加速，流量增大，M″点会向 M 点移动。可见，M 点是流量平衡和能量平衡的唯一稳定工作点，即泵的扬程性能曲线与管路特性的交点。

4.6.2　阀门调节

通过控制阀门开度来调节管路的流量是最常见、最简单的方法。在泵流量的调节中，统一可以通过调节泵出口安装调节阀来实现，阀门开度变化引起管路的流动阻力发生变化，因此这种方法是在泵性能曲线不变的情况下，通过改变管路性能曲线而改变泵的工作点位置，来实现流量调节的目的。

图4－21显示了调节阀不同开度对管路特性与工作点的影响，其中，下标1为阀门开度较大时的工况，下标2为开度减小后的工况。由于管路特性曲线中能头与流量的关系为开口朝上的抛物线，因此，由于阀门开度越小，管路特性系数 k 越大，则曲线越陡，则流量减小，工作点向左移动，通常泵的工作点是按照阀门全开时设计安装的，因此阀门开度减小后，泵的效率随之降低。

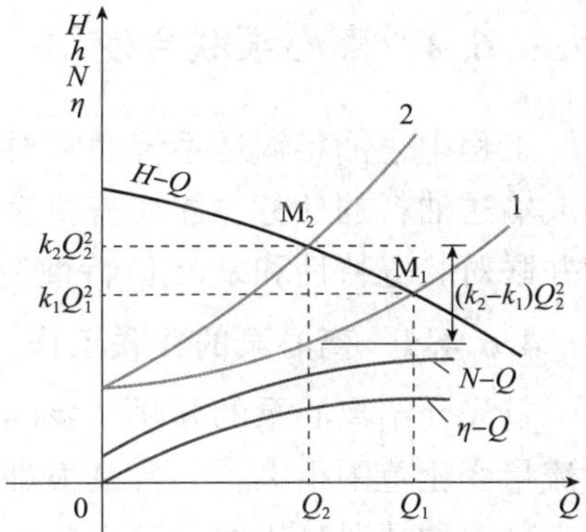

图4－21　出口阀门调节

通过阀门调节泵的管路系统的流量是一种效率较低的方法，分析如下：从图4－21可以看出，当阀门从1到2逐渐减小开度过程中，流量减小，节流过程导致总的流动损失增大，即从 $k_1Q_1{}^2$ 增大到 $k_2Q_2{}^2$，但液体输送所需要克服的流动损失仅为 $k_1Q_2{}^2$，相比全开阀门时的能头，$(k_2-k_1)Q_2{}^2$ 是泵为了克服阀门附加的局部阻力损失而额外提供的能头，这就导致泵装置的整体效率降低。因此，长期采用阀门调节流量不是泵装置最科学的工况调节方式，不过由于调节很方便，被非常广泛地应用于工程实践中。

4.6.3　转速调节

调节泵的转速是调节离心泵工作点的主要方式，这种方式不改变管路特性，而是通过改变泵自身性能的方式来达到调节流量的目的。前面介绍离心泵的性能参数随转速变化的规律服从比例定律：转速比等于流量比，转速比的平方等于扬程比。由此可知，当转速增大时，泵的性能曲线向流量和扬程增大的方向变化，如图4－22所示，曲线 $(H-Q)_0$ 和 $(H-Q)_1$ 分别为转速调节前后的性能曲线，转速分别为 n_0 和 n_1。当转速从 n_0 增大至时 n_1，则工作点沿管路特性曲线向右上方移动；当转速减小时，工作点沿管路特性曲线向左下方移动。如果最初的设计保证泵的最佳效率，则转速调节不影响泵效率，因为这个过程没有节流产生的附加能头损失，因此采用转速调节流量是最经济的方法。

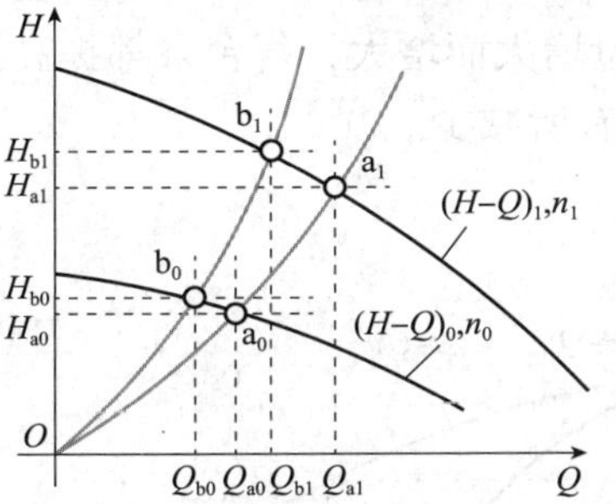

图4－22　转速调节的 $H-Q$ 性能曲线

根据离心泵的比例定律可以得到调节转速后的性能曲线，如图4－22所示，首先取转速 n_0 时的性能曲线 $(H-Q)_0$ 上一点 a_0，则对应的流量和扬程分别为 Q_{a0} 和 H_{a0}，根据比例定律，即公式(4－27)，得到调整后的点 a_1，对应的流量和扬程 Q_{a1} 和 H_{a1}；同理，再取一点 b_0，继而得到调整后的点 b_1，对应流量和扬程 Q_{b1} 和 H_{b1}。如此可以获得更多的曲线点，连接后就能得到转速调节后的性能曲线 $(H-Q)_1$。从比例定律的关系还可以看到，随着转速调节，a_0 是沿着一条抛物线移动 a_1 的。

4.6.4 离心泵联合使用

工程中，油料输送系统通常要求满足大容量或高扬程的运输能力，因此一台泵不可能完成输送油料的任务，往往需要多台离心泵联合使用，即泵的串联与并联工作。泵的串联和并联对装置特性和泵(组)特性造成影响，本节内容介绍这种影响的规律及原理。

4.6.4.1 离心泵的并联工作

首先介绍离心泵的并联，泵的并联是为了满足输送流量的要求，如流量需求很大，或者流量变化范围很大，一台泵很难总在高效的工作范围内实现这些要求。

分两种情况分析两台离心泵的并联情况。

1. 两台性能相同的离心泵并联

两台性能相同的离心泵Ⅰ和Ⅱ并联类似于一台双吸泵，如图4－23所示，其特点是管路系统有两条管路1#和2#从液罐抽送液体，并从两条管路排出液体，并且相应的管线各串联一台泵。设并联前后管路的特性曲线 $h-Q$ 变化不大，如图4－24，$(H-Q)_{\mathrm{I}}$ 和 $(H-Q)_{\mathrm{I-II}}$ 分别为并联前后的扬程－流量特性曲线，则管路特性曲线与 $(H-Q)_{\mathrm{I}}$ 和 $(H-Q)_{\mathrm{I-II}}$ 分别相较于 M_{I} 和 $M_{\mathrm{I-II}}$，即泵并联前后的工作点，对应的工作流量和工作扬程分别为 Q_{MI}、$Q_{\mathrm{MI-II}}$ 和 H_{MI}、$H_{\mathrm{MI-II}}$，Q_{I} 则表示在相同并联工作扬程 $H_{\mathrm{MI-II}}$ 下对应单泵的流量。

从图4－24可以看到，相同扬程条件，$Q_{\mathrm{MI-II}}=2Q_{\mathrm{I}}$，即并联后的特性曲线 $(H-Q)_{\mathrm{I-II}}$ 上的流量总是等于并联前各泵特性曲线 $(H-Q)_{\mathrm{I}}$ 在相同扬程下的流量之和，也就是两倍(因为两泵性能相同)，这样当知道单泵特性曲线后很容易得到并联后的特性曲线。但是对于单泵的工作点而言，流量则是从 Q_{MI} 增大到 $Q_{\mathrm{MI-II}}$，可见增大不到单泵流量的两倍，即 $Q_{\mathrm{MI-II}}<2Q_{\mathrm{MI}}$。这是因为并联后管路阻力由于流量增大而增大，每台泵都提高扬程来克服这部分流量增加的流动阻力损失，导致相应的流量有所减少。

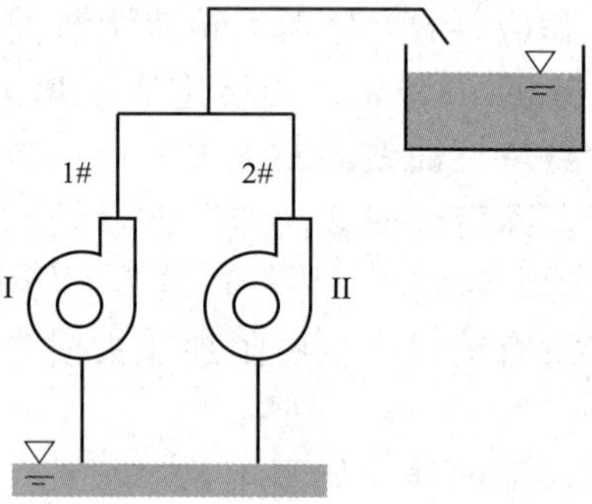

图4－23 两台泵的并联示意图

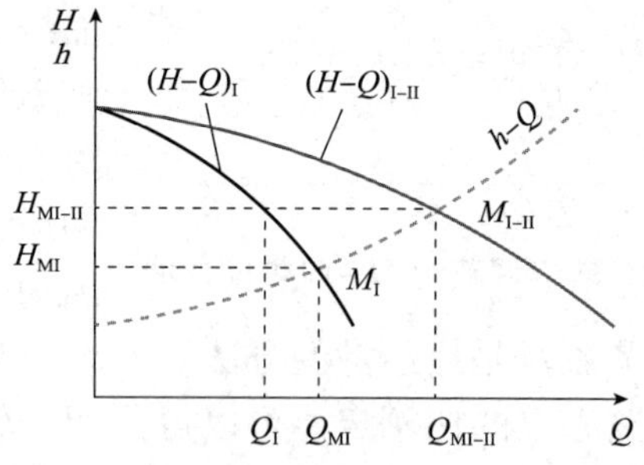

图4－24 相同泵并联的 $H-Q$ 特性曲线

同时可以看到，两台泵并联工作时，若管路特性越平坦，则并联后的工作流量 $Q_{\mathrm{MI-II}}$ 就越接近泵单独运行时工作流量 Q_{MI} 的两倍；若泵的性能曲线越陡，同样并联后的工作流量 $Q_{\mathrm{MI-II}}$ 就越接近单独工作流量 Q_{MI} 的两倍。因此泵的性能曲线应陡一些为好，可以更好地实现流量调节的目的。此外，由于泵的并联总是小于单泵流量的倍数，如果看做是一种“流量损失”，则并联工作的泵数量越多，并联后所能“损失”的流量越多，这样每台泵输送的流量越少，从经济的角度来讲，就存在一个泵数量的最优选择。

2. 两台性能不同的离心泵并联

不同性能的泵并联工作时，如图4－25所示，设泵Ⅰ为小泵，泵Ⅱ为大泵，曲线$(H-Q)_{Ⅰ}$和$(H-Q)_{Ⅱ}$分别为两台泵的性能曲线，并联后的性能曲线为$(H-Q)_{Ⅰ-Ⅱ}$，设并联前后管路的特性曲线$h-Q$变化不大，则并联后的特性曲线$(H-Q)_{Ⅰ-Ⅱ}$的画法与前面所述的方法相同，即并联后的特性曲线$(H-Q)_{Ⅰ-Ⅱ}$上的流量总是等于并联前各泵特性曲线$(H-Q)_{Ⅰ}$在相同扬程下的流量之和，由于两泵性能不同，低流量时（小于Q_C时）性能与泵Ⅱ的性能曲线有一部分重合。则曲线$(H-Q)_{Ⅰ}$、$(H-Q)_{Ⅱ}$和$(H-Q)_{Ⅰ-Ⅱ}$与管路特性$h-Q$分别交于$M_{Ⅰ}$、$M_{Ⅱ}$和$M_{Ⅰ-Ⅱ}$点，对应的工作流量和工作扬程分别为$Q_{MⅠ}$、$Q_{MⅡ}$、$Q_{MⅠ-Ⅱ}$和$H_{MⅠ}$、$H_{MⅡ}$、$H_{MⅠ-Ⅱ}$，而$Q_{Ⅰ}$和$Q_{Ⅱ}$分别表示并联工作扬程下对应于单泵Ⅰ和单泵Ⅱ的流量。此时流量关系满足$Q_{Ⅰ}+Q_{Ⅱ}=Q_{MⅠ-Ⅱ}$。

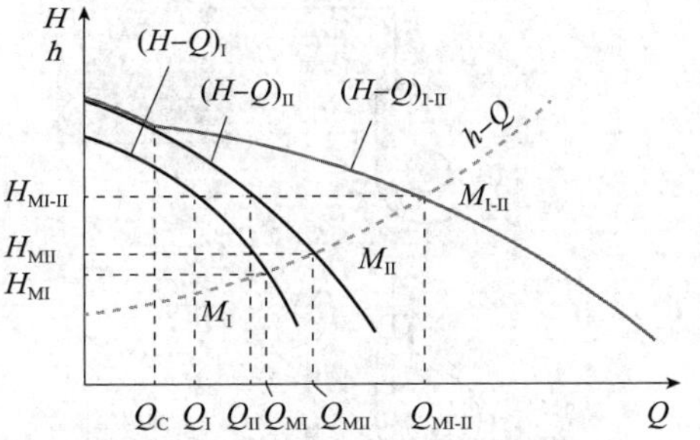

图4－25 不同泵并联的$H-Q$特性曲线

从图4－25可以看出，并联后工作扬程$H_{MⅠ-Ⅱ}$提高了泵单独工作时的扬程，同样，工作流量$Q_{MⅠ-Ⅱ}$总是小于两台泵单独在管路上时的工作流量之和$Q_{MⅠ}+Q_{MⅡ}$，因为$Q_{Ⅰ}<Q_{MⅠ}$，$Q_{Ⅱ}<Q_{MⅡ}$，其减少的量随管路特性曲线的陡直程度、并联离心泵台数的增多而增大。同理，这是因为总流量的增大导致流动阻力损失增大，泵需要提供额外的扬程来克服这部分能头损失。

此外值得注意的是，当两台性能不同的离心泵并联工作时，若流量小于Q_C，则小泵Ⅰ的扬程不够，实际上仅大泵Ⅱ在运行，此时应当关停小泵Ⅰ。在实际应用中，为了避免在启动或停车时造成从工作泵到非工作泵的倒罐现象，一般会在各泵的出口安装止回阀。

4.6.4.2 离心泵的串联工作

离心泵的串联是指前面一台泵的出口向后面一台泵的入口输送液体的工作方式，如图4－26所示，常用于提高泵的扬程来增加输送距离、减少泵站数量，或提高扬程以增加流量的工况中。串联也分为相同性能泵的串联工作与不同性能泵的串联工作，分别讨论如下。

1. 同性能泵的串联工作

两台性能相同的离心泵Ⅰ和Ⅱ串联类似于一台两级泵。设并联前后管路的特性曲线$h-Q$变化不大，如图4－27，$(H-Q)_{Ⅰ}$和$(H-Q)_{Ⅰ+Ⅱ}$分别为串联前后的扬程－流量特性曲线，则管路特性曲线与$(H-Q)_{Ⅰ}$和$(H-Q)_{Ⅰ-Ⅱ}$分别相较于$M_{Ⅰ}$和$M_{Ⅰ+Ⅱ}$，即泵串联前后的工作点，对应的工作流量和工作扬程分别为$Q_{MⅠ}$、$Q_{MⅠ+Ⅱ}$和$H_{MⅠ}$、$H_{MⅠ+Ⅱ}$，$H_{Ⅰ}$则表示在相同串联工作扬程$H_{MⅠ-Ⅱ}$下对应单泵的扬程。

从图4－27可以看到，相同流量条件，$H_{MⅠ+Ⅱ}=2H_{Ⅰ}$，即串联后的特性曲线$(H-Q)_{Ⅰ+Ⅱ}$上的扬程总是等于串联前各泵特性曲线$(H-Q)_{Ⅰ}$在相同流量下的扬程之和，也就是两倍（因为两泵性能相同），这样当知道单泵特性曲线后很容易得到串联后的特性曲线。但是对于单泵的工作点而言，扬程则是从$H_{MⅠ}$增大到$H_{MⅠ+Ⅱ}$，可见增大不到单泵扬程的两倍，即$H_{MⅠ-Ⅱ}<2H_{MⅠ}$。这个原因与并联时流量增大不到单泵工作流量两倍的原因相同，即由于串联而导致工作流量增大，这样引起更大的流动阻力损失，因此能头的增加不

可能两倍增加。

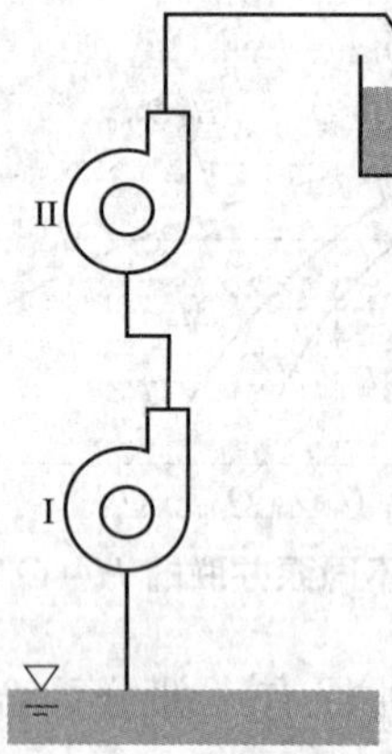

图 4-26　两台泵的串联示意图

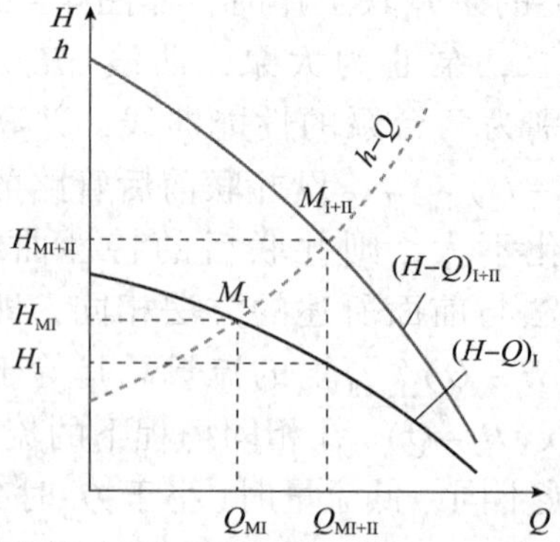

图 4-27　相同泵串联的 $H-Q$ 特性曲线

此外，从图 4-27 还可看出，与串联泵一起工作的管路特性陡直度越大越能增大串联后的扬程。实际上，几台泵串联工作相当于一台多级泵，而一台多级泵在结构上比多台性能相同的离心泵串联要紧凑得多，安装维修也方便得多，因而实际应用中更多的是采用多级泵代替多泵串联。

这里需要强调的是，离心泵串联使用时，位于下游的泵Ⅱ承受的压力更高，因此对该泵的壳体强度和密封等性能要求更高。启泵和停泵时要严格按顺序操作，启动前，先将各串联泵出口阀关闭，然后启动第一台泵，之后打开第一台泵出口调节阀，接着再启动第二台泵，最后打开第二台泵的出口阀，完成启动。停泵操作顺序相反即可。

2. 不同性能泵的串联工作

如图 4-28 所示，设泵Ⅰ为小泵，泵Ⅱ为大泵，$(H-Q)_{\mathrm{I}}$和$(H-Q)_{\mathrm{II}}$分别为两台不同性能泵的性能曲线，串联后总性能曲线$(H-Q)_{\mathrm{I+II}}$的画法与图 4-27 相同，在流量相同的各点，把扬程叠加起来就可得到$(H-Q)_{\mathrm{I+II}}$性能曲线。曲线$(H-Q)_{\mathrm{I}}$、$(H-Q)_{\mathrm{II}}$和$(H-Q)_{\mathrm{I+II}}$与管路特性 $h-Q$ 分别交于 M_{I}、M_{II}和 $M_{\mathrm{I+II}}$点，对应的工作流量和工作扬程分别为 Q_{MI}、Q_{MII}、$Q_{\mathrm{MI+II}}$和 H_{MI}、H_{MII}、$H_{\mathrm{MI+II}}$，而 H_{I}和 H_{II}分别表示串联工作扬程下对应于单泵Ⅰ和单泵Ⅱ的流量，串联后在工作流量下的工作扬程满足 $H_{\mathrm{MI+II}}=H_{\mathrm{I}}+H_{\mathrm{II}}$。与单泵在管路上工作时相比流量增加，扬程降低，由于 $H_{\mathrm{I}}<H_{\mathrm{MI}}$，$H_{\mathrm{II}}<H_{\mathrm{MII}}$，所以工作扬程 $H_{\mathrm{MI-II}}$总是小于两台泵单独在管路上时的工作扬程之和 $Q_{\mathrm{MI}}+Q_{\mathrm{MII}}$，减小的程度与管路特性陡直度有关。

当流量较大时，超过小泵Ⅰ的流量极限 Q_{C}后，小泵不再提供扬程，但继续消耗功率，因此性能曲线不会沿着曲线变化，而是继续陡降。可以发现，泵串联的工作状态也取决于管路特性曲线，如图 4-29 所示，如果 $h-Q$ 曲线较陡峭，工作点 M_1[$h-Q$ 与$(H-Q)_{\mathrm{I+II}}$的交点]位于$(H-Q)_{\mathrm{I+II}}$与$(H-Q)_{\mathrm{II}}$的交点 C 的左侧，这时的流量和扬程与大泵单独工作时相同，小泵不起作用，只消耗功率；如果 $h-Q$ 曲线比较平滑，使得工作点 M_2位于$(H-Q)_{\mathrm{I+II}}$与$(H-Q)_{\mathrm{II}}$的交点 C 右侧，这时流量和扬程都小于只有第一台泵单独工作的流量和扬程，此时小泵相当于装置的节流装置，增加了阻力，减少了输送流量。可见 C 点是泵串联的极限状态，应保证工作点在C点的左侧，这就意味着泵的串联适用于随流量增大而能头损失更大的管路，例如相同条件下，管径小的管路比管径大的管路在采用泵串联时更有保障。

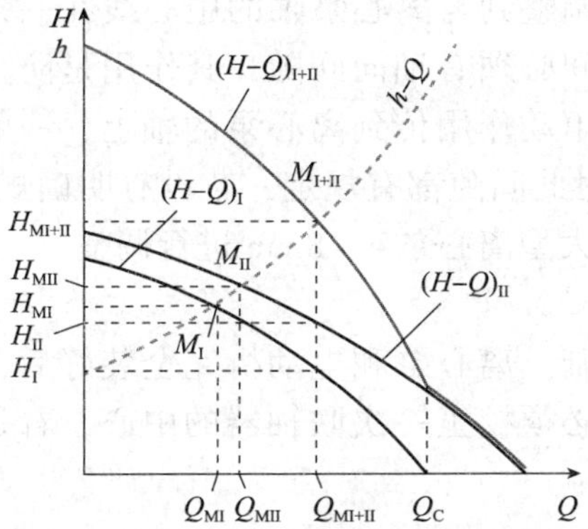

图4-28 不同泵串联的 $H-Q$ 特性曲线

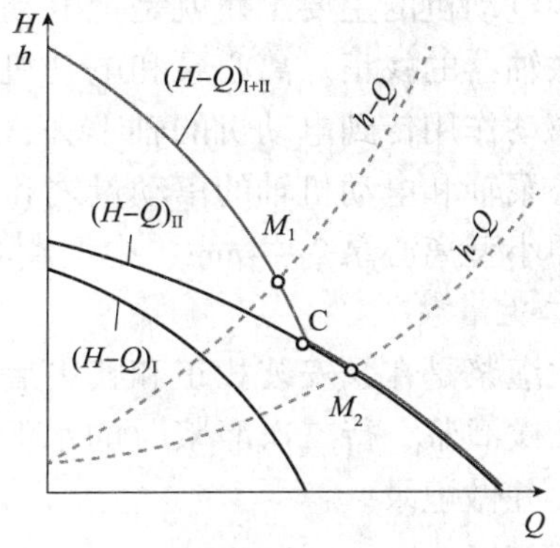

图4-29 不同泵串联下不同的 $h-Q$ 特性曲线

4.7 离心泵的使用与故障排除

4.7.1 离心泵安装

在离心油泵的安装和调试前应按要求做好准备工作，安装后应达到如下要求：

①离心泵安装后，泵轴的中心线应水平，其位置和标高必须符合设计要求；

②离心泵轴的中心线与电动机轴的中心线应同轴；

③离心泵各连接部分，必须具备较好的严密性；

④离心泵与机座、机座与基础之间，必须连接牢固；

⑤油泵必须采用防爆电机，如无防爆条件，需将电机进行防爆隔离。

离心泵的安装工作包括机座安装、泵体安装、电动机安装、二次灌浆、试车和验收等步骤。

1. 机座安装

离心泵和电动机一般直接安装在机座上，机座的安装主要是机座的找正和找平，是否能准确找正和找平将决定泵的正常运转。

2. 泵体安装

机座安装好后，一般是先安装泵体，然后以泵体为基准安装电动机。一般的泵体是主要功能部件，要与其他设备用管路相互连接，而电动机的位置则可根据泵体的位置来作适当的调整。根据泵的重量，可采用辅助设备吊装泵体，需要完成找正、找平、找标高，其中，找平就是找正泵体的纵、横中心线，使泵体的纵、横中心线符合图纸的要求，并与其他设备很好地连接；泵体找正后，调整泵体的水平，利用水平仪调整泵体水平，并在泵体支脚与机座之间加减薄铁皮来保持水平状态，泵体的水平允许偏差一般为0.3~0.5mm/m；泵的标高是以泵轴的中心线为准，找标高时一般都用水准仪来进行测量，可通过增减泵体的支脚与机座之间的垫片来实现，泵轴中心标高的允许偏差一般为 ±10mm。最后，拧紧泵体与机座的连接螺栓拧紧，然后再次检查水平和安装情况。

3. 电动机安装

安装电动机的主要工作就是把电动机轴的中心线调整到与离心泵轴的中心线在一条直线，即联轴器的找正。离心泵和电动机两半联轴器之间必须有轴向间隙，其作用是防止离心泵的窜动作用传到电动机的轴上去，或电动机轴的窜动作用传到离心泵的轴上，一般要大于离心泵轴和电动机轴的窜动量之和。通常图纸上对此间隙都有规定，若没有明确规定，则可参照小型离心泵 2 ~ 4mm、中型离心泵 4 ~ 5mm、大型离心泵 4 ~ 8mm 进行调整。

4. 二次灌浆

二次灌浆是在泵安装找正和找平后进一步稳固基础。离心泵和电动机完全装好后，就可进行二次灌浆，待二次灌浆时的水泥砂浆硬化后，必须校正一次联轴器的中心，看是否有变动，并做记录。

5. 试车

离心泵经过安装或大修后应进行试车，用以检查泵的各部分是否还存在缺陷，特别是检查油泵工作能力是否符合要求。试车时，如果发现问题，便能在投入运转以前得到及时处理，保证泵在高效率的条件下安全运转，直至下一次大修。

试车前必须检查内容见 4. 7. 2 节内容。带负荷后应满足泵运转达到额定转速后检查各部有无杂音、摆动、剧烈震动或泄漏等不良情况的要求。

6. 验收

安装、检修质量符合技术要求，随机资料、手册完整，检测、检修记录保证齐全、描述准确，试车正常，最后交付正式使用。

4. 7. 2 离心泵使用

离心泵的性能除与设计制造质量有关外，还与其安装情况也有很大关系。

前面提到，吸入特性是离心泵重要的性能指标，提供良好的吸入条件可以避免泵发生空蚀，泵房设计中应尽量将泵房设在靠近卸油栈桥和吸液罐附近，尽可能减小安装高度；管道的敷设和附件安装在保证工艺要求前提下，尽量减小流动阻力和局部阻力，提高泵的工作效益。

卧式离心泵的泵体与电动机安装在同一底座上，出厂前都会进行找正。所谓找正就是保证叶轮轴线与电动机轴线完全处于同一直线，如连接错位或歪斜。避免底座变形、联轴器弯曲、底座螺丝松动，这些故障均会引起工作中的泵强烈振动。

为了适应电动机轴的轴向微小移动与轴承的磨损，通常在安装泵时，联轴器的两个对接面留出约 2 ~ 3mm 的距离。

配置吸入管道和排出管道的要求是，应避免安装操作引起泵偏离水平位置，也要考虑热应力的影响，通常按照铸铁膨胀量 1mm/m，或者低碳钢膨胀量 1 ~ 2mm/m 来考虑管道的伸缩量。此外，由于管路特性对泵的性能影响很明显，也要尽量避免积气或漏气而引起额外的能量损失或工况波动。

离心泵的关键操作包括四个内容：启动前准备、启动离心泵、运行中的检查和停泵。

(1)启动离心泵前的准备。

①螺丝连接：检查各部位连接螺丝是否紧固或腐蚀，地脚螺丝是否松动；

②盘泵：用手或专用工具盘泵3至5圈，所谓盘泵(也叫盘车)，就是人工地按照泵旋转方向旋转泵轴，以确定轴的旋转是否灵活，连接是否错位或者变形，是否有异物存在；

③润滑：检查润滑部位是否合格，缺油或油污染严重时应及时填油或更换新油；

④密封性：检查密封位置是否有漏油现象；

⑤管路设备：检查压力表、阀门、温度计等的工作状态与密封性；

⑥电源：确定供电回路无异常。

(2)启动离心泵。启动离心泵可以分为三个步骤：灌泵、告知、启动。

①灌泵：对于非自吸式的离心泵必须进行灌泵。所谓灌泵就是使泵体内充满液体，因为如果存在气体可能会影响泵的效率，如果含气量过大，甚至无法正常启动。灌泵的步骤为：打开入口排气阀，关闭出口排气阀，然后人工灌液或者用真空泵引流，直到泵体内充满液体。

②告知：向调度人员通知已完成启泵准备，可以启动。

③启动：按启动按钮启动泵，待电流、转数正常后，再缓慢打开泵的出口阀门。注意，不要使离心泵泵在出口阀关闭状态下长时间运转，一般不超过三分钟，否则液体在泵中强制循环温度升高、产生气泡，使泵抽空或受损。待泵稳定工作后方可离开进行其他作业。

(3)离心泵运转检查。

①噪音：听离心泵运行过程中是否存在异样噪声；

②泄漏：观察是否有液体泄漏，或注意是否有泄漏的油品散发的味；

③压力与温度：关注压力表和温度计，或用手触摸管道温度，是否存在异常；

④工况调节：调节泵的扬程和流量时，通过出口阀门进行调控，而不用入口阀门。

(4)离心泵的停泵。

①停泵：先关闭出口阀门，再按停泵按钮，最后关闭入口阀门；

②阀门与仪表：关闭阀门和仪表电源；

③现场清理：保持工作现场清洁，清除清洗或泄漏杂物，冬季时应考虑保温或开启水阀保持低流量，防止冻坏设备。

(5)遇有下列情况之一，应紧急停车处理：

①泵内发出异常的声响。

②泵突然发生剧烈振动。

③电流超过规定值持续不降，经处理无效。

④泵突然不排液。

4.7.3 离心泵故障排除

4.7.3.1 离心泵常见故障与排除

离心泵常见的故障分为水力故障和机械故障，机械故障从现象上又可以分为振动与噪音和温度异常、泄漏等。表4-3~表4-6分别对上述常见的故障现象及其产生原因与消除方法进行介绍。

表4-3 离心泵的水力故障

故障现象	产生原因	消除方法
无液体排出	1. 叶轮或进口阀有异物堵塞 2. 吸液高度过大 3. 吸入管路漏入空气 4. 泵没有灌满液体 5. 被输送液体黏度过高 6. 进出口阀门损坏无法打开	1. 清除异物 2. 降低吸液高度 3. 拧紧松动的螺栓或更换密封垫 4. 停泵灌液 5. 提高液体温度或降低安装高度 6. 更换或修理阀门
流量不足	1. 叶轮反转 2. 叶轮或进口阀被杂物堵塞 3. 叶轮腐蚀或磨损严重 4. 储液槽液位下降过大，造成吸液高度过大 5. 泵体或吸入管路漏入空气	1. 改变转向 2. 清除堵塞物 3. 更换或修理叶轮 4. 提高储槽液位 5. 紧固改善密封

表4-4 离心泵的机械故障：噪音与振动

故障现象	产生原因	消除方法
运转声音异常	1. 异物进入壳体 2. 叶轮背帽脱落 3. 叶轮与泵壳摩擦 4. 滚动轴承损坏 5. 填料压盖与泵轴或轴套摩擦	1. 清除异物 2. 重新拧紧或更换叶轮背帽 3. 调整泵盖密封厚度或调整轴承压盖垫片的厚度 4. 更换滚动轴承 5. 对称均匀地拧紧填料压盖
泵体振动	1. 联轴器找正不良 2. 吸液部分有空气漏入形成气囊 3. 轴承间隙过大 4. 泵轴弯曲 5. 叶轮歪斜 6. 地脚螺栓松动 7. 电动机的震动传递到泵体上	1. 找正联轴器 2. 紧固螺栓或更换密封 3. 更换或调整轴承 4. 校直泵轴 5. 重新安装或调整 6. 紧固螺栓 7. 消除电动机震动

表4-5 离心泵的机械故障：温度异常

故障现象	产生原因	消除方法
轴承过热	1. 缺油或油中杂质过多，摩擦生热 2. 轴承损坏，摩擦生热 3. 泵体轴承孔磨损，轴承外环产生移动，摩擦生热 4. 轴承压盖压得过紧，摩擦生热	1. 清洗轴承加油或换油 2. 更换轴承 3. 更换泵体或修复轴承孔 4. 检查轴承压盖，保留轴承空间
泵壳过热	1. 出口阀未打开 2. 泵设计流量大，使用量过小 3. 叶轮被异物堵塞	1. 打开出口阀 2. 更换流量小的泵或增大用量 3. 清除堵塞物

表 4-6 离心泵的机械故障：泄漏

故障现象	产生原因	消除方法
机械密封泄漏	1. 冷却水不足或堵塞 2. 弹簧弹力不足 3. 密封面元件材料选用不当 4. 密封面被划伤	1. 清洗冷却水管加大冷却水量 2. 调整或更换 3. 更换耐蚀性能较好的材料 4. 研磨密封面
密封垫泄漏	1. 填料压盖过太紧，填料函发热 2. 泵轴窜量过大，叶轮与密封环发生摩擦 3. 中心线偏移	1. 调节填料压盖的松紧度 2. 调整轴向窜量 3. 找正轴心线

4.7.3.2 离心油泵的维护与保养

离心油泵维护应包括以下内容：

①压力、流量要平稳，使油泵经常处于高效区运行，流量不应低于额定流量的50%。

②离心泵出口阀应有良好的调节性能，以便控制输油的初速度。

③润滑系统与冷却系统稳定、畅通，轴承运转平稳，无异常杂声和振动，轴承温度不超过65～70℃。

④密封性保持好，工作状态下泄漏量不超过5滴/min，停止工作轴封无泄漏。

⑤泵体无裂纹及渗漏，外壳清洁，铭牌清晰，无油污。

⑥泵座牢固，地脚螺丝紧固，底座水平，偏差不应超过0.2mm/m。

⑦泵的进、出口阀门和过滤器等管路系统配件安装齐全、工作良好。

⑧泵的吸入管径不得小于排出管径，过滤面积足够大以保证泵的良好吸入性能。

⑨泵轴与电动机同心度良好。

⑩产品出厂合格及泵的配套资料齐全，性能参数准确。

三级保养制度已经被普遍应用于工业设备的保养管理体系中。离心泵的三级保养内容包括：

①日常保养：日维护或周维护，操作工人实施，主要保养油泵的外部，如清洁、润滑、泄漏和固定情况等。

②一级保养：月维护或季度维护，以操作工人为主，维修工人协助，内容包括油泵内部的保养，如清洁、润滑、泄漏和固定情况，也包括局部部件的更换或维修。

③二级保养：半年或一年维护，以维修工人为主，内容包括整体检查，必要时会拆机检查，更换老化或工作不良的配件。

4.8 其他泵简介

前面的内容重点介绍了工程中最常见的离心泵，主要的原因是离心泵的性能比较全面，即性能范围较广、价格相对便宜、维护相对容易。但是实际工程中在特殊条件下需要泵在某些特性上有更突出的表现，因此必须采用其他形式的泵。本节介绍其他形式的叶片式泵。叶片式泵包括离心泵以及其他依靠叶轮旋转向液体传递能量的泵，例如轴流泵、混流泵等。

4.8.1 叶片泵：轴流泵

轴流泵(axial flow pump)的结构特点是吸入口、排出口与叶轮盘面法线同线，如图4-30所示，其叶轮设计与离心泵也明显不同，体现在直径段、扭曲程度大，通常称为翼型，因为轴流泵是以机翼的升力理论为基础，可以用 Bernoulli 方程解释。当流体绕过翼型时，在翼型的首端点处分离，分别经过翼型的上表面和下表面，并在翼型的尾端汇合，由于沿翼型下表面的流程比上表面长，即下表面流速大，上表面流速小，根据 Bernoulli 方程可知下表面压力小于上表面，流体对翼型产生升力，同样，翼型对于流体也将产生一个反作用力，在此力作用下液体获得能量。

轴流泵性能特点与离心泵有一定差异，典型的轴流泵性能曲线见图4-31。轴流泵的扬程随流量的减少而迅速增大，此时 $H-Q$ 曲线斜率很大，主要原因是流量较小时，在叶轮叶片的进口和出口处产生回流，水流多次重复得到能量，使得扬程急剧增大，造成轴功率增大。流量较大时，轴流泵的 $H-Q$ 性能曲线与离心泵比较相似。

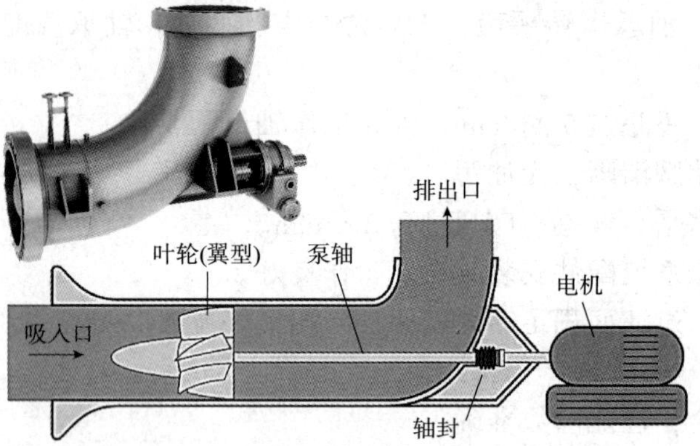

图4-30 轴流泵及结构示意图

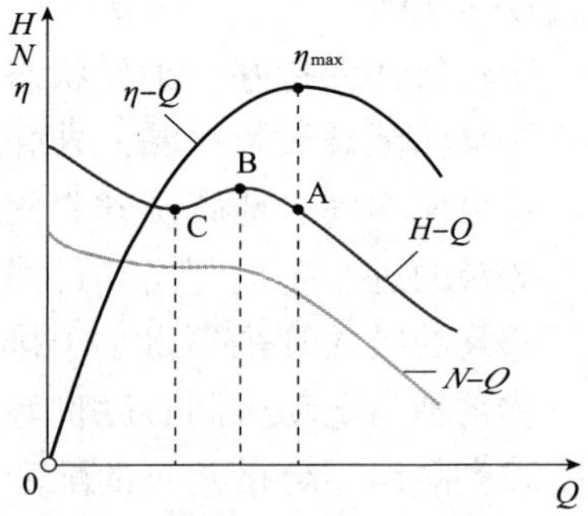

图4-31 轴流泵典型的特性曲线

轴流泵的 $N-Q$ 曲线也是徒降曲线，因此，为了保证启动时能耗最低，轴流泵应当在出口阀门全开的情况下启泵。

轴流泵的 $\eta-Q$ 曲线呈驼峰形，变化规律与离心泵相似，但是高效率工作范围比较小，流量在偏离设计工况点的设计流量范围之外效率迅速降低。由此可见，采取阀门调节流量不合理。通常，轴流泵与离心泵一样，通过改变轴流泵的转速实现改变其特性曲线的位置，以达到调节运行工况的目的。改变转速时轴流泵的最高效率比较接近，这样可以扩大泵的高效率运行区。但是工程实际中，转速的改变有时往往受到具体条件的限制，所以也采用改变叶片偏离角角度的方式来调节泵的运行工况点。

现在分析轴流泵特性曲线变化规律。当流量减小时，液流的相对速度与圆周方向速度之间的夹角减小，而叶片安放角并不改变，这使得叶片翼型的冲角增大。流量越小，冲角越大，当冲角增大到一定程度时，翼型表面会产生流动分离，所以当流量从一定流量 Q_e 减小时，翼型的冲角增大，升力系数增加，因此扬程增大；在流量减小到小于 Q_2 时，因冲角较大，翼型表面流动分离，升力系数下降，扬程降低；流量减小到小于 Q_1 时，叶轮中液体产生二次回流，使得扬程不降反而升高。流量小于 Q_1时，叶轮各计算流面产生的扬程各不相等，引起二次流，二次流是依靠撞击来传递能量的，水力损失很大，因此在扬程增加的同时也极大消耗了泵的功率，使效率迅速降低，这也是轴流泵的高效率工作区域狭窄的原因。

根据轴流泵特性曲线的特点，关闭出口阀门启动时电动机有超载的危险，所以在启动轴流泵时，出流管路的阀门必须全开，以减小启动功率。

4.8.2 叶片泵：混流泵

混流泵(mixed – flow pump)与其他叶片式泵主要的结构特点是叶轮几何形状，其长度与扭曲程度均介于离心泵和轴流泵的叶轮之间，离心泵叶轮最长、扭曲程度较小，轴流泵叶轮最短、扭曲程度最大，因此混流泵的性能介于离心泵与轴流泵之间，是中高流量、低扬程泵的一种补充。混流泵的工作原理兼具离心泵的离心力原理和轴流泵的升力原理。混流泵有两种类型，一种与离心泵相似，叫做蜗壳式混流泵，因泵壳外形酷似蜗牛壳而得名，设计为渐扩通道，如图4 – 32 所示，多用于中、小型泵的设计；另一种与立式轴流泵相似，叫做导叶式混流泵或立式混流泵，多用于大型泵的设计。

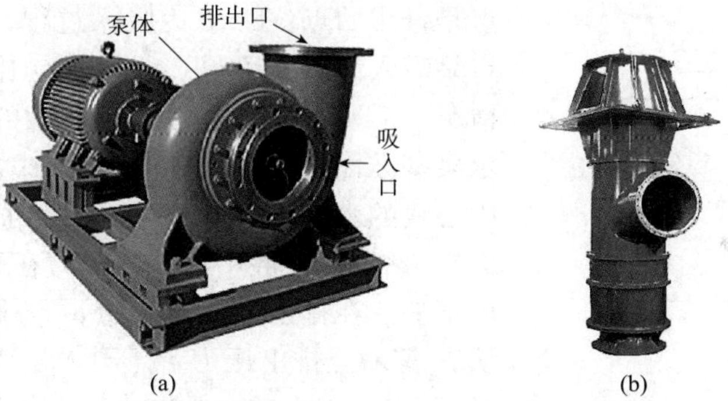

图4 –32 蜗壳式混流泵(a)与导叶式混流泵(b)

4.8.3 往复泵

往复泵(reciprocating pump)是容积泵的一种，它依靠活塞、柱塞或隔膜在泵缸中往复运动，使泵缸工作容积量周期性地扩大与缩小来吸排液体。由于往复泵结构复杂、易损件多、流量有脉动，大流量时机器重，所以在许多场合为离心泵代替。但在高压力、小流量、输送黏度大的液体，要求精确计量及要求流量随压力变化小的情况下仍采用各种形式的往复泵。

4.8.3.1 往复泵的分类与基本结构

往复泵的主要结构分为四个部分，如图4 – 33 所示，包括：①容纳流体的缸体；②将机械能转化为液体压能的流体端，如活塞、柱塞或隔膜；③将原动机的机械能传递给流体端的动力端；④提供能量的原动机，如电动机、蒸汽机等。最常用的分类方式是根据其主要的流体端结构而分为活塞泵(piston pump)、柱塞泵(plunger pump)和隔膜泵(diaphragm pump 或 membrane pump)等。

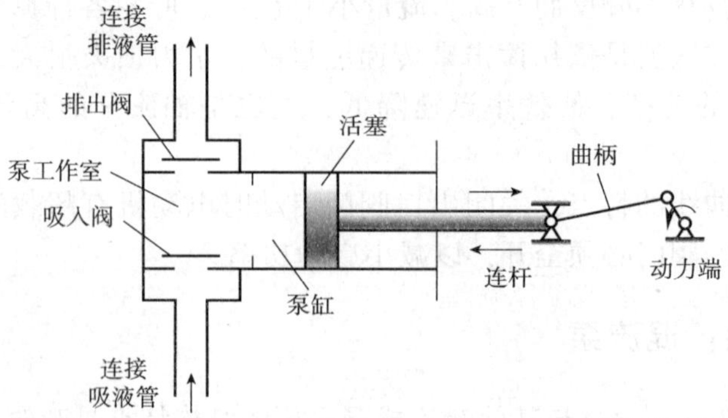

图 4－33　往复泵基本结构与工作原理

往复泵适用于高压、小流量、高黏度的液体输送，且流量可以精确测量，具有计量功能的泵叫做计量泵，往复泵、齿轮泵等都是计量泵的常见形式。

4.8.3.2　往复泵的工作原理

往复泵的工作过程可以分吸入及排出两个循环过程。图 4－34 为往复泵工作时的压力变化，abcd 细实线为理想工作过程的示功图，其中 d－a 为排出过程，a 点是排出终点，d 点是排出始点；b－c 为吸入过程，b 点是吸入始点，c 点是吸入终点。可见，abcd 所包围的面积 A 就是理想情况下活塞往复一次对液体所做的功。吸入压力 P_1 表示泵基准面的平均绝对压力（卧式泵的基准面是过液缸中心线的水平面，立式泵的基准面是行程中点的水平面），活塞工作腔中的液体压力在整个吸入过程中保持 P_1 不变。在排出过程开始的 c－d 瞬间过程，液体压力从 P_1 骤增至排出压力 P_2（同 P_1，为泵基准面上平均绝对压力），P_2 在整个排出过程中保持不变，直至吸入过程开始的 a－b 瞬间过程，再次骤降至 P_1。

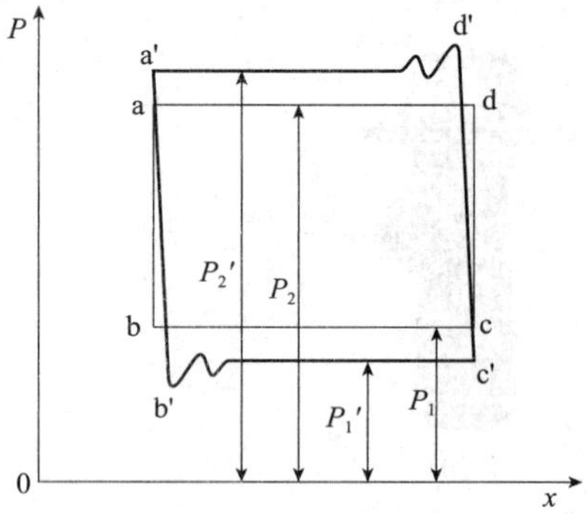

图 4－34　往复泵循环做功过程

图 4－34 中 a′b′c′d′粗实线为实际工作过程的示功图。实际工作中并不是理想情况，例如，由于阀在活塞活动过程时不能及时关闭，因此会落后一段时间，即滞后现象；液体在密封面及活塞与液缸密封面上有一定泄漏；由于密封不完全严密，外界空气可能进入工作腔；溶解在液体中的气核因压力降低而析出等。由于这些实际情况，活塞从外止点右移时工作腔中压力并非沿 a－b 骤降，而是沿 a′－b′斜线下降，且压力低于 P_1'，吸入过程沿b′－c′进行。同样，排出过程开始压力也不是沿 c－d 骤增，而沿 c′－d′进行，排出压力大于 P_2'，排出过程沿 d′－a′进行。在 b′和 d′点出现脉动，这是水力阻力和开启过程中的阻力等原因造成的。注意到，实际情况下的 a′b′c′d′所围面积 A' 必然大于理想情况下 abcd 所围的面积 A，这表明理想工作过程的活塞对液体做功最小，但实际情况不可能达到。

4.8.3.3　往复泵的性能

往复泵的主要性能参数包括流量、功率、排出压力、自吸能力等。

1. 流量

往复泵的流量是单位时间内流体端(活塞、柱塞或隔膜)所排出液体的量，理论上，平均体积流量等于流体端工作面在吸入或排出过程中扫过的长度与截面积的乘积：

$$Q_T = iALn \tag{4-45}$$

式中，Q_T为理论体积流量，m^3/min；i 为往复泵的缸数；A 为活塞或柱塞工作面积，m^2；L 为活塞或柱塞行程，m；n 为转速，r/min，即往复的次数。

往复泵实际的流量也存在容积损失，包括两种损失。第一种流量损失是泄漏损失，即液体流过各密封点时，会存在一定量液体从高压一侧向低压一侧泄漏，泄漏的液体浪费了一部分有效的能量，导致能量传递效率下降；另一种流量损失是由于液体带入或漏入缸内的少量气体，使得实际传输的液体流量减小，而气体有可压缩性，因此这个过程也会存在一定的能量损失，但相对于泄漏损失，这部分能量损失很小。

往复泵的流量与离心泵最明显的差别之一还在于流量的不均匀性。由于往复泵的工作原理是流体端的往复运动来输送液体，因此单缸、两缸或多缸往复泵都不能避免流量的不均匀性。图4-35为不同缸数量的瞬时流量，满足正弦曲线规律脉动，可见，奇数缸(单缸除外)更有利于减缓流量脉动。由于瞬时的流量脉动会引起吸入和排出管路内的非均匀液体流速变化，从而产生加速度和惯性力，增大了泵的工作阻力，使得泵吸入性能降低，管路受到更大的负荷，严重时引起剧烈振动，不利于往复泵的稳定工作，因此应当尽可能减小往复泵流量脉动。

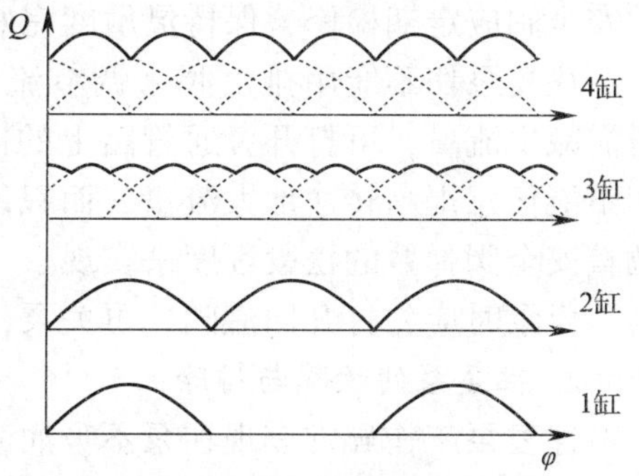

图4-35 往复泵瞬时流量

2. 功率

往复泵的功率计算与离心泵相同，轴功率：

$$N = \eta Ne \tag{4-46}$$

其中 η 为效率，Ne 为有效功率：$Ne = g\rho QH/1000$，单位 kW。

3. 排出压力

往复泵的最大排出压力仅取决于泵本身的动力、强度和密封性能，排出压力与结构尺寸和转速无关。机动往复泵的流量几乎与排出压力无关，如图4-36所示，只有在压力较高时，由于液体中所含气体溶于液体中、阀及填料漏损等原因，使泵流量稍有变化。因此往复泵不能用关闭出口阀调节流量，否则会因排出压力急增而造成电动机过载或泵的损坏。

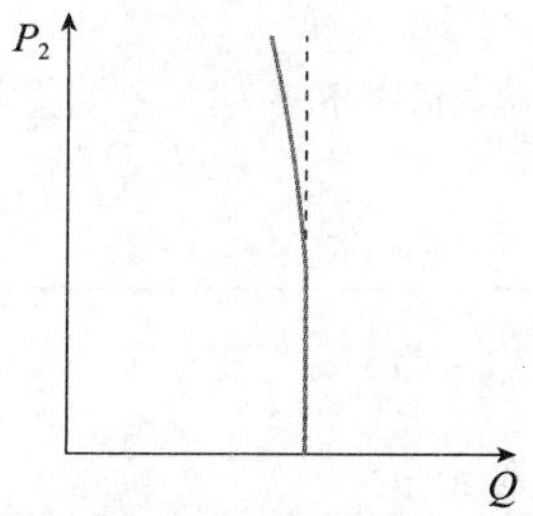

图4-36 往复泵特性曲线

4. 自吸能力

所谓自吸能力就是泵具有产生负压而形成自吸的能力。往复泵具有自吸能力，因此往复泵启动前无须灌泵。往复泵的自吸能力与转速有关，转速越高，自吸能力越强，转速提高会使液体流动阻力和流体流动的惯性损失均增加，因此在复泵转速一般控制在 $n = 80 \sim 200$r/min，吸入高度约 4 ~ 6m。

如果转速过高，当泵缸内压力低于液体气化压力时，造成泵的抽空而失去吸入能力。在实际使用时最好确保泵缸内有液体，一方面可以立刻吸、排液体，另一方面避免活塞(或柱塞)在泵缸(或与填料箱)产生干摩擦，减少磨损。

4.8.3.4 往复泵的操作、故障排除与维护

1. 往复泵使用注意事项

开泵前，检查泵的传动机构有无卡位或不灵活的现象，检查润滑油是否符合要求，填料是否严密，各部件连接是否牢固可靠。开泵前应首先打开排出管道上的所有阀门，这是由于容积泵启动后压力剧升，会造成设备破坏。为减少启动电流，不应将回流阀打开，待电动机启动正常后，再缓慢关闭回流阀。

往复泵正常运转时，禁止关闭出口阀门，否则可能挤破管道和附件，憋坏密封系统或超油，超载烧坏电动机，造成严重事故，为防止因误动作发生这类事故，装在出口管线上的安全阀应定期检修，保持灵敏度完好。

往复泵切不能用排出阀来调节流量，如工艺需要，可用旁通管路上的阀门进行调节。若需减少流量，可打开旁通管路上的回流阀，从而控制了流量。若以转速来调节，应注意切不能任意提高转速加大流量，而只能在低于正常转速范围内调节。泵的工作压力可通过调整安全阀弹簧的松紧程度来实现。

停泵时应先打开回流阀，再关泵，最后关闭出口阀门。

2. 往复泵的故障与排除

往复泵工作异常表现在泵不吸油，或者流量很小，或有剧烈振动和明显的噪声，等等。常见的故障与排除方法见表 4－7。

表 4－7　往复泵的机械故障及排除方法

故障现象	产生原因	消除方法
泵不吸油	1. 缺油或油中杂质过多，摩擦生热 2. 吸入管或填料筒漏气 3. 安装高度太大 4. 吸入或排出活门卡住 5. 旁路阀门未关	1. 清洗吸入管 2. 检修或更换 3. 校核泵的安装高度 4. 检修吸入口和排出口活门 5. 减小或关闭旁路阀门
泵流量不足	1. 吸入管或填料筒漏气 2. 活门不严 3. 活塞与泵缸间隙过大，活塞环卡住磨损 4. 旁路阀未关严 5. 吸入管部分堵塞	1. 检修管路、填料筒 2. 检查活门 3. 检修、更换皮碗或活塞环 4. 关闭旁路阀 5. 清洗
噪音与振动	1. 油中有空气 2. 空气室内没有空气 3. 活塞螺帽松脱或活塞环损坏 4. 泵内吸入固体物质 5. 连接件松动	1. 排出空气 2. 检查调整 3. 检查、更换活塞组件 4. 清理杂质 5. 拧紧松动部件

续表

故障现象	产生原因	消除方法
负载过大	1. 排出管有堵塞现象 2. 填料太紧 3. 活塞与泵缸间隙太小 4. 油品黏度过大 5. 润滑不良 6. 泵与电动机不同心	1. 清理排出管道 2. 适当放松 3. 检查调整 4. 将油品加温 5. 检查润滑部位，加油或脂 6. 校正偏心线

4.8.4 回转泵：螺杆泵

油料储运过程中常用的回转泵包括齿轮泵、螺杆泵和滑片泵。

4.8.4.1 螺杆泵的结构与工作原理

螺杆泵也是容积泵的一种，它是靠螺杆与衬套或几根相互啮合的螺杆间容积变化输送液体的。下面简单介绍其工作原理与特点。

螺杆泵有单螺杆泵和多螺杆泵(例如双螺杆、三螺杆等)。单螺杆泵是一种较新的水力机械，目前在石油钻采和石油输送中得到了越来越广泛的应用。

图4－37是一个单螺杆泵的结构简图，单螺杆泵中最重要的元件是衬套和螺杆组成的衬套螺杆副，以及连接电动机的传动轴和联轴器等。单螺杆泵的螺杆如同螺旋输送机的螺旋桨，或类似于拧螺丝，当螺杆旋转时，螺杆的棱线推挤液体前移的作用。为了使单杆有效地推挤液体，达到一定的排量和扬程，必须设计具有内螺旋面的专门衬套，螺杆与衬套把液体沿轴向分开，又在径向把液流一分为二，形成一个个密封腔，填满密封腔的液体随着螺杆旋转而完成输送。由此可见，螺杆泵兼具容积式泵和离心泵的工作特点，其性能也介于两种泵之间，即具有均衡的扬程和流量性能，因此是很有前途的油库用泵。

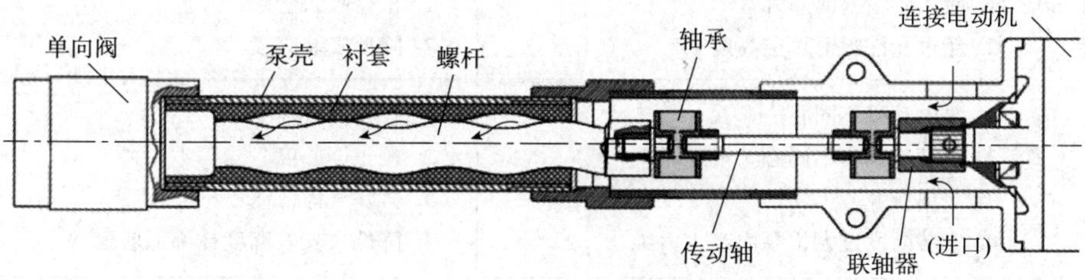

图4－37 单螺杆泵基本结构

4.8.4.2 螺杆泵的性能与特点

1. 排量

单螺杆泵的理论排量为：

$$Q_T = 16eRln \times 10^{-9} \tag{4-47}$$

式中，Q_T为理论排量，m^3/min；e为螺杆偏心距，mm，现有的螺杆泵偏心距e通常在1～8mm；R为螺杆截面半径，mm；l为螺距，即衬套的导程的一半，mm；n为螺杆转速，

r/min。单螺杆泵的实际排量比理论值小，也存在容积损失，因为螺杆与衬套间隙处有流量损失。这样，实际排量等于理论排量乘以容积效率 η_{vol}，容积效率通常在0.7～0.85。此外，提高工作转速 n 可以有效补偿容积漏失，这也体现出螺杆泵也具有和离心泵相似的特性。

2. 能耗

螺杆泵的能耗主要消耗在输送流体的驱动杆柱的能耗和驱动系统的传动能耗。输送系统的能耗一般可用传动效率来表征。

螺杆泵兼具叶片式泵和容积式泵的优点，多种场合优点突出，油库应用中有较好的发展前途。螺杆泵具有下列特点：

①结构简单、紧凑，可与电动机直接连动，转速高，具备离心泵的特点。

②流量范围广，具备离心泵的优点。

③扬程高，排出压力可达40MPa，具备往复泵的优点。

④效率高，一般为80%～90%。

⑤工作平稳，流量均匀，比其他容积式泵有明显优势。

⑥震动小，噪声小，无扭矩。

⑦有自吸能力，明显强于离心泵，但稍逊于往复泵。

⑧流量随压力变化很小，在输送高度有变化时，能保持一定流量，具备容积式泵的优点。

⑨输送黏油和柴油具有优势，兼备离心泵和容积泵的用途。

4.8.4.3 螺杆泵的操作与故障排除

螺杆泵的操作与故障原因及其排除方法类似于离心泵。螺杆泵常见的故障原因与排除方法见表4－8。

表4－8 螺杆泵的机械故障原因与排除方法

故障现象	产生原因	消除方法
泵不吸油或流量不足	1. 吸入管堵塞或漏气 2. 超过允许吸上真空高度	1. 检修吸入管路 2. 降低安装高度
运行振动剧烈	1. 泵电动机不同心 2. 螺杆与泵套不同心 3. 泵内有气 4. 安装高度过大，泵内产生汽蚀	1. 校正同心度 2. 校正同心度 3. 排除气体 4. 降低泵安装高度或降低转速
流量下降	1. 吸入管路堵塞或漏气 2. 螺杆与泵套磨损 3. 安全阀弹簧太松或阀座与阀瓣不严 4. 电动机转速不够	1. 检修吸入管路 2. 及时更换磨损部件 3. 调整弹簧 4. 修理或更换电动机
功率急剧增大	1. 排出管堵塞 2. 螺杆与泵套摩擦	1. 停泵清洗排出管 2. 检修摩擦部位，或更换部件

4.8.5 回转泵：齿轮泵

4.8.5.1 齿轮泵的结构与工作原理

齿轮泵是容积回转式泵的一种，它一般用于输送具有润滑性能的液体，如输送燃料油和润滑油，另外它还广泛用于工程机械、矿山机械和机床行业速度中等、作用力不大的简单液压油系统及润滑系统中，用来作为辅助油泵。

齿轮泵的形式很多，按齿轮啮合方式一般可分为外啮合齿轮泵和内啮合齿轮泵。按齿轮形状可分为正齿轮泵、斜齿轮泵(螺旋齿轮泵)和人字形齿轮泵等，这里介绍的是外啮合齿轮泵，主体结构如图4－38所示，主要由主动齿轮、从动齿轮、泵壳、泵轴和轴承等组成。齿轮泵的工作原理：当电动机带动主动齿轮按某方向旋转时，主动齿轮和从动齿轮的一对啮合齿轮相互接触，随着齿轮转动在齿间和泵壳构成逐渐增大的容积，从而形成局部低压，因此吸入罐中的油品在大气压作用下进入而填满齿间容积。齿轮继续旋转时，随着齿轮啮合，将吸入的液体挤出泵体，完成液体的吸入、排出的传输过程。齿轮泵是典型的容积式泵，具有较高的自吸能力，适合输送高黏度、低流量的工况。

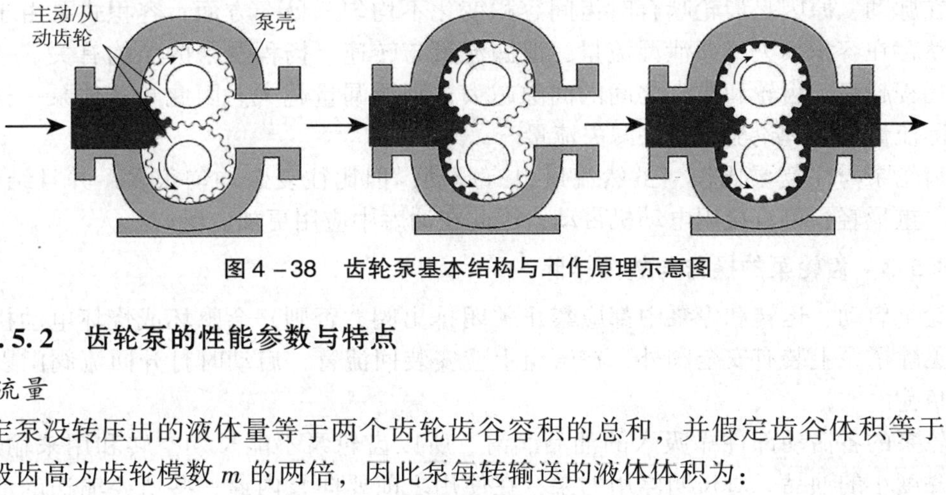

图4－38 齿轮泵基本结构与工作原理示意图

4.8.5.2 齿轮泵的性能参数与特点

1. 流量

假定泵没转压出的液体量等于两个齿轮齿谷容积的总和，并假定齿谷体积等于齿的体积。一般齿高为齿轮模数 m 的两倍，因此泵每转输送的液体体积为：

$$V_T = 2\pi Dmb \times 10^{-9} \tag{4-48}$$

式中，V_T为理论上得到的泵每转的排量，m^3/r；m 为齿轮模数，mm；b 为齿轮宽度，mm；D 为齿轮节圆直径，mm。其中齿轮模数 m 等于齿轮直径 D 与齿数 z 之比：$m=D/z$。理论流量就是每转排量与转速的乘积，并且由于齿谷的体积比齿的体积稍大，通常用3.33取代式中的圆周率 π，则理论流量为：

$$Q_T = 6.66Dm^2zbn \times 10^{-9} \tag{4-49}$$

式中，Q_T为理论体积流量，m^3/min。考虑容积效率 η_{vol}，上式结果乘以 η_{vol}就是齿轮泵的实际流量。由此可见，影响齿轮泵流量的因素包括转速、模数和齿宽。转速越高，在同样结构尺寸下流量越大。若转速过高，离心力太大，使齿谷中不能充满液体，从而影响泵的流量，这样对节圆上的线速度有一定限制。当外形尺寸一定时，齿数越少，模数越大，流量也越大。因此齿轮泵中齿轮的齿数比一般传动齿轮的齿数少，而模数较大，常见齿数在8～

14。但模数大、齿数少，会导致流量脉动振幅大，因此一般中低压泵的模数小于5。为了减少齿数，又避免齿轮根切，一般采用修正齿轮的设计，最少齿数可达到6。此外，齿宽与流量成正比，但齿宽越大，轴承所承受的负荷也越大，使泵的尺寸增大，影响泵的使用寿命。

2. 功率

齿轮泵的功率与泵的全压力有关。轴功率 N 为：

$$N = \frac{PQ}{\eta} \times 10^{-3} \tag{4-50}$$

式中，N 为功率，kW；η 为效率，约0.6~0.8。有效功率为：

$$Ne = PQ \times 10^{-3} \tag{4-51}$$

齿轮泵属容积泵的一类，通过齿轮机构吸入和排出容积来实现抽送流体的目的，所以其特性和一般的容积泵非常相似。齿轮泵主要工作性能和使用特点如下：

①齿轮泵的扬程大小取决于输送高度和管路损失。齿轮泵的理论扬程可以无限大，但实际上受到电动机功率、泵体构造和机械强度等的限制，齿轮泵的扬程只能限定在一定范围内。通常齿轮泵的扬程可计算排出端压力求得。

②齿轮泵流量只与泵转速有关，与排出压力基本无关。一方面，齿轮泵的流量和排出压力存在脉动，原因是齿轮啮合时齿间容积变化不均匀。另一方面，容积式泵由于结构原因而必然存在容积损失，即泄漏流量，泄漏流量与转速、扬程及泵的结构有关。一般转速越大，扬程越高，齿轮和泵壳之间的间隙越大，则泄漏量越大。因此与其他泵一样，齿轮泵的实际流量等于理论流量减去漏失流量。

③齿轮泵与往复泵比较，虽然流量也有脉动，但比往复泵均匀很多，并且结构简单，体积小、重量轻，可直接用电动机带动，因此在油库中应用更加广泛。

4.8.5.3 齿轮泵的操作与故障排除

齿轮泵启动、运转和停泵中都应禁止关闭排出阀，否则，会憋坏或烧坏电动机。为了安全起见除了泵上装有安全阀外，在管组上应安装回流管，启动时打开回流阀门以减轻电动机的负荷。

齿轮泵的各活动部件靠吸入的油品润滑，所以齿轮泵不能长期空转和用来输送汽油、煤油等黏度小的油品。对长期停用的泵，在使用之前要向泵内灌一些所要输送的油品，使齿轮得到润滑并密封间隙。用来输送黏油时油温不能太低，使泵得不到足够的润滑而发生噪音并加速泵的磨损。

齿轮泵常见的故障原因与排除方法见表4-9。

表4-9 齿轮泵的机械故障原因与排除方法

故障现象	产生原因	消除方法
泵不吸油或流量不足	1. 间隙过大，内漏严重 2. 转速过低或卡阻 3. 泵反转 4. 吸入管漏气 5. 吸入管堵塞	1. 调整泵间隙 2. 检查齿轮卡阻原因并维修 3. 调转电动机电源接头 4. 检修吸入管 5. 清洗吸入管

续表

故障现象	产生原因	消除方法
运行有噪音	1. 油中混有空气 2. 转速过高 3. 间隙过小 4. 泵与电动机未处在同一轴心线	1. 排除气体 2. 降低转数 3. 调整泵间隙 4. 校正
负载过大	1. 排出管堵塞或排出阀未开 2. 间隙太小 3. 泵与机轴不同心 4. 所输油品黏度过大	1. 清洗排出管，打开排出阀 2. 调整间隙 3. 校正 4. 适当加热油品

4.8.6 回转泵：滑片泵

4.8.6.1 滑片泵结构与工作原理

滑片泵也叫刮片泵或刮板泵，主要用于中速、中功率液压系统和机床、液压机、起重运输机、工程机械和注塑机的润滑系统，特别广泛用于机床。但是，滑片泵的结构复杂，制造精度高，零件容易磨损。根据国外的一般发展趋势，在增加压力的过程中，部分滑片泵逐渐被齿轮泵代替。滑片泵有两种类型，单作用叶片泵和双作用叶片泵。双作用滑片泵中，约有95%用于机床，并且双作用滑片泵具有高流量和出色的均匀性。

滑片泵的基本结构如图4－39所示，其主要结构包括泵体、滑片、定子、泵轴、前压盖和溢流阀等部分。滑片泵的基本工作原理是依靠离心力使滑片紧贴偏心定子，进口处两个滑片间容腔增大、吸液，并在出口处两个滑片间容腔减小、排液，实现液体的持续排送过程，如图4－40所示，当原动机工作时，内转子被驱动旋转，并且由旋转的内转子产生的离心力使滑片从内转子凹槽向外摆动并沿着泵体的内表面滑动；滑片，内转子，泵体的曲线以及轴承座的端面形成一个封闭的腔，随着内转子的旋转，密封件的体积从零开始逐渐增加，在旋转的前半部分达到最大值，在旋转的后半部分从最大值变为零。容积每转一次变化，当容积增加时，液体被吸入，而当容积减小时，液体被加压并排出，并且泵旋转以连续地输出均匀的流量。泵体顶部装有安全阀，出口压力可以根据使用条件预先调节，同时，如果管道或阀门组件发生故障，并且系统压力超过安全阀设定压力，则安全阀将起作用以形成内部液体流。

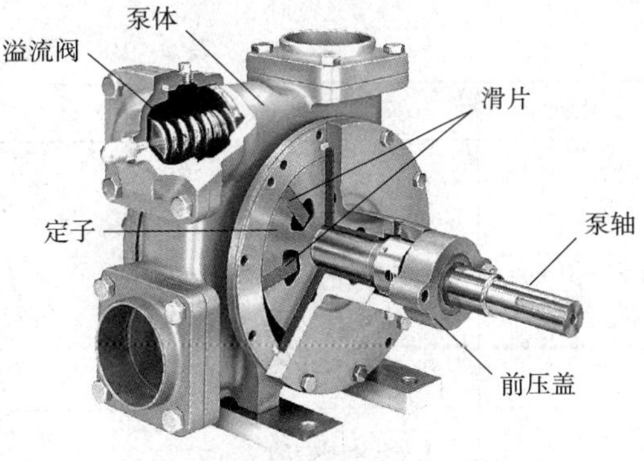

图4－39 滑片泵基本结构

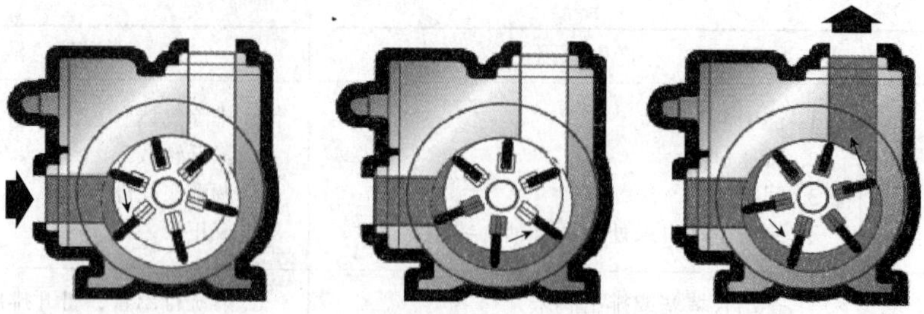

图4-40 滑片泵工作原理示意图

4.8.6.2 滑片泵的性能特点

①滑片泵具有较强的自吸能力，可以达到4.5m的扬程。

②高效泵的滑片受到离心力、机械推力和水压的共同作用，从而提高泵效率。

③可保持相同性能的自调节滑片，滑出转子凹槽并不断摩擦，但这并不会影响泵的工作性能，这是与齿轮泵本质上的区别。

④具有输送剪切敏感性液体的能力，液压滑片的高效设计减少了驱动泵时滑片在流体中的剪切和搅动阻力，从而获得了良好的流体特性。

⑤在泵上设置了安全敏感的压力保证安全阀。如果出口系统突然关闭，出口压力将不会升至0.15MPa以上。这样可以确保工作人员和泵系统的安全。

4.8.6.3 滑片泵的使用与故障排除

滑片泵常见故障现象、原因与排除方法见表4-10。

表4-10 滑片泵常见故障与排除方法

故障现象	产生原因	消除方法
泵不出油	1. 吸入管路漏气 2. 吸入管路过长或吸程过高 3. 机械密封失效 4. 电动机反转 5. 出口管路闭死	1. 查出漏气部位，予以排除 2. 缩短吸入管路，降低吸程 3. 更换机械密封 4. 调整电动机转向 5. 打开出口管路闸阀
泵出油不足	1. 安全阀松动 2. 衬板、滑片磨损严重 3. 工作压差过高 4. 吸入管路漏气 5. 吸入管路过长或吸程过高	1. 重新调整并锁紧 2. 更换衬板或滑片 3. 减小工作压差 4. 查出漏气部位，予以排除 5. 缩短吸入管路，降低吸程
轴功率过高	1. 工作压差过高 2. 轴承磨损严重 3. 机械磨损严重 4. 齿轮磨损严重或偏位	1. 减小工作压差 2. 更换轴承 3. 重新调整，保证轴向间隙 4. 更换齿轮，调整位置

续表

故障现象	产生原因	消除方法
振动噪音过大	1. 底座不稳 2. 轴承磨损 3. 工况点不合适 4. 齿轮磨损 5. 滑片工作不正常 6. 气液混输时出口压力高	1. 加固 2. 更换轴承 3. 重新调整工况 4. 更换齿轮 5. 更换滑片 6. 气液混输时出口装零位罐

4.8.7 真空泵

机场油库采用真空泵来引油灌泵，即给离心泵吸入系统抽真空，此外，也会利用真空泵来抽吸油槽车或油罐底部的余油。绪论中提到，机场油库卸油可以分为三个系统，其中真空系统中的核心设备就是真空泵，此外也用于真空蒸发、干燥、大型泵引流灌泵等。目前已经设计出许多种类的真空泵，最常见的是液环式真空泵，本节主要介绍液环式真空泵的结构、工作原理和性能。

4.8.7.1 液环式真空泵结构与工作原理

目前国内油库泵房常用的液环式真空泵有 SZ 和 SZB 型，“SZ”表示液环式真空泵，“B”表示悬臂式，此类型泵在油库泵房中，不仅能为离心泵灌泵和扫舱，还能提供一定压力的压缩空气。

图 4 –41 和图 4 –42 分别为液环式真空泵结构与工作原理示意图，主要由泵体、叶轮、吸入口、排出口、电动机等构成，其最主要的结构特点是一个进气口和一个出气口，以及偏心安装的叶轮。启动真空泵时，在叶轮旋转产生的离心力的作用下，工作液体(如水)沿着泵体内壁旋转起来而形成液环；由于叶轮的偏心安装，液环与叶轮的接触与分离交替进行，在液环与叶轮轮壳分离过程中形成吸入室局部低压，吸入气体，并从吸入口(图中大镰刀形状)进入，而当液环与叶轮轮壳接触过程中形成排出室的局部高压，从排出口(图中小镰刀形状)排出气体。这样实现吸气、压缩、排气和膨胀过程循环进行，液环的功能类似于偏心旋转的活塞，不停地从系统中抽吸工质，从而实现抽真空的目的。

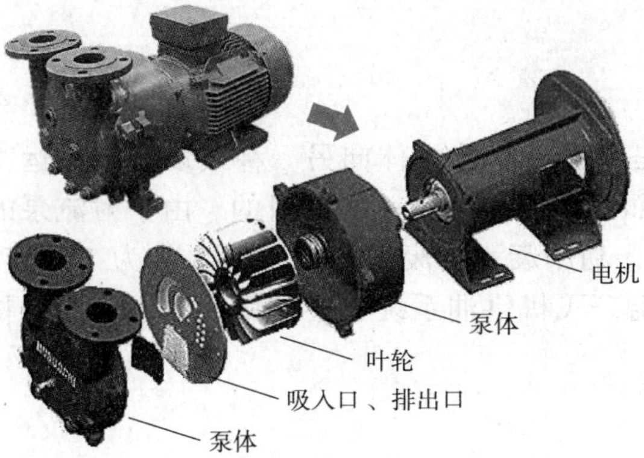

图 4 –41 液环式真空泵结构

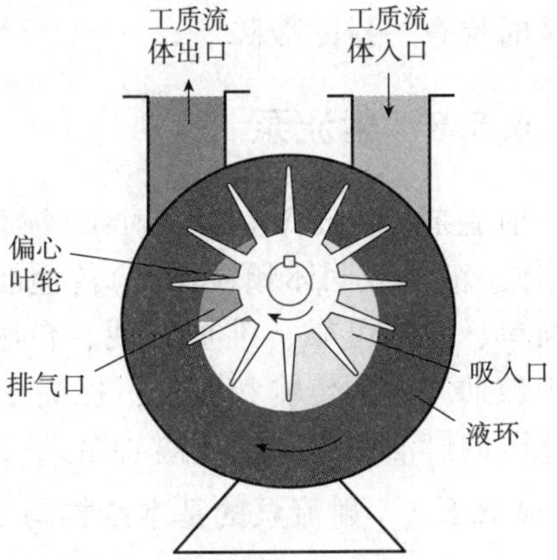

图 4 –42 液环式真空泵工作原理

4.8.7.2 液环式真空泵的性能

反映液环式真空泵的性能主要是泵的排气量及其功率的关系，图4－43为SZB－4Q和SZB－8Q型泵的性能曲线，这里型号中的“4”和“8”表示入口真空度520mmHg时的抽气速率(L/s)。排气量是指真空泵出口为大气压状态下(即大气压力为760mmHg，温度为15～20℃)泵进口吸入状态下的气体体积流量(m^3/min)，也称为抽气速率。

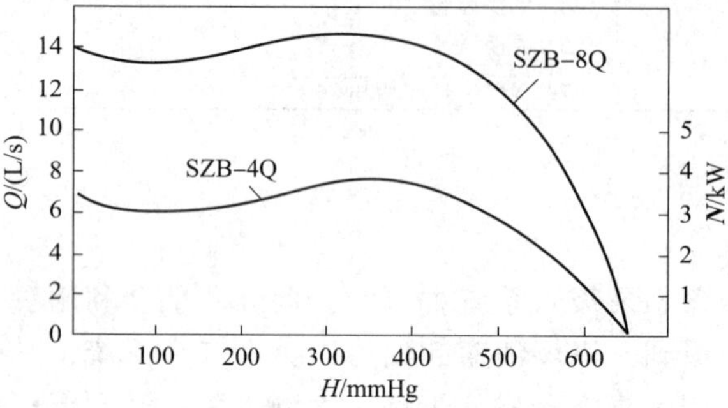

图4－43 SZB型液环式真空泵典型的性能曲线图

液环式真空泵极限真空度和最大排出压力也是重要的性能参数。极限真空度表示液环式真空泵排气量为零时的真空度，有时也用残余压力表示，所谓残余压力即绝对压力，等于大气压与真空度之差。由于容器中的压力不可能无限减小，当进气压力低于某一临界值时，由于泵内液体将发生气化，或者由于高压侧回气量与真空泵抽气量平衡，再或者由于真空泵的压力比过高而使容积系数不断减小到零，就会导致泵无法继续吸入更多气体而达到工作极限，容器的真空度不再变化。

液环式真空泵可以与射流泵串联使用，其参与压力可低于5mmHg。

4.8.7.3 液环式真空泵的操作与故障排除

液环式真空泵的使用需要注意以下几点：

①气体排出过程中也会排出一定量的工作液体，因此为了保证液环体积恒定不变，吸入口也需要补充工作液体，同时起到冷却的作用。

②与离心泵不同，离心泵为了提高泵效率，采用小于90°的叶片偏离角，而液环式真空泵为了提高效率会使用大于或等于90°的叶片偏离角。维修后安装时要注意安装方向。

③真空泵出现不抽气的原因可能是泵内没有足够量的工作液体，或者叶轮与泵壳之间的缝隙过大，则需要灌入适量工作液体，或检查叶轮安装，必要时更换叶轮。

④真空度不够时，与上述③中的故障相同，此外，也可能管道密封不严或填料漏气，应及时检查并排除故障。

4.8.8 射流泵

射流泵(ejector)也叫喷射泵或喷射器，是用一种工作流体向另一种或多种被输运工质(气体、液体或固体颗粒均可)传递能量，从而达到传输混合工质的目的。由于射流泵的结构简单、工作可靠、维护方便、自吸能力强，利用废水、废气等有压能源作为工作流体，实现被抽流体的传输和混合，提高了经济效益。飞机供油系统也会使用射流泵，可以将油箱死区的燃油引射到增压离心泵入口。

4.8.8.1 射流泵的基本结构与工作原理

射流泵的基本结构如图4－44所示，主要由吸入室、工作流体喷嘴、渐缩扩散器、喉管和渐扩扩散器等部分构成。

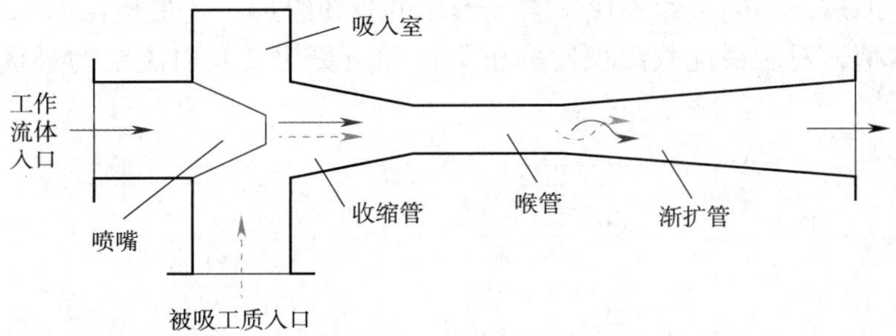

图 4-44 典型的射流泵结构及工作原理

射流泵的工作原理是当工作流体从喷嘴高速射出时，携带走吸入室的流体，造成吸入室低压环境，在压差作用下被吸流体工质吸进吸入室，工质流体与工作流体经收缩段混合并进行能量交换，加速进入喉部，进入渐扩扩散器时混合流体的流速基本一致，此时动能转化为压能，压力回升。由此可见，射流泵没有转动部件即可实现流体工质的传输。

但是，射流泵通道变化引起流动脉动大，不同流体介质之间存在能量转化，所以整个工作过程能量损失较大，泵效率较低。

4.8.8.2 射流泵主要参数与性能曲线

射流泵的设计需要了解喷嘴、喉管和扩压器的几何参数与流动压力和流量的关系，从而明确泵的工作性能。射流泵内有两股流体，因此其主要参数是两股流体参数的比值，主要包括：

压力比 p：

$$p=\delta P_e/\delta P_w \tag{4-52}$$

式中，δP_e 和 δP_w 分别表示射流泵压差和工作流体压差，前者等于射流泵的排出口压力减吸入口压力，后者等于工作流体的压力减吸入压力。压力比 p 反映了射流泵的自吸能力。泵内压力变化趋势与喷嘴、喉管等流道横截面积变化有关，收缩段压力降低，渐扩段压力回升。

流量比 q：

$$q=Q_m/Q_w \tag{4-53}$$

式中，Q_m 和 Q_w 分别为工质流量和工作液体流量。

喷嘴与喉管截面积比值 a：

$$a=A_t/A_n \tag{4-54}$$

式中，A_t 和 A_n 分别为喉管和喷嘴的横截面积。

密度比 r：

$$r=\rho_m/\rho_w \tag{4-55}$$

式中，ρ_m 和 ρ_w 分别为工质密度和工作液体密度。

由此可得射流泵的基本方程：

$$p=f(q,\ a,\ r) \tag{4-56}$$

图 4-45 为某射流泵的性能曲线，其中密度比 $r=1$。由图 4-45 可见，在特定的截面

积比 a 条件下，压力比 p 与流量比 q 理论上呈线性关系，随着 a 增大，线性关系从陡变为平缓。根据最优化原理，不同截面积比 a 直线形成的直线组形成了最优截面积比对应的区间，可以在此区间取值，对应最优截面积比的压力比和流量比就是射流泵的最优压力比和最优流量比。

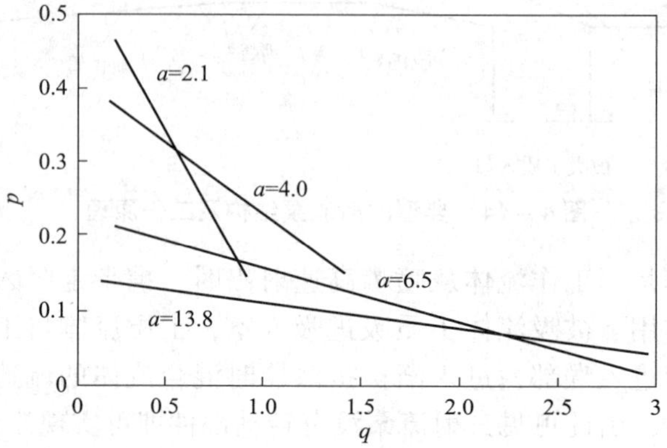

图 4－45　射流泵性能曲线图

4.9　泵的选用

4.9.1　航空油库用泵特点

航空油库常用油泵类型包括离心泵、往复泵、齿轮泵和螺杆泵等，各类泵的性能参数与适用性见表 4－11。

表 4－11　航空油库常用泵的性能参数与适用性对比

性能参数/适用性	离心泵	往复泵	齿轮泵	螺杆泵
流量	流量均匀，与扬程有关；流量范围较大	流量不均匀，与转速（往复频率）有关；流量范围较小	流量均匀，与转速有关；流量范围较小	流量均匀，与转速有关；流量范围较大
扬程	与流量有关，扬程范围较大	与输送高度与管路阻力有关；扬程较高，范围受管路强度和原动机功率限制；工作压力一般在 10^5Pa 以下	同往复泵；工作压力一般在 4×10^5Pa 以下	同往复泵；工作压力一般在 $(4\sim40)\times10^5$Pa 以下
功率与效率	功率范围大；一般范围在 500kW；效率约 50%～90%	功率小；一般不超过 20kW；效率约 70%～90%	功率小；一般不超过 10kW；效率约 60%～90%	功率范围大；一般范围在 500kW；效率约 80%～90%
转速	1500r/min 以上	低速泵往复次数小于 100 次/min，高速泵可高于 550 次/min	额定转速一般不超过 1500r/min	额定转速一般不超过 1500r/min

续表

性能参数/适用性	离心泵	往复泵	齿轮泵	螺杆泵
优点	结构简单，体积小，价格便宜；故障少，使用维修方便；能与原动机直接连接；流量均匀，工作可靠；流量和扬程范围很大	具有自吸能力；允许吸入真空高度大；效率高；能够输送黏油，效率变化不大	具有自吸能力；结构简单，体积小；故障少，使用方便；能与原动机直接连接；流量较均匀；能够输送黏油	具有自吸能力；结构简单，体积小；故障少，使用方便；能与原动机直接连接；工作平稳，流量均匀；流量和杨程范围很大，效率高；能够输送黏油
缺点	不能自吸；不能输送黏油；小型泵效率较低	结构复杂，体积大，价格费；工作时振动大，流量不均匀；往复次数低；不能与原动机直接连接；零件多，故障多，检修困难	零件加工要求高，价格贵；流量和扬程范围较小	零件加工要求高，价高；对输送介质要求很严，不能含有固体颗粒
适用范围与条件	航空汽油、航空煤油、柴油、清水	航空润滑油、柴油；抽吸油罐车底油或邮轮底油；高压下输送少量油品	航空润滑油；流量与扬程较小的情况	航空润滑油、柴油；高扬程、大流量工况下效率较高

4.9.2 泵选用原则

根据泵的性能特点、流体工质的物性和工程实际情况，可以初步选择具有所需求的性能突出的泵，基本原则可以总结如下：

①离心泵具有结构简单，输液无脉动，流量调节简单等优点，因此在无须特殊性能要求的前提下，可尽可能地选用离心泵。

②有计量要求时，则选用计量泵，包括具有计量功能的各类容积式泵。

③扬程要求很高、流量很小时，在无合适小流量高扬程离心泵可选时，可选用往复泵；如汽蚀要求不高时也可选用旋涡泵。

④扬程很低、流量很大时，可选用轴流泵或混流泵，流量需求特别大时选择轴流泵。

⑤介质黏度较大（大于 $650 \sim 1000mm^2/s$）时，可考虑选用回转泵，如螺杆泵或往复泵；黏度特别大时，可选用特殊设计的高黏度螺杆泵和高黏度往复泵。

⑥介质含气量大于5%，流量较小且黏度小于 $37.4mm^2/s$ 时，可选用旋涡泵。如允许流量有脉动，可选用往复泵。

⑦对启动频繁或灌泵不便的场合，应选用具有自吸性能的泵，如：自吸式离心泵、自吸式旋涡泵、自吸式容积泵。

⑧根据介质特性决定选用哪种特性泵，如：清水泵、耐腐蚀泵，或化工流程泵和杂质泵等。介质为剧毒、贵重或有放射性等不允许泄漏物质时，应考虑选用无泄漏泵（如：屏蔽泵、磁力泵）或带有泄漏收集和泄漏报警装置的双端面机械密封。如介质为液化烃等易挥发

液体应选用低汽蚀余量泵，如筒型泵。

⑨根据现场安装条件选择卧式泵、立式泵、液下泵、管道泵；根据流量大小选用单吸泵、双吸泵，或小流量离心泵；根据扬程高低选用单级泵、多级泵，或高速离心泵；额定流量一般直接采用最大流量，如缺少最大流量值，取正常流量的1.1~1.5倍。额定扬程取装置所需扬程的1.05~1.1倍。

⑩当符合选泵条件有2种以上规格时，要选择综合指标高者。例如，泵效率高者、泵重量轻者和泵价格低者为优。

4.9.3 离心泵的选用

因为离心泵具有结构简单、紧凑、基础小、可与原动机直接相连、流量均匀、工作时无惯性力、价格低廉、管理方便等优点，因此，在油库中应用最为广泛，除必须选用容积泵的情况外，大都采用离心泵。离心泵的选择步骤大致为确定泵的工作参数、校核泵的工作点、确定泵的特性曲线和确定泵的安装高度等。

1. 确定离心泵的基本工作参数

在选择油泵时，首先要确定输送油品的性质和泵的工作参数。油品的性质主要包括输送温度下的油品黏度、蒸气压、腐蚀性、密度等。当输送油品确定后，便可从相应手册查得或按有关的公式换算。

泵的工作参数包括流量、扬程、吸入高度等，可根据工艺要求和位置条件确定。油库用泵主要用于收发油品。泵的流量多由车、船所要求的装卸时间来决定。要求卸油的时间短，则泵的流量就大；卸油的允许时间长，则泵的流量就小。泵的扬程可根据管径及油品的黏度、输送的流址、距离及高差算出为：

$$H=iL+\Delta Z \tag{4-57}$$

式中，H为泵所需要的扬程，m；i为输油管路的水力坡降，即单位管道长度损失的水头，m/m；L为输油管道长度，m；ΔZ为输油管路起点与终点的地势高差，m。

2. 校核离心泵的工作点

为了便于全面校核，一般均采用图解分析的方法。在输油系统中，泵与管路组成一个统一的水力系统。在此系统中，管路及泵任何一方工作状况的变化，都会破坏原有系统的能量平衡，而重新建立新的能量平衡。只有当泵供给的能量刚好满足管路消耗的能量时，泵和管路系统才处于平衡工作状态。泵与管路处于平衡状态的工作点计算见4.7.1节。

在油库中往往采用一台泵完成几种作业，这时校核泵时，就应按各种作业的输油方案绘制管路特性曲线，且要画在同一张纸上，然后将所选泵的特性曲线叠合上，从各相交的工作点可以看出是否符合作业要求。对于一台泵与几条管路配合，应考虑以下几点：

①应保证每条管路所规定的输送量，不能只考虑某一条管路的输送量；

②泵在每条管路上的任一种工作状况（如输送至最远和最近，最高和最低的油端），最好都处于泵特性曲线高效率范围内，力求在最大效率下工作；

③应该考虑到油罐中油面高度的变化所引起的泵流量和压头的变化。

④对于分支管路，绘制相应管路系统的工作特性曲线时，管路的特性曲线必须按串、并联管路进行组合，然后与泵的特性曲线叠合，寻求工作点。

3. 确定离心泵的特性曲线

离心泵特性曲线的确定见4.4.2节和4.6节内容。泵样本上所提供的特性曲线及性能参数是在标准大气压下，以20℃的清水为输送介质在额定转数时通过实验方法测得的。当输送介质的黏度、蒸气压以及使用地区的大气压力发生明显变化时，离心泵的特性曲线及性能参数都要相应的变化。因此，当利用离心泵输油时，必须根据使用条件进行换算。

4. 确定离心泵的安装高度

离心泵安装高度计算见4.6.3节内容。

思考题

4-1. 如何理解“泵的扬程就是泵能够将液体输送的高度”的说法？扬程和流量分别反映泵的什么性质？

4-2. 无量纲化的泵的性能参数有流量系数φ，扬程系数ψ，和功率系数τ，分别定义为：

$$\varphi=\frac{Q}{A_2W_2},\quad \psi=\frac{H}{W_2^2/(2g)},\quad \tau=\frac{N}{\rho A_2W_2^3/(2g)}$$

其中Q、H和N分别为泵的流量、扬程和功率，W_2为泵出口的牵连速度，A_2为叶轮出口流通面积，ρ为液体密度，g为重力加速度。试分析泵的上述无量纲系数反映出离心泵怎样的性能。

4-3. 相似原理的意义是什么？相似原理在泵的应用中得到哪些定律？相似泵哪些参数和准则数在实际应用中不可能同时实现？

4-4. 以下措施是否能够提高泵自身抗空化性能：

(1)将泵的位置放低一点；

(2)叶轮前增加诱导轮；

(3)将管路的直径适当加粗；

(4)给吸入口液面加压。

4-5. 根据管路特性曲线和泵的$H-Q$性能曲线，分析为什么在泵的管路系统中，一般不采用调节阀门开度来调节流量和工作点？

4-6. 如何理解离心泵工作点与效率最高点的概念和关系？

4-7. 怎样理解离心泵的$H-Q$特性曲线是一条曲线而不是直线？为什么一般离心泵的叶离角小于90°而不是大于90°？

4-8. 分析两台离心泵串联和并联两种工况时，离心泵特性曲线的平坦程度分别对泵扬程和并联的效果的影响。

4-9. 泵的分类有哪些？总结各类泵的适用性，包括适用的流体性质、工况条件。

4-10. 分析下列情况，说出可以考虑的泵选型：

(1)一台泵，要求满足较高的高度或真空度要求，较小的流量要求；

(2)一台泵，要求满足较高的流量要求，对高度或真空度基本没有要求；

(3)一台或多台泵，较高的流量和较高的高度或真空度要求。

4－11. 某输油系统，离心泵在转数 $n=2900\mathrm{r/min}$ 时的 $H-Q$ 特性曲线近似为 $H=25-5Q^2$，流量单位 $\mathrm{m^3/min}$，管路特性曲线近似为 $H=10+2.5Q^2$，流量单位 $\mathrm{m^3/min}$。要使工作点扬程至少达到 17.5m，如何调整转速？

4－12. 已知某航空油泵输送煤油，油泵必须空化余量 $\Delta h_r=0.5\mathrm{m}$。为了保证泵不发生空化，设泵的有效空化余量 $\Delta h_a=2\mathrm{m}$。已知泵输送管路总长 $L=100\mathrm{m}$，内径 $D=50\mathrm{mm}$，相对粗糙度 $\varepsilon=0.001$，煤油密度 $\rho=880\mathrm{kg/m^3}$，动力黏度 $\mu=0.0018\mathrm{Pa\cdot s}$，流量 $Q=5\mathrm{m^3/h}$，管路总局部阻力系数为 $\Sigma\zeta=24$。已知吸液罐表压为 $P_A=0.02\mathrm{MPa}$，煤油饱和蒸气压(绝对压力)$P_{vapor}=0.05\mathrm{MPa}$(绝对压力＝表压＋0.1MPa)。

(1)求管路的 Re 数。

(2)判断流态：层流、湍流水力光滑区、湍流混合摩擦或湍流粗糙区。

(3)求沿程阻力 h_L、局部阻力 h_ζ、管道总阻力损失 H_f。

(4)求吸入液液面高出饱和蒸汽压力的压能差为多少米？

(5)为满足 Δh_a，泵最大安装高度 H_0 为多少米？

第5章　阀门

在航空油料的输送过程中，根据工况需要开闭管路、控制流向、调节和控制航空油料的参数(温度、压力和流量)时，需要专门的管路附件——阀门来完成。阀门是流体输送系统中的控制部件，具有截断、调节、导流、防止逆流、稳压、分流或溢流泄压等功能。

5.1　阀门基本概念

5.1.1　阀门分类

1. 按结构特征分类

阀门的结构特征是根据关闭件相对于阀座移动的方向可分为：

①截门形：关闭件沿着阀座中心移动，如截止阀；

②旋塞和球形：关闭件是柱塞或球，围绕本身的中心线旋转，如旋塞阀、球阀；

③闸门形：关闭件沿着垂直阀座中心移动，如闸阀、闸门等；

④旋启形：关闭件围绕阀座外的轴旋转，如旋启式止回阀等；

⑤蝶形：关闭件的圆盘，围绕阀座内的轴旋转，如蝶阀、蝶形止回阀等；

⑥滑阀形：关闭件在垂直于通道的方向滑动。

2. 按公称压力(PN)分类

①真空阀：指工作压力低于标准大气压的阀门；

②低压阀：指公称压力 PN≤1.6MPa 的阀门；

③中压阀：指公称压力 PN 为 2.5MPa、4.0MPa、6.4MPa 的阀门；

④高压阀：指公称压力 PN 为 10～80MPa 的阀门；

⑤超高压阀：指公称压力 PN≥100MPa 的阀门。

3. 按公称通径分类

①小通径阀门：公称通径 DN≤40mm 的阀门；

②中通径阀门：公称通径 DN 为 50～300mm 的阀门；

③大通径阀门：公称通径 DN 为 350～1200mm 的阀门；

④特大通径阀门：公称通径 DN≥1400mm 的阀门。

4. 按工作温度分类

①超低温阀：用于介质工作温度 $t<-101$℃的阀门；

②常温阀：用于介质工作温度 $-29℃<t<120℃$的阀门；

③中温阀：用于介质工作温度 $120℃<t<425℃$的阀门；

④高温阀：用于介质工作温度 $t>425℃$ 的阀门。

5. 按驱动方式分类

①手动阀：借助手轮、手柄、链轮手动阀门；

②动力阀：电动机、电磁、空气/液体压力阀；

③自动阀：自身流体流过开启或关闭的阀。如止回阀、安全阀、调节阀。

6. 按阀体材料分类

①金属材料阀门：其阀体等零件由金属材料制成。如铸铁阀、铸钢阀、合金钢阀、铜合金阀、铝合金阀、铅合金阀、钛合金阀、蒙乃尔合金阀等；

②非金属材料阀门：其阀体等零件由非金属材料制成。如塑料阀、搪瓷阀、陶瓷阀、玻璃钢阀等。

7. 按照功能和用途分类

①截断阀：截断或接通介质流；

②调节阀：调节介质的流量、压力等；

③止回阀：阻止介质倒流；

④分流阀：分配、分离或混合介质；

⑤安全阀：超压安全保护。

8. 按照阀门与管道连接方式分类

①法兰连接：通过法兰盘连接，法兰规格符合相关标准，也可根据实际需求定制；

②螺纹连接：分内螺纹和外螺纹连接两种类型，螺纹规格符合相关标准；

③焊接连接：直接将管路和阀门焊接连接，用于高压、密闭性要求较高的管路；

④卡套接头连接：卡套管可通过螺母与连接端连接，中间带有卡套用于强密封，可用于管径较小、快速连接的管路；

⑤夹箍连接：常用于常压管路或非金属管、软管系统，通过螺丝扣紧卡箍将管道与阀门固定连接，安装、拆卸简单；

⑥对夹连接：管道之间通过法兰盘连接，将阀门夹在中间，与法兰连接方式相比，其特点是节约法兰盘数量和管段总长。

5.1.2 阀门专业术语

1. 阀门结构

阀体(body)：与管道(或设备)直接连接，构成介质流通流道的零件。

阀盖(bonnet)：与阀体相连并与阀体(或通过其他零件，如隔膜等)构成压力腔的主要零件。

启闭件(disc)：用于截断或调节介质流通的一种零件的统称，如闸阀中的闸板、节流阀中的阀瓣、球阀中的球体等。

阀瓣(disc)：截止阀、节流阀、止回阀等阀门中的启闭件。

阀座(seat)：安装在阀体上，与启闭件组成密封副的零件。

密封面(sealing face)：启闭件与阀座(阀体)紧密贴合，起密封作用的两个接触面。

阀杆(stem)：将启闭力传递到启闭件上的主要零件。

阀杆螺母(yoke bushing)：与阀杆螺纹构成运动副的零件。

填料函(stuffing box)：在阀盖(或阀体)上，充填填料，用来阻止介质由阀杆处泄漏的一种结构。

填料压盖(gland)：用以压紧填料达到密封的零件。

填料(packing, packing rings)：装入填料函(或填料箱)中，阻止介质双阀杆处泄漏的填充物。

填料垫(packing seat, packing washer)：支承填料，保持填料密封的零件。

支架(yoke)：在阀盖或阀体上，用于支承阀杆螺母和传动机构的零件。

阀瓣(阀芯)(valve core)：截止阀、节流阀、回止阀、控制阀等阀门的启闭件。

2. 阀门基本性能

①强度性能：阀门的强度性能是指阀门承受介质压力的能力。阀门是承受内压的机械产品，因而必须具有足够的强度和刚度，以保证长期使用而不发生破裂或产生变形。

②密封性能：阀门的密封性能是指阀门各密封部位阻止介质泄漏的能力，它是阀门最重要的技术性能指标。阀门的密封部位有三处：启闭件与阀座两密封面间的接触处；填料与阀杆和填料函的配和处；阀体与阀盖的连接处。其中第一处的泄漏叫做内漏，也就是通常所说的关不严，它将影响阀门截断介质的能力，对于截断阀类来说，内漏是不允许的。第二和第三处的泄漏叫做外漏，即介质从阀内泄漏到阀外。外漏会造成物料损失，污染环境，严重时还会造成事故，对于易燃易爆、有毒或有放射的介质，外漏更是不能允许的。因而阀门必须具有可靠的密封性能。

5.1.3 阀门型号

阀门型号通常应表示阀门类型、驱动方式、连接形式、结构特点、密封面材料、公称压力、阀体材料等，一般由对应内容汉字首字母的大写或者阿拉伯数字组成。需要指出，阀门型号并没有统一标准。详细含义如下。

第一个单位是英文字母，为阀门类型代号，按表5-1的规定。

表5-1 阀门类型代号

类型	安全阀	蝶阀	隔膜阀	止回阀 底阀	截止阀	节流阀	排污阀	球阀	疏水阀	柱塞阀	旋塞阀	减压阀	闸阀
代号	A	D	G	H	J	L	P	Q	S	U	X	Y	Z

当阀门还具有其他功能作用或带有其他特异结构时，在阀门类型代号前再加注一个汉语拼音字母，按表5-2的规定。

表5-2 特殊功能代号

第二功能作用名称	代号	第二功能作用名称	代号
保温型	B	排渣型	P
低温型	D	快速型	Q
防火型	F	(阀杆密封)波纹管型	W
缓闭型	H		

注：低温型指允许使用温度低于-46℃以下的阀门。

第二个符号为数字，代表不同的传动方式，按表 5 –3 的规定。

表 5 –3　传动方式代号

传动方式	电磁动	电磁 – 液动	电 – 液动	蜗轮	正齿轮	伞齿轮	气动	液动	气 – 液动	电动
代号	0	1	2	3	4	5	6	7	8	9

注：1. 安全阀、减压阀、疏水阀、手轮直接连接阀杆操作结构形式的阀门，本代号省略；
2. 对于气动或液动机构操作的阀门：常开式用 6/7K 表示，常闭式用 6B、7B 表示；
3. 防爆电动装置的阀门用 9B 表示。

第三个符号用数字表示，代表连接方式，与第二个符号之间有短线，按表 5 –4 的规定。

表 5 –4　连接形式代号

连接方式	内螺纹	外螺纹	两不同连接	法兰	焊接	对夹	卡箍	卡套
代号	1	2	3	4	5	6	7	8

第四个符号表示结构形式，用阿拉伯数字表示，按表 5 –5 ~ 表 5 –12 的规定。

表 5 –5　闸阀结构形式代号

结构形式				代号
阀杆升降式（明杆）	楔式闸板	弹性闸板		0
		刚性闸板	单闸板	1
			双闸板	2
	平行式闸板	刚性闸板	单闸板	3
			双闸板	4
非阀杆升降式（暗杆）	楔式闸板	刚性闸板	单闸板	5
			双闸板	6
	平行式闸板	刚性闸板	单闸板	7
			双闸板	8

表 5 –6　截止阀、节流阀和柱塞阀结构形式代号

结构形式		代号	结构形式		代号
阀瓣非平衡式	直通流道	1	阀瓣平衡式	直通流道	6
	Z 型流道	2		角式流道	7
	三通流道	3			
	角式流道	4			
	直流流道	5			

表 5－7 球阀结构形式代号

结构形式		代号	结构形式		代号
浮动球	直通流道	1	固定球	直通流道	7
	Y 型三通流道	2		四通流道	6
	L 型三通流道	4		T 型三通流道	8
	T 型三通流道	5		L 型三通流道	9
				半球直通	0

表 5－8 蝶阀结构形式代号

结构形式		代号	结构形式		代号
密封型	单偏心	0	非密封型	单偏心	5
	中心垂直板	1		中心垂直板	6
	双偏心	2		双偏心	7
	三偏心	3		三偏心	8
	连杆机构	4		连杆机构	9

表 5－9 止回阀结构形式代号

结构形式		代号	结构形式		代号
升降式阀瓣	直通流道	1	旋启式阀瓣	单瓣结构	4
	立式结构	2		多瓣结构	5
	角式结构	3		双瓣结构	6
			蝶形止回式		7

表 5－10 安全阀结构形式代号

结构形式		代号	结构形式		代号
弹簧载荷弹簧密封结构	带散热片全启式	0	弹簧载荷弹簧不封闭且带扳手结构	微启式、双联阀	3
	微启式	1		微启式	7
	全启式	2		全启式	8
	带手办全启式	4			
杠杆式	单杠式	2	带控制机构全启式		6
	双杠式	4	脉冲式		9

表 5－11 减压阀结构形式代号

结构形式	代号	结构形式	代号
薄膜式	1	波纹管式	4
弹簧薄膜式	2	杠杆式	5
活塞式	3		

表 5-12　蒸汽疏水阀结构形式代号

结构形式	代号	结构形式	代号
浮球式	1	蒸汽压力式或膜盒式	6
浮桶式	3	双金属片式	7
液体或固体膨胀式	4	脉冲式	8
钟形浮子式	5	圆盘热动力式	9

第五个字母代表密封副材料，常用材料符号按表 5-13 的规定。

表 5-13　密封副材料代号

材料	渗氮钢	氟塑料	Cr13 不锈钢	衬胶	蒙乃尔合金	渗硼钢	衬铅	Mo2Ti 不锈钢	塑料	铜合金	橡胶	硬质合金
代号	D	F	H	J	M	P	Q	R	S	T	X	Y

注：当密封副的密封面材料不同时，以硬度低的材料代号表示。

第六个符号为公称压力，数值用阿拉伯数字直接表示，如“100”代表 PN100，即压力等级 10MPa，因此新国标 PN 的默认单位为 bar(1bar = 0.1MPa)。

第七个符号为阀体材料，用字母表示，按表 5-14 的规定。

表 5-14　阀体材料代号

阀体材料	钛及钛合金	碳钢	Cr13 不锈钢	铬钼钢	可锻铸铁	铝合金	球墨铸铁	Mo2Ti 不锈钢	塑料	铜及铜合金	铬钼钒钢
代号	A	C	H	I	K	L	Q	R	S	T	V

注：灰铸铁低压阀和钢制中压省略此项。

【例题 5-1】

请说明以下阀门代号分别代表什么含义：

①Z41Y-16C DN400；②J11T-16K DN40；③H41W-10T DN150

答：①(Z)闸阀，手动，(4)法兰连接，公称压力 1.6MPa，(C)阀体材质为碳钢，口径 400mm；

②(J)截止阀，手动，(1)内螺纹连接，(1)直通式，(T)铜合金密封面，公称压力 1.6MPa，(K)阀体材质为可锻铸铁，口径 40mm。

③(H)止回阀，手动，(4)法兰连接，公称压力 1.0MPa，泵体材料铜，口径 150mm。

5.2　常用阀门基本结构与工作原理

航空油料储运设备中常用的阀门包括闸阀、截止阀、球阀、蝶阀、止回阀、呼吸阀、安全阀等，其中前四者为截断阀，其他各有其特殊用途。

5.2.1 闸阀

5.2.1.1 闸阀的结构与原理

闸阀(gate valve)是指关闭件(闸板)沿通路中心线的垂直方向移动的阀门，在管路中主要用于流量截断控制，闸阀一般处在全开和全关状态，并不用于流量调节和节流，因为对于高速流动的介质，闸板在局部开启状况下会引起闸门的振动，损伤闸板和阀座的密封面，节流会则会使闸板遭受介质的冲蚀，均不利于阀门的保护和正常使用。

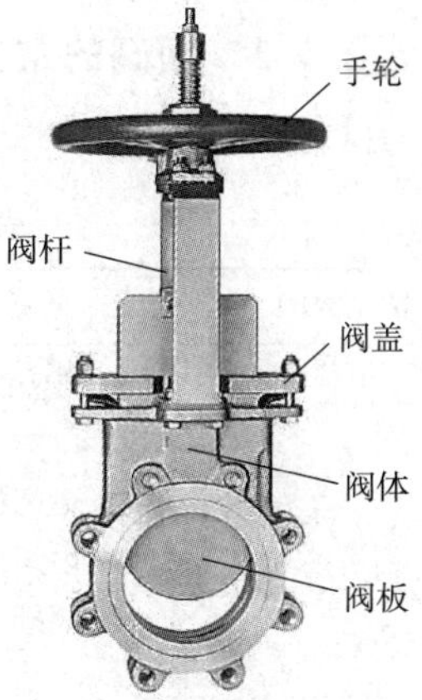

图5－1 闸阀的基本结构

闸阀的结构示意图如图5－1所示，主要结构包括阀板、阀体、阀盖、阀杆和手轮。手轮用于手动闸阀，油库常见的还有电动或气动闸阀。

闸阀的闸板由阀杆带动，随着阀杆的移动，闸板沿着密封面做直线升降运动，从而起到阀门的开闭作用，如图5－2所示。

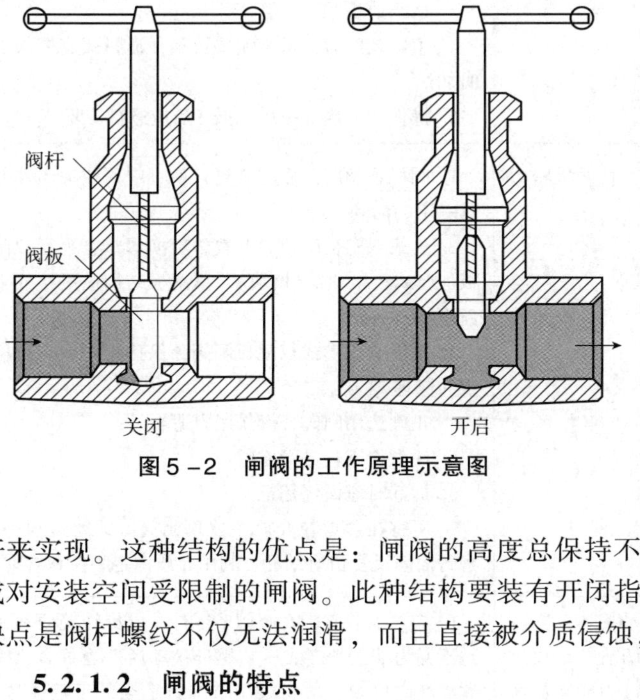

图5－2 闸阀的工作原理示意图

闸阀按闸板的构造，分为平行式闸阀和楔式闸阀，平行式闸阀指密封面与垂直中心线平行，即两个密封面互相平行的闸阀；楔式闸阀指密封面与垂直中心线成某种角度，即两个密封面成楔形的闸阀。按阀杆的构造分为明杆闸阀和暗杆闸阀。明杆闸阀是指阀杆螺母在阀盖或支架上，开闭闸板时，用旋转阀杆螺母来实现阀杆的升降。这种结构对阀杆的润滑有利，开闭程度明显，因此被广泛采用；暗杆闸阀是指阀杆螺母在阀体内，与介质直接接触。开闭闸板时，用旋转阀杆来实现。这种结构的优点是：闸阀的高度总保持不变，因此安装空间小，适用于大口径或对安装空间受限制的闸阀。此种结构要装有开闭指示器，以指示开闭程度。这种结构的缺点是阀杆螺纹不仅无法润滑，而且直接被介质侵蚀，容易损坏。

5.2.1.2 闸阀的特点

闸阀是使用最广的一种截断阀门，目前国内生产的常用闸阀的参数范围为：公称压力1～760；公称尺寸DN15～1800。

闸阀的优点：流体阻力小，开闭所需外力较小；介质的流向不受限制，全开时，密封面受工作介质的冲蚀比截止阀小；结构比较简单，铸造工艺性较好。

闸阀的缺点：外形尺寸和开启高度都较大，安装所需空间大；开闭过程中，密封面间有相对摩擦，容易引起擦伤现象；闸阀一般都有两个密封面，给加工、研磨和维修增加一些困难。

5.2.1.3 闸阀的常见故障及排除

闸阀的常见故障的产生原因及排除方法如表 5－15 所示。

表 5－15 闸阀常见故障的产生原因及预防排除方法

常见故障	产生原因	预防和排除方法
无法开启	1. T 型槽断裂 2. 单闸板卡死在阀体内 3. 内阀杆螺母失效 4. 阀杆关闭后受热顶死	1. T 型槽应有圆弧过渡，提高铸造和热处理质量，开启时不要超过上死点 2. 关闭力适当，不要使用长杠杆 3. 内阀杆螺母不适宜腐蚀性大的介质 4. 阀杆在关闭后应间隔一定时间，阀杆进行一次卸载，将手轮倒转少许
阀杆旋转不灵活	1. 密封面压得过紧：紧定式螺母拧得过紧，自封式预紧弹簧压得过紧 2. 密封面擦伤 3. 压盖压得过紧 4. 润滑条件变坏 5. 扳手位磨灭	1. 适当调整密封面的压紧力；适当放松紧定式螺母和自封式预紧弹簧 2. 定期修理，油封式应定时加油 3. 适当放松些 4. 填料装配时，适当涂些石墨，油封式旋塞阀定时加油 5. 操作要正确，扳手位损坏后应进行修复
关不严	1. 阀杆的顶心磨灭或悬空，使闸板密封时好时坏 2. 密封面掉线 3. 楔式双闸板脱落 4. 阀杆与闸板脱落 5. 导轨扭曲、偏斜 6. 闸板拆卸后装反 7. 密封面擦伤	1. 阀杆顶丝磨灭后应修复，顶心应顶住关闭件并有一定的活动间隙 2. 楔式双闸板间顶心调整垫更换厚垫、平行双闸板加厚或更换顶锥（楔块）、单闸板结构应更换或重新堆焊密封面 3. 正确选用楔式双闸板闸阀，保持架注意定期检查和修理 4. 正确选用闸阀，操作用力适当 5. 注意检查，进行修整 6. 拆卸时应做好标记 7. 不宜在含磨粒介质中使用闸阀；关闭过程中，密封面间反复留有细缝，利用介质冲走磨粒和异物
密封面泄漏	1. 调整不当或调整部件松动损坏；紧定式的压紧螺母松动；填料式调节螺钉顶死了塞子；自封式弹簧顶紧力过小或弹簧损坏等 2. 自封式排泄小孔被脏物堵死，失去自紧密封性能	1. 应正确调整旋塞阀调节零件，以旋转轻便和密封不漏为准；紧定式压紧螺母松动后适当拧紧，螺纹损坏应更换；填料式调节螺钉适当调下后并紧，自封式弹簧顶紧力应适当，损坏后应及时更换 2. 定期检查和清洗，不宜用于含沉淀物多的介质

5.2.2 截止阀

5.2.2.1 截止阀的结构与原理

截止阀(globe valve)又称截门阀，启闭件(阀瓣)由阀杆带动，沿阀座(密封面)轴线作直线升降运动的阀门。截止阀的内部结构示意图如图5-3所示，主要结构包阀瓣、阀体、阀杆、阀盖和手轮。截止阀的阀杆轴线与阀座密封面垂直，阀杆开启或关闭行程相对较短，并具有非常可靠的切断动作，可用于快关阀使用，截止阀流动方向的变化造成较大的流动阻力，阀门开启瞬间的瞬态流动不利于阀门的保养，因此截止阀也不用于流量调节和节流。

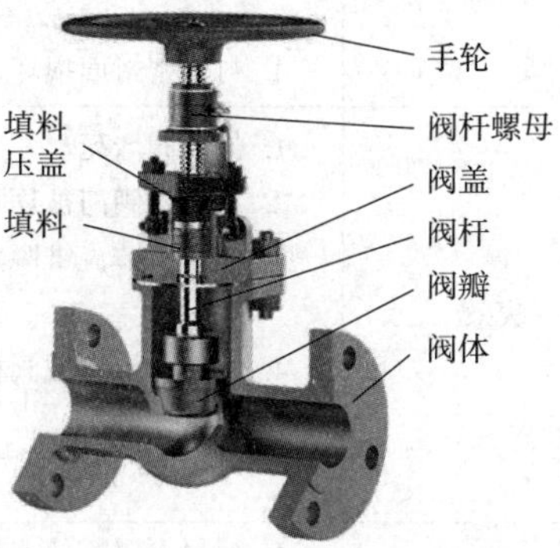

图5-3 截止阀内部结构示意图

截止阀的启闭件是塞形的阀瓣，密封上面呈平面或海锥面，阀瓣沿阀座的中心线做直线运动。它的闭合原理是，依靠阀杆压力，使阀瓣密封面与阀座密封面紧密贴合，阻止介质流通。当介质由阀瓣下方进入阀门时，操作力所需要克服的阻力，是阀杆和填料的摩擦力与由介质的压力所产生的推力，关阀门的力比开阀门的力大，所以阀杆的直径要大，否则会发生阀杆顶弯的故障。它的结构长度大于闸阀，同时流体阻力大，长期运行时，密封可靠性不强。

根据通道方向可以分为：直通式截止阀、直流式截止阀、角式截止阀、柱塞式截止阀。

5.2.2.2 截止阀的特点

截止阀安装时有方向性，如果反向安装则导致流动阻力增大，容易损坏阀门元件。截止阀属于强制密封式阀门，是使用最广泛的一种阀门，它之所以广受欢迎，是由于开闭过程中密封面之间摩擦力小，比较耐用，开启高度不大，制造容易，维修方便，不仅适用于中低压，而且适用于高压。截止阀的性能参数为：公称尺寸DN3~300，公称压力PN6~320，工作温度$t \leqslant 550℃$。

截止阀的优点：截止阀结构比闸阀简单，制造与维修都较方便；密封面不易磨损及擦伤，密封性好，启闭时阀瓣与阀体密封面之间无相对滑动，因而磨损与擦伤均不严重，密封性能好，使用寿命长；启闭时，阀瓣行程小，因而截止阀高度比闸阀小，但结构长度比闸阀长。

截止阀的缺点：启闭力矩大、启闭较费力，启闭时间较长；流体阻力大，因阀体内介质通道较曲折，流体阻力大，动力消耗大；全开时阀瓣经常受冲蚀。

5.2.2.3 截止阀的常见故障及排除

截止阀的常见故障产生原因及排除方法如表5-16所示。

表 5-16　截止阀(节流阀)常见故障产生原因及预防、排除方法

常见故障	产生原因	预防和排除方法
密封面泄漏	1. 介质流向不对，冲蚀密封面	1. 按流向箭头或按结构形式安装，即介质从阀座下引进(除个别设计介质从密封面上引进，阀座下流出外)
	2. 平面密封面易沉积脏物	2. 关闭时留细缝冲刷几次后再关闭
	3. 锥面密封副不同心	3. 装配要正确，阀杆、阀瓣或节流锥、阀座三者在同一轴线上，阀杆弯曲要矫直
	4. 衬里密封面损坏、老化	4. 定期检查和更换衬里，关闭力要适当以免压坏密封面
失效	1. 针形阀堵死	1. 选用不对，不适于黏度大的介质
	2. 小口径阀门被异物堵住	2. 拆卸或解体清除
	3. 阀瓣、节流锥脱落	3. 腐蚀性大的介质应避免选用辗压，钢丝连接关闭件的阀门，关闭件脱落后应修复，钢丝应改为不锈钢丝
	4. 内阀杆螺母或阀杆梯形螺纹损坏	4. 选用不当，被介质腐蚀，应正确选用阀门结构形式；操作力要小，特别是小口径的截止阀和节流阀；梯形螺纹损坏后应及时更换
节流不准	1. 标尺不对零位，标尺丢失	1. 标尺应调准对零，标尺松动或丢失后应修理和补齐
	2. 节流锥冲蚀严重	2. 要正确选材和热处理，流向要对，操作要正确

5.2.3　球阀

5.2.3.1　球阀的结构与原理

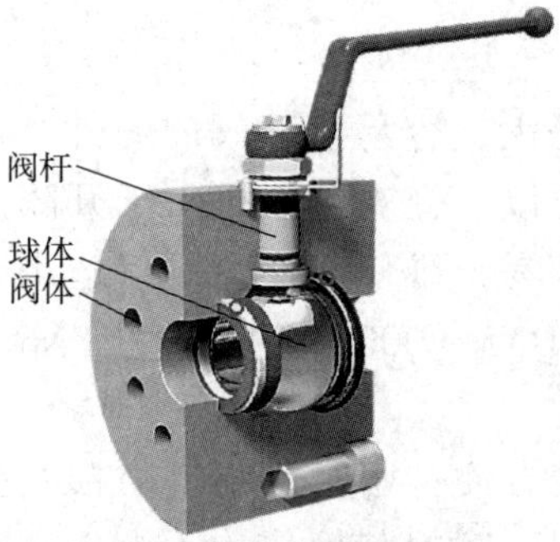

图5-4　球阀结构示意图

球阀的启闭件为球体，由阀杆带动，并绕球阀轴线做旋转运动的阀门。球阀在管路中主要用来作切断、分配和改变介质的流动方向，它只需要用旋转90°的操作和很小的转动力矩就能关闭严密。球阀的结构示意图如图5-4所示，主要由阀体、球体、阀杆、阀座、上轴承、下轴承组成。球阀最适宜作开关、切断阀使用，由于开启瞬间的瞬态流对阀门密封元件会造成一定的冲蚀，易形成空化，因此严格上讲球阀也不用于流量控制与节流，特别是工程应用中流速较高的条件。但在低流速、低压条件下，如日常生活中用水或实验室中，球阀也是常用的流量调节阀门。

5.2.3.2　球阀的分类

球阀按结构形式可分：浮动球球阀、固定球球阀、弹性球球阀。按通道位置分为：直通式、三通式、直角式。后两种球阀用于分配介质与改变介质的流向。按功能分为：旁通阀、空气阀、泄压阀、排污阀。

1. 浮动球球阀

球阀的球体是浮动的，在介质压力作用下，球体能产生一定的位移并紧压在出口端的密封面上，保证出口端密封。其主要特点是球体无支撑轴，球体系藉阀门进、出口两端的

阀座予以支撑，阀杆与球体为活动连接。这种球阀的球体被两阀座夹持其中而呈“浮动状态”。球体通过阀杆借助于手柄或其他驱动。

当球体的流道孔与阀门的通道孔对准时，球阀呈开启状态，流体通过，当将球体转动90°时，球体的流道孔与阀门的通道孔垂直，阀门呈关闭状态，流体被截断。球体在流体压力的作用下，被推向阀门出口端(简称阀后)阀座，使之压紧并保证密封。

浮动球阀的主要优点：结构简单、制造方便、成本低廉、工作可靠。浮动球阀的密封性能与流体压力有关。在其他条件相同的情况下，一般来说压力越高越容易密封。但是应考虑到阀座材料能否经受得住球体传递给它的载荷，因为流体压力在球体上所产生的作用力将全部传递给阀后阀座。此外，对于较大尺寸的浮动球阀，当压力较高时，操作转矩增大，而且球体自重也较大，自重在阀座密封面上所产生的压力分布是不均匀的，一般来说沿通道直径水平面上半圈压力较小，下半圈压力较大，导致阀座磨损不均匀而发生渗漏。

2. 固定球球阀

球阀的球体是固定的，受压后不产生移动。浮动球只有一个阀杆(在阀球阀上面)，而固定球阀有两根阀杆(上下各一个根)这样使阀球的位置更稳固。

球体与上、下阀杆连成一体，或制成整体连轴式球，即球体与上、下阀杆锻(焊)成一体装在轴承上，球体可沿与阀门通道相垂直的轴线自由转动，但不能沿通道轴线移动。因此，固定球阀工作时，阀前流体压力在球体上所产生的作用力全部传递给轴承，不会使球体向阀后阀座移动，因而阀座不会承受过大的压力，所以固定球阀的转矩小、阀座变形小，密封性能稳定，使用寿命长，适用于高压、大通径的场合。

固定球球阀都带有浮动阀座，受介质压力后，阀座产生移动，使密封圈紧压在球体上，保证密封。通常在与球体的上、下轴上装有轴承，操作扭矩小，适用于高压和大口径的阀门。

为了减少球阀的操作扭矩和增加密封的可靠程度，近年来又出现了油封球阀，即在密封面间压注特制的润滑油，以形成一层油膜，既增强了密封性，又减少了操作扭矩，更适用高压大口径的球阀。一般在高压条件下选用固定球球阀，其他条件下选浮动球球阀。

3. 弹性球球阀

球阀的球体是弹性的。球体和阀座密封圈都采用金属材料制造，密封比压很大，依靠介质本身的压力已达不到密封的要求，必须施加外力。这种阀门适用于高温高压介质。

弹性球体是在球体内壁的下端开一条弹性槽，而获得弹性。当关闭通道时，用阀杆的楔形头使球体涨开与阀座压紧达到密封。在转动球体之前先松开楔形头，球体随之恢复原形，使球体与阀座之间出现很小的间隙，可以减少密封面的摩擦和操作扭矩。

5.2.3.3 球阀的特点

随着加工技术、检测技术与智能控制技术的突飞猛进，以及各种密封新材料的不断涌现，球阀产品将得到越来越广泛的应用。目前球阀产品不仅在一般工业管道得到了应用，而且在西气东输、煤制油工程以及核工业、宇航工业输送管线上得到普遍应用。

国外对于石油、天然气及易燃介质输送管路的球阀，都要求设置防火结构，并且经过防火试验验证。常用的球阀性能参数为：公称尺寸 DN10 ~ 1400；公称压力 PN16 ~ 420；工作温度 $t \leqslant 600$℃。

球阀的优点：流体阻力小，其阻力系数与同长度的管段相等；结构简单、体积小、重量轻，紧密可靠，目前球阀的密封面材料广泛使用塑料、密封性好，在真空系统中也已广泛使用；操作方便，开闭迅速，从全开到全关只要旋转90°，便于远距离控制；维修方便，球阀结构简单，密封圈一般都是活动的，拆卸更换都比较方便；在全开或全闭时，球体和阀座的密封面与介质隔离，介质通过时，不会引起阀门密封面的侵蚀；适用范围广，通径从小到几毫米，大到几米，从高真空至高压力都可应用。

球阀的缺点：材料受限：球阀最主要的阀座密封圈材料是聚四氟乙烯，它对几乎所有的化学物质都是有惰性的，且具有摩擦系数小、性能稳定、不易老化、温度适用范围广和密封性能优良的综合性特点。但聚四氟乙烯的物理特性，包括较高的膨胀系数，对冷流的敏感性和不良的热传导性，要求阀座密封的设计必须围绕这些特性进行。所以，当密封材料变硬时，密封的可靠性就受到破坏。高温受限：聚四氟乙烯的耐温等级较低，只能在小于180℃情况下使用。超过此温度，密封材料就会老化。而考虑长期使用的情况下，一般只会在120℃不使用。调节性能有限：球阀的调节性能相对于截止阀要差一些，尤其是气动阀(或电动阀)。

5.2.3.4 球阀的常见故障及排除

球阀的常见故障是关不严，其产生原因与排除方法如表5－17所示。

表5－17 球阀常见故障的产生原因及预防、排除方法

常见故障	产生原因	预防和排除方法
关不严	1. 球体冲翻	1. 装配应正确，操作要平稳，不允许作节流阀使用；球体冲翻后应及时修理，更换密封座
	2. 用作节流，损坏了密封面	2. 不允许作节流用
	3. 密封面被压坏	3. 拧紧阀座处螺栓应均匀、力要小，宁可多紧几次，不可一次紧得太多太紧，损坏的密封面可进行研刮修复
	4. 密封面无预紧压力	4. 阀座密封面应定期检查预紧压力，发现密封面有泄漏或接触过松时应少许压紧阀座密封面；预压弹簧失效应更换
	5. 扳手、阀杆和球体三者连接处间隙大，扳手已到关闭位，而球体旋转角不足90°而产生泄漏	5. 有限位机构的扳手、阀杆和球体三者连接处松动和间隙过大时应修理，紧固要牢；调整好限位块，消除扳手提前角，使球体正确开闭
	6. 阀座与本体接触面不光洁、磨损，O形圈损坏使阀座泄漏	6. 提高阀座与本体接触面光洁度，减少阀座拆卸次数，O形圈定期更换

5.2.4 蝶阀

5.2.4.1 蝶阀的结构与原理

蝶阀(butterfly valve)又叫翻板阀，是启闭件(蝶板)由阀杆带动，并绕阀杆的轴线做旋转运动的阀门，在管道上主要起启闭或调节作用。蝶阀可用于低压管道介质的开关控制，是最主要的流量调节与节流阀门。蝶阀主要由阀体、蝶板、阀杆、密封圈和传动装置组成，如图5－5所示。

图5－5 蝶阀的基本结构

蝶板由阀杆带动，若转过90°，便能完成一次启闭，改变蝶板的偏转角度，即可控制介质的流量，一般来说，开启约30°时流量约为最大流量的80%或更大，显然，蝶阀开度与流量并不呈线性。

根据蝶阀的结构形式可分为中心密封蝶阀、单偏心密封蝶阀、双偏心密封蝶阀、三偏心密封蝶阀。根据蝶阀按连接方式可分为对夹式蝶阀、法兰式蝶阀、凸耳式蝶阀、焊接式蝶阀。

5.2.4.2 蝶阀的特点

蝶阀的优点：结构简单，外形尺寸小。由于结构紧凑，结构长度短，体积小，重量轻，适用于大口径的阀门；流体阻力小，全开时，阀座通道有效流通面积较大，因而流体阻力较小；启闭方便迅速，调节性能好，蝶板旋转90°即可完成启闭。通过改变蝶板的旋转角度可以分级控制流量；启闭力矩较小，由于转轴两侧蝶板受介质作用基本相等，而产生转矩的方向相反，因而启闭较省力；低压密封性能好，密封面材料一般采用橡胶、塑料，故密封性能好。受密封圈材料的限制，蝶阀的使用压力和工作温度范围较小。但硬密封蝶阀的使用压力和工作温度范围都有了很大的提高。

蝶阀的缺点：流量调节范围不大，当开启达30%时，流量高达95%以上；由于蝶阀的结构和密封材料的限制，不宜用于高温、高压的管路系统中。一般用于300℃以下，PN40以下；密封性能相对于球阀、截止阀较差，故适用在密封要求不高的地方。

5.2.4.3 蝶阀的常见故障及排除

蝶阀常见故障为密封面泄漏，产生原因及排除方法如表5－18所示。

表5－18 蝶阀常见故障的产生原因及预防、排除方法

常见故障	产生原因	预防和排除方法
密封面泄漏（作切断用阀）	1. 橡胶密封圈老化、磨损 2. 密封面压圈松动、破损 3. 介质流向不对 4. 阀杆与蝶板连接处松脱使阀门关不严 5. 传动装置和阀杆损坏，使密封面关不严	1. 橡胶密封面定期更换 2. 压圈松动时应重新拧紧，破损和腐蚀严重应更换 3. 应按介质流向箭头安装蝶阀 4. 拆卸蝶阀，修理阀杆与蝶板连接处 5. 进行修理，损坏严重的应予更换

5.2.5 止回阀

5.2.5.1 止回阀的结构与原理

止回阀(check valve)，即启闭件(阀瓣)借助介质作用力，自动阻止介质逆流的阀门，因此又称逆止阀、单向阀、逆流阀或背压阀。止回阀属于一种自动阀门，其主要作用是防止介质倒流、防止泵及驱动电动机反转，或容器介质的泄放。管路中，凡是不允许介质逆流的场合都需要安装止回阀。

常见的止回阀包括旋启式止回阀、升降式止回阀、直列活塞止回阀等，其基本结构见图5－6。

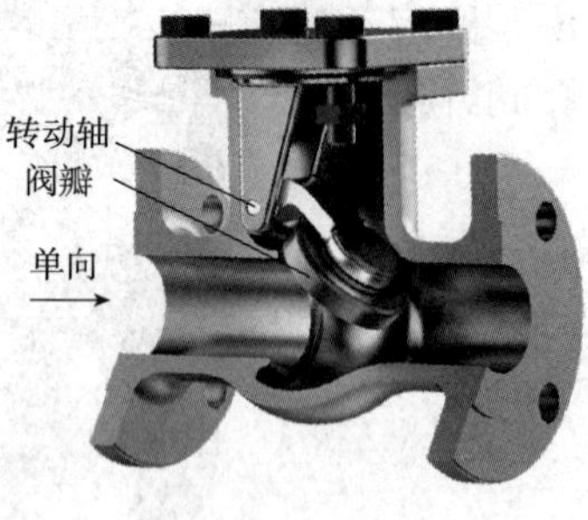

(a)旋启式止回阀

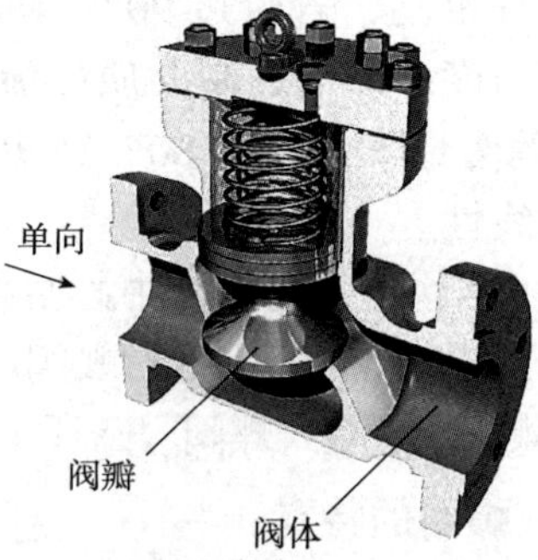

(b)升降式止回阀

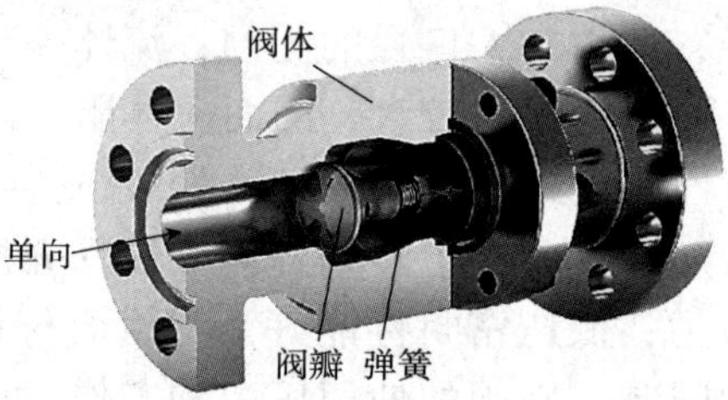

(c)直列活塞止回阀

图 5－6　不同类型的止回阀的基本结构

5.2.5.2　止回阀的特点

多用于大口径阀门，性能参数为：公称压力≤PN63，公称尺寸 DN50～4800，工作温度 t≤600℃。止回阀的参数范围为：公称尺寸 DN10～1800，公称压力 PN6～420，工作温度 t≤550℃。

旋启式止回阀关闭件(阀瓣)在阀体内绕固定轴转动，优点是可以安装在水平、垂直、倾斜的管线上，如果是垂直安装，应选用全开启式阀瓣，介质应从下向上流动，但是密封性能较升降式差，由于加工困难，主要用于大管径。直列活塞式止回阀适用于小管径、高流速条件。升降式止回阀关闭件(阀瓣)是沿阀座中心线移动，密封性能较旋启式好，阀瓣行程短，关闭迅速，动作可靠，可以是垂直安装、水平安装，一般用于小管径。

止回阀的优点：工作载荷变化大；阀门启闭次数少，长周期处于关闭或者开启状态，运动部件如阀瓣长期不运动；阀门从开到关或者从关到开切换动作灵活，迅速；采用不同材料，可以适用于各种介质的管路上。

止回阀的缺点：阀门从关到开阀瓣逐渐打开，阀瓣阻碍介质流动，因此流体阻力大是止回阀最主要的缺点之一；阀瓣组件依靠自身的重量、弹簧力(如增设了辅助弹簧时)等起密封作用，一旦介质压力稍大于其密封力时阀门就会有泄漏，密封性能差；阀门关闭时介质迅速倒流冲击阀瓣，可能发生水击现象；介质流动时，经过阀瓣件产生冲击，可能会产生震动、噪声。

5.2.5.3　止回阀的常见故障及排除

止回阀常见故障的产生原因及排除方法如表 5－19 所示。

表 5－19 止回阀常见故障的产生原因及预防、排除方法

常见故障	产生原因	预防和排除方法
升降式阀瓣升降不灵活	1. 阀瓣轴和导向套上的排泄孔堵死，产生尼阻现象	1. 不宜使用黏度大和含磨粒多的介质，定期修理清洗
	2. 安装和装配不正，使阀瓣歪斜	2. 阀门安装和装配要正确，阀盖螺栓应均匀拧紧，零件加工质量不高，应进行修理纠正
	3. 阀瓣轴与导向套间隙过小	3. 阀瓣轴与导向套间隙适当，应考虑温度变化和磨粒侵入的影响
	4. 阀瓣轴与导向套磨损或卡死	4. 装配要正，定期修理，损坏严重的应更换
	5. 预紧弹簧失效，产生松弛、断裂	5. 预紧弹簧失效应及时更换
旋启式摇杆机构损坏	1. 阀前阀后压力接近平衡或渡动大，使阀瓣反复拍打而损坏阀瓣和其他件	1. 操作压力不稳定的场合，适于选用铸钢阀瓣和钢摇杆
	2. 摇杆机构装配不正，产生阀瓣掉上掉下缺陷	2. 装配和调整要正确，阀瓣关闭后应密合良好
	3. 摇杆与阀瓣和芯轴连接处松动或磨损	3. 连接处松动、磨损后要及时修理，损坏严重的应更换
	4. 摇杆变形或断裂	4. 摇杆变形要校正，断裂应更换
介质倒流	1. 产生阀瓣升降不灵活和摇杆机构磨损的原因，或密封面磨损、橡胶密封面老化	1. 正确选用密封面材料，定期更换橡胶密封面；密封面磨损后及时研磨
	2. 密封面间夹有杂质	2. 含杂质的介质应在阀前设置过滤器或排污管线

5.2.6 安全阀

5.2.6.1 安全阀的结构与原理

安全阀(safety valve)，又称泄压阀，当管道或设备内介质压力超过规定值时，启闭件(阀瓣)自动开启排放介质，以防止压力继续升高；当低于规定值时，启闭件(阀瓣)自动关闭，保护设备或管路的安全运行。

安全阀一般按结构形式分为弹簧式安全阀和杠杆式安全阀、脉冲式安全阀，其中弹簧式安全阀应用最为普遍，弹簧式安全阀的结构如图 5－7 所示。

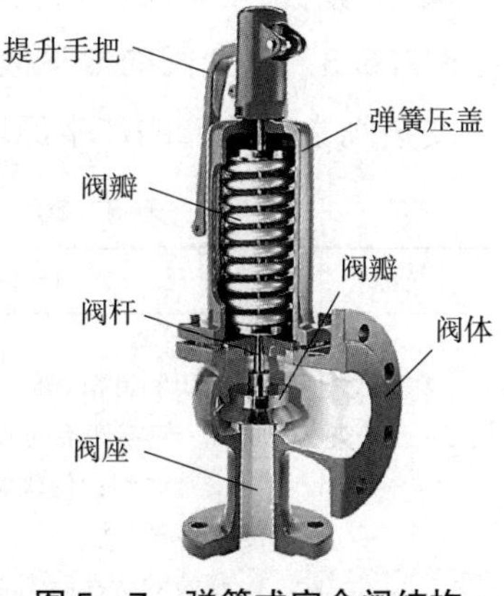

图 5－7 弹簧式安全阀结构

弹簧式安全阀是利用压缩弹簧的力来平衡作用在阀瓣上的介质压力，从而达到启闭作用。当介质压力小于弹簧力时，阀门处于关闭状态，当介质压力超过设定压力时，阀瓣推离阀座，阀门开启，压力排放，随着介质压力降低至正常压力，弹簧力又将阀瓣推向阀座，阀门关闭。螺旋圈形弹簧的压缩量可以通过转动它上面的调整螺母来调节，利用这种结构就可以根据需要校正安全阀的开启(整定)压力。弹簧微启式安全阀结构轻便紧凑，灵敏度也比较高，安装位置不受限制，而且因为对振动的敏感性小，所以可用于移动式的压力容器上。

杠杆式安全阀是利用重锤和杠杆来平衡作用在阀瓣上的力。根据杠杆原理，它可以使用质量较小的重锤通过杠杆的增大作用获得较大的作用力，并通过移动重锤的位置(或变换重锤的质量)来调整安全阀的开启压力。

脉冲式安全阀由主阀和辅阀构成，通过辅阀的脉冲作用带动主阀动作，其结构复杂，通常只适用于安全泄放量很大的锅炉和压力容器。

按照介质排放方式的不同，安全阀又可以分为全封闭式、半封闭式和开放式三种。全封闭式安全阀排气时，气体全部通过排气管排放，介质不能向外泄漏，主要用于介质有毒、易燃气体的容器。半封闭式安全阀所排出的气体一部分通过排气管，也有一部分从阀盖与阀杆间的间隙中漏出，多用于介质为不会污染环境的气体的容器。开放式安全阀的阀盖是敞开的，使弹簧腔室与大气相通，这样有利于降低弹簧的温度，主要适用于介质为蒸汽，以及对大气不产生污染的高温气体的容器。

5.2.6.2 安全阀的特点

安全阀在启闭件受外力作用下处于常闭状态，当设备或管道内的介质压力升高超过规定值时，通过向系统外排放介质来防止管道或设备内介质压力超过规定数值。安全阀属于自动阀类，主要用于锅炉、压力容器和管道上，控制压力不超过规定值，对人身安全和设备运行起重要保护作用。安全阀必须经过压力试验才能使用。安全阀的参数范围为：公称尺寸 DN10～400，公称压力 PN6～420，工作温度≤610℃。

优点：当容器内超压时，只排出容器内高于规定值的部分压力，而无须大量排出介质导致浪费和中断生产；安全阀的安装和调整较为容易。

缺点：密封性较差，在正常压力下也可能轻微泄露；由于弹簧等启闭件的惯性作用，阀门开闭有滞后现象；只适用于较为洁净的介质，如空气、水、水蒸气等，不宜用于有毒介质或可能发生化学反应致使容器压力急剧增高的介质。

5.2.6.3 安全阀的常见故障及排除

安全阀常见故障的产生原因及排除方法如表 5－20 所示。

表 5－20 安全阀常见故障的产生原因及预防、排除方法

常见故障	产生原因	预防和排除方法
密封面泄漏	1. 由于制造精度低、装配不当、管道载荷等原因，使零件不同心	1. 修理或更换不合格的零件，重新装配，排除管道附加载荷，使阀门处于良好的状态
	2. 安装倾斜，使阀瓣与阀座产生位移，以至接触不严	2. 应直立安装，不可倾斜
	3. 弹簧的两端面不平行或装配时歪斜；杠杆式的杠杆与支点发生偏斜或磨损，使阀瓣与阀座接触压力不均匀	3. 修理或更换弹簧，重新装配；修理或更换支点磨损件，消除支点的偏移，使阀瓣与阀座接触压力均匀
	4. 弹簧断裂	4. 更换弹簧，更换的弹簧质量应符合要求
	5. 由于制造质量、高温或腐蚀等因素使弹簧松弛	5. 根据产生原因针对性的更换弹簧，如果是选型不当应调换安全阀

续表

常见故障	产生原因	预防和排除方法
密封面泄漏	6. 阀瓣与阀座密封面损坏，密封面上夹有杂质，使密封面不能密合 7. 阀座连接螺纹损坏或密合不严 8. 阀门开启压力与设备正常工作压力太接近，以致密封比压降低，当阀门振动或压力波动时容易产生泄漏 9. 阀内运动零件有卡阻现象	6. 研磨密封面，其表面粗糙度不低于够开启（带扳手）安全阀吹扫杂质或卸下安全阀清洗；对含杂质多的介质，适于选用橡胶、塑料类的密封面或带扳手的安全阀 7. 修理或更换阀座，保持螺纹连接处严密不漏 8. 根据设备强度，对开启压力做适当调整 9. 查明阀内运动零件卡阻的原因后，对症修理
阀门启闭不灵活不清脆	1. 调节圈调整不当，使阀瓣开启时间过长或回座迟缓 2. 排放管 VI 径小，排放时背压较大，使阀门开不足	1. 应重新加以调整 2. 应更换排放管，减小排放管阻力
未启压力时就开启	1. 开启压力低于规定值；弹簧调节螺钉、螺套松动或重锤向支点串动 2. 弹簧弹力减小或产生永久变形 3. 调整后的开启压力接近、等于或低于安全阀工作压力，使安全阀提前动作、频繁动作 4. 常温下调整的开启压力而用于高温后，开启压力降低 5. 弹簧腐蚀引起开启压力下降	1. 重新调整开启压力至规定值；固定紧调节螺钉、螺套和重锤 2. 更换弹簧 3. 重新调整安全阀开启压力至规定值 4. 适当拧紧弹簧调节螺钉、螺套，使开启压力至规定值；如果属于选型不当，可调换带散热器的安全阀 5. 强腐蚀性的介质，应选用包覆氟塑料的弹簧或选用波纹管隔离的安全阀
到规定开启压力而不动作	1. 开启压力高于规定值 2. 阀瓣与阀座被脏物粘住或阀座被介质凝结物或结晶堵塞 3. 寒冷季节室外安全阀冻结 4. 阀门运动零件有卡阻现象增加了开启压力 5. 背压增大，使工作压力到规定值后，安全阀不起跳	1. 重新调整开启压力 2. 开启安全阀吹扫或卸下清洗，对因温度变冷容易凝结和结晶的介质，应对安全阀伴热或在安全阀底部连接处加爆破膜隔断 3. 应进行保温或拌热 4. 应检查后，排除卡阻现象 5. 消除背压，或选用背压平衡式波纹管安全阀
安全阀的振动	1. 由于管道的振动而引起安全阀振动 2. 阀门排放能力过大 3. 进口管口径太小或阻力太大 4. 排放管阻力过大，造成排放时过大背压，使阀瓣落向阀座后又被介质冲起，以很大频率产生振动 5. 弹簧刚度太大 6. 调整圈调整不当，使回座压力过高	1. 查明原因后，消除振动 2. 选用阀门的额定排放量尽可能接近设备的必需排放量 3. 进口管内径不小于安全阀进口通径或减少进口管的阻力 4. 应降低排放管的阻力 5. 应选用刚度较小的弹簧 6. 重新调整调节圈位置

5.2.7 调压阀

5.2.7.1 调压阀的结构与原理

调压阀(pressure reducing valve)，也称为减压阀。通过启闭件(阀瓣)的节流，将介质的压力降低，并借助阀门压差的直接作用，使阀后压力自动保持在一定范围内的阀门，基本结构图如图5-8所示，主要结构包括阀瓣、阀杆、阀体、传感器、弹簧、设定点等。

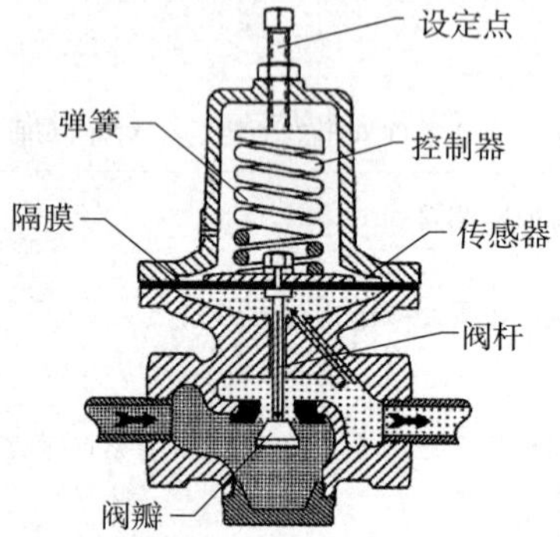

图5-8 弹簧式调压阀基本结构图

调压阀的工作原理是靠阀内流道对流体的局部阻力降低水压，水压降的范围是由连接阀瓣的薄膜和活塞两侧的进出口水压差自动调节的，使阀后压力的波动与弹簧弹性力相平衡，来保证阀后压力保持稳定，实现减压。流体通过减压阀虽有很大的水头损失，但使系统的流量分布趋于合理，因此调压阀同时也起到流量控制和压力稳定的作用。从流体力学的角度看，调压阀是一个局部阻力可以变化的节流元件，即通过改变节流面积，使流速改变，造成不同的压能损失，从而达到调压的目的。

调压阀按结构形式可分为压力作用式调压阀、弹簧式调压阀、直接/间接作用式调压阀和重块式调压阀等。

5.2.7.2 调压阀的特点

常用减压阀的参数范围为：公称尺寸DN20～400，公称压力PN10～100，工作温度$t \leq 540℃$。

其相关性能包含几个方面：

(1)调压范围：它是指减压阀输出压力P_2的可调范围，在此范围内要求达到规定的精度。调压范围主要与调压弹簧的刚度有关。

(2)压力特性：它是指流量为定值时，因输入压力波动而引起输出压力波动的特性。输出压力波动越小，调压阀的特性越好。输出压力必须低于输入压力一定值才基本上不随输入压力变化而变化。

(3)流量特性：它是指输入压力一定时，输出压力随输出流量的变化而变化的特性。当流量发生变化时，输出压力的变化越小越好。一般输出压力越低，它随输出流量的变化波动就越小。

调压阀的优点：能够有效控制输送管道中介质流量的大小，甚至可以针对其压力进行掌控；适用介质较为广泛，水、油等许多其他液体介质均可使用；调压的精度较高。

调压阀的缺点：薄膜式减压阀的薄膜易老化损坏，耐压能力低；先导活塞式减压阀的灵敏度较低，制造困难。

5.2.7.3 调压阀的常见故障及排除

油库调压阀常见故障的产生原因及排除方法如表5-21所示。

表 5-21 调压阀常见故障的产生原因及故障预防、排除方法

常见故障	产生原因	预防和排除方法
阀门直通	1. 活塞环破裂、气缸磨损、异物混入等原因使活塞卡住在最高位置以下处 2. 阀瓣弹簧断裂或失去弹性 3. 阀瓣杆或顶杆在导向套内某一位置处卡往，使阀瓣呈开启状态 4. 脉冲阀泄漏或其阀瓣杆在阀座孔内某一位置卡住，使脉冲阀呈开启状态，活塞始终受压，阀瓣不能关闭，介质直通	1. 定期清洗和修理，活塞机构损坏严重应更换 2. 及时更换弹簧 3. 及时卸下修理，排除卡住现象，对无法修复的零件应于更换 4. 定期清洗和检查，控制通道应有过滤器；过滤器应完好
阀门关不严	1. 密封面和脉冲阀密封面损坏或密封面间夹有异物 2. 膜片、薄膜破损或其周边密封处泄漏而失灵 3. 阀后腔至膜片小通道堵塞不通，致使阀门不能关闭 4. 气包式控制管线堵塞或损坏，或充气阀泄漏	1. 研磨密封面，无法修复的应予更换 2. 定期更换膜片、薄膜；周边密封处泄漏时应重新装配；膜片、薄膜破损后应及时更换 3. 应解体清洗小通道，阀前应设置过滤装置和排污管 4. 疏通控制管线，修理损坏的管线和充气阀
阀门不通	1. 活塞因异物、锈蚀等原因卡死在最高位置，不能向下移动，阀瓣不能开启 2. 气包式的气包泄漏或气包内压过低 3. 阀前腔到脉冲阀、脉冲阀到活塞的小通道堵塞不通 4. 调节弹簧松弛或失效，不能对膜片、薄膜产生位移，致使阀瓣不能打开	1. 除定期清洗和检查外，活塞机构的故障应解体清洗和修理 2. 查出原因后进行修理 3. 通道应有过滤网，过滤网破损应更换；通道出现堵塞应疏通清洗干净 4. 更换调节弹簧，按规定调整弹簧压紧力
阀门压力调节不准	1. 活塞密封不严 2. 弹簧疲劳 3. 阀内活动部件磨损，阀门正常动作受阻 4. 调节弹簧的刚度过大，造成阀后压力不稳定 5. 膜片、薄膜疲劳	1. 应研磨或更换活塞环 2. 应予更换 3. 解体修理，更换无法修理的部件，装配要正确 4. 选用刚度适当的调节弹簧 5. 更换膜片或薄膜

5.2.8 换向阀

5.2.8.1 换向阀的结构与原理

换向阀(reversing valve)，是具有两种以上流动形式和两个以上油口的方向控制阀。是实现液压油流的沟通、切断和换向，以及压力卸载和顺序动作控制的阀门。靠阀芯与阀体的相对运动的方向控制阀。按阀芯在阀体内停留的工作位置数分为二位、三位等；按与阀体相连的油路数分为二通、三通、四通和六通等；按操作阀芯运动的方式有手动、机动、电动、液动、电液等形式。如图 5-9 的三位四通换向阀，换向阀阀体上开有 4 个通油口 P、

A、B、T。换向阀的通油口永远用固定的字母表示，它所表示的意义为：P 为压力油口；A、B 为工作油口；T 为回油口。

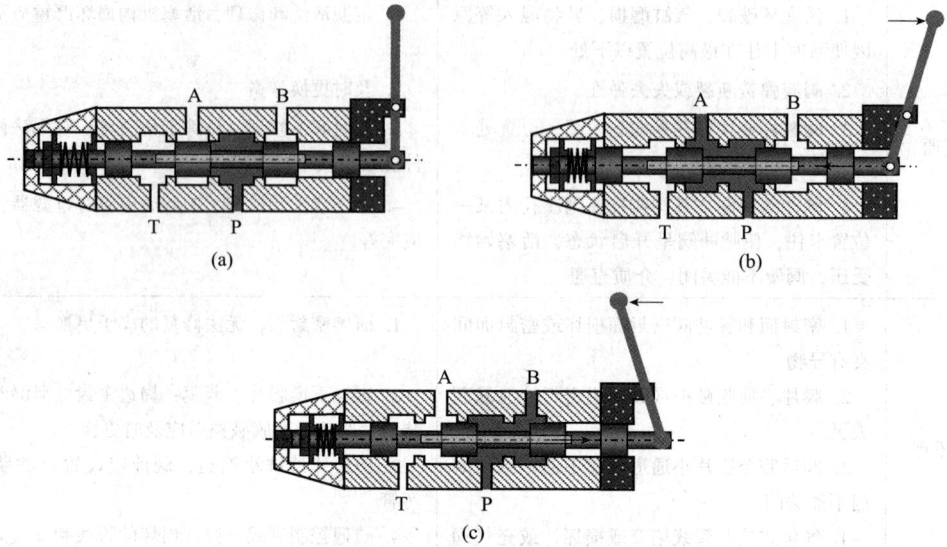

图 5－9　换向阀工作原理

图 5－9(a)表示阀芯处于中位时的情况，此时从 P 口进来的压力油没有通路。A、B 两个油口也不和 T 口相通。图 5－9(b)表示向一侧搬动控制手柄，阀芯左移，或者说阀芯处于左位的情况。此时 P 口和 A 口相通，压力油经 P、A 到其他元件；从其他元件回来的油经 B、阀芯中心孔、T 回油箱。图 5－9(c)表示人向另一侧搬动控制手柄阀芯右移，或者说阀芯处于右位时的情况。此时，从 P 口进来的压力油经 P、B 到其他元件。从其他元件回来的油经 A、T 回油箱。

5.2.8.2　换向阀的常见故障及排除

换向阀常见故障的产生原因及排除方法如表 5－22 所示。

表 5－22　换向阀常见故障的产生原因及预防、排除方法

常见故障	产生原因	预防和排除方法
不能换向或换向不灵活	1. 润滑不良 2. 弹簧被卡住或损坏 3. 油污或杂质卡住滑动部分	1. 检查润滑油的黏度是否合适 2. 更换弹簧或换向阀 3. 检查油雾器的工作是否正常，清洗换向阀的滑动部分
漏气	1. 阀芯密封圈磨损 2. 阀杆和阀座损伤 3. 杂质卡在密封圈上	1. 更换密封圈 2. 更换阀杆和阀座 3. 清除杂质
冲击和振动	1. 主阀芯移动速度过快 2. 单向阀密闭性太差使主阀芯移动过快	1. 调节节流阀使主阀芯移动速度降低 2. 修理或更换单向阀

5.2.9 呼吸阀

5.2.9.1 呼吸阀结构与原理

呼吸阀(breather valve)，是指既保证储罐空间在一定压力范围内与大气隔绝，又能在超过或低于此压力范围时与大气相通(呼吸)的一种阀门，如图5－10所示。其作用是防止储罐因超压或真空导致破坏，同时可减少储液的蒸发损失。主要由阀座、阀罩、保护罩及由真空和压力控制的两组启闭装置组成。

呼吸阀是维护储罐气压平衡，减少介质挥发的安全节能产品，呼吸阀充分利用储罐本身的承压能力来减少介质排放，其原理是利用正负压阀盘的重量来控制储罐的排气正压和吸气负压；当往罐外抽出介质，如图5－10实线箭头方向，使罐内上部气体空间的压力下降，达到呼吸阀的操作负压时，罐外的大气将顶开呼吸阀的负压阀盘顶开，如图5－10虚线箭头方向，使外界气体进入罐内，使罐内的压力不再继续下降，让罐内与罐外的气压平衡，来保护储罐的安全装置。

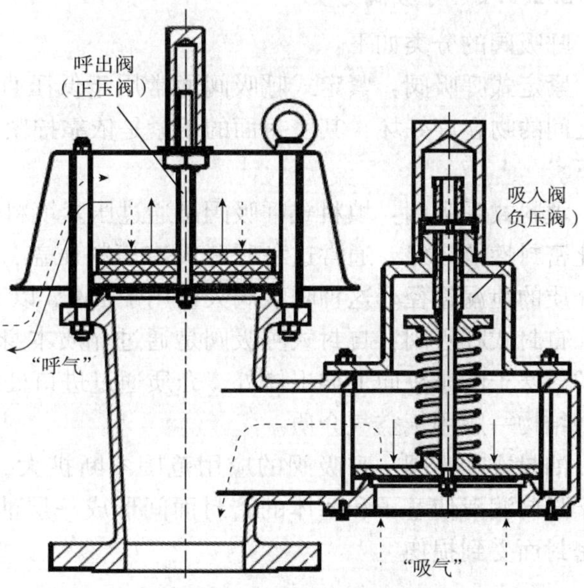

图5－10 呼吸阀示意图

航空油料储罐在日常作业中会有“大小呼吸”损耗，其中，小呼吸损耗是指静止的油品受温差的影响引起的蒸发损耗。白天太阳热辐射使油温增高，上部气体膨胀，油面蒸发加剧，罐内的压力升高，当压力达到呼吸阀许用值，油蒸气就会溢出罐外。夜晚气温降低，罐内的气体收缩，油蒸汽凝结，罐内的压力下降，当压力达到呼吸阀允许的真空值时，空气吸入储罐，如此循环往复，形成了小呼吸损耗，通常而言小呼吸损耗占20%。大呼吸损耗是指在收发油作业中引起的损耗，当航空油料进入储罐，液面上升，储罐压力升高，当增大到呼吸阀许用值时，油蒸气排出。当航空油料向外输出时，液面下降，储罐压力降低，当压力降低至呼吸阀允许的真空值时，吸入空气，造成了大呼吸损失，大呼吸占80%。

储罐呼吸阀主要满足储罐大小呼吸的通气要求与阻火器配套安装在储存甲、乙、丙类液体的储罐顶上。在机场油库中的储罐以及油罐车储罐上方都安装有呼吸阀。

呼吸阀尺寸的选用与油罐收发量有关，在实际工作中，可以根据油罐收发油作业的流量(即泵流量)选择呼吸阀数量和口径大小，见表5－23，一般机械呼吸阀的孔径要略大于进出油管内径。

表 5－23　机械呼吸阀规格选用

输油量/(m^3/h)	<25	25～100	101～215	216～380	381～600
规格 DN/mm	50	100	150	200	250

呼吸阀使用中还应注意，为了防止产生火花，呼吸阀密封件采用憎水材料制作，阀盘采用有色金属制造；为了防止堵塞，进出口处常设计波纹板保护。一般而言，拱顶油罐会把呼吸阀装在罐顶中央位置，近年来油库多采用防冻式和全天候呼吸阀。

5.2.9.2　呼吸阀分类

呼吸阀的分类如下：

紧定式呼吸阀：紧定式呼吸阀通常用于低压直通管道，密封性能完全取决于塞子和塞体之间的吻合度好坏，其密封面的压紧是依靠拧紧下部的螺母来实现的。一般用于 0.6MPa 以下。

填料式呼吸阀：填料式呼吸阀是通过压紧填料来实现塞子和塞体密封的。由于有填料，因此密封性能较好。通常这种呼吸阀有填料压盖，塞子不用伸出阀体，因而减少了一个工作介质的泄漏途径。这种呼吸阀大量用于 1MPa 以下的压力。

自封式呼吸阀：自封式呼吸阀是通过介质本身的压力来实现塞子和塞体之间的压紧密封的。塞子的小头向上伸出体外，介质通过进口处的小孔进入塞子大头，将塞子向上压紧，此种结构一般用于空气介质。

油封式呼吸阀：呼吸阀的应用范围不断扩大，出现了带有强制润滑的油封式呼吸阀。由于强制润滑使塞子和塞体的密封面间形成一层油膜。这样密封性能更好，开闭省力，防止密封面受到损伤。

5.2.9.3　呼吸阀常见故障及排除

呼吸阀常见故障的产生原因及排除方法如表 5－24 所示。

表 5－24　呼吸阀常见故障的产生原因及预防、排除方法

常见故障	产生原因	预防和排除方法
堵塞	尘土、锈渣等杂物沉积于呼吸阀内或呼吸管内，以及蜂或鸟在呼吸阀口筑巢等原因，使呼吸阀堵塞	呼吸阀定期保养使用，阀杆与阀套间应保持绝对干净，不得有杂质
漏气	锈蚀、硬物划伤阀与阀盘的接触面、阀盘或阀座变形以及阀盘导杆倾斜	如发现阀盘有划痕、磨损等异常现象，应马上更换
卡死	多发生在由于呼吸阀安装不正确或油罐变形导致阀盘导杆歪斜以及阀杆锈蚀	阀盘与阀盘座必须完好，不漏气，装设必须垂直，以免导向杆卡住
粘接	油蒸气、水分与沉积于阀盘、阀座、导杆上的尘土等杂物混合发生化学物理变化	每月检查阀盘与阀盘密封处、阀盘导杆与导杆套有无油污和脏物，如出现油污和脏物应清除干净
冻结	气温变化，空气中的水分在呼吸阀的阀体、阀盘、阀座和导杆等部位凝结，进而结冰，使阀难以开启	为了避免冬季阀盘冻结在阀座上，阀座宽度最好不要超过 2mm，冬季应加强对阀盘的擦拭，防止冷凝水、汽冻结造成阀盘失灵

5.2.10 液压安全阀

机械呼吸阀有时因锈蚀或冻结而发生故障，为了保证油罐的安全，罐上常常再装设液压安全阀。液压安全阀控制压力或真空值一般都比机械呼吸阀高出 10%，正常情况下它是不动作的，只是在机械呼吸阀失灵或因其他原因使罐内出现过高的压力或真空时它才动作。所以液压安全阀起到安全保护作用。为了保证在较高和较低的气温下液压阀都能正常工作，阀内应装沸点高、不易挥发、凝点低的液体，作为液封，如轻柴油、低黏度润滑油、甘油水溶液和乙二醇等。液压阀的动作过程见图 5－11。

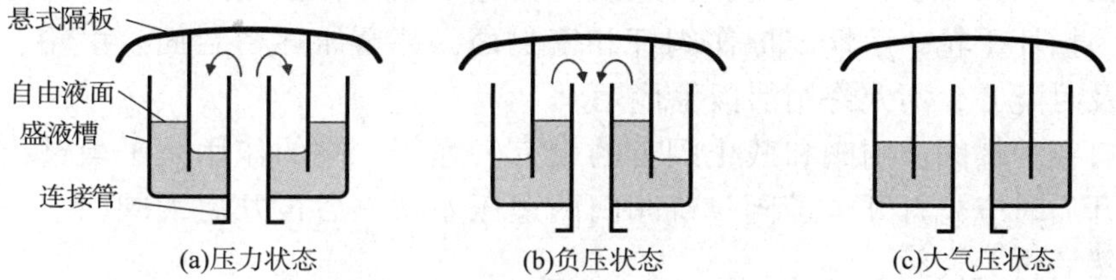

图 5－11 液压阀动作原理示意图

液压阀内的轻柴油常因挥发而使密度增加，数量减少，汽油罐上的液压阀由于汽油易蒸发凝结到阀内，使轻柴油的密度和数量均有变化。因此必须定期检查，予以校正。校正时若呼吸阀内油量不足时，可以加同种油料，至溢出口溢出为止。同时测量槽内的油料密度，若与原来不符，且相差很大时应更换新油，按规定每年应定期更换槽内油料。同时清洗呼吸阀，除去污物和铁锈。因液压安全阀经常发生喷油现象，影响安全和污染罐顶，近来已逐渐被淘汰，而采用两个机械呼吸阀或对液压安全阀进行改型。特别要强调的是，不论用两个呼吸阀还是一个呼吸阀、一个液压阀，安装时应保持在同一水平高度，避免有高差存在。

5.3 阀门操作

根据近年来油库事故统计分析，在约 300 例油品流失事故中，由阀门引起的事故约 120 例，占比超过 40%；在约 200 例油品变质事故中，由阀门引起的事故约 40 例，占比超过 20%。因此，阀门的故障排除在保障油品安全运营中起到至关重要的作用。

阀门操作人员应该熟悉和掌握阀门传动装置的结构和性能，识别阀门方向、开度标志、指示信号，并且准确地操作阀门，及时果断地处理各种故障。本节内容介绍各类阀门基本的使用规范与维护常识。

5.3.1 手动阀门操作

手动阀门是通过手柄、手轮操作的阀门，是油库使用最多的一种阀门。它的使用与操作需遵循如下要求。

①手动阀门的手柄、手轮朝着顺时针旋转，阀门关闭；朝着逆时针旋转，阀门开启。

有个别阀门方向与上述开闭相反，操作前应注意检查开闭标志后再操作。

②手轮、手柄的大小是按正常人力设计的，因此，在阀门使用上规定，不允许操作者借助杠杆和长扳手开启或关闭阀门。手轮、手柄的直径(长度)小于320mm的，只允许1个人操作；直径等于或超过320mm的手轮，允许2个共同操作，或者允许1人借助适当的杠杆(一般不超过0.5m长)操作。但隔膜阀、非金属阀门是严禁使用杠杆或长扳手操作的，也不允许用过大过猛的力关闭阀门。

③闸阀和截止阀在关闭或开启至下死点或上死点要回转1/4~1/2圈，使螺纹更好密合，有利操作时检查，以免拧得过紧损坏阀件。

④使用杠杆和长扳手操作阀门，会造成阀门过早损坏，甚至酿成事故。过大过猛地操作阀门，容易损坏手轮、手柄，擦伤阀杆和密封面，甚至压坏密封面。手轮、手柄损坏或丢失后，应及时配齐，不允许用活扳手代用。

⑤较大口径的蝶阀、闸阀和截止阀有的设有旁通阀，它的作用是平衡进出口压差，减少开启力。开启时应先打开旁通阀，待阀门两边压差减小后再开启大阀门。关阀时应先关闭旁通阀，然后再关大阀。

⑥开启蒸汽阀门前，必须先将管道预热排除凝结水，开启时动作要缓慢，以免产生水击损坏阀门和设备。

⑦开关球阀、蝶阀、旋塞阀时，阀杆顶面的沟槽与通道平行时，表明阀门在全开启位置；阀杆向左或向右旋转时，沟槽与通道垂直，表明阀门在全关闭位置。有的球阀、旋塞阀以扳手与通道平行为开启，垂直为关。带扳手的蝶阀，扳手与通道平行，表明阀门开启，扳手与通道垂直，表明阀门关闭。三通、四通阀门的操作应按开启、关闭、换向的标记进行。操作完毕后，应取下活动手柄。

⑧闸阀、截止阀不能作节流用，这样容易冲蚀密封面。如果当作节流阀用，就不作切断阀用。

⑨对有标尺的闸阀和节流阀，应检查调试好全开或全闭的指示位置。明杆闸阀、截止阀也应记住它们全开和全关位置，这样可以避免全开时顶撞死点。阀门全关时，可借助标尺和记号以发现关件脱落或顶住异物，以便排除故障。

⑩新安装的管路和设备脏物、焊渣物较多，常开阀门密封面上也容易粘有脏物，应采用微开方法，让高速介质冲走这些异物再轻轻关闭。经过几次这样微开微闭，便可冲刷干净。有的阀门关阀后温度下降阀件收缩，使密封面产生细小缝隙出现泄漏，这样应在关闭后，到适当时间再关一次阀门。

5.3.2 带驱动装置阀门操作

对于靠电动、电磁动、气动和液动等能源来开闭的阀门，操作者应对其结构原理、操作规程有全面的了解，并具有独立操作和处理事故的能力。

1. 电驱动阀门的操作

电动装置启动的阀门，按电气盘上的启动按钮，电动机随即启动，阀门开启到一定时间，电动机自动停止运转，在电气盘上的“已开启”信号灯应明亮。如果要关闭阀门，按电气盘上的关闭按钮，阀门向关闭方向运转，到全关位置时“已关闭”信号灯亮。阀门运转中，正在开启或正在关闭或处于中间状态的信号灯应相应指示。阀门指示信号与实际动作相符，并能关得严、打得开，说明电动装置正常。

如果运转中以及阀已全开或全关时，信号灯不亮，而事故信号灯打开，说明传动装置不正常。要求检查原因、进行修理、重新调试。

电动装置因故障或关闭不严需及时处理时，应将运作把柄拨至手动位置，顺时针方向转动手轮为关阀，逆时针方向为开阀。

电动装置在运转中不能按反向按钮，由于误动作需要纠正时，应先按停止按钮然后再启动。

2. 电磁动阀门的操作

按启动按钮阀门开启。切断电源，阀瓣借助流体自身压力或加上弹簧压力，使阀门关闭。

3. 气动或液动阀门的操作

气动或液动阀门在气缸体上方和下方各有一个气管或液管，关阀时，应打开上方管道的控制阀让压缩空气或带压液体进入缸体上部，使活塞向下带动阀杆关闭阀门；反之，关闭气缸上部管道上的进气阀，打开它的回路阀使介质回流，同时打开气缸下部管道控制阀，使压缩空气或带压液体进入缸体下部，使活动塞向上带动阀杆打开阀门。

气动阀门还有常开式和常闭式两种形式。常开式只是活塞上部有气管，下部是弹簧，需要关闭时打开气管控制阀，使压缩空气进入气缸上部，压缩弹簧关闭阀门。当要开启时，打开回路阀，气体排出，弹簧复位，使阀门开启。常闭式阀门正好与常开式阀门相反，弹簧在活塞上部，气管在气缸下部，打开控制阀后，压缩空气进入气缸打开阀门。

气动、液动装置运转是否正常，可从阀杆上下位置反馈在控制盘上的信号等方面反映出来。如果关闭不严，可调整气缸底部的调节螺母，使调节螺母调下一点即可消除。

如果气动、液动装置出现故障，而需要及时开启或关闭时，应采用手动操作。有一种气动装置，在气缸上部有一个圆环杆与阀杆连接，阀门气动不能动作时，需要用一杠杆套在圆环中，抬起圆环为开启，压紧圆环为关闭。这种手动机构很吃力，只能解决暂时困难。现有一种气动带手动闸阀，阀门在正常情况下，手动机构上的手柄处于气动位置。当气源发生故障或者气流中断后，首先切断气源通路，并打开气缸回路上回路阀，并将手动机构上的手柄从气动位置扳到手动位置，这时开合螺母与传动丝杆啮合，转动手轮即可开启或关闭阀门。

5.3.3 自动阀门操作

自动阀门的操作不多，主要是操作人员在启用时调整和运行中的检查。

1. 安全阀

安全阀在安装前就经过了试压、定压，为了安全起见，有的安全阀需要现场校验。如电站上蒸汽安全阀需要现场校验，人们叫这种校验为“热校验”。在进行校验时，应有组织、有领导、有准备地进行，并应分工明确。热校验应用标准表，定压值不准的应按规定调整。

弹簧选用的压力段与使用压力相适应，重锤应左右调整至定压值固定下来。

安全阀运行时间较长时，操作人员应注意检查安全阀的铅封，用手扳起有扳手的安全阀，间隔一段时间开启一次，泄除脏物，校验安全阀的灵活性，检查时人避开安全阀出口处。

2. 疏水阀

疏水阀是容易被污水等杂物堵塞的阀门。启用时首先打开冲洗阀冲洗管道，有旁通管的，可打开旁通阀作短暂冲洗。没有冲洗管和旁通的疏水阀，可拆下疏水阀，打开切断阀冲洗后，再关好切断阀，装上疏水阀，然后再打开切断阀，启用疏水阀。并联疏水阀，如果排放凝结水不影响正常工作，可采用轮流冲洗的方法。先关闭疏水阀前后的切断阀，然后再打开另一疏水阀前后的切断阀。也可先关闭一个疏水阀，打开另一个疏水阀检查其工作情况，如果蒸汽冲出较多，说明该阀工作不正常，如果只排水说明工作正常。回过头来，再打开刚才关闭的疏水阀检查，排出存下的凝结水，如果凝结水不断地流出，表明检查管前后的阀门泄漏，需找出是哪一个阀门泄漏。不回收凝结水的疏水阀，打开阀前的切断阀便可使疏水阀工作，工作正常与否，可从疏水阀出口处检查到。

3. 减压阀

减压阀启用前，应打开旁通阀或冲洗阀，清扫管道脏物，管道冲洗干净后，关闭旁通阀和冲洗阀，然后启用减压阀。有的蒸汽减压阀前有疏水阀，需要先开启，再微开减压阀后的切断阀，最后把减压阀前的切断阀打开，观看减压阀前后的压力表，调整减压阀调节螺钉，使阀后压力达到预定值，随即慢慢地开启减压阀后的切断阀，校正阀后压力直到满意为止。固定好调节螺钉，盖好防护帽。

如果减压阀出现故障需修理时，应先慢慢地打开旁通阀，同时关闭阀前切断阀，手工大致调节旁通阀，使减压阀后压力基本上稳定在预定值上下，再关闭减压阀后的切断阀，更换或修理减压阀。待减压阀更换或修理好后，再恢复正常。

5.4 阀门维护与通用件故障排除

阀门通用件的故障原因主要有杂质混入、腐蚀、泄漏等，可针对性地对阀门进行维护。

杂质：管路中的泥沙、铁锈等杂质会严重冲蚀密封面，使阀门逐渐失效。为了减少铁锈，油罐内壁宜作防腐处理，管道内壁也尽可能作防腐处理。在作业时，不要让泥沙、木屑、棉纱等杂物掉进油罐或油槽中，并应定期清罐和清洗过滤器。管道投入使用前或检修后，应用压缩空气清扫10～15min，以清除管道中的杂质。

腐蚀：不经常启闭的阀门，要定期转动手轮，以防螺杆因锈蚀而咬住。如果螺杆生锈，则可用汽油湿润阀杆，然后慢慢转动手轮。应保持阀门的清洁，定期清除阀杆上的铁锈，并涂上防锈的润滑脂。通常每个月要进行一次除锈和擦油。露天场所的阀门应盖上降雨罩，冬季应采取保温措施。

泄漏：当阀门的法兰和填料函泄漏时，应压紧或更换垫片与填料。当发现阀门内部渗漏时，应及时研磨闸板、阀座，或更换阀门。阀门通常由阀体、阀盖、填料、垫片、密封面、阀杆、传动装置等通用件组成，最常见的故障之一是油品泄漏。油品泄漏不容忽视，如果发生严重泄漏，会带来诸多安全隐患。一方面，油品易挥发而容易造成人员中毒，危及人员的人身安全；其次，泄漏如果处理不当或不及时，会造成一定的经济损失和能源浪费；最后，造成一定的环境污染。表 5-25 总结了各类通用件泄漏故障的原因与排除方法。

表 5-25 阀体和阀盖泄漏原因及排除

常见故障	产生原因	预防、排除方法
阀体和阀盖的泄漏	1. 铸铁件铸造质量不高，阀体和阀盖本体上有砂眼、松散组织、夹碴等缺陷 2. 天冷冻裂 3. 焊接不良，存在着夹碴、未焊透，应力裂纹等缺陷 4. 铸铁阀门被重物撞击后损坏	1. 提高铸造质量，安装前严格按规定进行强度试验 2. 对气温在 0℃ 和 0℃ 以下的阀门，应进行保温或伴热，停止使用的阀门应排除积水 3. 由焊接组成的阀体和阀盖的焊缝，应按有关焊接操作规程进行，焊后还应进行探伤和强度试验 4. 阀门上禁止堆放重物，不允许用手锤撞击铸铁和非金属阀门，大口径阀门的安装应有支架
填料处的泄漏（阀门的外漏，填料处占的比例最大）	1. 填料选用不对，不耐介质的腐蚀，不耐阀门高压或真空、高温或低温的使用 2. 填料安装不对，存在着以小代大、螺旋盘绕接头不良、上紧下松等缺陷 3. 填料超过使用期，已老化，丧失弹性 4. 阀杆精度不高，有弯曲、腐蚀、磨损等缺陷 5. 填料圈数不足，压盖未压紧 6. 压盖、螺栓和其他部件损坏，使压盖无法压紧 7. 操作不当，用力过猛等 8. 压盖歪斜，压盖与阀杆间隙过小或过大，致使阀杆磨损，填料损坏	1. 应按工况条件选用填料的材料和形式 2. 按有关规定正确安装填料，盘根应逐圈安放压紧，接头应成 30°或 45° 3. 使用期过长、老化、损坏的填料应及时更换 4. 阀杆弯曲、磨损后应进行矫直、修复，对损坏严重的应予更换 5. 填料应按规定的圈数安装，压盖应对称均匀地把紧，压套应有 5mm 以上的预紧间隙 6. 对损坏的压盖、螺栓及其他部件，应及时修复或更换 7. 应遵守操作规程，除撞击式手轮外，以匀速正常力量操作 8. 应均匀对称拧紧压盖螺栓，压盖与阀杆间隙过小，应适当增大其间隙；压盖与阀杆间隙过大，应予更换压盖
垫片处的泄漏	1. 垫片选用不对，不耐介质的腐蚀，不耐高压或真空、高温或低温的使用 2. 操作不平稳，引起阀门压力、温度上下波动，特别是温度的波动 3. 垫片的压紧力不够或连接处无预紧间隙 4. 垫片装配不当，受力不匀 5. 静密封面加工质量不高，表面粗糙不平、横向划痕、密封副互不平行等缺陷 6. 静密封面和垫片不清洁，混入异物等	1. 按工况条件止确选用垫片的材料和形式 2. 精心调节，平稳操作 3. 应均匀对称地拧螺栓，必要时应使用扭力扳手，预紧力应符合要求，不可过大或过小。法兰和螺纹连接处应有一定的预紧间隙 4. 垫片装配应逢中对正，受力均匀，垫片不允许搭接和使用双垫片 5. 静密封面腐蚀、损坏、加工质量不高，应进行修理、研磨，进行着色检查，使静密封面符合有关要求 6. 安装垫片时应注意清洁，密封面应用煤油清洗，垫片不应落地

续表

常见故障	产生原因	预防、排除方法
密封面的泄漏	1. 密封面研磨不平，不能形成密合线	1. 密封面研磨时，研具、研磨剂、砂布砂纸等物件应选用合理，研磨方法要正确，研磨后要进行着色检查，密封面应无压痕、裂纹、划痕等缺陷
	2. 阀杆与关闭件的连接处顶心悬空、不正或磨损	2. 阀杆与关闭件连接处应符合设计要求，顶心处不符合要求的应进行修整，顶心应有一定活动间隙，特别是阀杆台肩与关闭件的轴向间隙应大于2mm
	3. 阀杆弯曲或装配不正，使关闭件歪斜或不逢中	3. 阀杆弯曲应进行矫直，阀杆、关闭件、阀杆螺母、阀座经调整后应在一条公共轴线上
	4. 密封面材质选用不当或没有按工况条件选用阀门；密封面易产生腐蚀冲蚀、磨损	4. 选用阀门或更换密封面时，应符合工况条件，密封面加工后，其耐蚀、耐磨、耐擦伤等性能要好
	5. 堆焊和热处理没有按规程操作，因硬度过低产生磨损，因合金元素烧损产生的腐蚀，因内应力过大产生的裂纹等缺陷	5. 堆焊和热处理工艺应符合规程和规范的技术要求，密封面加工后应进行验收，不允许有任何影响使用的缺陷存在
	6. 经过表面处理的密封面剥落或因研磨过大，失去原来的性能	6. 密封面表面淬火、渗氮、渗硼、镀铬等工艺必须严格按其规程和规范的技术要求进行。研磨密封面渗透层不宜超过本层的1/3，对镀层和渗透层损坏严重的，应除掉镀层和渗透层后重新表面处理。对表面高频淬火的密封面可重复淬火修复
	7. 密封面关闭不严或因关闭后冷缩出现的细缝，产生冲蚀现象	7. 阀门的关闭和开启应有标记，对关闭不严的应及时修复。对高温阀门，关闭后冷缩出现的细缝，应在关闭后间隔一定时间再关闭一次
	8. 把切断阀当节流阀、减压阀使用，密封面被冲蚀而破坏	8. 作切断阀用的阀门，不允许作节流阀、减压阀用，关闭件应处在全开或全闭位置，如果需要调节介质流量和压力时，应单独设置节流阀和减压阀
	9. 阀门已到全关闭位置，继续施加过大的关闭力，包括不正确地使用长杠杆操作。密封面被压坏、挤变形	9. 阀门的启、闭应符合阀门的操作规程
	10. 密封面磨损过大而产生掉线现象，即密封副不能很好地密合	10. 密封面产生掉线后应进行调节，对无法调整的密封面应进行更换
密封圈连接处的泄漏	1. 密封圈辗压不严	1. 密封圈辗压处泄漏应注入胶黏剂或再辗压固定
	2. 密封圈与本体焊接，堆焊质量差	2. 密封圈应按施焊规范重新补焊，堆焊处无法补焊时应清除原堆焊层，重新堆焊和加工
	3. 密封圈连接螺纹、螺钉、压圈松动	3. 卸下螺钉、压圈清洗，更换损坏的部件，研磨密封与连接座密合面，重新装配。对腐蚀损坏较大的部件，可用焊接、粘接等方法修复
	4. 密封圈连接面被腐蚀	4. 密封圈连接面被腐蚀，可用研磨、粘接、焊接方法修复，无法修复时应更换密封圈
关闭件脱落产生泄漏	1. 操作不良，使关闭件卡死或超过上死点，连接处损坏断裂	1. 正确操作，关闭阀门不能用力过大，开启阀门不能超过上死点，阀门全开后，手轮应倒转少许
	2. 关闭件连接不牢固，松劲而脱落	2. 关闭件与阀杆连接应牢固，螺纹连接处应有止退件
	3. 选用连接件材质不对，经不起介质的腐蚀和机械的磨损	3. 关闭件与阀杆连接用的紧固件应经受住介质的腐蚀，并有一定的机械强度和耐磨性能

续表

常见故障	产生原因	预防、排除方法
密封面间嵌入异物的泄漏	1. 不常启、闭的密封面上易沾积一些脏物	1. 不常启、闭的阀门，在条件允许的情况下应经常启、闭一下，关闭时留一细缝，反复几次，让密封面上的沉积物被高速流体冲洗掉，然后按原开闭状态还原
	2. 介质不干净，含有磨粒、铁锈、焊渣等异物	2. 阀门前应设置排污、过滤等装置，或定期打开阀底堵头。对密封面间混入铁渣等物，不要强行关闭，应用开细缝的方法把这些异物冲走，对难以用介质冲走的较大异物，应打开阀盖取出
	3. 介质本身具有硬粒物质	3. 对本身具有硬粒物质的介质，一般不宜选用闸阀，应尽量选用旋塞阀、球阀和密封面为软质材料制作的阀门

阀门应定期检修和试压，常用的阀门应每年进行一次。阀门应建立日常检查和定期检查制度，检查内容包括：耐压部位的泄漏情况，动作是否灵活，是否有异常振动和噪声，活动部件的定期注油，不常用阀门的定期开闭检查等。每年应给阀门涂一次防锈漆，涂漆前应清除阀门上的铁锈和旧漆，然后刷两道红丹底漆，最后刷上与原来颜色相同的面漆；注意标牌的清洁。建立阀门的技术档案，记录有关数据及维护和故障排除情况。

5.5 阀门选用

阀门安装在航空油料输送环节的各个管路或装置中，由于适用场景不同，种类繁多，如何正确选用阀门是实际应用的关键所在。阀门选用首先要明确阀门在管路或设备中的用途，例如是切断还是节流；其次需满足工艺要求，符合压力、温度和介质特性；再考虑阀门的操作方式，例如采用手动或是自动，并兼具安全性和经济性进行选用。

5.5.1 阀门选用原则

阀门选用的通用原则如下：

①需要调节流量、压力时宜采用节流阀、截止阀，不需要调节流量、压力时采用闸阀、蝶阀。

②需经常启闭时宜采用截止阀，不经常启闭时宜采用闸阀。

③需双向流动的管路宜采用闸阀、球阀、蝶阀，不采用截止阀。

④管径大于 DN50 的宜采用闸阀、蝶阀，管径不大于 DN50 的宜采用截止阀、球阀。

⑤管径较小时宜采用螺纹连接，管径较大时宜采用法兰连接。

⑥安装空间小的部位宜采用蝶阀、球阀，如必须采用闸阀则选用暗杆式闸阀。

⑦要求流动阻力小的部位，宜采用闸阀、蝶阀。

⑧介质清洁时可采用截止阀，介质中含有悬浮颗粒或介质黏稠时采用闸阀、球阀、蝶阀或旋塞阀。

⑨毒性、易燃易爆性、腐蚀性介质宜采用隔膜阀、球阀，一般介质可采用闸阀、截止阀、蝶阀。

5.5.2 常用阀门的适用场合

结合闸阀、截止阀、球阀、蝶阀、止回阀、安全阀、调压阀、换向阀、呼吸阀等常用阀门的特点，其主要功能及适用场合如表5-26所示。

表5-26 阀门的主要功能及适用场合

阀门类型	主要功能	适用场合	不适用场合
闸阀	闸阀通常用于切断介质，即全开或全关，一般不作调节流量用	1. 闸阀运用范围广，能适用于低温低压或高温高压的环境中 2. 闸阀的流体阻力小，启闭所需的力矩小，且流向不受限	由于闸阀在启闭过程中密封面有相对摩擦，且启闭时间长，不宜用于频繁启闭的场景
截止阀	截止阀主要用于切断介质，不用于流量调节或节流	1. 截止阀适用于高温高压管路或装置 2. 截止阀适用于对调节精度要求不高的流量调节或压力调节 3. 截止阀适用于管路直径较小（如小于DN50）的管路	截止阀不适合用于对压力损失严格（即流阻要求严格）的管路系统
球阀	球阀主要用来做切断、分配和改变介质的流动方向	1. 球阀可适用于高温介质的管路系统或装置上 2. 球阀可用于带悬浮颗粒或黏度较大的介质 3. 成品油的输送管线和储存设备，宜选用法兰连接的球阀	在介质高速流动时，开启瞬间的瞬态流对阀门密封元件会造成一定的冲蚀，因而球阀不适用于高速流动介质的流量控制与节流
蝶阀	蝶阀主要用于流量调节	1. 因蝶阀仅旋转90°即可启闭，适用于对启闭要求快（1/4r）的场合 2. 蝶阀结构长度短，且可作大口径适应于结构长度短或大口径（如DN1000以上）的场合	1. 蝶阀相对于闸阀、球阀压力损失较大（大约是闸阀的三倍），因而不适合用于对压力损失严格的管路系统 2. 蝶阀一般工作温度在300℃以下，公称压力在PN40以下，不适合高温高压的管路系统
止回阀	止回阀主要用于防止介质逆流，通常安装在泵、压缩机的出口等地方	1. 旋启式止回阀适用范围广泛，介质为水、油品、腐蚀性介质、蒸汽等均可 2. 旋启式止回阀可用于高温高压大口径的场合中，例如工作压力达到PN420，温度可达800℃，公称尺寸可达DN2000以上 3. 旋启式止回阀不受安装位置限制，安装在水平、垂直、倾斜管路上皆可	止回阀不适用于含固体颗粒或黏度较大的介质

续表

阀门类型	主要功能	适用场合	不适用场合
安全阀	安全阀主要用于防止设备超压	1. 易燃易爆和有毒介质宜采用封闭式安全阀 2. 空气、水蒸气和惰性气体采用不封闭式安全阀	1. 安全阀不适用于发生化学反应可能致使容器压力急剧增高的介质 2. 弹簧等启闭件的惯性作用，阀门开闭有滞后现象，在正常压力下也可能轻微泄漏，不适用于对密封性要求高的场合
调压阀	调压阀主要通过节流从而降低压力	1. 调压阀适用介质较为广泛，水、油等许多其他液体介质均可使用 2. 调压阀可用于高温场合	薄膜式减压阀的薄膜易老化损坏，耐压能力低，不适用于高压场合
换向阀	换向阀主要用于介质流动方向的转换	换向阀动作准确、自动化程度高，广泛用于石油、化工、矿山和冶金等行业中	阀瓣式结构的换向阀不适用于大流量场合
呼吸阀	呼吸阀主要防止储罐因超压或真空导致破坏，同时减少蒸发损失	0.6MPa以下的场合一般选用紧定式呼吸阀 1MPa以下的压力的场合一般选用填料式呼吸阀 空气介质一般选用自封式呼吸阀	机械呼吸阀因低温场合下易冻结而发生故障，不适用于低温场合

思考题

5-1. 总结可以用于流量调节的阀门和仅能用于流量截断的阀门分别有哪些。

5-2. 阀门参数中“DN100”和“PN25”分别指什么含义？低、中、高压阀门的压力等级分别是什么？

5-3. 口述下列阀门种类的功能和工作原理：

(1)截止阀；(2)呼吸阀；(3)安全阀；(4)换向阀。

5-4. 阀门常见故障原因与基本的维护措施包括哪些？各类故障可采取哪些日常维护手段？

5-5. 阐述阀门的选用原则。

第6章　过滤器

航空油料储运过程中需要严格控制油料污染控制，以保障储运设备良好的工作性能和安全工作寿命，因此航空燃油过滤分离器在油料安全储运过程中扮演着重要角色。本章介绍航空燃油污染危害基础概念和知识，以及液压系统过滤器、飞机发动机燃油过滤器和航空油料储运过滤器的基本结构、工作原理和一般维护，不同系统使用的过滤器的目的都是对液体燃料进行污染物过滤和分离，但各有特点，过滤精度要求也不相同。

6.1　污染控制与过滤基本概念

6.1.1　液态污染控制

液压污染控制是指液压系统产生的颗粒污染物的形成、消除和控制过程的技术，不包含其他的诸如放射性等污染，也可以说污染控制是对液压系统内流体及液压附件内部所进行的清洁度管理，其技术内容有：定量了解污染的影响；定量了解消除污染的手段、效果；最经济、最合理地确定污染浓度，达到这个浓度、维持这个浓度。过滤是污染控制技术中的主要内容，因此用过滤器排除污染是重要手段。

液压污染控制是对液压设备油液系统有害颗粒的有效控制；它和大气污染控制是并列的不同门类，控制物质对象都是流体，一个是油液，一个是空气。受控污染物都是颗粒，当然也含有其他有害的非固体颗粒。有害颗粒的有效控制靠过滤，然而，讲过滤之前需要先了解液压污染控制。

根据实际维护工作中统计，液压系统中污染颗粒的种类有：磨料颗粒、聚四氟乙烯碎片、铸造型砂、机械加工和涂料屑、氩弧焊和铜焊渣、加工表面的毛刺碎屑、腐蚀生成物、淤泥状的磨损微粒、油液氧化生成物、抹布纤维，等等。

然而污染物除固体颗粒之外，还有水、空气和氯化物等。它们的危害不同于固体颗粒，但危害性不能忽视。水和空气的存在为液压元件内部高压区提供了氧气源，可导致元件的金属表面和油本身的氧化。水的混入，会使系统过滤器性能失效。氯的混入会对元件造成腐蚀。空气混入后，以游离、混入和溶解形式存在于油中，游离的空气会使油液容积弹性模量降低，混入的空气呈气泡状悬浮于油中会产生气穴性破坏并增大噪声。常见颗粒的尺寸如表6－1所示。

表 6-1 常见微米级颗粒的尺寸

微粒	尺寸/μm
人类发丝直径	60~100
花粉颗粒直径	3~7
人类白细胞直径	10~12
400 目编织网网孔	37(方孔边长)
液压阀阀芯阀套间隙	1~4(滑动配合)
柱塞泵缸体与柱塞间隙	5~40
医用过滤膜孔径	0.22、0.45、0.8 和 1 四档
液压过滤器精度(2000 年后)	4、6、8、13、15、18、21 和 28(压力级)
AC 标准粉末颗粒分布	1~80(ACFTD)(细粉末)

注：人可见到实物颗粒尺寸极限为 40μm。

6.1.2 过滤基本概念

过滤是污染控制的最常见、有效的方式之一。首先了解关于过滤的基本概念。

6.1.2.1 基本概念

过滤过程：通过具有多孔物质为介质的特殊装置将流体提纯净化的分离过程。具体而言，混合物中的流体在推动力(如重力、压力、离心力)的作用下通过过滤介质，固体颗粒被截留，而流体通过过滤介质，从而实现流体与颗粒物的分离。根据不同相的过滤过程，过滤分离可以分为液固分离，气固分离、气液固分离等，如砂滤池滤沙、口罩防止空气颗粒物或液滴进入人的呼吸道等，都属于过滤过程，工程中过滤现象非常普遍。

固体颗粒：颗粒物、细微离子、高分子物质等都是过滤对象。

过滤介质：用于截留液体中固体颗粒的介质。

滤液：利用过滤介质进行过滤后的液体。

6.1.2.2 过滤方式分类

根据促使流体流动的推动力形式，过滤可分为：

(1)重力过滤：利用液体的重力水头克服过滤介质的流动阻力进行的过滤过程。

(2)真空过滤：在过滤介质一侧造成一定程度的真空度(负压)而使液体通过过滤介质，实现杂质过滤分离的过程。通常真空过滤的推动力较小，但能在相对简单的机械条件下连续操作。

(3)压差过滤：与真空过滤相反，通过加压的方式使液体通过过滤介质；

(4)离心过滤：将被分离的混合液进行旋转，利用惯性离心力的作用使流体通过过滤介质，实现与颗粒物的分离。

6.1.2.3 固体颗粒分类与磨损机理

根据颗粒的软硬程度可以分为软质颗粒和硬质颗粒两种。

(1)软质颗粒：如添加剂(或水)的凝结颗粒、油液的基本组分的分解物与聚合物、棉绒纤维及微生物等。其危害是：包住热交换器小管表面，导致高温而不能散热；在动态间隙中堵塞与沉积引起静摩擦，增加作动力甚至导致伺服阀阀体和油缸卡死；纤维可以黏附于滤网与孔口，会堵塞通道甚至汇集更多聚集物，严重堵死通道。

（2）硬质颗粒：主要是元件在制造过程残留的切屑和维护工作中外部侵入物以及元件在工作中磨损生成物、氧化物等，它们产生原因及硬度见表6－2。

表6－2　硬质污染颗粒硬度及来源

污染颗粒	莫氏硬度	生成原因
金刚石（刚玉）（抛光剂）	9～10	加工磨料残留
大得切屑	6～8	加工残留
硅砂	7	环境因素
火山灰	6.5	环境因素
磨损的硬质金属	4～7	系统内生成
金属氧化物（Al_2O_3）	9	系统内生成

根据固体颗粒大小分类：

（1）较大颗粒：较大颗粒引起元件突发性失效，如严重的压痕、划伤或伺服作动器及热交换器中的小通道堵塞。

（2）较小颗粒：由于磨蚀、高速流体冲蚀以及滑动接触中研、刮引起性能下降。在伺服阀中，小的颗粒也能楔入动态间隙，卡死伺服阀。

颗粒主要在以下几方面对磨损有影响：颗粒数量（或污染浓度）与磨损成正比；颗粒尺寸与润滑层厚度有关，大量小于5μm的污染物在系统元件的磨损中影响很大；当颗粒硬度与元件运动表面硬度之比大于1时，磨损就增加；短而粗的颗粒形状，具有锐角锐边，会产生较大的磨损；静摩擦，不论是硬的、软的颗粒，都可能堵塞动态间隙，使元件间歇或永久地失去响应。

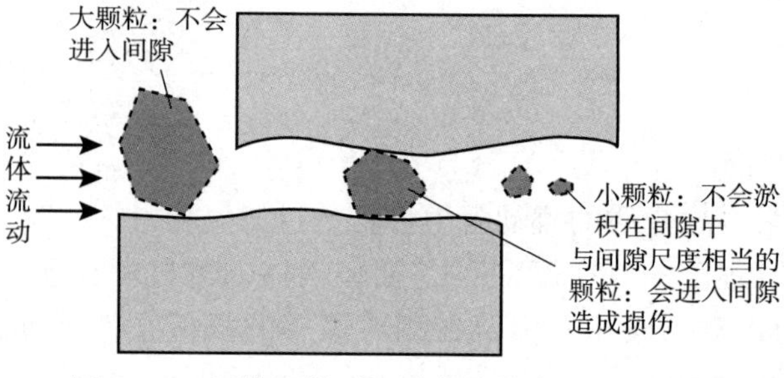

图6－1　固体颗粒对运动表面的磨损机理示意图

根据磨损机理可知，污染颗粒的大小与润滑层厚度有直接关系。当流体流经工作表面的动态间隙时，夹带的污染颗粒如切屑、砂砾等，如果尺寸太大，就不可能进入间隙。只有尺寸与间隙相当时，才可进入，并淤积于其中，桥接间隙，损坏工作表面。而那些尺寸较小的颗粒不会桥接间隙，可自由通过而不损坏表面，如图6－1所示。

6.2　滤芯

滤芯是过滤器的核心，滤芯之外的所有附件及外壳，全都是为滤芯正常工作服务的：旁通阀通过泄压来保护滤芯；发讯器在需要更换滤芯时报警；滤筒是包容滤芯，使其内腔油压向滤芯。

6.2.1 滤芯的材料及其结构

应用场合不同，滤芯使用的材料也不同，见表6-3所示。

表6-3 不同材料的应用场合

名称	属性	使用场合	间接	纤维结构图像
金属丝编制滤网	表面型	吸油管路	流通阻力小，强度高，耐化学性好、耐高温。有平纹和斜纹等编织形式	
聚酯纤维滤材	深度型	压力管路和回油管路	流通阻力小，耐污量大，捕捉颗粒效率高	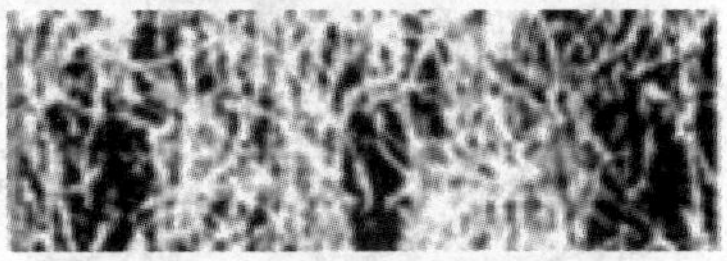
棉木纤维滤材	深度型	压力管路和回油管路	必须经浸树脂处理，价格低廉，不耐水	
玻璃纤维滤材	深度型	压力管路精度要求高的场合	纳污量较大，捕集小颗粒效率高，纳污量大，耐化学性好、耐高温	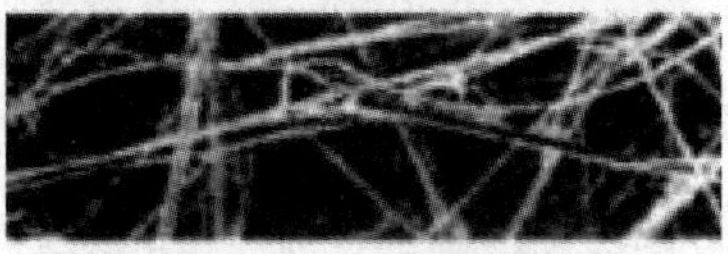
金属纤维滤材	深度型	航空液压高精度滤芯	捕集小颗粒效率高，纳污量大、耐化学性好、耐高温	

过滤器滤层材质的结构可以分为表面型和深度型两类，其基本过滤原理如图6-2所示。

1. *表面型滤材*

表面型滤材是用金属细丝编织或缠绕而成的精密滤网，有着相同尺寸的孔阻，过滤作用只发生在滤网表面，称为表面型过滤，其过滤精度由编织成的孔眼尺寸或金属丝的线隙尺寸决定，这种滤芯经过清洗可以重复使用。理想条件下任何大于孔眼尺寸或线隙的微粒均不能通过，但在实际情况下并不完全如此。随着污物在滤网表面的不断聚集，其孔隙不断被堵，从而使压降增加，过滤效率降低，由于颗粒可能在一定压差下被挤出网孔，因此压降需控制在一定范围之内，则滤芯应具有足够大的过滤面积。

2. *深度型滤材*

深度型滤材是用纤维造纸术制成的，是有一定厚度的过滤介质，这种滤材的孔眼形状和尺寸无规则且不均匀，其过滤作用发生在过滤介质的表面与深处，因此称为深度型过滤。

由于这种过滤介质有一定厚度，由于直径较细的纤维构成的滤层在单位面积中形成更多的通孔，因此与表面型滤材相比，深度型滤材的优点表现为：过滤效率和纳污容量更高，压降更低，使用寿命也更长，由于其孔隙尺寸分布的范围较宽(见图6－3)，所以深度型滤材还能滤出大量的细微颗粒。

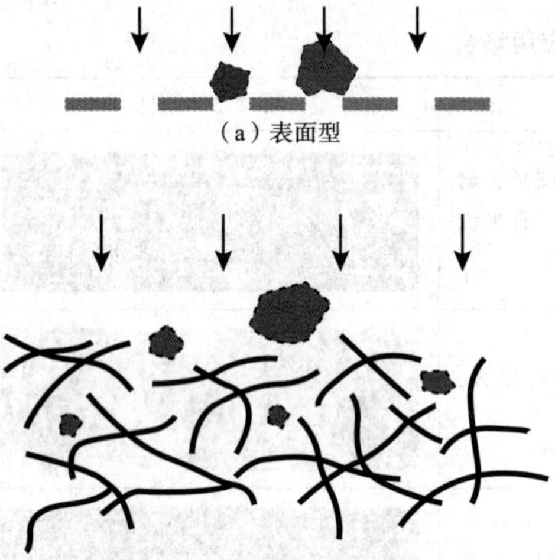

图6－2　表面型和深度型滤材原理示意图

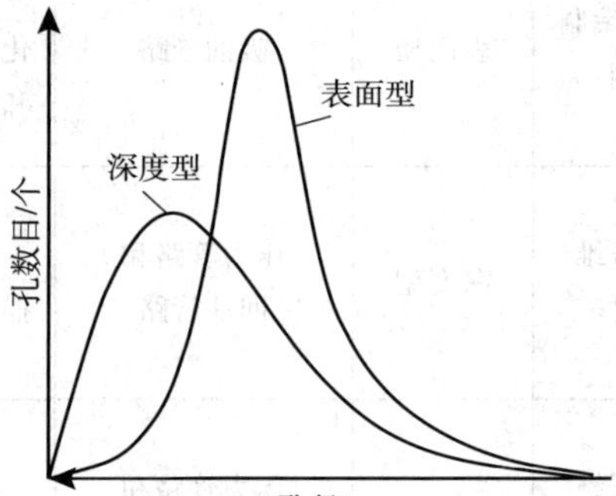

图6－3　表面型和深度型滤材孔径分布情况

孔径参数包括孔径平均尺寸和孔径尺寸分布。图6－3为表面型和深度型两种滤层的孔径尺寸分布情况，尺寸分布越偏向小尺寸，表明过滤器可阻截更多更小的颗粒杂质，显然深度型滤材比表面型滤材无论在孔径平均尺寸还是孔径尺寸分布方面都更偏向小尺寸，所以过滤效率更高，目前绝大多数液压系统均采用深度型过滤器。

6.2.2　滤芯承受的压差极限要求

滤芯承受的压差极限要求见表6－4。

表6－4　滤芯承受压差极限要求

要求压差极限 ΔP/MPa	应用场合	压差极限依据	滤芯加强的设计
0.4	一般液压过滤器带旁通阀	发讯装置告知操作者清洗滤芯，保护低压差滤芯	常见加护网保护滤层，可承受0.7MPa以下压差
25	高压管段不装旁通阀的过滤器	不装旁通阀强制通过滤芯的压力油过滤器	滤层前后都有保护层，保护层为金属网，滤层材料应选纳污量大，流通性好的骨架应能承受30MPa压差
42	高压管段不装旁通阀和发讯器装置	高压管路油液强制通过过滤器，而且下游元件必须时刻保证清洁无污染颗粒	内骨架强度必须能承受42MPa以上，钢板厚3mm以上且淬火处理，滤层有多层保护网以保证其强度

6.2.3 滤芯品质考核

过滤器就是要评定它的过滤特性，过滤特性包括：过滤精度、滤芯容尘量和滤芯阻力。除了过滤特性以外，还要考核滤芯的强度。ISO 标准中有七项标准都属于滤芯品质考核，都属于性能试验方法标准，具体内容如下：

①液压传动－滤芯－结构完整性的测定(ISO 2942)：考核滤芯的制造完整度也称缺陷度，也称为密封性；

②液压传动－过滤器－测定过滤特性的多次通过法(ISO 16889)：检验滤芯的过滤精度；

③液压传动过滤器－压降流量特性的测定(ISO 3968)：检验滤芯(滤器)的流通性；

④液压传动－滤芯－流动疲劳特性的测定(ISO 3724)：检验滤芯打褶点的耐疲劳度；

⑤液压传动－滤芯－轴向载荷试验方法(ISO 3723)：检验滤芯轴向承受力，属于强度查验；

⑥液压传动－滤芯－材料与液体相容性的验证(ISO 2943)：耐高温和持久性检验；

⑦液压传动－滤芯－抗破裂性的验证(ISO 2941)：滤芯抗破裂性试验，也称耐压扁能力。

过滤器如果没有统一的试验方法，测试数据将不会准确，品质也不能确保。七项标准中②、③两项，标准名称中是指“过滤器”而不是指“滤芯”，然而过滤器的压降流量特性和过滤器的过滤特性仍然是指滤芯本身的性能，因此可归并为是考核滤芯范围。其他 5 项是指滤芯本身的理化性能，都直接关联着过滤特性。例如，流动疲劳特性不佳的滤芯，由于滤层过早破损而使污染颗粒旁路下游而影响过滤特性；材料与液体相容性不佳的滤芯导致滤层纤维脱落而失去过滤特性。

6.2.4 航空煤油过滤器滤芯维护

航空煤油精过滤器/喷气燃料过滤分离器内部装有一级滤芯(过滤聚结滤芯)、二级滤芯(分离滤芯)。其中，分离滤芯具有良好的亲油憎水性，聚结滤芯滤除固体杂质，并将极小的水滴聚结成较大的水珠。喷气燃料进入过滤器后首先汇集于铝制托盘，再分散进入聚结滤芯，由里向外，先由过滤层滤除固体杂质，然后通过破乳层，将乳化状态的油水分离；随后由聚结层将微小的水滴聚结成大的水滴，沉降于集水槽内；最后未来得及聚结的小水滴靠分离滤芯的斥水作用进一步分离沉降于沉淀槽，由排水阀排出。干净的航空煤油通过分离滤芯汇集于二级托盘，由航空煤油精过滤器/喷气燃料过滤分离器的出口排出。

过滤器滤芯维护更换过程如下：拧开过滤器端盖上的紧固螺丝，摇动千斤顶顶开端盖。逐个取出过滤器内的一级滤芯和二级滤芯(禁止用裸手直接接触滤芯，应带上清洁的手套，使用干净透明的塑料从卷筒一端套上，将塑料袋置于手与滤网之间)，置于清洁的油盆内。用软毛刷或毛巾清洗过滤器内腔。检查一级滤芯表面有无微生物及表面活性物污染，有无破损；对不能达到要求的滤芯进行更换；如一级滤芯(聚集滤芯)能达到要求则可以延长使用一年(两年必须更换)。

二级滤芯(分离滤芯)从过滤器中取出后，将其浸泡在清洁的油里，使用软毛刷或软布柔和擦洗整个滤网表面。对二级滤芯滤网表面进行目视检查，观察有无破损，对于破损直径大于3mm的滤芯应进行更换，破损直径小于3mm的滤芯，可用树脂进行涂补，涂补完毕后应进行淋水试验。二级滤芯经表面检查和淋水试验合格后将其放在清洁的油里进行漂洗，自然风干后重新安装。

清洗作业结束后，报油库主管油品质量领导，检查合格后方可将滤芯装入过滤器。滤芯装好后，检查端盖密封胶圈是否完好，盖好过滤器端盖，螺杆上润滑脂，两人采取对角方式紧固螺丝，使端盖平衡紧固。将油料放入过滤器排出内部空气，检查过滤分离器有无渗漏(对输油过滤分离器进行静压检查，对1~6号航空煤油过滤分离器应进行带压检查)。检查结束后清理工具，整理现场，相关阀门恢复原状、铅封，并及时填写相关作业记录，及时变更过滤器清洗揭示牌内容。

6.3 过滤精度与纳污量

6.3.1 过滤精度

过滤器在系统中的位置、功能和工作环境不完全相同，对过滤的要求也不相同：

①高压管路、回油管路和吸油管路的过滤精度要求各不相同；

②被保护的元件配合间隙以及对污染颗粒尺寸的敏感性不同；

③工作系统的压力大小不同。

为了反映过滤器对不同尺寸颗粒的过滤能力，引入过滤精度的概念。

过滤精度的一般定义为过滤器所能滤除的最小杂质颗粒大小。常用的表示过滤精度的参数有目数和过滤比。

目数指滤芯单位面积(每平方英寸)上的孔数目。目数越大，孔径越小。由于存在开孔率的问题，也就是因为编织网时用的丝的粗细的不同，不同的国家的标准也不一样，我国采用美国标准，目数×孔径(μm)=15400。例如，400目的滤芯的孔径为38μm左右，500目的滤芯的孔径是30μm左右。

系统中的过滤器使污染程度维持在一个规定的等级，体现了过滤器滤除或捕捉油品中颗粒的能力。污染颗粒形状不规则，任何过滤器都不能完全保证滤除大于给定尺寸的颗粒，从这个意义上讲，过滤器是比例控制器，而不是绝对控制器。为了反映过滤器的颗粒滤除或捕捉能力，定义过滤比概念：滤前油液中大于指定尺寸的颗粒数与滤后油液中大于同样尺的颗粒数之比。通常，过滤比表示用希腊字母β和英文小写字母x组成，即β_x。β表示比值，x表示某颗粒尺寸。过滤比越高，则过滤器捕捉和阻截的颗粒数就越多。例如，过滤比$\beta=2$表示大于指定尺寸的颗粒有一半被滤除或捕捉；当过滤比$\beta=1$时，则表示过滤器没有滤掉任何指定尺寸的颗粒。比值的生成如图6-4所示。为了确定上下游污染物的浓度，在上下游各用一个适当的采样装置，对大于某个尺寸的颗粒进行计数。表6-5所示说明了如何计算过滤比。以大于10μm的颗粒计数为例，将上游总数除以下游总数，就得出不同过滤器的过滤比β_{10}。可见β_{10}越大，过滤能力越大。表6-5中就滤除大于10μm颗粒的能力而言，过滤器 C 为过滤器 B 的 100 倍，而为过滤器 A 的 500 倍。

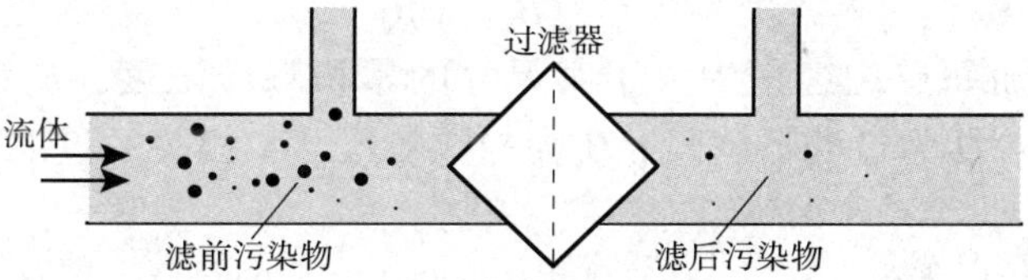

图 6-4 过滤比形成示意图

表 6-5 过滤比计算

过滤器	大于 10μm 颗粒数		β_{10}
	滤前	滤后	
过滤器 A	10000	5000	2
过滤器 B	10000	100	100
过滤器 C	10000	1	10000

现行的过滤比评定试验是基于 ISO 16889 标准的多次通过试验法——《液压传动—过滤器—评定滤芯过滤特性的多次通过试验法》，该试验中，油泵从规定容积的油箱中以额定流量不断输送油品通过过滤器，而高浓度污物按恒定速率注入油箱，通过对规定时间间隔和压差增长阶段分别从过滤器的上、下游取样分析，根据颗粒尺寸分布在线测定数据计算出过滤比 β 值，判定过滤器分离颗粒的能力。该试验同时能够评价污物容量和压力损失特性。我国的液压行业习惯把液压过滤器按实际过滤特性(多次通过法测出的)界定一个明确的 β 值。但是，研究表明，不同尺寸的颗粒污染物应当对应不同的 β 值，也就是说 β 值不是单一定值，而是与颗粒污染物尺寸相关的变量，图 6-5 为某过滤器的实验测量结果，这也是国外标准的特点，在实际工程应用中，工程师可以根据系统设计需求和特点，选择所需的颗粒尺寸 β 值的过滤器，因而更加科学、严谨、灵活。

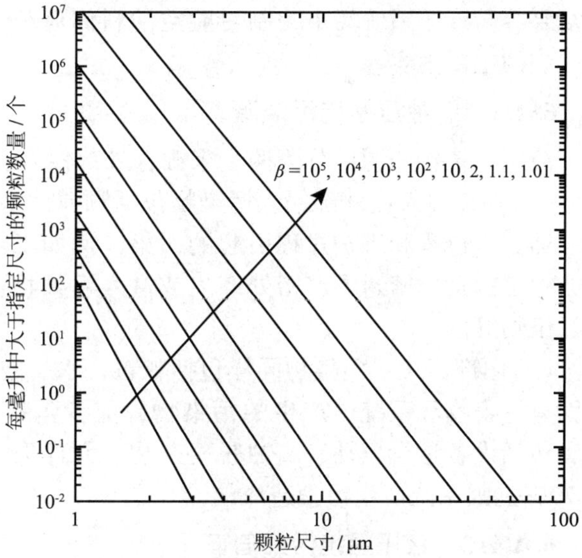

图 6-5 某过滤器过滤比与颗粒尺寸

液压系统(或润滑系统)的污染度是过滤流量和过滤比(起着抵消污染物进入的作用)的综合结果，即对于一定的流量和一定的污物侵入度，过滤器的过滤比越高，油液的污染度就越低。这里引入两个概念，侵入率：每分钟进入系统的颗粒数；侵入度：每单位容积的循环油液中的颗粒浓度。流量与侵入度成反比，即对于固定的侵入率而言，增大通过过滤器的流量可以降低侵入度，这个关系由稳态污染控制方程来描述：

$$N_d = \frac{R_i}{(\beta_x - 1)Q} \qquad (6-1)$$

式中，N_d为过滤器下游每单位容积中大于某尺寸的累积颗粒浓度，R_i为每单位时间内大于某尺寸的入侵颗粒数，Q为过滤器流量，β_x为与颗粒尺寸x相关的过滤比。

6.3.2 纳污量

纳污容量常简称为纳污量，是一种在实验室测定的指标，即在实验室的条件下，确定过滤器容纳污染物的重量，即根据达到规定的极限压差时，对实际上加入系统的污染物重量的测定。

6.4 液压系统过滤器

6.4.1 液压系统污染危害

液压系统广泛存在于各工业系统中。飞机液压系统存在于供压设备(油箱、液压泵、油滤等)、调节控制设备(方向控制活门、压力控制活门、流量控制活门等)、传动系统(液压马达等)和辅助设备(密封件、散热器等)等。除飞机液压系统外，航空油料储运关键设备也都具有液压系统，如飞机加油车、油管及管接头、冷却器和加热器、油位计和油温计、往复泵等。液压系统污染控制对航空油料储运和飞机安全飞行有着重要意义，过滤就是污染控制的主要内容。

6.4.1.1 液压系统污染源

液压系统污染源可分为两个来源：外部侵入和内部污染。

(1)外部侵入：外部侵入污染物包括颗粒、水、空气等。外部侵入污染来自两种主要原因，即工作过程和维护过程引起的污染，例如工作环境中因工作液在设备中循环、热力因素或化学因素、密封不严密处产生或进入污染物，设备维护时添加新油、更换零件时带入的污染物等。

(2)内部污染：污染物同样包括颗粒、水、空气等。内部污染主要来自两个方面，即内部固有污染物和系统内产生的污染物，前者包括来自元件内残留的杂物或固有的磨损物，后者包括设备运行振动、腐蚀脱落杂物、元件失效或磨损产生物等。飞机液压系统故障中约70%是因系统产生污染造成的。

6.4.1.2 液压系统污染危害

污染对液压系统的危害是指对液压设备造成的故障。故障分两类：一类是可预测到的，主要是由于颗粒磨损使液压件性能下降，如泵的流量下降，液压马达速度减小，阀卸压，油缸不能维持位置等。另一类是突然事故，如油路堵塞、阀芯卡死等。污染危害可通过污染敏感度、寿命、磨损量等试验加以了解。

液压系统由若干元件组成，许多精密配合表面就怕硬质颗粒的磨损。这种磨损是由工作流体夹杂的硬颗粒与配合表面产生的冲蚀、气蚀和腐蚀引起的。还有两表面之间相对运动(滚动或滑动)产生的磨损，这种磨损取决于润滑模式：流体动力的、弹性流体动力的以及边界的；此外还与润滑层厚度有关。其中流体动力润滑层厚度大于2μm，弹性流体动力厚度为0.05~2μm，边界润滑层厚度为0.001~0.05μm。在这些润滑层中，小于5μm的大量硬质颗粒对元件的磨损影响最大。

污染颗粒引起的表面磨损，以泵为例：

①齿轮泵当齿轮旋转互相啮合时，任何污染物与齿表面相互作用都引起磨损，使表面性能下降。

②叶片泵在旋转中也产生相同作用。叶片旋转时与壳体产生相互作用，任何介于叶片与壳体间隙之间的污染物都会引起磨损。

③柱塞泵柱塞与柱塞套之间的硬颗粒导致它们磨损。缸体相对配油盘旋转，其间隙很小，故这一部位产生的磨损对配油产生很大影响。变量泵、压力补偿泵上滑靴与控制器的间隙也是容易产生磨损的部位。所以在各种泵的内表面的许多部位(其间隙在0.5~5μm范围内的)小颗粒在油液循环过程中可以引起磨损，大大影响系统性能。液压过滤器是液压技术中不可缺少的重要液压系统附件。

自从液压技术诞生，液压系统的微颗粒污染就成为限制液压技术发展的主要因素之一，为此液压污染控制技术应运而生，是过滤器主要的研究内容之一。

6.4.2 液压过滤器附件

旁通阀、发讯器和滤芯是多数过滤器具有的附件，其中滤芯是核心附件，已在6.2.3节介绍，本节介绍旁通阀与发讯器的功能。

6.4.2.1 旁通阀

旁通阀的作用是当滤芯使用一定时间后，其压差增高到预期极限，设在油的入口旁侧的阀门感受这一压差而开启。其目的是防止滤芯压差继续升高压偏滤芯，保障给下游不中断供油。图6-6所示的旁通阀形式是高压过滤器中常见的一种，弹簧压力略低于外滤芯堵塞后产生的压力差，该压差不至于使滤芯被顶破而失去应有的过滤精度。而锥形密封面在后端弹簧顶力下能很好地和进油口密封而不渗油。

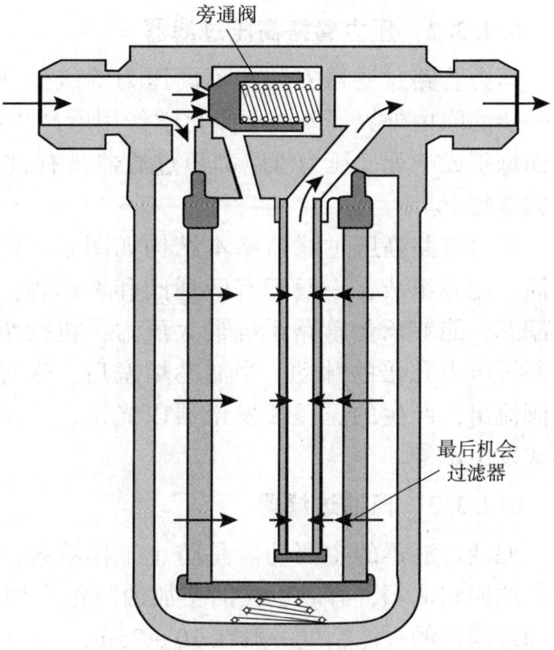

图6-6 带旁通阀和最后机会滤芯的高压过滤器

6.4.2.2 发讯器

过滤器配置发讯器的目的是当过滤器失效时通过发讯通知操作人员尽快更换或清洗滤芯，从而避免压差过高导致滤芯压扁或破损。

普通型发讯器可分为压力式、真空式

和压差式，其表现形式为主要有声讯、光讯和形体显示三种。飞机、军工等器械的液压系统过滤器常采用磁性发讯器，主要依靠内外两块磁钢的移动而起到发讯作用，具有体积小的优点，在较大脉冲和较大冲击液流的液压系统中能发挥其特有的缓释作用，因此也被称作防脉冲发讯器。

6.4.3 常用液压系统过滤器

液压过滤器因安装在不同的压力管路上，所以它们的结构各不同，而由于使用要求达到的目的不同，性能考核项目、指标及考核方法都有区别。以下介绍吸油过滤器、压力管路高压过滤器、回油过滤器和空气过滤器等常用过滤器。

6.4.3.1 吸油过滤器

吸油过滤器安装在泵的吸油管段上，精度要求比较低，其主要的作用就是滤除大颗粒的污染物，防止污染物进入泵组，影响泵组工作，加快泵的磨损、堵塞或损坏，特别是精密进口泵、叶片泵、柱塞泵以及齿轮泵等这类泵前一定要安装吸油管路过滤器。

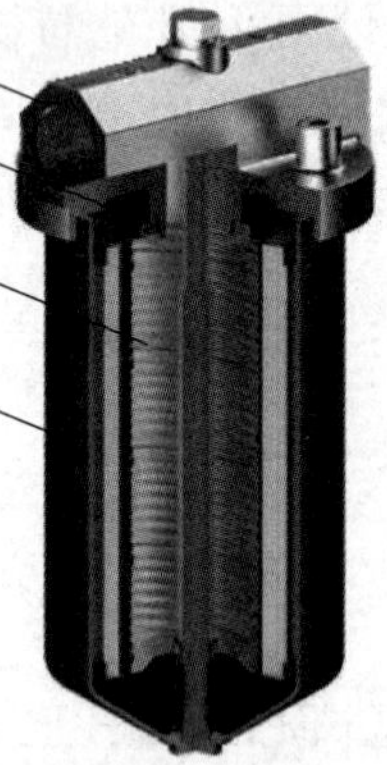

图 6－7　吸油过滤器

吸油过滤器基本结构如图 6－7，为了防止压降过大而引起泵空化现象发生，吸油过滤器目数较小(孔径较大)，即必须保证阻力小、纳污量大。一般使用编织网或金属丝缠绕类材料制成的滤芯，可在滤芯顶部安装磁钢，可过滤油品中的磁性颗粒物。

6.4.3.2 压力管路高压过滤器

压力管路过滤器安装在不同压力等级的压力管路上，用来进一步滤除由外界侵入或介质化学作用所产生的杂质，以防止控制元件或执行元件由于污染而磨损或卡死。压力管路高压过滤器具有过滤精度高、通油能力强、压力损失小、纳污量大等特点。

压力管路高压过滤器基本结构如图 6－8 所示，由滤头、滤筒、滤芯组成，一般配有旁通阀和发讯器。其中核心部件是滤芯，能够承受管路系统最大压力，包括承受瞬时产生高于系统压力几倍的脉动。当滤芯堵塞后，未过滤的油将从旁通阀流出，产生的压差使发讯器以光讯、声讯或仪表指示灯形式发出讯号。

图 6－8　压力管路高压过滤器

6.4.3.3 回油过滤器

回油过滤器的主要功能是防止工作系统产生或外部侵入的杂质回到油箱，有时也在油箱加油时作为加油过滤器使用。回油过滤器的过滤精度一般在 10～25μm。回油过滤器的基本结构及安装位置如图 6－9 所示。在现代液压系统设计中，通常将它的下半体安置在油箱以内。在多数机械设备的液压系统中，壳体材料一般为轻型铝合金材料，由于回油过滤器的工作流量较大，因此壳体设计尺寸与进出口尺寸较大。

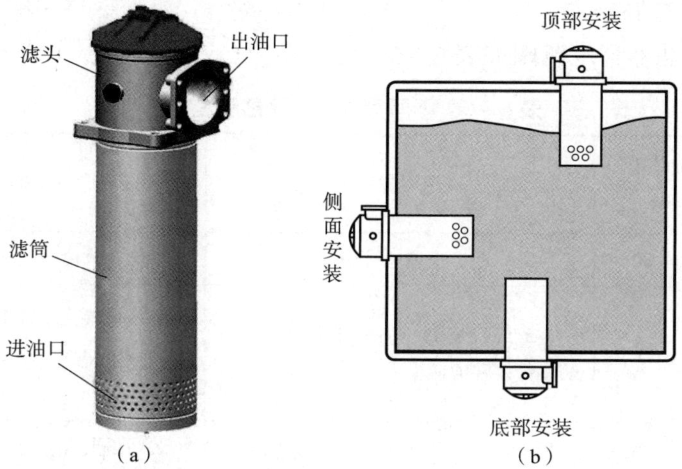

图6－9　回油过滤器(a)与油箱安装位置(b)

6.4.3.4　空气过滤器

空气过滤器安装在油箱上，有时也安装在油箱盖上，其功能是防止污染物因油量变化而随空气混入油箱。典型的空气过滤器与工作原理示意图如图6－10所示，其工作原理与呼吸阀比较相似，内部含有滤网、进气单向阀和排气单向阀，单向阀开启压力约0.02～0.07MPa。当系统处于工作状态时，油箱液面不断升降，下降时空气过滤器吸入空气，通过滤层而顶开单向阀，而排气单向阀处于关闭状态，使油箱保持预定压力，提高油泵的自吸能力，维持油箱油液平稳，避免箱内油液因振荡或晃动而产生泵吸空现象。当工作油液(温度因系统做功而升高)循环返回油箱后，液面升高、油温升高、内压升高，当内压超出预定点时排气单向阀自动打开排气，直至内压恢复预定值。这样空气过滤器在油箱内油液往复循环中，既能保护液压系统正常工作，又能保证油液清洁不受外侵颗粒危害，使系统元件延长工作寿命。

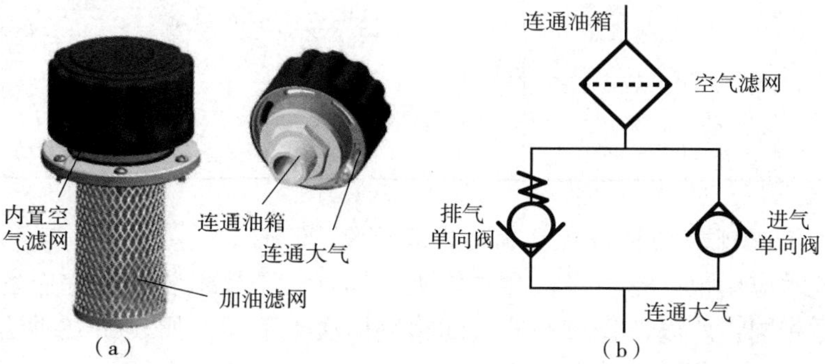

图6－10　空气过滤器(a)与工作原理示意图(b)

6.4.4 液压系统过滤器的精度确定原则

1. 按系统管路区分精度

不同管路的过滤器精度范围如表6－6所示。

表6－6 不同管路的过滤器精度范围

系统	精度范围/μm	选用材料	提醒注意
吸油管段	40～80	管编织网、金属丝缠绕段	不能造成堵塞，堵塞会产生泵吸空
高压工作管路	3～15	玻璃纤维滤芯、棉木纤维滤芯、不锈钢纤维毡滤芯	纳污量要大、滤芯过滤层强度要好，可承受预定压差，系统压力高，小颗粒容易楔入间隙
回油管路	15～25	棉木纤维滤芯、精细编织网滤芯	纳污量要大，滤芯阻力要小
工作管路"最后机会过滤"	20～40	精细金属网滤芯、金属丝缠绕滤芯、棉木纤维滤芯	清洗间隔要短，滤纸浸渍处理要满足设计要求，滤芯耐疲劳强度要好

2. 针对不同元件保护度确定精度

根据高压工作管路需要保护元件的配合间隙，确定过滤精度。终端过滤器精度的确定如表6－7所示。

表6－7 终端过滤器精度的确定

元件名称	配合间隙/μm	$\beta_x=75$ 时的 x 值/μm	理想的滤芯纤维选择
伺服阀			
挡板与喷嘴	18～63	10～14	棉木纤维
滑阀与主孔	1～20	10	玻璃纤维
换向阀	1～25	3	玻璃纤维
油缸	50～250	25	棉木纤维
滑阀	1～23	2～5	玻璃纤维
圆盘式换向阀	0.5～1	3	玻璃纤维、不锈钢纤维

3. 根据液压系统所在的机械种类确定过滤精度

现代液压技术应用很广泛，飞机和拉伸机床都有液压技术装备，它们各自的系统压力、元件间隙都不尽相同，所以选择过滤器过滤精度档次也不同，如表6－8所示。

表 6-8 不同机械种类推荐的污染等级控制及过滤精度选择

液压机械种类	需要控制污染等级		推荐滤芯 $\beta_x=75$ 时 x 的范围/μm	重点保护位置
	ISO 4406	NAS 1638		
液压元件间隙较大的低压系统机械设备，如升降机、拉伸机床等	-/20/16	10	20~40	吸油管段、多路阀、叠阀等
低压冶金设备，对工作寿命有界限的系统，如压路机	-/19/16	9	12~25	吸油管短、回油管段、液压油缸等
10~14MPa 及中等容量的液压系统，如建筑机械、工程车辆及提升器系统等	-/17/14	8	10~20	吸油管段及回油管段工作系统的电磁阀、油缸等
高可靠性设备及长寿机器如轧钢机、机床、液压支承工作台等	-/14/12	6	3~7	吸油管段、回油段阀类、油泵等
高压、大功率的操纵系统如飞机、精密机床、机器人等	-/14/12	6	3~7	在工作系统装主过滤器、元件前装终端过滤器，吸油管段不装过滤器
高可靠性机械，如飞机旁路清洗机、高性能飞机、飞机液压元件试验台等	-/13/10	4	1~3	工作系统伺服阀、滑阀、油泵、回油系统

6.4.5 液压过滤器的选择和使用

使用者首先要了解自己的液压系统状况，再去选择过滤器。选择目标是：使用寿命长、好用、过滤效果满意。

6.4.5.1 过滤器使用寿命的影响因素

液压过滤器内部安装的滤芯称过滤元件，它的主要材料是滤网。滤网主要是编织网、纸质滤材、玻璃纤维滤材、化学纤维滤材以及金属纤维滤材。由金属丝和各种纤维构成的过滤介质，其质地都非常脆弱，尽管制造时为这些材料进行了加强处理工艺(如：加衬、浸渍树脂)，但仍然存在着工作条件的局限性。现将影响过滤器寿命的主要因素介绍如下。

1. 过滤器两端的压力降

油液在通过滤芯时，其两端必定会产生一定的压力降，压力降的具体数值决定于滤芯的结构和流通面积。在滤芯接受油液中的杂质时，这些杂质会停留在滤芯表面或内部，遮蔽住或阻塞住一些通孔或通道，使流通有效面积减小，从而使通过滤芯的压力降增大。随着滤芯阻截的杂质不断增加，滤芯前后的压力降也不断增大。这些被截的颗粒从介质的孔眼中会挤过去重新进入系统，压降也会将原有的孔眼尺寸扩大，改变滤芯的性能，降低效率。如果压力降过大，超过了滤芯的结构强度，滤芯就出现压扁和坍陷现象，使过滤器的功能丧失。为了使滤芯在系统工作压力范围内能够有足够的强度，往往将能造成滤芯压扁的最小压力定为系统工作压力的 1.5 倍。这当然是在油液必须强制通过滤层，不设旁通阀情况下。这种设计往往出现在高压管路过滤器上，滤芯强度则应在内骨架和衬网上加强(参阅 ISO 2941、ISO 1688、ISO 3968)。

2. 滤芯与油液的相容性

过滤器中既包含有金属过滤元件，也有占大多数的非金属过滤元件，它们都存在是否能与系统中油液相容的问题。其中包括化学变化与热效应变化的相容问题。尤其是在高温条件下能否不受影响更为重要。因此，各种过滤元件都必须在高温下进行油液相容性试验(参阅 ISO 2943)。

3. 低温工作的影响

系统在低温下工作也对过滤器有不利的影响。因为在低温时，过滤元件中有些非金属材料会变得更脆弱；而且在低温时，油液黏度的增大会引起压力降升高，极易引起介质材料产生裂缝。为了考验过滤器在低温下的工作情况，必须在系统的极限低温下，进行系统的“冷启动”试验。MIL－F－8815 有专门试验程序规定。

4. 油液的周期性流动

系统中的油液流动通常都是不稳定的。在流量发生变化时，会引起滤芯的弯曲变形。在有周期性流动的情况下，由于滤芯介质材料的多次反复变形，会引起材料的疲劳破坏，形成疲劳裂缝。所以过滤器在设计中要保证滤芯有足够的抗疲劳性，在选择滤材时应进行试验(参阅 ISO 3724)。

6.4.5.2 过滤器的旁路现象

过滤器产生旁路现象就是油液未通过过滤层。未通过过滤的表现有以下几种形式。

1. 过滤介质的缺陷

过滤介质的损坏往往是因为其中一些材料与油液没有相容性而引起的；也可能是由于周期性流动，压力经常大幅度变化造成材料疲劳而引起的。疲劳后形成了漏洞，不能起过滤作用。ISO 2941 是专门检测不完整度的方法标准。

2. 滤芯结构不完整

金属材料的滤芯往往是采用氩弧焊或铜焊工艺组成；现代的绝大多数过滤器滤芯很少是金属材料，它们都是非金属纤维并且是用树脂粘接而成。如果焊接或胶接工艺质量不好，滤芯经过一段时间的使用就会损坏，从而引起渗漏。渗漏让某些较大颗粒逃脱并返回系统。不完整度既包括过滤材料的缺陷，也包括组合装配的不密封性。

3. 滤芯与壳体间不密封

滤芯与壳体间的密封通常是利用 O 形密封圈。如果在使用中这种密封圈损伤或破坏，则会造成过滤器的内漏。O 形密封圈可以安装在滤芯的安装座内，也可以安装在滤芯上。通常在更换滤芯时，同时更换密封圈以确保此处的密封可靠。这是暗的缺陷，往往在 ISO 16889试验结果的分析中查出。

4. 旁路阀阀芯不回位

滤壳头部的旁通阀在滤芯严重阻塞时打开，以保证工作系统的用油。如果这个阀门设计参数选择不当或制造、安装不正确，都会造成这个阀的漏油或不正确的开启和闭合，从而造成过滤器性能下降或失效。在进行 ISO 16889 和 ISO 3968 的试验中发现这一问题，表现为：压差不建立或过滤比形成异常。

6.4.5.3 过滤器的选择要点

①首先要确定滤除的颗粒尺寸和污染浓度。原则是根据关键液压元件内部表面磨损的危害和影响，控制能够侵入润滑油膜的颗粒，依油膜厚度选择可控制的颗粒尺寸和数量。

②系统中需要被过滤器净化的总油量也要精确计算确定。油量越大，选用过滤器的元件过滤面积也应越大。

③选择过滤器要根据系统的最大压力和最大流量来考虑，同时也要考虑系统可能产生的压力变化和流动变化，例如：压力可能产生脉动，流动可能是不正常和间断。

④要考虑系统中最高温度，某些非金属材料在最高温度下的相容性可能变差。

⑤不一定非要选择标准化的过滤器外形，可根据系统中安装过滤器的空间确定过滤器外形尺寸和几何形体。

6.4.5.4 主要过滤器和最后机会过滤器

按照过滤器在系统中所担负的任务可以分成主要过滤器和最后机会或辅助过滤器两类。主要过滤器的功能是控制运行中系统的细微颗粒，防止系统元件发生磨损。例如，系统压力管路上的过滤器、回油管路上的过滤器以及油泵壳体回油管路上的过滤器都属于主要过滤器，其特点是精度高，能通过系统的全部流量，承受系统的高压，也能在系统的高低极限温度下工作。它们是为整个液压系统服务的。最后机会过滤器的主要用途是防止某一工作油路中由于系统油液的杂质而产生的灾难性的骤然故障。这种过滤往往用于保护一些精密的或重要的元件，如伺服阀、伺服作动器等。所以通常将它们安装在需保护的支路上或安装在附件内部。这种过滤器的过滤精度不高，往往采用的是金属丝编织的网滤。由于其尺寸较小，有时也可以安装在导管接头中或限流阀中。这两种过滤器在系统中应用时，它们过滤精度的匹配情况见表6-9。

表6-9 两种过滤器过滤精度匹配

系统主要过滤器的过滤精度/μm	用于最后机会过滤器的过滤精度/μm
3~30	70
30~100	150
>100	250

飞机液压系统出于安全考虑，在各工作支路系统(尤其是伺服、指令等精密元件前)都要加装最后机会过滤的独立过滤器。在工作支路有时要多层次安装这种过滤器，每一层次都比上一层过滤精度低。若用最后机会过滤器保护一个限流孔，则需要滤芯微孔尺寸是被保护孔的1/3，目的是防止两个以上颗粒同时挤入限流孔。在伺服阀结构设计上，可以在其入口段加设最后机会过滤滤芯，这一滤芯可能成为工作支线系统的最后一个层次的最后机会过滤。而在工作支线之前的主过滤器是不带旁通阀，只靠发讯器报警。

6.5 飞机发动机燃油过滤器

飞机燃油系统使用的过滤器具有更高的过滤要求，应用中关心的指标包括纳污量和过滤精度。不用于一般液压系统，飞机燃油系统有空间与重量的限制，燃油过滤器外壳的设计其形体、重量不能标准化。此外，滤芯结构必须是分体式，即滤芯可拆卸可更换。

6.5.1 燃油系统污染危害

图6-11航空燃油系统中，空气压缩机将压缩空气与燃油混合进入燃烧系统，润滑系统供油是油泵将润滑液送至涡轮转子系统以及减速箱的驱动轴，从而确保各元件正常工作，当涡轮风扇发动机的强大气流排出大气时，产生的反击力则推动飞机前进，如图6-12所示。燃料一旦污染物超标，燃烧将会效率下降甚至产生突发故障。

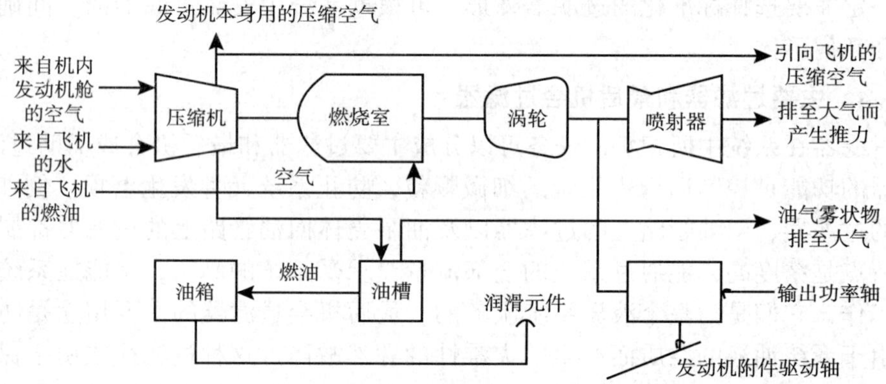

图6-11 飞机用风扇发动机系统的组成

燃油污染危害的后果、原因和污染源见表6-10。危害主要表现在以下方面：

表6-10 燃油污染危害的后果、原因和污染源

危害现象	原因	污染源
喷嘴性能下降：改变了火焰特性，燃烧效率下降，涡轮叶片氧化	喷嘴冲蚀，通道污物沉积量过大	固体颗粒，各类纤维
调节器失灵，卡死，堵塞	间隙中的沉积物和滤网堵塞	固体颗粒
	细菌生长产生污染	
	元件中的油泥	
腐蚀	电化学腐蚀	水与氯化钠
低温时滤网或旁通阀堵塞	冰	水
堵塞(卡死)	锈蚀、沉积物	水、各种颗粒物

①喷嘴性能下降：喷嘴向燃烧室输送雾化燃油，使油气在燃烧室内混合并燃烧。由于燃油中的颗粒冲蚀喷嘴端部而使其表面变形并且性能下降，这就改变了燃烧室的燃烧特性。导致燃烧效率下降和涡轮叶片氧化与烧蚀。这是由于油中固体颗粒污物及纤维污物造成的。而造成这些问题的燃油在使用部门却一直是被忽视的。

②燃油调节器的卡死与堵塞。其原因是油中的固体颗粒造成间隙中有沉积物并堵塞滤网；再就是水的污染，它使细菌及类物滋生，并产生胶状混合体；卡死堵塞第三个原因是

元件残留油泥，它由水及水溶物组成。还有元件中带来的油泥，其组成还是水及水溶性物质。

③腐蚀现象，原因是电化学锈蚀。水和氯化钠的存在是造成电化学锈蚀的原因。如空气中的盐水就可能进入发动机。

④不稳定燃烧。其原因仍然是游离的水。

⑤涡轮叶片不平衡。起因是叶片上沉积物，其根源还是矿物或金属的颗粒。

⑥过滤器滤芯或旁通阀的堵死，是由于水结冰而造成的。

⑦堵塞卡死，是由水造成的。靠近金属表面的水产生锈蚀而造成堵塞与卡死。

6.5.2 燃油过滤器结构特点

燃油过滤器结构与液压油过滤器结构的不同主要有以下几方面：

①安装时要求垂直，且有放油网：燃油过滤器有放油阀是必要的，它要定期排放污油。其污油包括水和杂质颗粒，只有垂直安装才能确保排放干净。

②体积大：燃油系统压力较低，为了使用寿命增长，在低压状态下其压差不可能很高，其过滤面积也尽可能大，因此滤芯总体肥大。

③带沉积槽：燃油系统容易遭水污染。有些滤芯具有排水、斥水功能，沉积槽可集聚水溶液和杂质物，而排放阀就设在沉积槽下方，且沉积槽容积量也大。

④放油阀是快速型：应能迅速排净沉积污物。

⑤不安装磁性滤芯：因为体大内腔宽绰，按说可以安放若干磁钢，但由于飞机发动机流量大而所有构成的元器件均为铝合金和不锈钢等非磁性材料，所以不必安装又重又占空间的磁钢。而且，磁钢极易掉渣，也是危害很大的一种污染源。

一般发动机的燃油过滤器结构比较简单。其流通方向有单侧形、L 形和 T 形三大类，也有不多见的直通形。

6.5.3 主系统燃油过滤器

过滤器的工作过程如图 6－12 所示，清洁滤芯在系统开始工作时，有一个初始压降，以纵坐标上交点表示。在纳污量试验中压差随不断加入的污染物而增高，直至达到规定的极限压差。为了使燃油滤芯有尽可能高的寿命，可采用两级压差指示器。滤芯不断捕集脏物，其压差也逐渐升高，到达某一压差点，滤芯就应更换。此时压差发讯器给出信号，提醒及时更换滤芯。污染控制过程随着滤芯的更换而继续进行。若当时不便更换滤芯，则随着更多脏物的积累使压差继续升高，甚至使滤芯堵塞，压差增高而打开旁通阀。这时的压差指示器给出另一个单独的信号，第二信号的重要性在于表明燃油系统的污染失控了，即脏物进入了燃油系统。

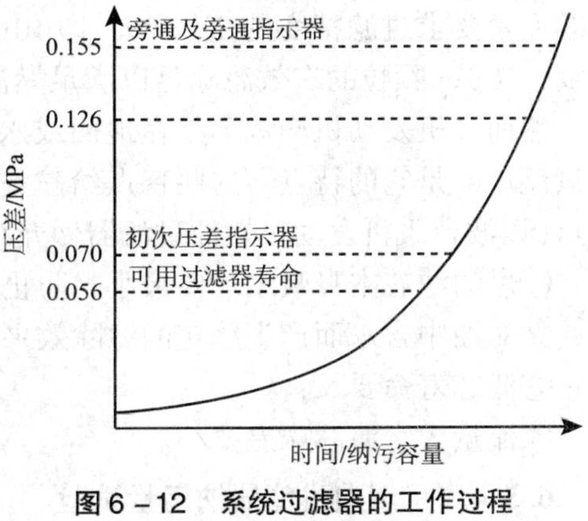

图 6－12 系统过滤器的工作过程

6.5.4 燃油过滤器质量保障

燃油过滤器品质服从相关规范或标准。飞机等高精产业制造公司通常拥有自己的专用规范，这些非标准化技术适合与时俱进，根据产品性能的提升而不断改进。例如，20 世纪 80 年代，英国罗 – 罗(ROLLS – ROYCE)飞机发动机公司(英国最大的飞机发动机制造公司)对斯贝发动机燃油滤的过滤精度测评方法是最大颗粒测试法或污物称重法，而到了 90 年代，该公司的过滤精度测评方法规范改为多次通过试验法了。

6.5.4.1 飞机燃油过滤器的性能要求

飞机燃油滤的性能要求见表 6 – 11。

表 6 – 11 燃油滤的性能要求

性能	要求	控制目的	试验方法
过滤精度/μm	$\beta_3 \geqslant 200$	控制喷嘴冲蚀和油泵磨损	借鉴液压滤的“多次通过试验法”
纳污量	尽量大	在较长寿命周期保证燃油清洁	借鉴液压滤的“多次通过试验法”
温度	按实际要求	耐高温、滤芯寿命长	很早就有自己的试验方法
流通疲力	不同压差下有 100000 次循环记录	可靠性	很早就有自己的试验方法
耐低温	不可结冰(或其具有防冰功能)	确保燃油低温工作	很早就注重低温实验，有自己的行业标准
抗压差	不可压扁	确保过滤比不下降	很早就有自己的试验方法

飞机发动机的燃油系统的净化要求，基本等同于一般地面行走机器发动机燃油系统。滤芯通常要求过滤精度是 $\beta_{10}=20$，即 10μm 颗粒滤除能力达 95%。燃油净化主要是保护喷油嘴，10μm 颗粒的有效滤除足以满足燃油系统正常工作。

然而飞机发动机毕竟不是在地面或水面上工作，高空的低温和发动机高频振动以及大流量流通，是它的特点，这些特点给航空发动机燃油过滤器提出了特殊要求。归纳为以下四点(以波音飞机发动机燃油过滤器做介绍)。

①燃油滤芯本身吸水量要最小，防止低温结冰；

②对油中含水而产生冰花的滤除效果等有特殊要求(冰花要滤下，燃油照常流通)；

③滤芯寿命要长；

④流量大，滤芯压差要小。

6.5.4.2 燃油过滤器纳污量试验

燃油中通过添加添加剂克服颗粒污染以外的其他问题，例如为了抵制静电、细菌和结冰而添加不同的添加剂。这时需要考虑添加添加剂的同时而又不引起颗粒污染问题，这是污染控制的研究方向之一。ARP – 1827 规定了两个测试项目，一个是纳污量，另一个是过滤效率。

首先介绍纳污量实验，实验回路如图 6 – 13 所示。实验中，通过一个皮带传送装置连续不断地将污物加入油箱中，水直接加入油箱，油品及用量按照一个标准使用。上述混合物由搅拌器混合，泵将混合物输送到试验段滤芯，并测量通过试验段滤芯的流量和压差，压差是一个变量，随着所加污物的增加而增加。一般而言，燃油的使用是一次性的，燃烧后形成燃烧产物排放出系统，但实验中为了有效利用油品，在试验段滤芯后让流体通过净化系统过滤器(滤清器，3μm 过滤度的 MIL－F－81836 标准滤芯)，可设置回路使油品回到油箱反复使用。在实际燃油系统中，也存在一部分燃油在燃油系统内部的循环设计，就可以在试验滤芯下游设置一个分配阀，将部分燃油分流，形成第二个回路，如图虚线管路所示，不考虑这部分循环流量时只需关闭分配阀即可。通过上述回路，可获得纳污量。

值得注意的是，比较纳污容量时，滤芯必须有相同的过滤效率，因为一个只有粗过滤精度的滤芯，其集结的污物要比精细滤芯少，不容易堵塞粗孔。因此即使一个滤芯的纳污容量高于另一个，如果它们的过滤效率不相同，此时比较它们的纳污容量是没有意义的。试验结果如图6－14 所示，纵轴是滤芯两端压差，横轴是加入污物的总重量。纵轴的起点表示清洁的滤芯的压降。试验中加入污染物后，污物被滤芯搜集，压差随时间而增长，试验一直进行到规定的极限压差为止。把对应这一压差的污染物加入总重量记录下，就是该滤芯的纳污容量，当然这种试验只推荐用于相同过滤效率的滤芯，否则比较纳污容量就不恰当了。

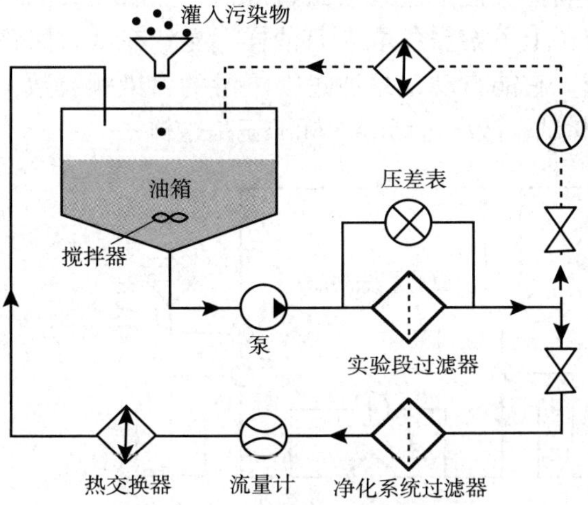

图6－13　燃油滤芯鉴定实验程序

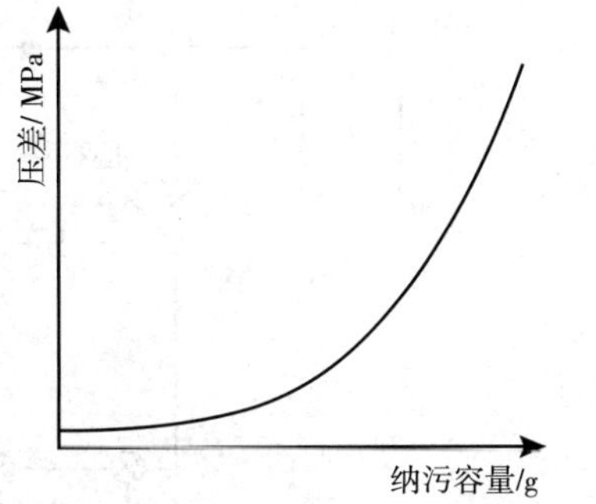

图6－14　燃油滤芯的纳污容量曲线(ARP－1827)

6.5.4.3　燃油过滤器过滤效率试验

过滤效率试验又称精度试验燃油过滤器过滤效率，是 ARP－1827 规定的第二个性能项目，它考核滤芯阻截 AC 试验粉末颗粒的能力，是以颗粒计数方法评定出过滤效率。和液压过滤器相同，以过滤比表达过滤效率，试验液也采用 MIL－H－506(我国对应的是 YH－10 液压红油)，这是因为这种油性能指标明确而详细，其试验的重复性也好。

在实验室中的试验与图6－15 相近，使用 AC 细粉末作为污染物，粉尘中不同尺寸的颗粒，有其特殊的分布。将 AC 粉末弥散加到被测过滤器的上游，然后在下游测量经过过滤器的不同颗粒尺寸的分布。可以选择计数尺寸的下限，譬如：对大于 2μm 颗粒计数，其中给出 2～5μm 的上游计数为 5。对于大于 5～10μm 是 4。

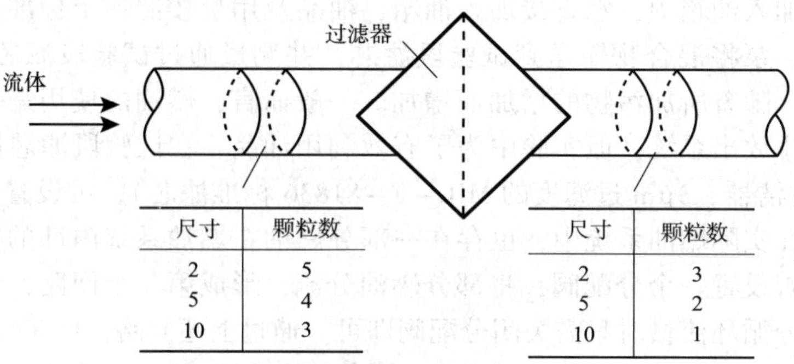

图6－15　β单次通过试验法，计算结果：$\beta_2=2$；$\beta_5=2.33$；$\beta_{10}=3$

若要定出以2μm计数的函值，将所有大于2μm的颗粒相加，并将其上游的总和与下游的总和相比则β_2等于2，同样β_5约为2.33，β_{10}等于3。可见在确定过滤比时，对颗粒尺寸是有所选择的。

从图6－16可以看出，除了试验中采用过滤器外，与液压过滤器多次通过试验的回路相似。它包括两个内部相连的试验回路。缓慢地AC细粉尘注入系统(包括油箱)，右侧是试验回路，它将注入系统的污染物引入试验系统，同样缓慢地进入被试过滤器，然后在其上下游分别取样。按多次通过回路的瓶取样法的规定，上下游需各取5瓶油样。显然在试验回路中永久地装上在线颗粒计数器，要比瓶取样优越。它能自动记录通过上下游的污染颗粒数，可提供比瓶取样更多的数据。前已提到ISO 16889试验液压过滤器的标准正是这样。

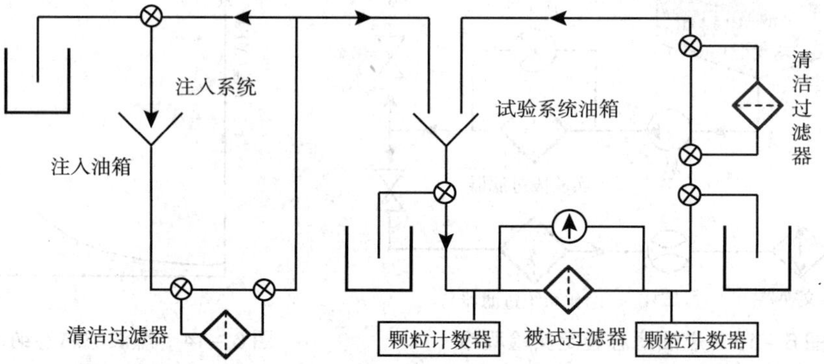

图6－16　燃油滤过滤比试验回路

有些燃油过滤器标准如ML－F－81836过滤器标称为3μm。采用滤清器是为了模拟一次使用的燃油系统。因此其过滤精度不是β标称法。不能将多次通过试验与此相混淆。

ARP－1827在20世纪80年代末就使用自动颗粒计数器对过滤效率评定采用单次通过试验法，对颗粒尺寸和数量计数的统计出示其β值。而规定在线测试法就比液压过滤器早了10年之久(虽然液压过滤器也允许在线取样测试，但明确不允许瓶取样是在1999年)，虽然它的试验法是借鉴了多次通过法，这种单次通过法也可以说明燃油过滤器的过滤特性。

在表6－12中出现的“空白底数”一词是指瓶子本身清洗后残留的污染颗粒数，也称污染底数，它对颗粒计数器最终统计工作带来很大干扰。

表 6 – 12 过滤比试验采样法比较

采样瓶采样	颗粒计数器在线测试
1. 一个油样就产生一个空白底数的计数	1. 不存在空白底数，大大提高了再现性
2. 空白计数每毫升大于 10μm 的颗粒数为 15 个 3. 过滤比值 $\beta_{10}=75$ 时，比值偏差为 ±80%	2. 最大空白计数是零，不同尺寸过滤比值高达 5000 时，比值偏差只有 ±10%
4. 采 5 个油样时，统计偏差大。对随压差变化的效率数据不完整	3. 15～60 个油样时，再现性始终良好，都能给出高、低压差下的效率值
5. 空白计数不能减去，如果减去 β 值可能无法计算	4. 没有空白计数。这就在计算结果中消除了空白底数的影响，测量的过滤比值可达 5000
6. 适用于低性能的工业用过滤器 $\beta_{10}\leqslant 75$	5. 适用于高性能航空航天过滤器 β_x 高达 5000

尽管在液压过滤器多次通过试验中推荐使用在线式自动颗粒计数器，但在如何正确安装并获得精确数据方面，有不少问题尚未解决：

(1) 颗粒计数器将空气泡当作固体颗粒来计数就是令人头痛的事。所以有必要在试验回路中控制空气量。

(2) 计数器对振动很敏感，所以常把计数器放在远离试验台的位置，气泡与振动是影响颗粒计数器计数精度的重要因素。

总体来说，在线测试与瓶取样计数相比，有很多优点，故推荐采用在线颗粒计数器。在如何标定自动颗粒计数器方面常有争论，比如在工业界提供了采用 AC 粉尘的国际标准标定法。另外 AC 粉尘的颗粒形状不规则会带来误差。西方国家航空工业界曾着手制定了 ARP – 1827 标准，还建议将自动颗粒计数器作为燃油过滤器的试验计数装置。很有可能要求把大于 2m 的所有颗粒都统计下来，也有人建议以 3μm 或 5μm、10μm、15μm、20μm 以及 25μm 为计数起点。从 2μm 开始计数，在技术上是个很大的进步，但到目前为止，对燃油过滤器性能的重视度仍然不够。液压过滤器标准 ISO 16889 于 1999 年重新颁布，它将试验粉末由 AC 改变为 MDT，校准方法也由原来的 ISO 4402 改变为 ISO 11171。

(3) ARP – 1827 仅对燃油过滤器的两个主要性能：纳污容量与过滤效率做了规定，为了得到完整的性能指标与适当的鉴定，性能中还应包括其他要求。

①在极限温度条件下的滤芯试验：与液压过滤器相同，燃油过滤器要在完成功能试验前进行高低温的鉴定试验。理由是在完成功能试验以前，要考核其是否会由于高低温而出现软化或其他永久性破坏。

②两点过速效率试验：ARP – 1827 中列出，要统计过滤效率的各挡颗粒尺寸，从 2μm、3μm、5μm 直到 25μm，在性能要求中选择两个点，比如对一个给定的过滤器要给出 $\beta_2=A$，$\beta_{10}=C$ 等两点的过滤效率来说明其性能。

③给定压差的纳污容量：做纳污容量试验时，压差应指的是对应于一定污染物容量时过滤器两端的压力差。

④最小压扁压力：它大致相当于溢流阀在额定流量下的最大压差，这是过滤过程有旁路情况下可能产生的最大压差，此压差称滤芯的最小压扁力。

⑤流动疲劳循环：系统在运转时，产生流量与压力的大幅度波动。对所有过滤器都会

碰到的流量波动就是系统的开启与关闭。系统打开时，过滤器的折叠处(波纹)就受压，系统关闭时波纹又松开，所以系统每次工作至少有一次流动疲劳循环。实际上系统工作时有许多次循环。

为了进行重复性好的单独的燃油滤芯试验，目前仅走了第一步。ARP－1827 的规定也是初步的，完整的性能要求要由滤芯制造商向系统设计者提供详细的说明。对一般过滤器的要求与鉴定也适用于燃油过滤器。

6.5.4.4 燃油过滤器滤芯的使用寿命和耐高低温考核

①飞机燃油滤使用寿命考核流量只有 30L/mi；温度 15℃的清洁燃油，但持续试验时间是 500h(运行约 21 天)，考核期对滤芯要求：

滤芯纤维不能有脱落；

500h 内压差应不断测试，如果压差在这期间是平行发展甚至走下坡是不正常的。应及时检查，如滤芯冒泡压力是否下降等。

②飞机燃油滤芯的高、低温考核分别在以下不同温度下保温：－75℃，3h；＋120℃，3h；＋135℃，1h；浸泡在这三个温度下的燃油，在浸泡前、后，都要让燃油恢复环境温度后取出滤芯，再测其破损情况(冒泡试验检查)。

6.5.4.5 流量压差考核

由于波音飞机发动机是大型发动机，工作流量大是它的特点。这里介绍额定流量为 114L/mi 和 416L/mi 两种过滤器的流量压差考核参数。

①流量为 114L/min 的燃油过滤器：最大设计流量 1500gal/h，压差考核点在以下流量段进行：30L/mi、53L/mi、83L/mi、114L/mi 和 125L/mi；在如下油温重复进行上述流量：15℃、－40℃、＋120℃。

②额定流量为 416L/mi 的燃油滤芯，应完好无损地承受 0.35MPa 压差，而且要在流量分别为 15L/mi，75L/mi、150L/mi、167L/mi、303L/mi、378L/mi 和 455L/mi 的流量下记录压差变化。

6.5.4.6 其他特殊要求

飞机发动机燃油系统对过滤器还有其他特殊要求：

①毛毡是不可采用的过滤材料。它的纤维若脱落，会产生严重的堵塞故障。

②飞机发动机燃油滤无论总成或滤芯，都禁止使用镁材料或含镁元素的金属材料。

③对滤芯过滤材料的强化处理过程，如果使用硅，则必须保证燃油本身和必要添加剂的正常使用。

④如果使用树脂浸渍滤材，应确保制成滤芯后的固化度在 96.5% 以上；如果使用松香，也要求充分固化，最低固化度在 96.5%。

⑤滤芯应能承受“陀螺力矩”考验，即飞机偏航时由稳定的 3.5rad/s 角速度产生陀螺力矩，历时 15s。

⑥飞机发动机燃油系统不能使用铜、锌、铅材质，它们和燃油接触会产生胶质物；燃油和铜接触，极易产生黑色固体物；锌也不能用于钢件“镀锌”，它与水产生电化学反应，产生固体颗粒。氧化锌还能腐蚀发动机叶片。20 世纪 70 年代英国政府发出指令，不允许航

空附件使用锌，零件表层也不能用，底层若用，必须外表有覆盖层。

⑦英国 ROLLS－ROYCE(罗－罗公司)是世界上唯一向波音飞机提供发动机的制造公司，20 世纪 70 年代它对过滤器有一条规定：燃油系统过滤器不准设旁通阀。

⑧燃油滤芯在该公司也有规定：考核滤芯的过滤特性必须是直接采用试验颗粒进行传输计数试验，即用自动颗粒计数仪评定试验颗粒的滤前滤后统计效率。不采用对颗粒的称重法统计过滤效率。

6.6 航空油料储运过滤器

航空油料储运过滤分离器是按 GJB 610—88、GJB 689—89 标准生产技术指标并达到 API 1581Ⅲ美国石油学会标准，同时执行 GB 150—1998 国家压力容器标准。产品分 A、B、C 三级。产品突破了原有过滤器的传统单一过滤模式，是集过滤和脱水于一体，不仅能滤除燃料中的各种微小颗粒，而且能有效滤除燃料中的水分、纤维和悬浮物，是一种十分理想的油料净化设备。同时广泛适用于各类需净化的精细化工原料。

6.6.1 过滤分离器的结构与工作原理

过滤分离器是由一个内部装有一级滤芯(过滤聚结滤芯)、二级滤芯(分离滤芯)的金属壳体组成，同时配有排污阀、放水阀、压差表、安全阀、伴热装置等附件，其基本结构是将过滤器和分离器功能相结合。

航空燃料进入过滤分离器后，首先汇集于铝制托盘，再分散进入聚结滤芯，由里向外，第一步由过滤层除固体杂质，第二步通过破乳层，将乳化状态的油水分离，第三步由聚结层将微小的水滴聚结成大的水滴，沉降于集水槽内；然后未来得及聚结的小水滴靠分离滤芯的斥水作用进一步分离，沉降于沉淀槽，由排水阀排除。干净的燃料通过分离滤芯汇集于二级托盘，由过滤分离器的出口排出。

通过油泵加压，使待过滤煤油依次经过粗过滤(10μm 精度)、吸附净化过滤(吸附煤油中的杂质颗粒)、精过滤(1μm 精度)，三级过滤净化还原，恢复煤油原有的清洗能力。

6.6.2 过滤分离器检查清洗更换规程

过滤分离器更换时间要求：粗滤网 12 个月；收油预过滤器 3 个月，更换 24 个月；过滤分离器 12 个月，更换 36 个月。

过滤分离器检查清洗条件如下：

①进出口压差不大于 9.81×10^{4}Pa；

②检查油品质量：无水分、杂质、清澈透明，膜片未变色(嫩黄到淡绿之间)，水分含量小于 15×10^{-6}；

③膜片试验：膜片试验超过 4 级；

④压差突然下降上升：超过 30%。

过滤分离器清洗更换流程为：

①关闭进出口阀，打开放气阀，放尽过滤器内燃料；

②释放静电，开启端盖，经过10s以上等待后打开端盖；

③将原有聚结滤芯、分离滤芯拆下，直立放置油盘中，注意防尘；

④用洁净同油料对壳体内清洗，用纯白绸布擦洗干净；

⑤分离滤芯放入在圆柱筒内用洁净同油品抽提清洗，并用软毛刷轻轻洗刷。当无浸润现象，憎水性良好，可继续使用；

⑥滤芯倾斜45°，慢慢向滤网表面淋水，高度7cm表面流水顺畅。合格可以继续使用，不合格时更换；

⑦如试验不合格，用热水喷射冲洗，晾干后用同油品洗净，重新淋水试验；

⑧回装一级、二级过滤器芯。用力矩扳手垂直紧固；

⑨清洗完毕由油库领导检查合格后封盖；

⑩启用后观察进出口压差，不大于9.81×10^4Pa。

6.6.3 航空煤油过滤分离器的选型与维护保养

6.6.3.1 选型原则

航空煤油过滤分离器的选型原则如下：

①过滤分离器的设计压力必须高于实际工作压力；

②过滤分离设计流量应该大于实际工作流量的30%～50%；

③不可按照泵的额定流量来选择过滤器的额定流量，因为泵的实际工作流量很可能高于其额定流量；

过滤分离器按级别分为A、B、C三级；按流量从30～500m³/h；按设计压力分1.0MPa、1.6MPa、2.5MPa、4.0MPa和6.4MPa；按安装形式分为立式和卧式；按过滤精度分为3～5μm和1μm(专用于滤除悬浮物)；按使用地区分为无伴热装置和含伴热装置两种，共计170个规格型号，其主要性能指标见表6－13。

表6－13 过滤分离器的性能指标

介质级别性能		适用于含添加剂和不含添加剂的燃料和汽油		
		A级	B级	C级
使用场地		杂质、水分含量高的场合。如：炼厂半成品罐前、成品罐前、出厂的过滤。中转油库、机场油库的入库过滤	杂质、水分较高的场合。如：中转油库、机场油库的出库过滤	杂质、水分含量较低的场合。如：机场加油口及加油车、管道加油车上的过滤装置
纳污容量		4g/L(L/min额定流量)	2.64g/L(L/min额定流量)	1.3g/L(L/min额定流量)
脱水能力		10.0%	3.0%	0.5%
滤后燃料	杂质		<0.26mg/L	
	水分		$<15\times10^{-6}$	
	纤维		<10 跟/L	

由上表可以看出，性能优先顺序为 A 级 > B 级 > C 级，也就是说在不考虑成本的前提下，A 级可以取代 B 级，B 级可以取代 C 级。

6.6.3.2 过滤分离器工作寿命与故障排除

过滤分离器是集过滤和脱水于一体，不仅能滤除燃料中的各种微小颗粒，而且能有效滤除燃料中的水分、纤维和悬浮物，是一种十分理想的油料净化设备。同时广泛适用于各类需净化的精细化工原料。

过滤分离器的工作状态及滤芯工作寿命主要根据压差来判断，当进出口压差达到 0.1MPa($1.0kg/cm^3$)时，则说明聚结滤芯已经堵塞，应予更换。另外，当聚结滤芯使用超过半年时也应考虑更换。分离滤芯为永久式滤芯，若无机械损伤，可长期使用。但在更换过滤聚结滤芯时，应将其拆下清洗和检查。过滤分离器的常见故障与排除方法见表 6－14。

表 6－14 过滤分离器的常见故障与排除方法

故障	故障原因	排除方法
沉淀中发现固体杂质	1. 聚结滤芯破坏 2. 滤芯固定螺母未扭紧 3. 安装不正 4. 一级托盘未固定好	1. 更换聚结滤芯 2. 上紧 3. 重新安装 4. 固定好
出口燃料游离水含量超过规定指标	1. 聚结滤芯破损 2. 分离滤芯破损 3. 分离滤芯憎水性下降 4. 滤芯安装不正	1. 更换聚结滤芯 2. 更换聚结滤芯 3. 更换聚结滤芯 4. 重新安装
压差突然下降	1. 聚结滤芯破损 2. 聚结滤芯安装不当	1. 更换聚结滤芯 2. 重新安装

思考题

6－1. 总结基本过滤的方式有哪些。

6－2. 对于过滤网介质的性质有哪些要求？

6－3. 什么是过滤比，过滤比 1 和 2 分别意味着什么？什么是比阻，代表滤饼何种特性？

6－4. 飞机发动机对滤芯有哪些特殊的要求？

6－5. 针对下列情形，选择合适的过滤器种类和安装位置：

(1)防止机载油箱进入污染物或过滤掉油箱中的杂质；

(2)防止污染物进入泵等动力机械；

(3)过滤飞机高压管道内可能存在的杂质；

6－6. 口述过滤特性有哪些？分别反映滤芯的什么性质？

6－7. 简述过滤器的总成评价。

第7章　流量计

航空油料储运过程中最关心的基本物理量包括油料的流量、容器设备与管道中的压力和温度等。对于这些物理量的错误预测可能带来不良的后果，轻则带来一定的经济损失和能源损耗，重则引发恶劣环境污染，甚至危及人身安全。因此工程中会对油料的流量、压力和温度进行严格的测量和实时监控，确保各项参数在安全范围内。其中，测量流量的装置——流量计的种类繁多，选用复杂，本章主要介绍各类(单相流)流量计的结构、工作原理和基本的故障排除与维护。

7.1　流量与流量计基本概念

7.1.1　流量概念

流量是指单位时间内流经封闭通道或明渠有效截面的流体量，因此流量与通道或明渠有效截面面积 A，和截面上液体的平均速度 U 有关。对于这个“量”的定量，有两种方法。第一种是以流体的体积为测量对象，则叫做体积流量 Q_V：

$$Q_V = AU \tag{7-1}$$

另一种是以流体的重量为测量对象，与液体惯性质量相关，则叫做质量流量 Q_M：

$$Q_M = \rho AU \tag{7-2}$$

Q_V和 Q_M的区别对于可压缩流体输送的应用中有重要意义。一般情况下航空油料或化工油品等处在液体状态，几乎不可压缩，因此通常所说的流量 Q 是指体积流量。

根据测量流量的时间尺度也可以分为瞬时流量和累计流量。瞬时流量是指某一足够小的时间段 δt 内的流量，反映当下时刻的流量；累计流量指较长的时间段内总共输送的量。例如，15min 向某飞机注了 15×10^4L 航空煤油，这里的流量是指累积流量；每分钟注约1.0万升，即 1.0×10^4L/min，这是瞬时流量。

7.1.2　流量计分类

流量计的分类方法很多，按照油库比较常见的流量测量方法，一般可以分为容积式流量计、速度式流量计、差压式流量计、质量式流量计四大类。

1. *差压式流量计*

差压式流量计在油库也有一定的应用，它是利用流体流经管路中的节流装置时产生的压力差来实现流量测量的。常见的节流装置有标准孔板、标准喷嘴和标准文丘利管三种。

标准节流装置的结构目前已经标准化，有可靠的试验数据，只要严格遵守加工和安装的要求就可以使用。差压式流量计显示的内容是根据设计的要求而定的，可以是体积流量，也可以是质量流量。

2. 速度式流量计

当被测流体以某一流速沿管道流动时，速度式流量计通过置于管道中的测量系统输出一个与流速相关的信号，根据信号的强弱来测量流体流速。常见的这类型流量计有涡轮流量计、涡街流量计、浮子流量计和水表等，它们显示的也是体积流量，可以显示瞬时流量，也可显示累积流量。

3. 容积式流量计

容积式流量计是以在被计量的时间内，被测流体在一定时间段内通过计量室排出的次数来测量流体流速。计量室是类似于固定容量器的测量装置，通常由流量计壳体与内置的转子之间形成的固定容积空间构成，该空间的容积经过标定而能够准确获得，因此只要对转子的转动次数进行累积计数，就能求得流过流量计的体积量。常见的容积式流量计有椭圆齿轮流量计、腰轮流量计、刮板流量计等。

4. 质量流量计

质量流量计能测量出被测介质的质量值，同时可以测量流体密度。常见的质量流量计包括科里奥利质量流量计和热式质量流量计等。

7.1.3　流量计基本性能参数

①仪表精度：反映测量结果与真值接近程度的量。

$$仪表精度=(绝对误差的最大值/仪表量程)\times 100\% \tag{7-3}$$

②相对误差：反映测量结果与真值偏差程度的量。

$$相对误差=(绝对误差/约定的真值)\times 100\% \tag{7-4}$$

$$绝对误差=预测值-约定的真值 \tag{7-5}$$

【例题7-1】

如测压范围是10~200Pa的压力表，其精度为1.0级。

(1)对于压力为125Pa处的测量的最大误差是多少？

(2)对于压力为125Pa处测量的最大相对误差是多少？

解：(1)最大误差为：

$\pm(200-10)\times 1.0\% = \pm 1.9\text{Pa}$

(2)125Pa处最大相对测量误差为：

$\pm 1.9\text{Pa}/125\text{Pa}\times 100\% = 1.52\%$

③重复性：指流量计在相同条件下，重复测量同一个被测量，流量计提供相近示值的能力，反映流量计测量的一致性。设对某检定点的速度的多次测量结果的重复性为γ，其中测量结果的最大值和最小值之差为δU，流量计的量程为ΔR，则：

$$\gamma=\frac{\delta U}{R}\times 100\% \tag{7-6}$$

流量计的重复性不得超过该流量计精度等级规定的最大允许误差绝对值的1/3。

④稳定性：指流量计在规定的工作条件保持恒定时，流量计的性能在规定时间内保持不变的能力，可以反映出流量计制造水平。

⑤范围度：流量计有效测量范围的最大流量 Q_{max} 与最小流量 Q_{min} 的比例。例如，某流量计的有效量程为 $4 \sim 200m^3/h$，则该流量计的范围度为 50∶1。

7.2　差压式流量计

差压式流量计是借助流动过程产生的前后压差来间接反映流体流量的流量计。根据不同原理，可以将差压式流量计分为节流式流量计、动压头式流量计和离心式流量计。

7.2.1　节流式流量计结构、原理与特点

当通道截面减小时，流体的压力会随流速变化而发生变化，二者存在一定关联。根据 Bernoulli 方程可知，速度越小静压越大，反之亦然，这就是节流原理。节流式的差压式流量计就是制造节流产生压差，并根据压差与液体流量之间的关系，来测量流量的流量计。

节流式流量计的使用率非常高。常见的几种节流式流量计如图 7－1 所示。

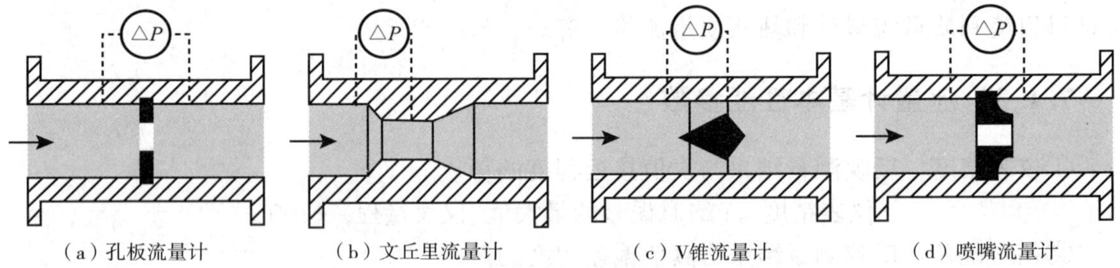

图 7－1　不同类型的节流式流量计

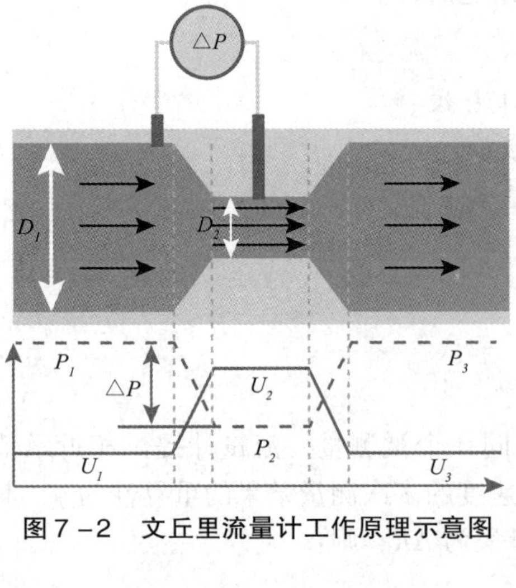

图 7－2　文丘里流量计工作原理示意图

节流式流量计的结构主要包括一次装置和二次装置，其中，一次装置是指测量元件，如孔板、文丘里管、V 锥和喷嘴等；二次装置是指测压元件，即差压变送器。引流管连接管内流道和差压变送器，差压变送器含有压力传感器，根据节流前和节流时不同位置的压差来确定管道内的流速。

以文丘里流量计为例，说明节流式流量计的工作原理，其理论依据是连续性方程（质量守恒）和伯努利方程（Bernoulli Equation），如图 7－2所示。Bernoulli 方程是不可压缩理想流体、定常流、微小流束的能量方程，在多数情况下可以作为实际流动过程的近似解。对文丘里入口段面和喉部断面建立 Bernoulli 方程，设一次装置水平安装，可得：

$$-\Delta P=\frac{\rho U_2^2}{2}-\frac{\rho U_1^2}{2} \tag{7-7}$$

式中，ΔP 为压差，下标 1 和 2 分别为节流前(入口断面)和节流时(喉部断面)的值，联立连续性方程可得：

$$Q_T=K_T A\sqrt{\frac{-2\Delta P}{\rho}},\ K_T=\sqrt{\frac{1}{[(D_1/D_2)^4-1]}} \tag{7-8}$$

式中，Q_T为不考虑任何能量损失的理论流量，D_1和 D_2分别为节流前和节流时位置的直径，A为入口管段横截面积，K_T为理论流量系数，是节流元件自身属性，与其几何结构与尺寸有关。

实际应用中能量是必然会有损失的，由于湍流能耗损失和流动阻力损失，因此实际流量要比理论流量小，工程应用中通常引入修正系数 $\alpha<1$ 来进行流量修正，实际的流量系数 $K=\alpha K_T$，则：

$$Q=\alpha K_T A\sqrt{\frac{-2\Delta P}{\rho}}=KA\sqrt{\frac{-2\Delta P}{\rho}} \tag{7-9}$$

从上述结果可以看出，流量与压差的关系为非线性关系，这就限制了节流式流量计的测量范围和精度，一般而言，节流式流量计的测量精度约为0.5～1.5级，范围约(3：1)～(8：1)。

7.2.2 其他类型的差压式流量计

这里介绍两种其他类型的差压式流量计，分别为匀速管流量计和弯管流量计等。

7.2.2.1 匀速管流量计

动压头式的差压式流量计是依据动压转变为静压的原理工作来测量流量的。最常见的速度测量装置就是皮托管，但是皮托管只能测量某个点区域的流速，并不能代表整个管道的平均流速或流量，因此基于此发展出了匀速管流量计，也叫阿牛巴管(Averaging Pitot Tube)，其基本结构和原理如图 7-3 所示，它在测量管上布置了间距呈一定规律的小孔探头，引流面和背流面分别构成高压腔和低压腔，流体的动能转为静压能，通过差压变送器测量到二者的压差平均值等于过流截面的平均压差，从而可以得到截面的平均流量：

$$Q_T=KA\sqrt{\frac{-2\Delta P}{\rho}} \tag{7-10}$$

上式与节流式流量计的原理公式相似，其中 K 为流量系数，可以通过实际测量结果确定。

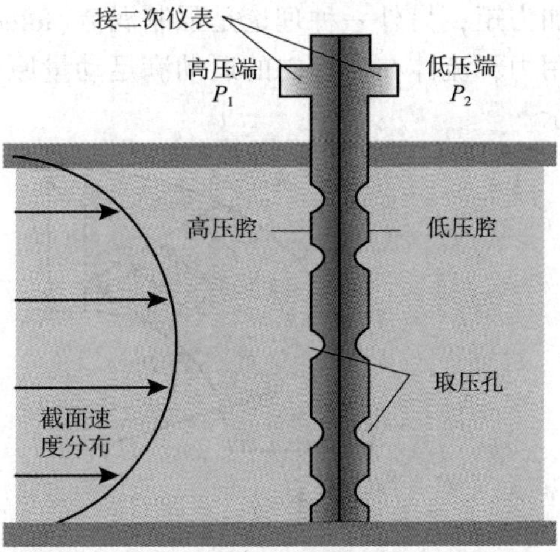

图 7-3 匀速管流量计测量基本原理示意图

匀速管流量计的研发的核心问题是取压管截面形状设计，自 20 世纪 60 年代至今，这一方面的研究取得了明显的进步。最早的匀速管横截面为圆形，如图 7-4(a)所示，当流体流过圆形均速管时会发生流动分离，分离点位置与流速相关，造成较大误差。为了消除分离点的影响，设计了菱形、机翼形和子弹形等形状的匀速管，如图 7 -4(b ~ d)所示，其中，子弹形的优势比较明显，因为这种设计不易进入杂物。然而，菱形设计的尾部旋涡会影响测量稳定性，机翼形和子弹形设计产生的压差较小，很大程度上限制了流量计的精度。近几年采用的设计是 T 形设计，如图 7 -4(e)所示，不仅具有稳定的测量值，同时压差信号比过去的设计高出近 1 倍，是目前匀速管流量计最优的设计结构之一。

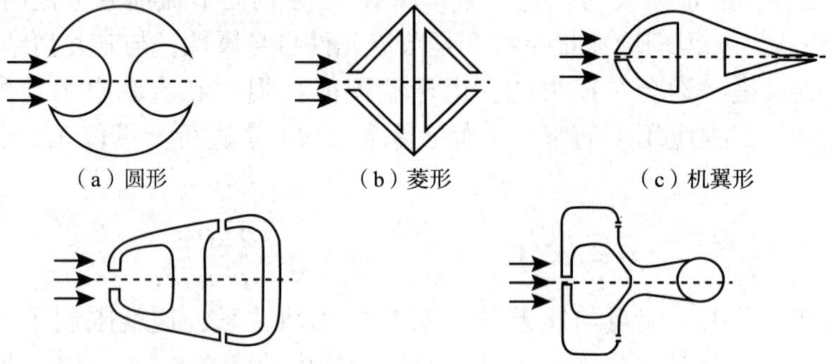

(a) 圆形　(b) 菱形　(c) 机翼形

(d) 子弹形　(e) T形

图 7 -4　匀速管流量计取压管截面形状

7.2.2.2　弯管流量计

常见的离心式的差压式流量计有弯管流量计(elbow flowmeter)。弯管流量计依据弯曲管或环状管产生离心力形成的压差来测量流量。常见的是 90°弯管和 180°弯管流量计。其特点是结构简单，安装容易。

目前对弯管流量计的理论分析没有一致定论，研究者提出了不同的理论。自由涡流(free vortex)理论认为弯管中的流体是绕弯管的曲率中心做自由旋转运动，流体在管内未被施加力矩；另外一种理论是强制涡流(forced vortex)理论，认为弯管的管壁对流体有一定反作用力，流体在弯管内的运动满足动量原理。两种模型分析得到的速度分布结果如图 7 -5 所示。

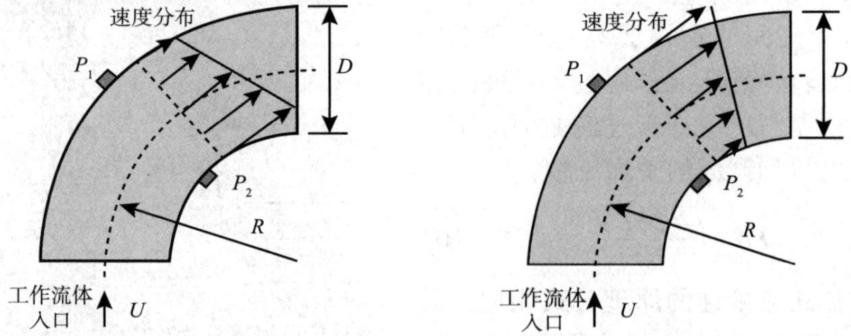

(a) 自由涡流理论　(b) 自由涡流理论

图 7 -5　弯管内的速度分布

7.2.3 差压式流量计使用

①差压流量计的安装位置应避免管路的最高位置，以防止气体进入而导致测量误差。此外，此类流量计要注意流动方向，安装方向错误不能得到准确测量结果。

②流体工质必须是清洁流体，含杂质流体对二次装置会造成损坏，固体杂质可能会在一次装置中堆积或对管壁造成磨损，导致流量测量不准。

③流量计前后有直管段要求，通常要求4倍直径的长度或更长。

④一次装置与管道要保证同轴心安装，否则会引起较大的测量误差。

⑤引压管要尽量避免水平敷设以便排气排污，配有必备的阀门、排污阀、集液阀等，直径不小于6mm。

⑥取压位置满足：气体在管路的上方取压，液体在管路的下方取压，蒸汽的引压管采用盘管，如图7－6所示。

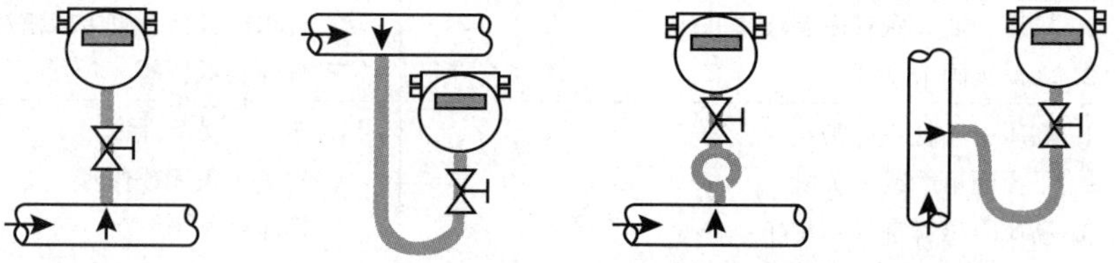

（a）一般气体　（b）液体　（c）蒸汽，水平管段　（d）蒸汽，垂直管段

图7－6　差压式流量计安装方向

7.2.4 差压式流量计故障排除

流量计常见的故障原因包括零点漂移、导管堵塞与泄漏等，下面介绍一些常见故障及其排除措施，其他类型的流量计出现相似故障时可采取相似措施。

零点漂移检查方法。关闭三阀组的正、负压截止阀(分别用于连通大气与正、负压引压管)，打开平衡阀(用于连通正、负压引压管)，此时差压变送器输出电流应为4mA，如果不是4mA，即在常温常压、平衡压力的标况状态下，二次仪表读数不为0，因此叫“零点漂移”，简称“零漂”。此时，需要对差压变送器的零点进行调整。差压变送器的三阀组包括正、负压截止阀和平衡阀，见图7－7。

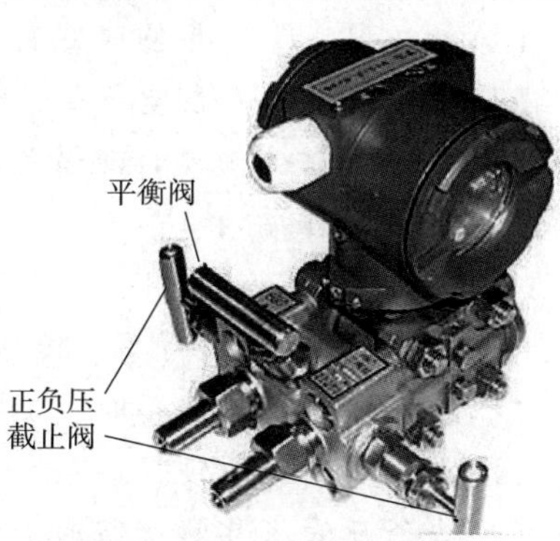

图7－7　差压变送器控制阀门

导管堵塞。以差压式流量计引压管堵塞为例，打开负压室的排气排污阀，此时差压变送器的输出值应当最大，当打开正压室排气/排污阀时输出值为最小。如果打开排气/排污阀时没有被测介质排出或者很少排出，则说明引压管有堵塞现象。引压管堵的原因主要是由于差压变送器引压管被测量介质黏稠、带颗粒物等堵塞造成。可使用钢丝或铁丝将其堵塞位置畅通，或者使用蒸汽加以冲洗(操作压力不超过0.3MPa)，如果堵塞未解决，则可切割引压管修补或更换新的引压管。

导管堵塞。以差压式流量计引压管泄漏为例。常见的泄漏故障主要是阀门与管子的连接处泄漏，可适当拧紧螺丝，如果泄漏未解决或引压管出现破裂，则考虑更换部件。

差压式流量计常见故障原因及其排除方法见表7-1。

表7-1　差压式流量计的故障原因及排除

故障现象	原因	处理措施
指示零或移动很小	1. 平衡阀未全关闭或泄漏 2. 节流装置根部高低压阀未打开 3. 节流装置至差压计间阀门、管路堵塞 4. 节流装置和工艺管道间衬垫不严密 5. 差压计内部故障	1. 关闭平衡阀，进行检修 2. 检查高低压阀开闭情况 3. 冲洗、修复管路，或换阀 4. 检查密封，拧紧螺栓或换垫 5. 检查、修复
指示在零下	1. 高低压管路反接 2. 信号线路反接 3. 高压侧管路严重泄漏或破裂	1. 检查管路连接并正确连接好 2. 检查信号线路并正确连接好 3. 换件或换管道
指示不动	1. 差压计或导压管内有液体冻住 2. 高低压阀未打开	1. 开水或其他合理方式解冻 2. 打开高低压阀
指示偏低	1. 高压引压管不严密 2. 平衡阀不严或未关紧 3. 高压引压管空气未排净 4. 差压计或二次仪表零位失调或变位	1. 检查、排除泄漏 2. 检查、关闭或修理 3. 排净空气 4. 检查、调整二次仪表
指示偏高	1. 低压引压管不严密 2. 低压引压管积存空气	1. 检查、排除泄漏 2. 排净空气
指示波动大	1. 流量参数本身波动太大 2. 测压元件对参数波动较敏感	1. 高低压阀适当关小 2. 适当调整阻尼作用

【例题7-2】

试解释下列液体节流式流量计测量误差原因。

(1)高压引压管泄漏时，流量计示数是偏高还是偏低？

(2)低压引压管有异物堵塞时，流量计示数偏高还是偏低？

(3)低压引压管存在空气时，流量计示数偏高还是偏低？

答：根据节流式流量计测量原理可知，流量与压差绝对值$|\Delta P|$呈正比，其中，$|\Delta P|$为高、低压端的压差：

$|\Delta P| = |P_{低} - P_{高}|$

其中$P_{低}$和$P_{高}$分别为高、低压端的传感器测量的压力值。

(1)当高压管发生泄漏时，测量高压端的压力$P_{高}$偏小，则测量的压差绝对值$|\Delta P|$偏小，因此测量结果偏低。

(2)当低压管有异物堵塞时，测量低压端的压力$P_{低}$偏大，则测量的压差绝对值$|\Delta P|$偏小，因此测量结果偏低。

(3)当低压管存在空气时(注意液体流量计安装为表头在下)，由于空气密度小于液体，测量低压端的压力$P_{低}$偏小，则测量的压差绝对值$|\Delta P|$偏大，因此测量结果偏高。

7.3 容积式流量计

容积式流量计(positive displacement flowmeter, PDF)利用机械测量元件把流体连续不断地分割成单个已知的体积部分，根据测量室逐次重复地充满和排放该体积部分流体的次数来测量流体体积总量。

7.3.1 容积式流量计结构、原理与特点

7.3.1.1 腰轮流量计

腰轮流量计(roots flowmeter, rotary flowmeter)也叫罗茨流量计，是1846年Roots兄弟最早设计的，这种流量计具有精度高、可靠性好、重量轻、寿命长、安装使用方便等特点，最常应用于气体流量计量。腰轮流量计结构特征为计量室内有一对或两对可以相切旋转的腰轮，当流体通过时两个腰轮可以相互联动。腰轮流量计的结构示意图见图7-8。

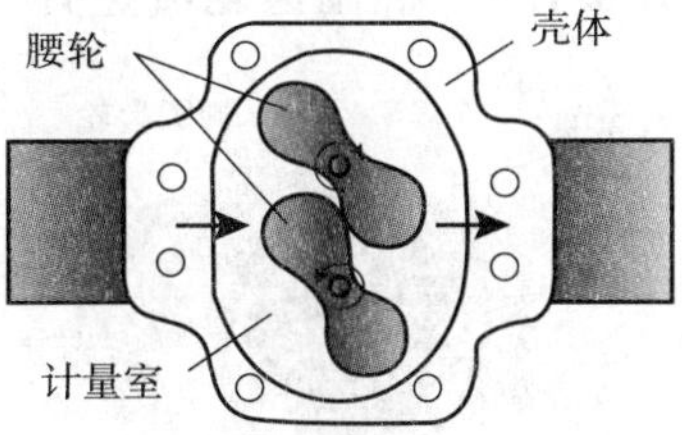

图7-8 腰轮流量计及其基本结构

图7-9显示了腰轮流量计的测量原理：

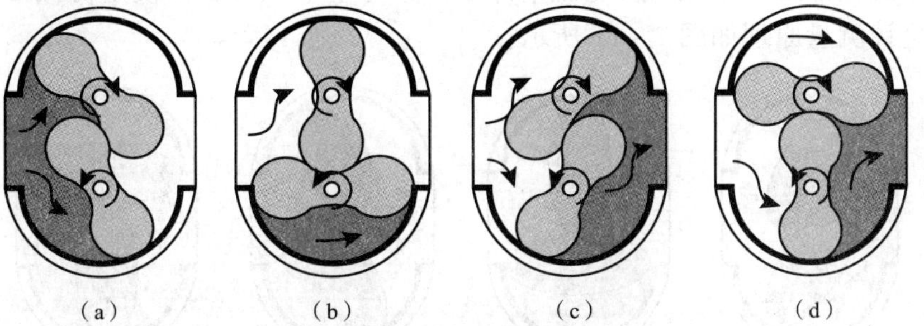

图7-9 腰轮流量计工作原理

①下转子逆时针转到水平位置过程，流体进入计量室下部；

②下转子在水平位置，底部室内存有一个固定体积的流体，体积为V_0；

③底部计量室内流体被排出；流体进入计量室上部；

④上转子旋转至水平位置，上部计量室存有相同体积的流体，体积为V_0。

上述过程转子旋转半周，上、下两个转子各排出等体积流体1次，共计$2V_0$的流体体积。据此，设N为Δt内齿轮转动次数，V_0为流量计设计的“循环体积”，则流体流量为：

$$Q_V = 4N\frac{V_0}{\Delta t} \tag{7-11}$$

腰轮流量计具有以下几个特点：

①腰轮流量计的计量精度高，可以达到0.2级。

②腰轮流量计存在泄漏损失，当被测流体的黏度变化时泄漏量会发生变化，黏度越低，泄漏量越大，反之，高黏流体不易泄漏，同时也起到一定的润滑作用，因此腰轮流量计很

适合高黏流体的计量。

③相比齿轮流量计，腰轮流量计的噪音更小。

④仪表可以水平安装也可以垂直安装，对前后直管段无要求，但要注意仪表的流向要求。

⑤腰轮流量计对流体的清洁度要求较高，如果液体介质内含有固体异物时可能会卡死腰轮或对腰轮表面造成损伤，因此必须在腰轮流量计的上游安装过滤器。

⑥腰轮流量计超负荷工作会影响仪表的寿命，要求通过仪表的最小出口压力不超过 0.02MPa。

7.3.1.2　椭圆齿轮流量计

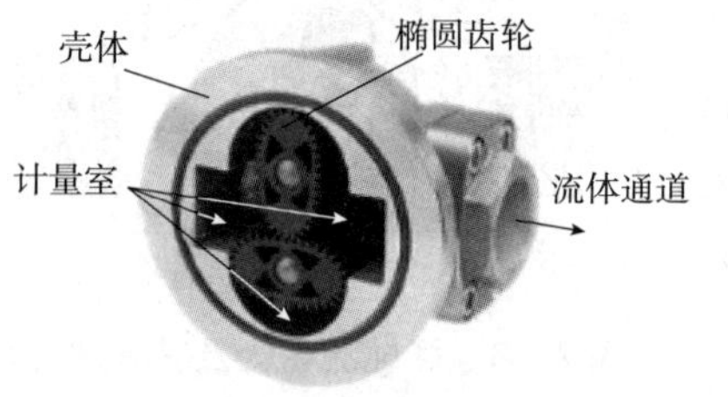

图 7－10　椭圆齿轮流量计结构图

椭圆齿轮流量计（oval gear flowmeter，OGF）主要部分是壳体和装在壳体内的一对相互啮合的椭圆齿轮，它们与盖板构成了一个密闭的流体计量空间，称作计量室，流体的进出口分别位于两个椭圆齿轮轴线构成平面的两侧壳体上。椭圆齿轮流量计外观与腰轮流量计相似，只是将腰轮换成了两个相互啮合的椭圆形齿轮，如图 7－10 所示。

椭圆齿轮流量计工作原理与腰轮流量计工作原理基本一致，仅仅是机械带动方式不同。椭圆齿轮流量计测量原理如图 7－11 所示：

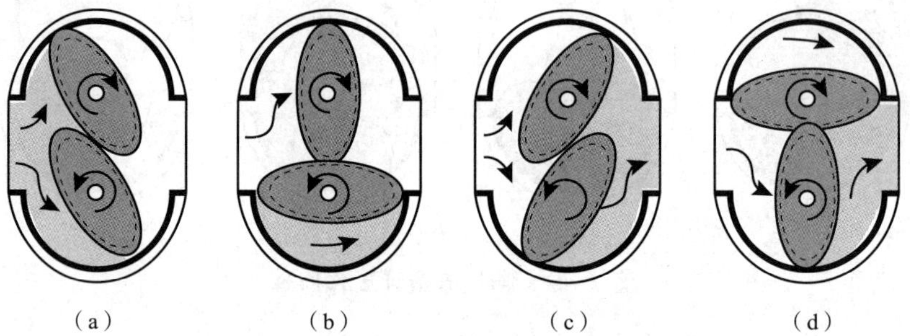

图 7－11　椭圆齿轮流量计测量原理

①下方椭圆齿轮逆时针转到水平位置过程，流体进入计量室下部；

②下方椭圆齿轮在水平位置，底部室内存有一个固定体积的流体，体积为 V_0；

③底部计量室内流体被排出；流体进入计量室上部；

④上方椭圆齿轮旋转至水平位置，上部计量室存有相同体积 V_0 的流体。

同理，上述过程齿轮旋转半周，上、下两个齿轮各排出等体积流体 1 次，共计 $2V_0$ 的流体体积。据此，设 N 为 Δt 内腰轮转动次数，V_0 为流量计设计的“循环体积”，则流体流量为：

$$Q_V = 4N\frac{V_0}{\Delta t} \tag{7-12}$$

椭圆齿轮流量计具有以下特点：

①计量精度较高，一般为0.2~0.5级。

②同腰轮流量计，被测液体黏度变化时，泄漏量也会变化，黏度越低，泄漏量越大。

③由于两个齿轮相互啮合传动，所以振动和噪声较大，一定程度上限制了流量计的量程。

④仪表可以水平安装也可以垂直安装，对前后直管段无要求，但要注意仪表的流向要求。

⑤椭圆齿轮流量计对流体的清洁度要求较高，如果液体介质内含有固体异物时可能会卡死齿轮或对齿轮造成损伤，因此必须在齿轮流量计的上游安装过滤器。

⑥椭圆齿轮流量计超负荷工作会影响仪表的寿命，要求通过仪表的最小出口压力不超过0.02MPa。

7.3.1.3 刮板流量计

刮板流量计（sliding vane flowmeter，SVF）的主要结构是壳体、转子、凸块和刮板，刮板一端可以自由旋转，并且被限制在靠紧凸轮的位置，另一端固定在转子外缘，不能旋转，但可以自由伸缩，其结构特点为圆形的计量室与位于一侧的进口和出口，如图7－12所示。

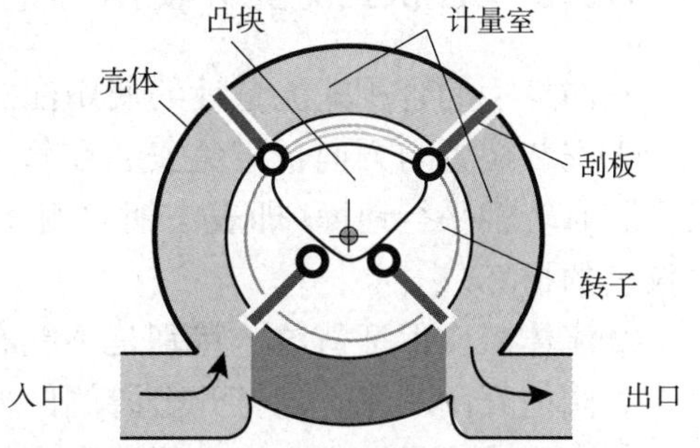

图7－12 刮板流量计基本结构

刮板流量计测量原理如图7－13所示：

①刮板A和D收缩在转子内部，与液体不接触；刮板B和C则由于固定不动的凸块的作用而伸出转子，另一端与计量腔内壁接触，被测液体流动时推动刮板连带转子沿顺时针方向旋转；

②刮板A开始伸出转子，C开始收缩，D处于全部收缩状态，B处于完全伸出状态；

③刮板A和B伸出，此时被测液体充满由刮板A、B、转子、壳体内腔以及上下盖板组成的空间；

④刮板A、B之间的液体由于B的逐渐缩回开始排出，刮板C处于完全收缩状态，刮板D开始伸出。

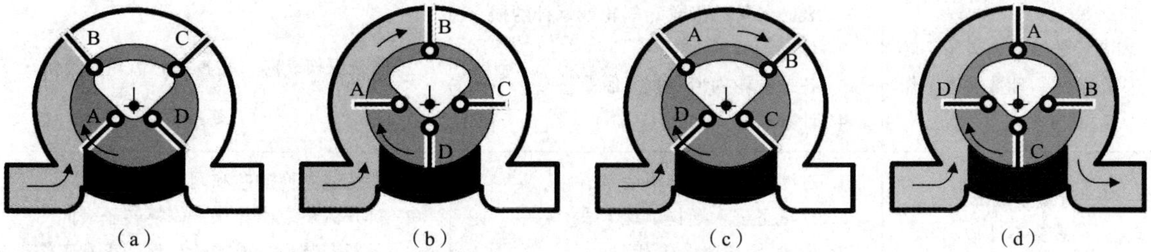

图7－13 刮板流量计测量原理

四个刮板每旋转一圈是四个体积的流量：

$$Q_V = 4N\frac{V_0}{\Delta t} \tag{7-13}$$

其中，N为Δt内刮板转动次数，V_0为流量计设计的“循环体积”，即两个刮板与壳体和转子形成的空间体积。可见，容积式流量计的测量原理基本相同，都利用了液体流动中经过的一次装置中特殊结构形成的一定容积来确定流速。

刮板流量计具有下列特性：

①被测液体在通过流量计时完全不受干扰，不产生涡流、不改变流态，也无须直管段要求，这为提高准确度、减少压力损失创造了良好的条件。

②对于不同黏度或带有颗粒杂质的液体都能进行准确测量。不过当固体颗粒过大时会造成机械摩擦、碰撞，影响流量计的使用寿命，也会严重影响流量计的精度。因此刮板流量计应用时必须在流量计上游安装规定滤网规格的过滤器，并定期清洗流量计。

③刮板流量计运转平稳，振动和噪声很小，这方面性能明显优于椭圆齿轮流量计。

7.3.2 容积式流量计使用

不同类型的容积式流量计的使用注意事项内容基本一致，具体如下：

①安装位置与方向：避免安装在管道最高位置，避免气体存在影响计量精度；水平管段安装时转轴平行地面(即表头朝向侧面)；垂直管段安装时保证流动向上，防止固体颗粒对仪表的损坏。

②流体工质保证清洁，特别是不能有固体颗粒，应在流量计上游加装过滤器。

③阀门开闭顺序：先打开上游阀门冲压，再缓慢打开下游阀门。

④容积式流量计出入口一般没有直管段的要求。

⑤启动前检查维护情况：加润滑油、排气；严禁用水测试。

7.3.3 容积式流量计故障排除

容积式流量计的优点之一是便于拆卸检修和保养，常见的故障包括表芯、计量室、润滑和密封故障，具体见表7－2。

表7－2 容积式流量计的故障原因及排除

故障现象	原因	处理措施
表芯计数故障：齿轮不转或不灵活、计数器未工作	1. 表芯各传动齿轮、蜗轮或蜗杆磨损 2. 传动轴轴承磨损 3. 各计数轮内齿磨损或脱落 4. 计数器轴支架损坏	检修或更换表芯；检查表芯齿轮润滑情况
计量室故障：表头不计数	1. 过滤器、过滤网罩堵塞 2. 计量室进入异物出现卡表 3. 齿轮/腰轮啮合卡死	1. 清洗或更换滤芯和网罩 2. 打开流量取出异物，修复转子表面 3. 重新安装齿轮或腰轮，保证正常工作
润滑故障：流量计工作时噪音过大	1. 转子润滑不好 2. 轴承润滑不好而磨损，钢球破碎	更换轴承或补充润滑油
密封故障：密封部分出现渗漏现象	1. “O”形圈老化失效 2. 安装螺丝没有紧固劳	更换密封圈，或检查安装螺丝

7.4 速度式流量计

流速计通过测量伴随流速而引起的一些特殊物理现象的参数来计算体积流量。当流体 Reynolds 数很大时，速度式流量计的灵敏度会明显降低。常见的速度流量计包括涡轮流量计、电磁流量计、超声波流量计、浮子流量计和涡街流量计等，一些资料也会将浮子流量计归类于差压式流量计。本节重点介绍常见的速度式流量计的结构、基本原理以及故障排除与维护。不同类型的速度式流量计工作结构和原理有很大不同，因此本章将对常见的速度式流量计分别介绍。

7.4.1 速度式流量计结构及原理

7.4.1.1 涡轮流量计结构及原理

最早的轴向叶片流量计原理由 Woltman 在 1790 年首先应用于测量水流流速。近代高精度的涡轮流量计的发展则主要是由美国天然气工业推动的，在 20 世纪 40 年代末和 50 年代，人们需要一种方法来精确测量大直径、高压的洲际天然气管道的流量。如今已经设计出多种多样、专用的涡轮流量计，被广泛应用于许多行业，如水处理、天然气、石油化工、化学过程、低温制品、食品加工、核工程、航空航天和生物医学等，这些行业对其准确性、可靠性和可测量性都有很高的要求。

典型的涡轮流量计(turbine flowmeter，TF)主要结构包括：涡轮、轴承、整流器、前置放大器和二次仪表(显示仪表)，如图 7 – 14 所示。涡轮流量计可以实现瞬时流量和累计流量的计量。

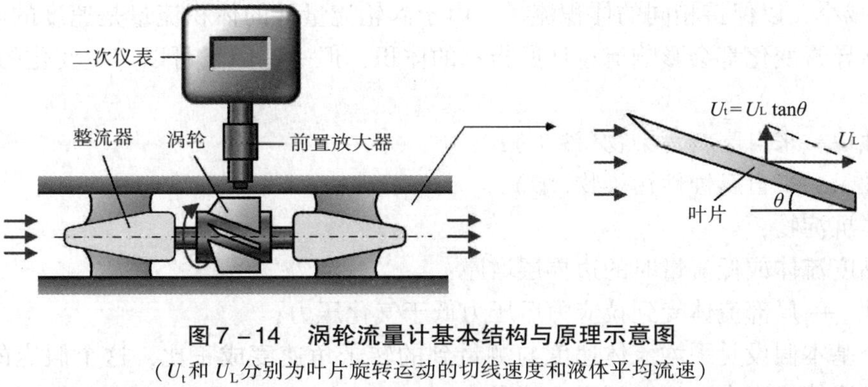

图 7 – 14 涡轮流量计基本结构与原理示意图

(U_t和 U_L分别为叶片旋转运动的切线速度和液体平均流速)

涡轮流量计测量原理如图 7 – 14。目前的文献讨论了轴流式涡轮机性能的两种理论，一种从动量交换的角度描述，另一种则从翼型理论从气动升力的角度对其进行了描述。当被测液体流经倾斜安装地涡轮叶片时，涡轮受到流体冲击而在叶片两侧形成压差而产生升力，叶片的倾斜而使涡轮受到扭矩而旋转，即在一定的流量范围及一定的流体黏度下转速与流量成正比，假设无摩擦条件下，流体速度和涡轮叶尖速度之间的数学关系是由涡轮叶片角度的切线决定的比率。这样，由导磁不锈钢制成的螺旋形叶片不停地接近置于管壁上的检测线圈，周期性的磁通量变化产生与流量成正比例的脉冲信号，根据信号波动规律获得涡轮的转数 ω，根据单位时间内的转数就可以得到流体流速。在量程范围内，变送器的输出脉冲数与流量成正比，其比值称为流量系数或仪表常数，用 K 表示。每一台涡轮流量计出厂时都经过实际校验测得的仪表常数，在实际应用中工况发生改变时，需要重新标定。

【例题 7－3】

DN50 涡轮流量计，流量范围为 4～40m³/h，最大误差 0.072m³/h，输出 4～20mA 信号。

(1)流量计的精度是多少？

(2)流量为 20m³/h 时，输出信号为多少 mA？

解：

(1)精度等级＝最大误差/仪表量程×100(级)＝0.072/36×100＝0.2 级

(2)$Q_{max}=40\text{m}^3/\text{h}$，流量为 0m³/h 时流量为 4mA，

设输出信号 xmA，则 $(40-0)/(20-0)=(20-4)/(x-4)$，得 $x=12$mA。

至今涡轮流量计特性的水动力学特性仍旧没有一致的定论，它与流体及其流动特性的关系非常复杂。涡轮流量计通过测量叶片在流体中的旋转运动(旋转速度)来推算流量，讨论流体流量与叶片转速的关系时，需要引入以下两点假设：

①流体截面平均流速与恒定的流通面积成反比，无流量损失；

②叶片转速与流体截面平均流速成正比，无额外的能量损失。

实际应用中，上述假设均不能完全成立，分析影响上述假设的因素有利于提高涡轮流量计的计量精度。

根据第一个假设，如果通过流量计的体积流量保持恒定，则流动面积减小/增大，流速必然增大/减小，以保持相同的体积流量。由于涡轮流量计的体积流量是速度的函数，所以速度的任何异常变化都会影响流量计所指示的体积，但一些因素可以产生变化的流动面积，例如：

①侵蚀——来自磨料污染物(沙子)；

②腐蚀——来自腐蚀性污染物(酸)；

③固体沉淀物；

④高黏度流体或低流量时的边界层增厚；

⑤空蚀——局部流体受到拉应力后压力低于气化压力；

第二个基本假设是平均流体速度与测量到的转子角速度成正比，这个假定的恒定叶片旋转速度和流体速度会受到以下因素的影响：

①转子叶片角度；

②转子稳定性；

③速度分布与涡流；

④转子轴承摩擦；

⑤流体密度与黏滞阻力；

上述影响因素在涡轮流量计的仪表系数 K 中得到了实际体现，如图 7－15 所示，其中

横坐标为实际流量，纵坐标为实际 K 值。从图中可以看出，满足假设条件时 K 为定值(虚线)，不随流量变化而变化，则流量和涡轮转速完美成现线性关系。而实际性能曲线则是偏离坐标原点的不规则曲线，可以分为以下几个区域：

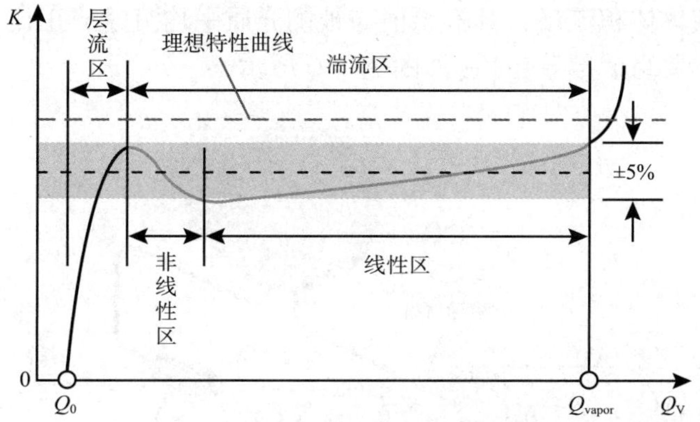

图7－15 涡轮流量计特性曲线

始动流量 Q_0：在流量很小时，流体的能量不足以克服涡轮始动的静摩擦，因此只有当流量超过始动流量 Q_0时才有数值计量。

层流区：在管道中有两种流动，层流和紊流。在层流流动中，流体在管道中平稳流动，流体呈抛物线型速度分布，由于流体和管壁内部的摩擦，管道中心的流体比壁面附近的流体运动得快。随着流速增大，流速分布也在变化，因此 K 值与流量也呈现随流量增大而增大的关系。

湍流区：在紊流范围内，流体与管壁之间的摩擦在流动流中产生紊流，尽管湍流存在脉动性，但湍流涡结构尺度量级很小，因此管道主流区域(管道中心区域)的流动呈现相对均匀的流动，速度剖面相对平坦。在这种条件下，涡轮转速与流速呈现比较稳定的定值关系，K 值波动范围一般在5%之内。然而湍流区存在两个区域，流量较低时 K 与 Q_V呈非线性关系，当流量大于一定值时，K 与 Q_V呈非常稳定的线性关系，涡轮流量计的高精度测量就是借助这一稳定特性得以实现流量计量的。

空化流速 Q_{vapor}：涡轮流量计测量范围并不能无限增大。空化空蚀现象(流体工质的局部气化与空泡溃灭过程)会产生大量空泡而减少流动面积，从而大大增加通过叶片的流体速度，此时 K 值迅速增大，同时空泡溃灭过程对流量计会造成严重损坏。为了保证仪表上的系统背压而避免空化空蚀，可采取相应措施控制流量或控制压力。

根据分析结果得到的涡轮流量计的实用流量方程为：

$$Q_V = f/K \tag{7-14}$$

式中，f 为流量计输出信号的频率，K 为流量计的仪表系数，它是各影响因素及流量的函数：

$$K = \frac{Z}{2\pi}\left(\frac{\tan\theta}{rA} - \frac{T_m}{r^2\rho Q_V^2} - \frac{T_f}{r^2\rho Q_V^2}\right) \tag{7-15}$$

上式即仪表系数 K 与流量 Q_V的实际关系，适用于图7－15湍流区域。式中，T_m为机械摩擦力矩，T_f为流体阻力力矩；A 为管道流通面积，r 为涡轮半径(叶片径向长度)，θ 为叶片结构角度(迎流角)，Z 为涡轮叶片数。

7.4.1.2 电磁流量计的结构及原理

电磁流量计(Electromagnetic Flowmeter，EMF)是根据法拉第电磁感应定律制成的流量计，用来测量导电液体体积流量，其输出值与被测介质平均流速成正比。

电磁流量计的主要组成部分包括(如图 7-16 所示)：

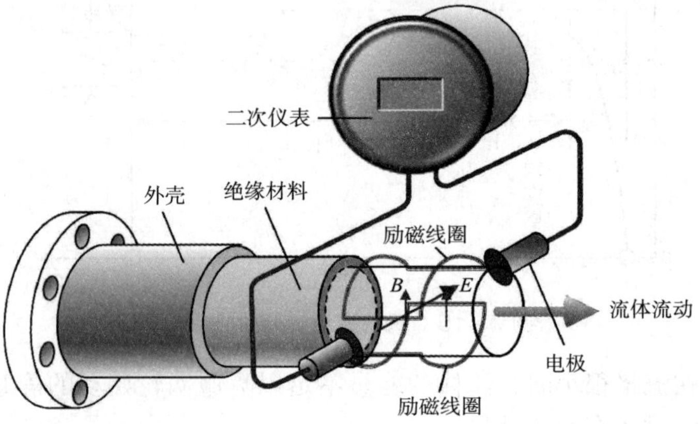

图 7-16　电磁流量计基本结构与原理示意图

电极：引出和被测量成正比的感应电势信号。

绝缘衬里：在测量导管的内侧及法兰密封面上，有一层电绝缘衬里(聚四氟乙烯塑料、陶瓷)。

二次仪表与转换器：显示测量的电势差，由液体流动产生的感应电势信号十分微弱，转换器可以将感应电势信号放大并转换成统一的标准信号，并抑制主要的干扰信号。

励磁线圈：线圈中通过变化的电流，沿线圈中心就有磁力线通过，电流变化率越大，磁力线也越多，直到饱和，断开电流，磁力线消失。励磁线圈中“励磁”就是激发产生的意思。

电磁流量计的工作原理基于法拉第电磁感应法律，其工作原理见图 7-16，当流体导体在磁场 B 内通过时，在洛伦磁力作用下，流体中的正、负电荷重新分布而向两侧分离，正负电荷之间形成与磁场方向、运动方向相互垂直的感应电动势 E。电动势 E(V)的大小与导体运动速度 U(m/s)和磁场的磁感应强度 B(T)大小成正比，根据法拉第电磁感应定律 E 为：

$$E = BDU \tag{7-16}$$

流量的体积流量为：

$$Q_V = \frac{\pi D^2}{4} U \tag{7-17}$$

联立上面两个式子，因此电动势可表示为：

$$E = \frac{4B}{\pi D} Q_V \tag{7-18}$$

当 B 是一个常数时，对某一个固定的口径 D 也是一个已知数，则令系数 $\pi D/(4B)$ 为常

数 K，则流量与 E 的关系为：

$$Q_V = KE \tag{7-19}$$

7.4.1.3 超声波流量计的结构及原理

超声波流量计(ultrasonic flowmeter，USF)利用声波在流动介质中的传播速度与流速的关系来测量流量。超声波在流体中的传播速度会随着被测流体流速而变化。

超声波流量计的结构主要包括超声波换能器、测量电路和转换器，转换器用于流量显示和积算，如图 7-17 所示。其结构特点是有两条或多条引管分别连接管道和指示器。根据引管和换能器的连接方式可分为管段式、外夹式和插入式等类型，如图 7-18 所示。

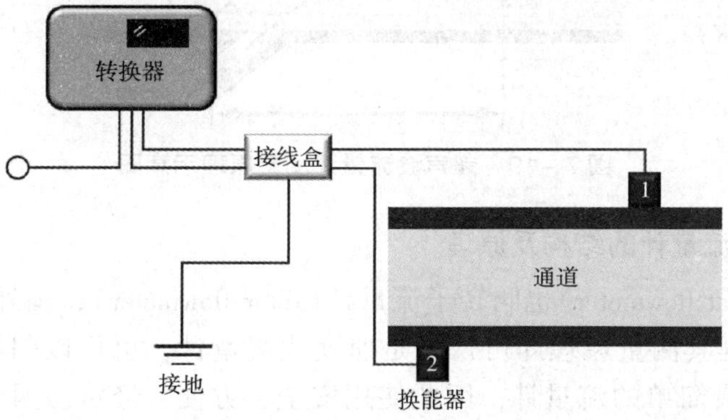

图 7-17 超声波流量计测量系统

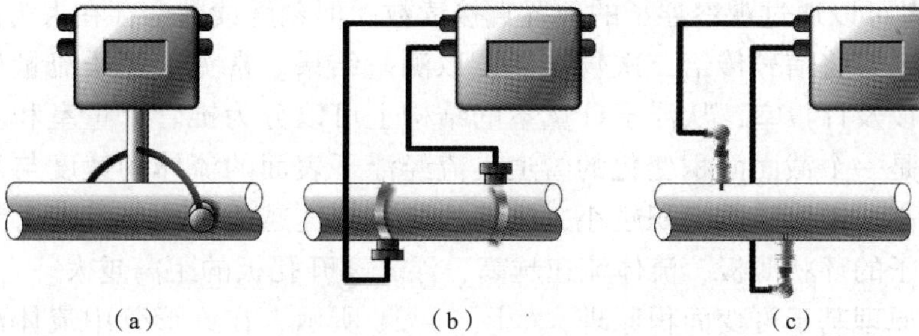

图 7-18 超声波流量计类型

超声波流量计的测量原理如图 7-19 所示，这里以传播时间法为例，介绍超声波流量计测量原理。超声波流量计在管道上安装两个换能器，从换能器 1 传播到换能器 2，波逆流减速，传递所需时间 t_{12}，则有：

$$\frac{L}{t_{12}} = c - U(X/L) \tag{7-20}$$

其中，U 为通道流体平均流速，c 为声速。超声波从换能器 2 传播到换能器 1，波传递所需时间 t_{21}，则：

$$\frac{L}{t_{21}} = c + U(X/L) \tag{7-21}$$

联立二式得到流体流速 U：

$$U=-\frac{L^2}{2X}\left(\frac{1}{t_{12}}-\frac{1}{t_{21}}\right) \tag{7-22}$$

根据上述关系，对接收到的超声波信号进行分析计算，可以检测到流体的流速，进而可以得到流量值。

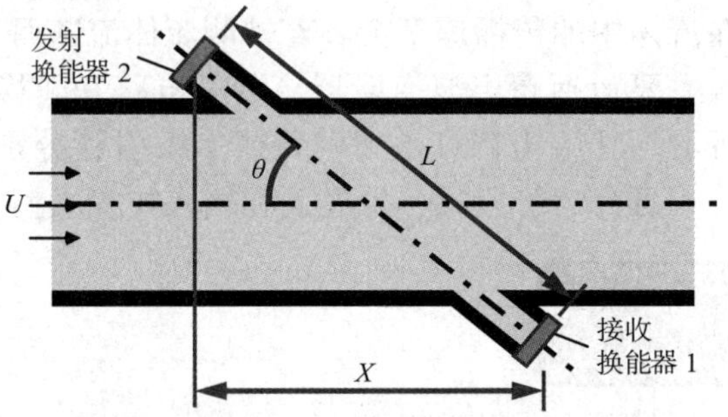

图 7－19　超声波流量计测量原理示意图

7.4.1.4　浮子流量计的结构及原理

浮子流量计(float flowmeter)也叫转子流量计(rotor flowmeter)，国外也叫面积流量计或变面积流量计。根据其测量原理即可认为是速度式流量计，也可以归类为差压式流量计。浮子流量计是结构最简单的流量计，因此使用安全、方便、经济，因此是目前应用最多、最广泛的流量计之一，但同时也是精度较低的流量计之一。

浮子流量计从壳体材料上可以分为玻璃管浮子流量计和金属管浮子流量计两种，如图 7－20 所示，前者可以通过观察浮子的位置直接读数，但刻度读数会存在人为因素的读数误差；后者通过传感器将信号传给二次仪表而读取测量结果。常见的浮子流量计的主要结构包括外壳、浮子以及计量室，从浮子计量室的结构上可以分为锥管计量室和孔板计量室两种流量计，锥管是一个截面面积变化的管道，流经浮子表面的流体的速度与浮子所处的位置有关，位置越高，锥管横截面积越小，流经的流体流速越低。孔板是嵌入等截面面积管中的用于限制浮子的环状薄板，流体流速越高，浮子离开孔板的距离越大。

浮子的工作原理基于可变面积原理，如图 7－21 所示，在锥形管中流体流动产生一个与浮子重力 F_G方向相反、浮力 F_B方向相同的升力 F_P，其本质是浮子底部到顶部之间的压力梯度力。流量越大，浮子升得越高，浮子与锥管形成的过流面积 A_o越小，过流流速 U_o越小。因此，浮子的高度与流量成正比，对于气体，浮力可以忽略不计，浮子高度与流体流速产生的压差直接相关。当流体施加的向上的力等于浮子施加的向下的重力时，浮子在管中达到稳定的位置，当流量变化时就会打破这种力量的平衡，然后浮子向上或向下移动，改变环形区域，直到再次达到力平衡的位置。根据连续性方程(质量守恒)和 Bernoulli 方程(能量守恒)可得流量与过流面积 A_o(或者说浮子高度 H)的函数关系：

$$Q_V=A_oU_o=\alpha A_o\sqrt{\frac{2gV_f(\rho_f-\rho_1)}{\rho_1 A_f}} \tag{7-23}$$

式中，α 为流量系数，与 Reynolds 数、浮子形状和尺寸等相关，在一定的 Reynolds 数范围内是常数；V_f和 A_f分别为浮子总体积和最大横截面积；A_o和 U_o是浮子最大横截面积位置的通道过流面积和流体平均流速；ρ_f 和 ρ_l 分别为浮子和流体的密度；g 为重力加速度。

图7－20　玻璃管浮子流量计

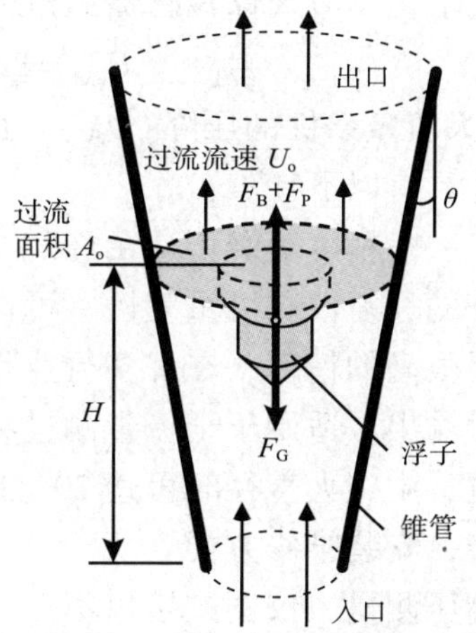

图7－21　浮子流量计原理示意图

浮子流量计用于液体测量时，制造厂通常是用常温下清洁水作为校验液来校验的，若被测液体是航空燃料或其他油品时，应对流量计的进行示值换算。设清水标定的流量为 Q_V、清水密度 ρ_l、流量系数 α，油品的流量、密度和流量系数分别为 Q'_V、ρ'_l 和 α'，则根据公式(7－24)，当浮子处在同一高度 H 时(则 A_o 和 U_o 相同)，二者流量的比值有：

$$\frac{Q'_V}{Q_V}=\frac{\alpha'}{\alpha}\sqrt{\frac{(\rho_f-\rho'_l)\rho_l}{(\rho_f-\rho_l)\rho'_l}} \tag{7-24}$$

根据上式就能重新标定浮子流量计的刻度值。

【例题7－4】

现有一浮子流量计，浮子材料为不锈钢，密度 $\rho_f=7900\text{kg/m}^3$，用20℃的水标定(水的密度 $\rho_l=1000\text{kg/m}^3$)，流量计测量上限为 $30\text{m}^3/\text{h}$。现用户用来测量硫酸，硫酸的密度 $\rho'_l=1800\text{kg/m}^3$，求流量计显示 $20\text{m}^3/\text{h}$ 时，实际通过流量计的硫酸流量为多少？设流量系数为定值。

解：根据流量换算公式，设硫酸的流量为 Q'_V，清水流量 $Q_V=20\text{m}^3/\text{h}$，则：

$$\frac{Q'_V}{Q_V}=\frac{\alpha'}{\alpha}\sqrt{\frac{(\rho_f-\rho'_l)\rho_l}{(\rho_f-\rho_l)\rho'_l}}\Rightarrow Q'_V=20\times\sqrt{\frac{7900-1800}{7900-1000}\times\frac{1000}{1800}}\approx 14.0\text{m}^3/\text{h}$$

因此当浮子高度显示 $20\text{m}^3/\text{h}$ 时，硫酸的实际流量约是 $14\text{m}^3/\text{h}$。

7.4.2　速度式流量计使用

7.4.2.1　涡轮流量计的使用与特点

①安装位置与方向：避免高点，避免出口段；注意流动方向；可水平也可垂直，水平

精度高，垂直必须向上流动。

②流体工质：清洁流体，特别是不能有固体颗粒，应在流量计上游加装过滤器。

③直管段长度：入口前10~20倍管径，出口后5~15倍管径。

④为了防止空化，应确保传感器出口端表压高于最低要求压力：

$$P_{\min} = 2\Delta P + 1.25P_{\text{vapor}} \tag{7-25}$$

式中，ΔP 为最大流量条件的压降，P_{vapor} 为最高使用温度时被测液体的饱和蒸气压。

涡轮流量计具有以下特点：

①精度高，一般精度等级可达±1%~±5%，高精度流量计可达±0.2%。

②具有良好的重复性和可重复性，可在短期内达到0.05%~0.2%，如果定期校准或在线校准可以获得很高的精度，在许多行业是首选的流量计之一。

③脉冲信号输出，适用于全流量测量和计算机连接，无零点漂移，抗干扰能力强。

④范围度宽，中、大直径时可达20:1，小直径一般可达10:1。

⑤结构紧凑，安装维修方便。

⑥适用于高压测量，仪器的接口不需要打开，因此可以方便地制成高压仪表。

⑦可根据不同的传感器进行定制，如低温型、双向型、地下型等。

⑧压力损失小，价格相对便宜，安装维修方便。

7.4.2.2 电磁流量计的使用与特点

电磁流量计的特点如下：

①温度、密度、压力不影响结果。被测流量体介质的温度、密度、压力、电导率、液固两相流体介质的液固成分比等参数不会影响测量结果。因此，某种意义上讲，电磁流量计是真正意义上的体积流量计。

②由于电磁流量计属于非接触式的流量计，因此不会引起额外压降。

③满足一定条件的杂质颗粒不会破坏测量装置。

④不能测量电导率很低的液体，如石油制品和有机溶剂等。

⑤由于衬里材料和电气绝缘材料限制，不能用于较高温度的液体。

⑥不能测量气体、蒸汽和含有较多较大气泡的液体。

⑦电磁流量计的精度一般，精度等级一般在1.0~2.5级。

⑧电磁流量计的范围度宽，可达到100:1。

⑨衬里材料耐酸耐碱，更换合适材料的衬里，可以测量强酸强碱。

⑩反应迅速，可得到脉动速度。

电磁流量计安装时需要注意以下几点特殊要求：

①直管段长度关键是入口需要具备10倍管径的长度，而对出口的要求低，没有长度要求。

②电磁流量计的流量计的外壳、屏蔽线、测量导管都要接地，传感器必须单独接地（接地电阻100Ω以下）。

③应用时远离电磁场干扰源，避免流量计附近有电动机、大型变压器等存在，否则会引起电磁场的干扰。

7.4.2.3 超声波流量计的使用与特点

①可测量电导率小的流体，对于非接触流量计而言，超声波流量计是电磁式流量计的重要补充。

②与电磁流量计一样，超声波流量计也属于非接触式流量计，因此不会引起额外的压降损失。

③不受流体化学性质影响，基本上任何流体都可以测量，悬浮液可用多普勒法测量。

④超声波流量计能够测量的管道管径有限，一般要求管径不小于25cm。

⑤传播时间法要求清洁流体，多普勒法必须含颗粒或胶体，并且后者的测量精度较低。

⑥测量线路复杂，1.0级精度的超声波流量计要求声速测量精度达到$10^{-5}\sim10^{-6}$数量级，所以需要高度发展的集成电路技术。

超声波流量计安装时需要注意以下几点：

①换能器安装位置：水平夹角45°范围内，避免在垂直直径位置附近安装，防止底部杂物或顶部气体干扰。

②换能器之间管道光滑，应避开法兰或焊缝。

③换能器布局方法灵活，如图7-22所示，有斜线式、V形式和X形式等多种方式。

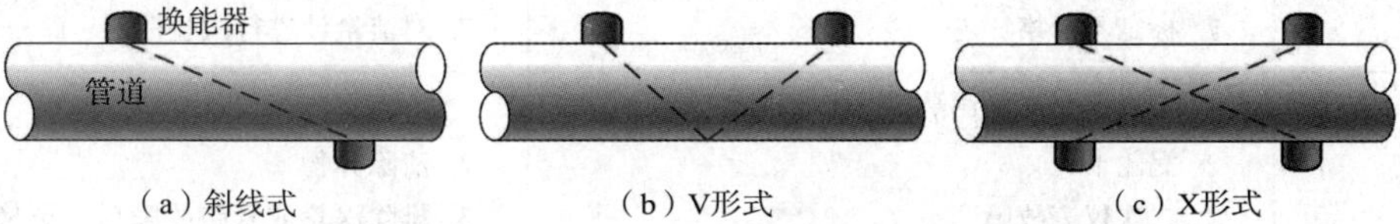

图7-22 超声波流量计换能器布局方式示意图

7.4.2.4 浮子流量计的特点

浮子流量计的优点有：

①浮子流量计之所以受欢迎，是因为它具有线性刻度，测量范围相对较长，压降损失较低；

②浮子流量计的安装和维护非常简单；

③采用特殊材料制造的浮子流量计能够满足较广的压力和温度范围，也可以满足强酸/强碱流体的计量；

④浮子流量计的结构多样性可以根据实际需求方便地更换其尺寸、量程和功能特性；

⑤浮子对流量变化的响应是线性的，标准的范围度为10：1；

⑥价格便宜。

浮子流量计的缺点有：

①精度较低，通常高于1.0级，甚至高于5.0级；

②低流量范围精度更低，因此满足精度要求的范围度较窄，这就使实际应用中往往需要考虑多组浮子流量计并联来扩大测量范围；

③不适用于多相流，在浮子表面附着空泡或杂质会影响测量准确性；

④耐高压、耐高温特性一般。

7.4.3 速度式流量计故障排除

速度式流量计常见故障排除见表7-3。涡轮流量计、电磁流量计和超声波流量计测量原理有相似之处，对介质流场分布以及介质清洁度要求高，因此故障原因多与安装不当或介质内含有杂质有关。涡轮流量计存在机械结构，因此常常涉及流量计的润滑和密封等问题；电磁流量计与超声波流量计都属于非接触式计量，在故障排除和保养方面更方便；浮子流量计结构最简单，可以方便地进行清洗和原件更换。

表7-3 速度式流量计的故障原因及排除

故障现象	原因	处理措施
流量计量偏差大或逐渐下降	1. 过滤器堵塞 2. 阀门故障或堵塞 3. 传感器叶轮或轴承间隙堆积杂物，阻力增加而减速减慢 4. 电磁流量计接线错误 5. 流量计内污染、结垢 6. 实际流量超过量程 7. 标定不合格	1. 关闭阀门，清洗过滤器 2. 检查阀门 3. 清洗涡轮，并重新校验 4. 检查传感器与转换器仪表编号是否一致 5. 清除结垢杂质 6. 减小流量或更换量程更大的流量计 7. 对流量计进行试验标定
流量显示零值	1. 管路泄漏或阀门故障，流体未流动 2. 涡轮卡死 3. 二次仪表故障 4. 浮子流量计超量程，上游压力过高而使浮子堵住出口	1. 检查阀门和管路泄漏，维修 2. 清除异物 3. 排除涡轮或管路故障后，更换二次仪表进行检查 4. 更换大量程的浮子流量计
数值波动大	1. 管路安装不规范 2. 流量计或管路进入其他相的介质或杂质 3. 流量计安装未保证同轴或密封圈安装偏离而影响正常流动 4. 电磁/超声波流量计附近存在干扰源	1. 保证流量计上下游直管段长度足够长 2. 检查并排出流量计内的气体或杂质 3. 检查法兰安装是否对齐，检查密封圈安装是否阻挡流动 4. 隔离或关闭干扰源
工作时噪音过大	1. 转子润滑不好 2. 轴承润滑不好而磨损，钢球破碎	更换轴承或补充润滑油
密封部分出现渗漏现象	1. “O”形圈老化失效 2. 安装螺丝没有紧固	更换密封圈，或检查安装螺丝

7.5 质量流量计

测量质量流量是有必要的，因为流体密度不仅仅是压力，也是温度的函数。油料流量在不同温度下产生密度变化是其测量精度主要的影响因素之一，因此有必要直接测量流体的质量流量，从而减小或避免流体密度变化带来的测量误差。

目前常见的质量流量计有三种，分别为科里奥利质量流量计、热式质量流量计和冲量式质量流量计，其中科里奥利质量流量计(coriolis mass flowmeter，CMF)利用流体在振动管中流动时，将产生与质量流量成正比的科里奥利力的原理，实现了高精度的直接质量流量测量，是目前最常见的液体质量流量计之一，也用于中－高压气体流量计量；热式质量流量计主要用于各类气体流量计量。本节只对科里奥利质量流量计进行介绍。

7.5.1　科里奥利质量流量计结构及原理

7.5.1.1　科里奥利效应简介

在旋转坐标系中，如图7－23所示，以速度U径向运动的物体受到两个虚拟的惯性力：离心力F_{cen}和科里奥利力F_C。离心力是旋转坐标系中物体改变运动方向时所克服的惯性力，方向为旋转运动轨迹的法线方向，表现为使物体在径向方向远离旋转系参考点的作用力；科里奥利力则是旋转坐标系中物体保持绝对坐标系的直线运动中克服的惯性力，方向服从左手垂直法则[即四指伸展，大拇指垂直四指，四指指向物体直线运动方向，让旋转角速度(右手法则)方向垂直指向手心，则大拇指方向就是科里奥利力的方向]，也可以用右手螺旋法则进行判断，表现为使物体偏离径向方向运动的作用力。

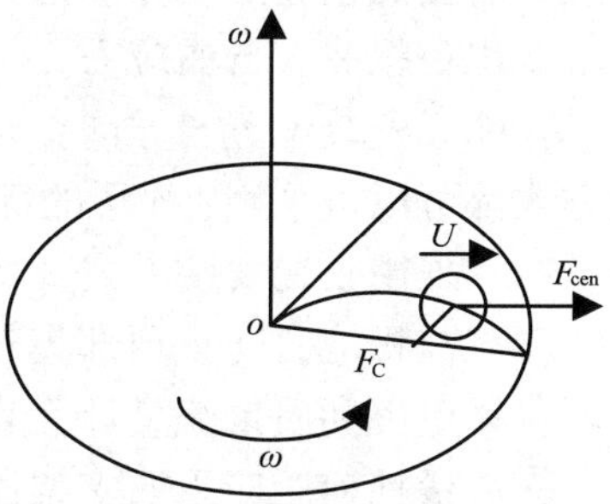

图7－23　科里奥利力示意图

7.5.1.2　科里奥利质量流量计内部结构及工作原理

科里奥利质量流量计的主要组成部分除了外壳和二次仪表以外，还包括流量管、传感器、驱动器等，如图7－24所示。以双U形流量管为例，说明科里奥利质量流量计的测量原理。科里奥利质量流量计的流量管都是弯曲形管道，并由安装在弯曲驱动器驱动来实现一定频率的摆动，形成旋转运动，这样，弯曲形流量管的摆动过程使一部分流入流量管(图中节点a到b管段)的流体在科里奥利力F_C作用下反作用于流量管，使得流量管摆动相位差发生变化(同一种介质频率不发生变化)，位于流量管两侧的传感器捕捉到这种相位差信息，科里奥利质量流量计就是根据这个频率变化的大小来测量流体流速的。可以注意到，根据科里奥利力的作用方向判断可以看到，单根流量管两侧产生的科里奥利力方向相反，流量管A和B的振动方向总是相反。

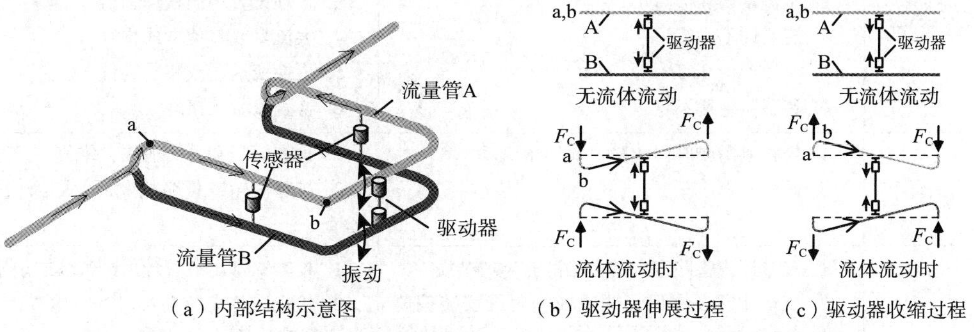

(a)内部结构示意图　(b)驱动器伸展过程　(c)驱动器收缩过程

图7－24　科里奥利质量流量计内部基本结构与基本原理示意图

按照弹性模数的理论，弹簧所悬挂物体的质量和它振动的频率成反比。这一概念引入到流量管的振动，即测量管和内部介质质量越大，其振动频率就越小。因此科里奥利质量流量计可以测量出流体的密度，通过检测标准状态下的水和空气等介质流经流量管时的频率得到密度与频率的非线性关系($\rho \propto 1/f^2$)，进一步确定油品工质或其他工质的密度。当流速与密度得到后，科里奥利质量流量计也可以给出体积流量结果。

7.5.2 科里奥利质量流量计使用

①流体工质包括低、高黏度的各种液体、含有固形物的浆液、含有微量气体的液体、有足够密度的中高压气体。与其他流量计相比，科里奥利质量流量计的应用范围更广。

②避免扭曲、弯曲应力。

③注意安装位置与方向：当传感器的测量管为直管型时，无论测量什么介质，垂直安装方式都可以被采用；S形的穿管器由于测量管管形方面的原因，固体颗粒或气体都更容易排出，采用立式安装方式要优于水平安装方式；Ω形和U形必须水平安装，防止底部积固体颗粒或积液，防止顶部集气。

④科里奥利质量流量计无直管段要求。

⑤流量计前后应采取支架固定，用来减轻管道内流体流动或其他设备运行产生的振动而影响计量精度和稳定性。

⑥含气率超过1% ~5%时，质量流量计将停止工作，因此对于易气化流体应安装消气器和止回阀。

7.5.3 科里奥利质量流量计故障排除

相较其他流量计，科里奥利质量流量计使用的稳定性比较高，零漂是科里奥利质量流量计最容易发生的故障。常见的故障原因及其排除方法见表7-4。

表7-4 科里奥利质量流量计的故障原因及排除

故障现象	原因	处理措施
零漂或不稳定	1. 安装管路存在应力 2. 没有调零，调零过程操作错误 3. 小流量切除值过小 4. 流量计不满管 5. 变送器损坏等 6. 传感器绝缘不良	1. 检查安装，消除应力 2. 严格按照标准的调零步骤调零 3. 合理设置小流量切除值 4. 大流量或其他方式排气 5. 更换变送器或相应零件 6. 检查流量计接地
无输出信号	1. 管路泄漏或阀门故障，流体未流动 2. 硬件故障	1. 检查阀门和管路泄漏，维修 2. 排除涡轮或管路故障后，更换仪表进行检查
数值波动大	1. 流量计或管路进入其他相的介质或杂质 2. 流量计安装未保证同轴或密封圈安装偏离而影响正常流动 3. 流量计附近存在干扰源	1. 检查并排出流量计内的气体或杂质 2. 检查法兰安装是否对齐，检查密封圈安装是否阻挡流动 3. 排除附近的振动源或电磁辐射源干扰

续表

故障现象	原因	处理措施
测量值不准	1. 质量流量计组态参数设置不对 2. 流量计安装方向装反 3. 流量计内存在微量杂质造成堵塞 4. 流量系数不正确	1. 查看传感器参数是否与铭牌参数一致 2. 调整流量计安装方向 3. 对通道进行清理、疏通 4. 利用准确的流量计进行标定

7.6 流量计的维护

本节介绍的流量计维护规程主要适用于容积式流量计、差压流量计、涡轮流量计和科里奥利质量流量计，这些流量计是航空油料储运过程中最常见的流量计。

1. 一般要求

①流量计使用前应检定合格，并具有有效的检定证书。

②计量系统的温度、压力等配套仪表在使用前应检定合格，并具有有效的检定证书。

③流量计应带有铭牌，铭牌应注明制造户名、出厂编号、公称通径、流量范围、最大工作压力、工作温度、准确度等级、防爆等级和防爆合格证编号(适用于防爆型流量计)、防护等级(用于露天安装时)和制造或出厂日期。

④被计量油品的流量、温度和压力范围等技术指标应符合流量计铭牌上的参数要求。

⑤具有温度补偿功能的流量计，其运行温度不应超出温度补偿的范围。

⑥密封性：将流量计安装在管路中，在最大试验压力下保持5min，应无渗漏。

2. 使用过程中的巡回检查

①了解仪表运行情况；

②检查二次仪表指示的累积流量是否正常；

③检查二次仪表供电是否正常；

④检查一次仪表体连接件是否损坏和腐蚀；

⑤检查线路有无损坏及腐蚀；

⑥检查表体与工艺管道连接处有无泄漏；

⑦检查二次仪表电器接线盒及电子元件盒密封是否良好；

⑧若发现问题需立即处理，并做好巡回检查记录。

3. 定期维护和校准

①每天根据运行情况核对、调整流量参数；

②每半个月进行一次清洁工作；

③每年对仪表内单元器件的连接状况进行检查；

④定期校准周期为0.5~1年。

4. 启用和停用注意事项

生产过程中难免停车，短时间的停车对流量计影响不大，如长时间停止使用，应根据各类流量计的要求做好处理工作，通常在长期停输时应拆下流量计，做好润滑清洁后妥善保管。当重新启用时，首先检查流量计状态是否正常，润滑是否良好，是否有腐蚀情况；在连接到管路后开启阀门时，应缓慢开阀，以免冲击流量计造成损坏。

7.7 流量计的选用

选择流量计的原则首先是要深刻地了解各种流量计的结构原理和流体特性等方面的知识，同时还要根据现场的具体情况及考察周边的环境条件进行选择。也要考虑到经济方面的因素。一般情况下，主要应从下面五个方面进行选择：

①流量计的尺寸与性能要求，包括流量计精度等级、范围度、重复性、公称直径、材质、压降特性等；

②被测流体的理化特性，包括介质类型、介质温度、介质黏性、介质酸碱性等；

③安装与输出要求，包括管径尺寸、连接方式、输出方式、供电电源等；

④环境条件，包括温度、压力等级、防爆等级、防护等级等；

⑤流量计的价格与运行成本。

7.7.1 流量计性能要求

流量计的性能方面主要包括：瞬时流量还是累积流量、精度要求、重复性、线性度、满度流量和范围度、压降、输出信号特性和流量计的响应时间等。

1. 瞬时流量还是累积流量

根据现场计量的需要进行选择，容积式流量计的测量原理是以机械计数或脉冲频率输出直接得到总量，其准确度较高，适用于计量累计流量计，如配有相应的发讯装置也可获得精确的瞬时流量，因此在航空油料储运中应用较多。速度式流量计，如涡轮流量计、电磁流量计、超声流量计等，是以测量流体流速推导出流量，响应快，适用于过程控制，如果配备积算器，也能测量累计流量。

2. 精度与准确度

精度是流量计最重要的指标之一，反映流量计测量与约定真值的偏差或误差，是多次测量结果的统计结果；而准确度是指测量结果与真实情况的偏差，由于真实值是不可能预知的，因此准确度是一个定性的概念。精度高的流量计未必说明某次测量的准确度高。尽管同一类型的流量计也有精度等级的差别，即可以通过补偿器、结构优化设计或材料等技术提高测量精度，但受限于测量原理和实际流体流动能耗等原因，不同类型的流量计在准确度方面有不同的表现。不同类型流量计在准确度方面的整体表现见表 7－5。

表 7－5　流量计的准确度对比

流量计	孔板流量计	文丘里流量计	弯管流量计	均速管流量计	浮子流量计	涡轮流量计	电磁流量计	超声波流量计	容积式流量计	科里奥利质量流量计
准确度	中	中	低	低	低	高	中～高	低～中	高	极高

3. 重复性

重复性是由流量计原理本身与制造质量决定的，是流量计使用过程中的一个重要的技术指标，与流量计的准确度息息相关。一般在检定规程中的计量性能要求中对流量计不仅有准确度等级规定外，还对重复性进行了规定，一般规定为：流量计的重复性不得超过相应准确度等级规定的最大允许误差的1/5～1/3。

重复性是指在环境条件和介质参量等不变的情况下对某一流量值短时间内进行多次测量的一致性的反映，是由流量计自身的结构设计和加工质量所决定的。但在实际应用过程中，流体黏度和密度参数受温度、压力扰动而发生变化，影响流量测量结果，这并不意味着流量计的重复性差。差压式流量计(包括浮子流量计)容易受流体密度影响比较明显，小口径的流量计不仅受流体密度的影响，可能还会受流体黏度的影响；涡轮流量计如果用在高黏度范围时的黏度影响；有些未做修正处理的超声流量计会受到流体温度的影响等。如果流量计的输出是非线性的，如节流式差压流量计，这种影响可能会更为突出。

4. 线性度

流量计的输出主要有线性和非线性平方根两种，例如涡轮流量计属于前者，节流式差压流量计属于后者。严格上讲，通过理论获得的理想线性或非线性平方根关系并不存在，所有的流量计计量都是近似结果，一般的来说流量计的非线性误差是不单独列出的，而是包含在流量计的误差内。线性度在对较宽流量范围做积算时是非常重要的指标，随着计算机技术的发展，通常将流量范围进行分段，并用最小二乘法拟合出流量与仪表系数的关系式，来对流量计进行修正，从而提高流量计的准确度和扩展流量范围。

5. 满度流量和范围度

满度流量即流量计保证测量精度的最大流量。满度流量与范围度是流量计选用最根本的需求，根据工程中被测量系统的流量范围选择满足需求的流量计，当单个流量计受范围度限制而不能覆盖流量范围时，则需要考虑其他大范围度流量计或者多个流量计并联使用。

一般而言，设计管道流体最大流速是按经济流速来确定的，如果流速选择过低，则要求管径粗，投资增大，如果流速选择过高，则要求管径细，沿程压降增大，运行成本增加。大部分流量计满度流量的流速接近或高于管道经济流速，因此，流量计选择时其口径与管道相同时候就较多，安装比较方便，如不相同也不会相差太多，可采用变径管串联使用。

不同类型的流量计，其满度流量与各类流量计的测量原理和结构设计有关。以液体流量计为例，玻璃浮子流量计为最低，一般是0.5～1.5m/s，容积式流量计在2.5～3.5m/s，电磁流量计则在1～10m/s。液体的满度流量还需要考虑空化问题，为了避免空化的形成，常常需要控制流量计的最小背压(最大流量)。

范围度为流量计的上限流量和下限流量的比值，其值越大则流量范围越宽。线性仪表有较宽的范围度，一般为10：1，但容积式流量计无论是常规型还是高黏型，一般不超过10：1。非线性流量计的范围度较小仅为(1：3)～(1：5)，但随着电子技术的发展，孔板流量计的范围度可达到(10：1)～(15：1)，而文丘里流量计由于文丘里结构为标准件，因此范围度受到了极大限制，一般不超过8：1。一般用于过程控制或贸易交接核算的流量计，如果要求流量范围比较宽就不要选择范围度小的流量计。不同类型的流量计范围度对比如表7-6所示。

表 7-6　流量计的范围度对比

流量计	孔板流量计	文丘里流量计	弯管流量计	均速管流量计	浮子流量计	涡轮流量计	电磁流量计	超声波流量计	容积式流量计	科里奥利质量流量计
范围度	小~中	小	小	小	中	小	大	中~大	小	大

6. 压降

压降是工程应用中最关心的参数之一，流量计造成的压降属于局部阻力损失，局部阻力系数往往取定值，压降大小与流量成正比。在有泵等设备存在的管路中，流量计的局部阻力损失的意义更为突出，必须保证管路系统各设备的最低进口压力而避免空化空蚀的发生。不同类型流量计的流动阻力特性对比见表 7-7。

表 7-7　流量计的阻力特性对比

流量计	孔板流量计	文丘里流量计	弯管流量计	均速管流量计	浮子流量计	涡轮流量计	电磁流量计	超声波流量计	容积式流量计	科里奥利质量流量计
压损	大	小	小	小	中	中	无	无	大	大

注："无"指一次测量装置的结构不会引起额外的能量损失，并不是完全无压降，流体通过流量计内壁面的摩擦阻力损失、湍流能耗都是存在的。

7. 输出信号特性与响应时间

流量计的输出和显示量可以分为：流量(体积流量或质量流量)、累积流量、平均流速和点流速。流量计输出形式包括模拟量(电流或电压)和脉冲量。模拟量输出一般认为适合过程控制，比较适合与调节阀等控制回路单元接配；脉冲量输出比较适合总量和高准确度的流量测量。

应用于脉动流动场合应注意流量计对流动阶跃变化的响应。有时需要流量计输出迅速反映流体流动变化，如变加速流动、非定常流动过程；而有时则希望获得较慢响应的输出，如稳定流量的强湍流过程。一般来说，配用显示仪表往往延长了响应时间。

7.7.2　流体特性

流体的密度、黏度、蒸气压力等物性参数及其随温度、压力环境的变化，会对不同原理的流量计造成不同程度的影响，因此在一定程度上决定了流量计的选用。

1. 温度和压力

对于液体工质，关心的是其温度对黏度的影响、压力对饱和蒸气压的影响；对于气体工质，需考虑温度对密度的影响，因为气体具有可压缩性，而液体的可压缩性可忽略不计，而温度对黏度的影响则可忽略，因为气体的黏度数量级很小，变化幅度有限。通过给流量计配置温压补偿器可减小因温度和压力扰动对流量测量的影响。表 7-8 对比了不同类型流量计对高温和低温液体的测量能力。

表 7－8 流量计对高、低温液体的适用性

流量计	孔板流量计	文丘里流量计	弯管流量计	均速管流量计	浮子流量计	涡轮流量计	电磁流量计	超声波流量计	容积式流量计	科里奥利质量流量计
高温	最佳	最佳	不推荐	最佳	适用	最佳	不推荐①	适用	不适用	适用
低温	最佳	不推荐	不推荐	最佳	不适用	不适用	不推荐	不适用	适用	不推荐

注："最佳"代表介质温度可超过 200℃；"适用"指可用于 200℃以下的介质；"不推荐"代表不利于长期在 100～200℃区间工作的流量计。

①电磁流量计介质温度适用范围与衬里材料有关，氯丁橡胶和聚氨酯橡胶最高温度不超过 60～80℃，聚四氟乙烯（F4）和聚全氟乙丙烯（F46）不超过 150～180℃。

2. 密度

液体可压缩性可忽略，因此密度随温度变化不大，而对于气体，流量计的范围度和线性度取决于气体密度，需了解标准状态下和工况状态下的密度，以便选用，质量流量计在不考虑经济条件下是最好的选择。

3. 黏度

液体黏度对流量计量有重要意义，气体黏度往往比液体小三个数量级，因此气体黏度往往不做考虑。不同流量计对高黏度流体和非牛顿流体的适用性见表 7－9。

表 7－9 流量计对流体黏度的适用性

流量计	孔板流量计	文丘里流量计	弯管流量计	均速管流量计	浮子流量计	涡轮流量计	电磁流量计	超声波流量计	容积式流量计	科里奥利质量流量计
高黏度流体	最佳	适用	不适用	不适用	不推荐	不推荐	最佳	不推荐	适用	最佳
非牛顿流体	不推荐	不推荐	不推荐	不适用	不适用	适用	最佳	适用	不适用	最佳

注："不推荐"代表较少情况下才能使用。

黏度对各类流量计的影响程度不一样，例如，电磁流量计、超声流量计是非接触式流量计，直接测量流体的体积流量，科里奥利式质量流量计则与流体惯性质量有关，这些流量计的黏度范围很宽，可忽略液体黏度的影响；容积式流量计是转动件与流体的耦合过程，其误差特性和黏度息息相关，因此受黏度的影响较大；而浮子流量计、涡轮流量计在黏度较大时测量精度大大下降，甚至无法使用。

牛顿或非牛顿流体也是选择流量计的重要参数。气体属于牛顿流体，大多数液体以及含有少量球形微粒的液体是牛顿流体，如水、轻油，常见的非牛顿流体包括滑油、原油、水泥等，某些非牛顿流体，如钻井泥浆、纸浆、油漆等，其流动状态复杂，不易判断其属性，选择流量计时必须谨慎。电磁流量计、基于多普勒原理的超声波流量计、涡轮流量计和科里奥利质量流量计可测量多数非牛顿流体，因此考虑非牛顿流体计量时首先选择速度式流量计和质量流量计；某些流量计可在一定范围内测量塑性流体，如节流式差压流量计；某些只适用于牛顿流体的测量，如匀速管流量计、浮子流量计和容积式，这些流量计在使用时极易发生堵塞。

4. 多相流

工程中工质的组分复杂多变，多相流流量测量一直是计量技术的难点。油料储运过程中无法完全避免固体颗粒、气体、水等的侵入或产生，这对流量计的要求提出更多要求。不同类型流量计对含颗粒流或液液、气液两相流的适用性见表7－10。可见，多数流量计需严格过滤流体中的颗粒杂质，而差压式流量计在液液、气液两相流测量中具有明显优势，目前针对气液两相流测量的流量计还有待进一步研发。

表7－10　流量计对高、低温液体的适用性

流量计	孔板流量计	文丘里流量计	弯管流量计	均速管流量计	浮子流量计	涡轮流量计	电磁流量计	超声波流量计	容积式流量计	科里奥利质量流量计
颗粒	不适用	不适用	适用	不适用	不适用	不适用	最佳	①	不适用	适用
液液	最佳	最佳	最佳	最佳	不适用	适用	最佳	最佳	适用	适用
气液	适用	适用	适用	适用	不适用	不适用	不推荐	不推荐	不适用	不推荐

①传播时间法不适用，多普勒法适用。

7.7.3　使用条件

流量计的使用条件，这里从安装要求、环境条件和经济性对比等几个方面进行介绍。

7.7.3.1　安装要求

流量计安装要求的内容包括安装方向与流体流动方向、上下游管道预留长度、阀门位置、防护性配件、脉动流影响、振动，电气干扰和流量计的维护等。

1. 流量计安装方向与流体流动方向

流量计的安装方向一般分为垂直安装和水平安装两种方式，一方面考虑流体流动对流量计传感器带来干扰而影响流量计的性能，使流量计的线性度、重复性下降，另一方面考虑流体中含有沉淀固体颗粒或多相流分布情况，为了避免固体颗粒的沉降或气体的堵塞，垂直安装有利于流量计的正常使用。有些流量计必须规定流动方向，流量计外壳往往会标定流动方向，如果反向流动会损坏流量计或无效测量，可根据流量计的测量原理进行判断。如涡轮流量计如果流动方向错误则测量结果无效，孔板流量计的一次测量装置不受安装方向的影响，但二次仪表无法正常使用，弯管流量计、容积式流量计一般不受流动方向的影响。

2. 流量计上游和下游直管段与阀门安装位置

对于多数流量计，保留上下游足够长度的直管段有利于减小不稳定流动对流量测量的干扰，如差压式流量计、速度式流量计；也有些流量计受不稳定流动的影响较小，如容积式流量计和科里奥利质量流量计。

阀门安装位置也是为避免由于阀引起一些流速分布扰动和空化而影响流量计测量，一般阀门应安装在流量计的下游，也起到增加流量计背压的作用，有利于避免流量计内的空化现象的发生。不过，过滤器、调压阀或减压阀则必须安装在管路上游，只需保证流量计前足够的直管段即可。

3. 脉动流和非定常流

泵、阀门调节、设备复杂结构等产生的涡列等，都可能造成强烈的脉动流或非定常流，

会对某些流量计的性能造成影响，对于脉动流的影响可采用脉动消除器来消除。例如，差压式流量计与涡轮流量计具有脉动流误差。

7.7.3.2 环境条件

前面提到温度、压力等环境条件对流体物性参数的影响，进而影响测量结果，此外，也要根据流体的易燃易爆性选择防爆等级的流量计，因此不能忽略环境条件的影响。

1. 温度

环境温度变化会影响流量计的电子部分和流量传感器部分。主要表现在：引起流量计热应力，引起流体密度和黏度的变化，影响到显示仪表电子元件性能。如果有必要，可将一次流量传感器和二次显示仪表分开安装，即一次装置安装在管道上，二次仪表安装在控制室内。研究表明，环境温度的影响是流量计测量不确定度主要影响量之一。

2. 湿度

环境中大气湿度也是影响流量计使用的问题之一，高湿度会促使大气腐蚀和电解腐蚀过程，而低湿度会感生静电。环境温度或介质温度的急剧变化也是引起湿度变化的主要原因，例如低温流体输送时可能使流量计表面结露。

3. 防爆

应按照有关规范和标准选择流量计，以适应用于爆炸性危险环境。

4. 电气干扰

电力电缆、电动机和电气开关都会产生电磁干扰，如不采取措施，就会成为流量测量产生误差的原因，表现为输出信号的剧烈波动。可采取的措施包括远离或隔离干扰源，或采用防干扰电源线等。

7.7.3.3 经济性对比

单纯从单价来说，流量计的价格主要取决于流量计类型、精度等级及制造水平等因素，一般而言，价格从低到高的顺序分别为：浮子流量计、速度式流量计、节流式差压流量计、容积式流量计、质量流量计。

注意，在考虑流量计单价时，也需考虑流量计范围度和测量流量范围的具体情况，例如范围度小的流量计比范围度宽的流量计在相同测量范围下，需要多台流量计并联和多条管线才覆盖，因此除流量计以外尚需增加许多辅助设备，像阀门、管线附件等。

一些流量计的安装费用也需要考虑，例如超声波流量计的安装、各类流量计测试等。

流量计运行费用主要是长期工作时带来的能量消耗，包括二次仪表电力消耗、气动仪表气源损耗、压降等，非接触式的流量计，如电磁流量计和超声波流量计运行费相对较低。

思考题

7－1. 某文丘里流量计没有水平安装，而是向上倾斜 θ 的角度安装，请根据伯努利方程对该流量计的流量－压差关系进行修正。

7－2. 某航空煤油输送管路中，对某工作的流量计采集电流信号，平均值为 12.5mA，该流量计的量程为 2～50m/s，为了避免静电起火，要求流速不得超过 30m/s。请问此时的流速是否在安全流速范围内？

7－3. 分别指出哪些流量计适合或不适合下列测量介质或条件：

（1）高黏度的流体；

（2）含杂质的流体；

（3）含微量气体或气泡的流体；

（4）低流量条件；

（5）大流量范围；

（6）非牛顿流体；

（7）空间狭小管段安装流量计；

（8）环境温度变化较大的环境。

7－4. 流量计的制造技术不断改良，但不同流量计的测量精度等级仍然有差别，试分析，为什么不同类型的流量计的精度有所差异？

7－5. 分析对于节流式差压流量计、涡轮流量计、齿轮流量计，测量结果偏大和偏小的可能的原因是什么？

7－6. 根据下述要求，选择合适的流量计型号。

（1）高精度，性价比高；流量范围 10～100m^3/h；介质航空煤油；法兰连接；4～20mA输出，RS485 协议；一体式带数显；介质温度涵盖 0～100℃；压力等级 PN25（2.5MPa）；需防爆，可选择本安型或隔爆型；直流电源供电。

（2）精度一般水平即可；压降要求尽可能低；流量范围 1～20m^3/h（单个流量计）；介质清水；法兰连接；管径 DN100，管材不锈钢；4～20mA 输出，RS485 协议；介质温度0～150℃

压力等级 PN16（1.6MPa）；本安型防爆，直流电源供电。

7－7. 现有一台 DN50mm 涡轮流量计，流量范围为 4～40m^3/h，最大误差 0.072m^3/h，输出 4～20mA 信号。求：

（1）流量计的精度和范围度分别是多少？

（2）流量为 20m^3/h 时，输出信号为多少 mA？

（3）采集到的信号为 13mA，此时的流量是多少？

7－8. 分析下列故障对差压式流量计测量结果的影响是偏大还是偏小：

（1）低压引压管泄漏（管内压力高于大气压）；

（2）低压引压管泄漏（管内压力低于大气压）；

（3）高压引压管局部堵塞；

（4）输送气体，垂直安装的高压引压管内含有一段液柱；

（5）输送液体，垂直安装的低压引压管内含有一段气柱。

第 8 章　飞机加油设备

航空油料加注是民用机场供油工程的最后一个环节，即将通过计量、调压和净化后的航空油料加注至飞机油箱的过程，整个过程都需要使用专用的飞机加油设备。一般说来，大型运输机场采用管线加油车与机坪管网进行加油，小型运输机场采用罐式加油车进行加油，通用机场采用橇装加油设备进行加油。此外，大中型机场往往还需要使用多功能油料作业车进行高低点排放和管网清洗等作业。本章主要介绍罐式加油车、管线加油车、橇装加油设备、多功能油料作业车和机坪管网的功能结构、使用方法和技术要求，以及各设备的维护检查与故障诊断工作。

8.1　罐式加油车

8.1.1　罐式加油车功能与基本结构

飞机罐式加油车是包括油罐、过滤分离器、压力控制装置(适用于压力加油)、流量计、加油胶管及加油接头等一系列部件集合的专用车辆，如图 8-1 所示。罐式加油车的用途是利用自身油罐额定容量所装载的航空油料来为飞机加注燃油，具有过滤净化、精确调压、准确计量等用途，具备机动性高、作业方便、安全可靠等特点。

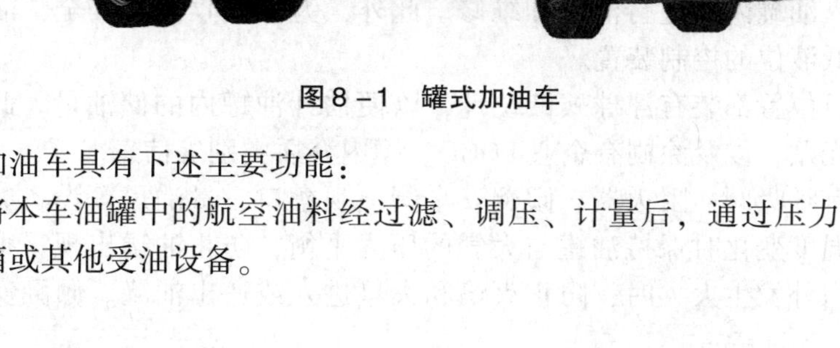

图 8-1　罐式加油车

飞机罐式加油车具有下述主要功能：

①加油：将本车油罐中的航空油料经过滤、调压、计量后，通过压力加油接头或加油枪注入飞机油箱或其他受油设备。

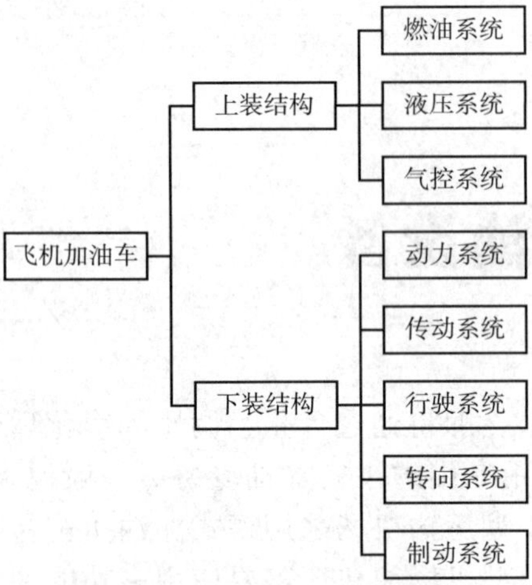

图8－2　飞机加油车基本结构

②抽油：将飞机油箱中的燃油，通过卷盘加油胶管或平台加油胶管的压力加油接头经过滤、计量后抽回到本车油罐。

③循环：循环搅拌本车油罐内的油料。

④灌油：用外部设备通过底部装油的方式给本车油罐注入燃油。

⑤移动泵站：利用自身油泵将油罐以外的航空油料进行转输泵送，例如在仪表检定时需要使用加油车上的油泵为燃油提供动力。

飞机加油车主要分为上装结构和下装结构两部分，其结构组成如图8－2所示。其中，上装结构主要是为保障航空燃油的加注，下装结构与汽车类似，主要保障加油车的正常行驶。本书依次介绍燃油系统、液压系统、气控系统以及下装结构。

8.1.1.1　燃油系统

燃油系统是整个飞机加油车的核心系统，涉及全部航空油料的流动、储存和加注程序，主要包括以下设备：

1. 油罐

油罐是罐式加油车的最主要部分，负责航空燃油的储存，如图8－3所示。罐体一般采用防锈铝或不锈钢材料制作，其形状类似于卧式的圆筒。为了便于燃油中的水分和杂质的集聚、沉淀、排放，油罐底部最低点设有沉淀槽、排污口和排污阀等设备。

图8－3　加油车油罐

油罐内部设有防波挡板，减少由于车辆行驶引起的油液波动对油罐前后封头造成的潜在损害。防波挡板并非完全隔断，一般在底部都开有长孔，作为燃油通道，并开有人孔，以便作业人员进入油罐内部进行清洗和维修。此外，为保证收发油安全，油罐内部还设置有控制燃油高、低液位的控制装置。

油罐侧面醒目位置都装有浮球式液位计，以便估计油罐内的储油量。此外，一般在油罐侧面还贴有反光贴，以及涂刷有企业LOGO、罐内介质类别等信息。

油罐顶部装有呼吸阀、阻火器、倾翻安全阀、观察口、量油尺等设备。呼吸阀的作用是在收发油以及温度变化时保持油罐与大气的压力平衡，防止油罐出现吸瘪变形。阻火器的作用是在油罐内外发生火灾时，防止火焰和火星进入或逸出油罐。倾翻安全阀是在油罐车意外倾倒后，内部的钢球和浮筒上移，密封通气口阻止燃油从油罐内溢出。观察口用于观察油罐内部情况和对油罐内部进行目视检查。量油尺用于量取油罐内部燃油的液位高度。此外，油罐顶部还设有人行栈道，后部设有防滑人梯，以方便工作人员上下油罐。

油罐底部排油口与泵油系统底阀相连，为防止气体进入泵油系统，一般在排油口上部设置有防漩涡装置。油罐的进油口与油罐底部装油装置相连，为防止燃油进入油罐时因飞溅而产生静电，在油罐内装油口处设置导流罩以缓冲油流。

2. 操作室

操作室相当于飞机加油车的“大脑”，主要对泵油设备、过滤设备、计量设备、液压系统和气控系统等进行观察和控制，配备有流量表、压差计、压力表、阀门等设备，如图 8－4 所示。

图 8－4　操作室

3. 泵油设备

泵油系统是罐式加油车的功能执行系统，为燃油流动提供动力来源。在气动控制系统的逻辑控制下，通过平台胶管或卷盘胶管对飞机进行加油、抽油等作业。目前加油车的加油泵有多级自吸式离心泵和单级单吸式离心泵两种，以多级自吸式离心泵为主，其设备结构与工作原理见本书第 4 章。多级自吸式离心泵主要由泵壳体、转子、平衡装置、泵轴、密封装置以及托架等组成。

（1）泵壳体：泵壳体由吸入室和排出室组成，吸入室的作用主要是将液体吸入，将压力能转化为动能；排出室的作用是使叶轮排出液体，并将其中的动能转化为压力能。

（2）转子：转子是离心泵转动部分的总称，包括叶轮、轴，轴套等。

（3）平衡装置：通过平衡盘平衡转子转动时的轴向力，多用于多级离心泵。泵工作时，由平衡盘产生一个与轴向推力大小相等、方向相反的力，这个力能与轴向推力进行平衡。

（4）泵轴：泵轴一般用碳钢制成，轴的一端用键和螺母把叶轮固定，使叶轮随轴旋转。轴的另一端装有联轴器与动力连接，一般多级自吸式离心泵采用皮带轮传动为驱动方式，单级单吸式离心泵采用轴传动为驱动方式。

图 8－5　过滤分离器

4. 过滤设备

加油车上的航空油料质量控制和过滤净化主要通过过滤器实现，目前在用的过滤器主要有过滤分离器和过滤监控器两种，其中以过滤分离器使用较多，其构造及工作原理如图 8－5 所示。过滤分离器一般由壳体、端盖、空气消除器、安全阀、放气阀、沉淀槽、托架、聚结滤芯和分离滤芯等组成。过滤分离器的设备结构与工作原理见本书第 6 章。过滤分离器一般还配有活塞式压差计、闭路取样器、空气消除装置、手动排水装置等附件。

活塞式压差计用以指示过滤分离器进出口的压力

差，即滤芯的流体压差，进而监测滤芯的污染程度，确定滤芯是否需要清洗或更换。一般说来，压差越大说明滤芯的流通性越差，即滤芯内的杂质越多，因此活塞式压差计是监控过滤分离器滤芯工作状况的重要工具。

闭路取样器由底座、内置球阀、玻璃管、连杆、不锈钢帽盖、化学测水器、米利波接头等组成。可通过手动阀从过滤分离器前、后将航空油料放入闭路取样器中，直接目测高速旋转的油品中的固体杂质和水分等。也可通过接口用化学测水器测水分，或由米粒波接头取样检测。

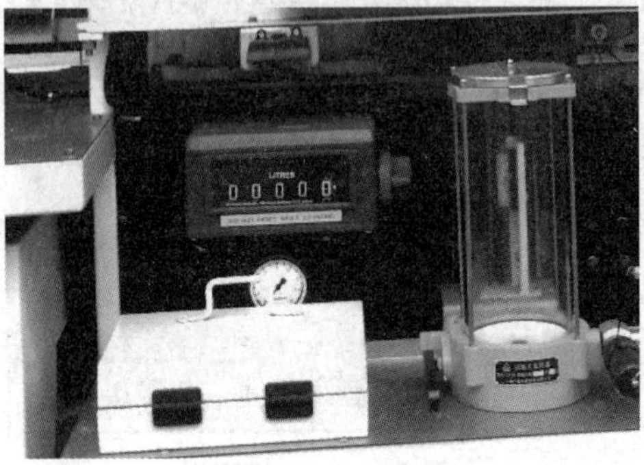

图 8－6　流量计

5. 计量设备

目前加油车的计量设备主要是指流量计，其作用是检测单位时间内燃油通过的数量，并可累计一次或多次加油作业的燃油总量，如图 8－6 所示。一般说来，流量计配有一台计数器，能一次计量并能回零或累加计量不回零。配有一台瞬时流量指示器，可以反映加油作业时燃油的流速。流量计的精度应达到 0.2 级，流量计至少每 6 个月应检定一次，经过修理后的流量计必须重新检定。加油车常用的流量计有刮板流量计和齿轮流量计等，其结构特点和工作原理见本书第 7 章。

流量计的记录器有机械式和电子式两种。机械式记录器通过驱动齿轮与记录器上齿轮的啮合，根据不同的啮合比和顺时针、逆时针旋转的驱动，通过离合器轴直接显示流量大小。电子式记录器主要包括脉冲发射装置、显示装置以及电源装置等，脉冲发射装置通过将流量计转子的转动转换成电脉冲，然后再转送到显示装置，显示装置将这些电脉冲转换为流量和流速等数据输出。

6. 静电消除装置

静电可能导致燃烧或爆炸事故的发生，因此需要采取一定的措施消除静电。油料在收发过程中，油料与油料间的摩擦、各设备间的摩擦、油料与设备间的摩擦都会产生静电。

加油车在生产作业过程中不可避免地会出现设备震动频率不相同的现象，为了消除震动对设备的损坏，加油管线之间安装有柔性接头以消除管路之间震动频率不等的危害。为防止泄漏，在输油管道之间的连接部位安装有密封垫。柔性接头和密封垫的存在导致了管道与管道之间的电阻增大，加油车作业时静电会集聚在电阻较大的部位。为了达到加油车所有设备的静电电位相等，应在管道法兰连接处安装静电跨接连接线，以实现加油车管道与各设备之间的电阻值不超过 5Ω。为防止加油过程中的静电起火事故，加油车上设置的消除静电装置主要有导静电线和拖地胶带两种。

(1) 导静电线：加油车导静电线是与飞机指定位置连接，以使加油车的电位在加油过程中与航空器的电位始终保持相同，防止电位不相同而出现放电现象。导静电线由静电夹、静电线、转盘、转轴、转盘制动、固定架等组成，长度一般为 25～30m，材质选用软钢线或软铜线，如图 8－7 所示。静电夹的夹口应有刺状、无杂物，与物体连接应有良好的导电性能。静电夹、静电线、转盘、转轴、固定架等与加油车的任何部位的电阻值应不大于

10Ω，测量时应保持转盘在转动状态进行测试。

（2）拖地胶带：拖地胶带是将车辆的静电直接释放至大地的设备，由铜线、耐磨橡胶、拖地高度调节压片、拖地胶带安装孔等部件组成，如图 8－8 所示。拖地胶带一般长 1.5m，厚 1cm，宽 10cm。在耐磨橡胶中间有 2 根铜线与另一端拖地胶带安装孔相连接。拖地胶带与地面的接触长度可通过拖地高度调节压片进行调节。拖地胶带与地面的高度应满足加油车空车行驶接地的需要，使加油车作业产生的静电能及时导入大地。拖地胶带应每周进行电阻值的测试，拖地胶带接地铜线与加油车上装、底盘的任何一点测得的电阻应低于 10Ω，加油车导静电拖地胶带应安装正确，导电良好。

图 8－7　导静电线

图 8－8　拖地胶带

7. 其他附属设备

（1）底部装油装置：底部装油装置最主要的接口是位于车辆底部的装油快速接口，如图 8－9 所示。此外，还包括罐内高液位浮球控制装置和自动阀。采用底部装油形式，可以减少装油时因喷溅产生的静电。自动阀安装在油罐的底部，罐内高液位浮球控制装置与自动阀联动，当液面达到最高液位时可使自动阀自动关闭，防止油罐装油溢油。

图 8－9　底部装油快速接口

（2）加油接头：加油接头是直接连接飞机的设备，按照加油位置不同，有类似于汽车加油枪的翼上加油接头，以及类似快速接头的翼下加油接头，如图 8－10 所示。按照习惯，由于翼上加油接头的外形和结构非常类似于汽车加油枪，也有直接将其称为加油枪。

图 8－10　翼上加油接头（左）与翼下加油接头（右）

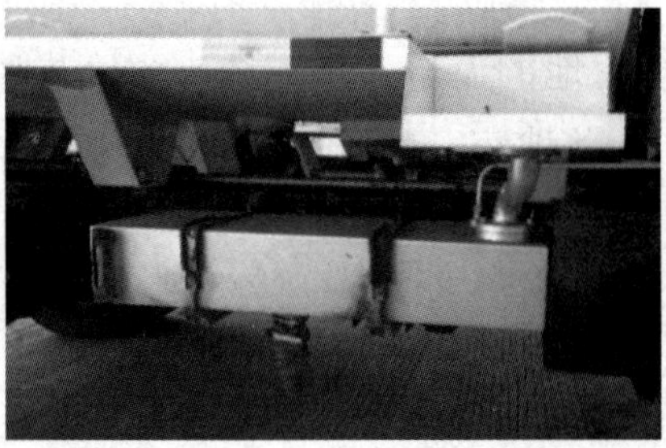
图 8－11　回收油箱

(3) 回收油箱：回收油箱是用来储存排底的油料，如图 8－11 所示。由于对计量精度要求不高，侧面有利用连通器原理设置的简易液位计，主要是便于观察回收油箱内燃油数量，防止回收油溢出。

8.1.1.2　气控系统

气动控制系统是加油车完成各种作业的控制系统，通过一定的逻辑控制，完成各种作业。该系统气源由汽车底盘提供，从四回路保护阀接出。气动控制系统主要设备有：

1. 呆德曼和超越呆德曼

呆德曼的作用是远距离控制加油车的作业，如图 8－12 所示。呆德曼控制手柄能随人在一定范围内进行加油控制，按压手柄即可开始加油作业。如果在作业期间出现意外情况导致加油员失能，就会松开呆德曼控制手柄，于是加油作业随即中断。超越呆德曼的作用也是控制加油车的作业，在作业期间，如果呆德曼控制失效，可用超越呆德曼控制阀继续进行加油作业。超越呆德曼一般只在紧急状态下使用，可采用铅封的形式进行保护。

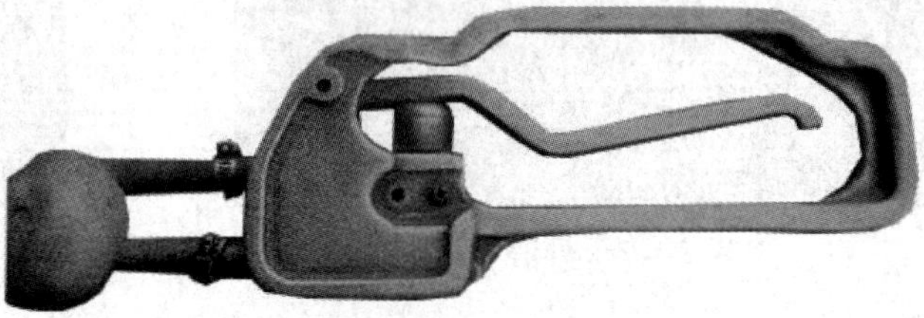
图 8－12　呆德曼控制器

2. 气控热释压装置

操作呆德曼进行加油作业时，压缩空气进入释压阀中，关闭管道释压管路，保持压力加油。松开呆德曼停止加油作业时，气路断开，进入释压阀中的压缩空气被放出，打开泵油系统释压管路。加油车停止作业时管道内压力一般保持在 0.1～0.15MPa。

3. 高液位控制器

当加油车进行灌油作业时，高液位开关对油罐液面进行监测。当液面达到预定的高液位时，使控制管路压力升高，关闭灌油底阀，从而自动中断灌油作业，防止油罐溢油。

4. 低液位控制器

当加油车进行加油作业时，低液位开关对油罐液面进行监测。当液面达到预定的低液位时，浮子在重力作用下克服弹簧力作用向下运动，切断气源使底阀控制气泄入大气，底阀在弹簧力的作用下关闭，从而自动中断加油作业。低液位控制器的作用主要是防止抽空吸入空气，保护油泵和过滤器等设备。

5. 联锁装置

联锁装置是为保证加油车的安全，避免人的因素导致的事故。主要是通过技术手段，在有的设备没有复位的情况下使加油车可靠制动。只有当各联锁装置全部回到初始位置，加油车制动解除后，才能被驾驶离开作业场所。联锁装置主要包括以下四种：

(1) 加油车灌油联锁：加油车停放到灌油作业规定位置，作业人员打开加油车灌油口的安全控制架后，加油车立即实施制动，使加油车在实施灌油的过程中不能移动，确保加油车在灌油作业过程中车辆及灌油设备的安全。

(2)加油车加油联锁：加油车停放到飞机加油作业规定位置，作业人员取下平台加油接头或卷盘加油接头时加油车立即实施制动，使加油车在实施加油的过程中不能移动，确保加油车在加油作业过程中加油设备和飞机设备的安全。

(3)加油车抽油联锁：加油车抽油阀被打开，抽油阀控制的二位三通气控阀改变了气路控制方向，排空了控制加油车油罐气动底阀开启的压缩空气。确保加油车在为飞机抽油时油罐底阀保持关闭状态，使加油车在实施抽油的过程中不能将油罐内的油料抽出。

(4)加油车取力器联锁：加油车作业时，作业人员接上取力器，取力器的联动机构改变二位三通气控阀的气路工作方式，使压缩空气进入加油车制动系统，达到车辆制动的目的，确保取力器在工作的情况下加油车不能移动。

此外，在油罐扶梯、导静电线、轮挡等部位也会设置联锁装置以保证安全。但是当发生意外状况需要紧急驾驶加油车撤离现场时，联锁装置反而会成为一种障碍。因此，需要设置联锁超越装置，即在紧急状态下即使上述各设备没有复原，仍能驾驶加油车立即撤离。

【例题 8－1】

如果没有联锁装置，能否进行正常加油作业？

答：联锁装置只是加油车的一种安全保护装置，用以避免加油员在加油作业结束后忘记一些设备的复原和归位。如导静电线仍然连接在航空器上而强行驾驶加油车离开，这将直接导致导静电线断裂，甚至构成外来物侵入(FOD)危害航空器。因此即使没有联锁装置，仍能进行正常的加油作业，只是难以保证加油作业的安全。

6. 紧急熄火装置

紧急熄火装置习惯称为 ESD，即 emergency shutdown device 的缩写。当出现紧急情况时，按下紧急熄火开关即立即使汽车发动机熄火，以保证作业安全。加油车紧急熄火装置由防爆壳体、控制轴、正常复位标识、复位弹簧、电路连接片等组成。在加油车便于操作的位置，如控制面板、升降平台等处安装紧急熄火装置并设有醒目的红色标识。目前紧急熄火装置控制方式有三种：第一种是通过压缩空气驱动控制排气管关闭及供油齿杆行程的汽缸使之迅速动作，由此产生背压，实现加油车的紧急熄火；第二种是通过切断点火电源使高压油泵停止供油，实现加油车的紧急熄火；第三种是气电混用实施加油车的紧急熄火。三种紧急熄火方式都是切断给加油车发动机供油和关闭发动机排气支管而实现发动机紧急停止工作。

8.1.1.3 液压系统

罐式加油车液压系统的功能是对胶管卷盘的制动和转动实施液压操纵，保证卷盘胶管实现卷盘制动、胶管展开、胶管收卷三种工况，如图 8－13 所示。当卷盘胶管的手动换向阀手柄向里推时，液压油驱动摆线式液压马达转动，通过链条带动卷盘旋转、收卷胶管。反之将手柄向外拉时，则通过链条展开胶管。收卷和展开的速度可通过控制单向节流阀来调节。此外，部分具有升降平台的罐式加油车也是依靠液压系统为升降平台提供升降动力的，如图 8－13 所示。

图8－13　加油卷盘(左)与升降平台(右)

液压系统是以液压油为工作介质，利用液压油的压力能并通过操作阀门等附件操作液压执行机构工作的整套装置。液压系统主要由油箱、油泵、胶管收放换向阀、限压阀、溢流阀、节流阀、驱动液压马达和液压管路等组成。对于有加油平台升降装置的油罐车，还配有控制平台升降的换向阀、液压缸及相应的溢流阀、平台紧急下降控制阀等。

8.1.1.4　下装结构

飞机加油车的下装结构又称汽车底盘，由动力系统、传动系统、行驶系统、转向系统以及制动系统五部分组成。其功能为接受发动机的动力，使汽车运动并保证汽车能够按照驾驶员的操纵而正常行驶或停止。

1. 动力系统

飞机加油车的动力系统包括发动机及附属设备，其功能是为整个加油车提供动力。发动机大多使用车用柴油为动力，因此大多数机场内部都设有柴油加油站。虽然实施地面车辆“油改电”，提高清洁能源在机场能耗中的占比是绿色机场的发展趋势，但由于罐式加油车结构复杂，载重量大，短时间内都将继续使用车用柴油作为动力。

2. 传动系统

汽车传动系的功用是将发动机输出的动力传给驱动车轮，使汽车行驶。传动系一般是由离合器、变速器、万向传动装置、传动轴、主减速器、差速器及驱动装置等组成。主要功能是实现汽车的减速、增矩、倒车、中断传动和差速等功能。

3. 行驶系统

行驶系统的主要功用就是支承汽车的总质量，接受发动机的转矩，通过驱动车轮与地面的附着作用，产生驱动力保证车辆正常行驶。行驶系统一般由车架、车桥、车轮和悬架等组成。

其中，车架俗称大梁，是整个汽车的基体，上面装有发动机、变速器、传动轴、前后桥、车身等部件。车桥又叫车轴，通过悬架与车架相连，两端安装有汽车车轮。车轮是汽车行驶系统中重要的部件，由轮毂、轮辐和钢圈组成，汽车通过车轮直接与地面接触产生的摩擦力而在道路上行驶。悬架是用于连接车身和车轮的装置，一般由弹性元件、减震器、导向机构组成，起到缓冲、导向和减震的作用。

4. 转向系统

转向系统是汽车在行驶中用来改变汽车行驶方向装置的总称。转向系统一般由转向操纵机构、机械转向器、转向传动机构组成。

其中，转向操纵机构产生足够的力驱动机械转向器转动，一般由方向盘、转向轴、转向锁止机构组成。机械转向器是将驾驶员作用在方向盘上的力矩放大，并降低速度，然后传给转向传动机构。转向传动机构是将机械转向器输出的动力传到转向节，使转向轮向一定方向偏转，保证汽车转向时车轮与地面的相对滑动尽可能地小。

5. 制动系统

汽车制动系统是为了保证汽车的安全行驶，提高汽车的运输生产率，按照需要使车辆在行驶中降低车速或停车，以及使停止行驶的车辆保持原地不动的装置。一般汽车都安装有两套独立的制动系统，分别为行车制动系和驻车制动系。其中，行车制动系是使行驶中的汽车降低速度直至停车的一套专门的装置，通常由驾驶员脚操纵。驻车制动系是使已停止的汽车驻留在原地不动的一套装置，通常由驾驶员手操纵。

此外制动系统还包括供气系统、控制装置、执行装置、制动器等部件。供气系统一般由空气压缩机、储气筒、调压阀、管路，以及用于调节制动所需能量并改善传能介质状态的各种部件组成。控制装置一般由制动踏板、制动阀，以及用于控制制动效果的各部件组成。执行装置一般由主制动缸、制动轮缸，以及用于制动能量传输到制动器的各个部件组成。制动器是制动系统中产生摩擦力矩的部件，飞机加油车一般多采用凸轮式制动器，由制动蹄、复位弹簧、制动凸轮轴、制动调整臂、制动气室、制动鼓、制动底板、制动凸轮轴支座等组成。

8.1.2　罐式加油车使用方法

在了解罐式加油车使用方法前，必须先知道其工艺流程。罐式加油车的工艺流程图如图8－14所示。其中，粗线表示的是主工艺流程。

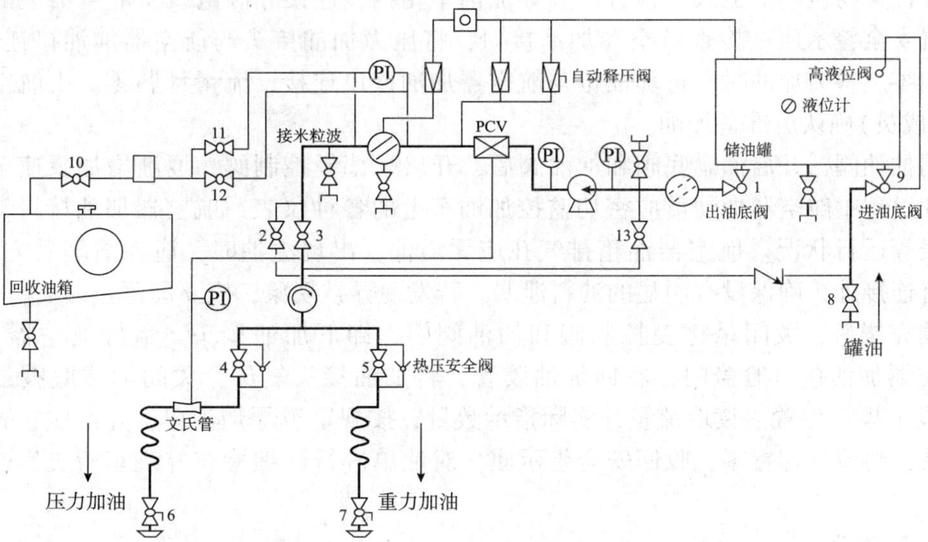

图8－14　罐式加油车工艺流程图

从图8－14可以看出，罐式加油车加油时，油罐中的燃油经出油底阀、旋转接头、粗过滤器、离心泵、压力控制阀（PCV）后进入过滤分离器，再经气控球阀、流量计后分为两个支路，一路经卷盘阀、卷盘软管，再经压力加油接头与飞机油箱入口相接完成加油；另一路通过重力加油的加油枪与飞机油箱入口相接完成加油。此外，有的罐式加油车没有重力加油功能，但配备有升降平台，此时燃油经平台阀通向升降平台的软管，经压力加油接头与飞机油箱入口相接完成加油。

罐式加油车主要开展灌油作业、加油作业以及抽油作业三种业务，现分别简要介绍如下。

1. 灌油作业

灌油作业前首先需要对所有的加油相关设备、油车存油量和剩余油品质量进行逐一检查。

加油员驾驶加油车停放在规定位置，车辆停稳拉紧手制动，放置轮挡和警示牌，并正确连接导静电线。然后正确连接灌油接头，缓慢开启灌油阀门至全开位置开始灌油。并注意灌油时储油罐内应留有一定的安全余量。

灌油结束后，关闭阀门，确认油罐容量，静止后从油罐沉淀口放取油样并用化学测水器对航空油料含水量进行检查。登记车号、灌油前后数量和灌油时间，完成灌油作业相应记录。灌油结束后，绕车巡视检查确认各部件是否复位，最后驾驶油车驶离现场。

2. 加油作业

在飞机加油之前，加油调度员应根据每日航班信息确认需加油的航空器机型、机号、航班号、目的地、加油位置、时间、油料种类等信息，合理调配加油车辆和加油人员，保证及时供油，防止加错油料或延误航班，并填写记录。每日第一架航空器加油前航空器加油员应重点检查加油车的设备完好与油料质量。

航空器加油员驾驶加油车缓慢接近航空器，驶入正确的加油位置停车并锁紧手制动，主动将证件交与机场护卫人员检查。放好加油车轮挡，连接导静电线至航空器上的导静电桩，放置安全警示旗。检查航空器加油接口，将压力加油接头与航空器加油口连接锁牢，流量计归零。重力加油时，将加油枪与航空器加油接口连接，流量计归零。由航空客户代表（机组成员）确认后准备加油。

关闭抽油阀，开启油罐底阀和加油阀后，开启呆德曼控制阀，逐渐增加泵速至额定流量。加油过程中航空器加油员应密切监控加油车上的各种仪表、航空器加油接口、航空器油箱仪表等运行状况。航空器油箱排气孔应无溢油，出现溢油时，应在清理后方可加油。检查所有连接处，确保没有明显的油料泄漏。若发现异常现象，应立即停止加油。

加油完毕后，关闭呆德曼控制阀和加油阀门，卸下加油接头，盖好航空器油箱盖，关闭航空器加油接口舱盖门，收回加油胶管，将加油接头复位，关闭油罐底阀，收回静电接地线至规定位置。读取流量计实际指示数量，按规定填写加油单，并由航空客户代表签字确认，将流量计置零，收回安全警示旗。对油单进行详细检查并绕车检查后，驶离航空器。

3. 抽油作业

抽油工作开展前，应了解飞机抽油的基本信息，判断需要抽出的航空油料量，准备抽油的专用抽油车辆，并逐一检查车辆、飞机与油品情况。

将罐式加油车按要求驾驶至需要抽油的飞机附近，再次与航空公司工作人员确认抽油数量。加油员放好轮挡，连接导静电接地线，连接加油胶管。打开抽油阀门，确认底阀开关关闭，开始抽油作业，并密切注意抽油过程中各系统工作情况。

抽油完毕，关闭抽油开关。卸下加油接头，盖好飞机油箱盖，关闭飞机加油接口舱盖门，收回胶管，将加油接头复位，收回导静电接地线至规定位置，填写抽油单，并由航空公司代表签字确认。绕车巡查一周，确认各部位复位后，收回轮挡，驶离飞机。并注意回收的燃料油可能存在添加剂，应单独处理。

8.1.3 罐式加油车技术要求

1. 环境适应性

罐式加油车由于长期处于室外运作，主要考虑温度的影响。在额定装载状态下，在不超过46℃的自然环境中应能正常工作。且各橡胶件、塑料件应无变形、开裂和鼓泡现象，漆层应无剥落，运动零件无卡滞现象。同时在额定装载状态下，在不低于－30℃的自然环境中也能正常工作。且各橡胶件、金属件无断裂，密封件无脱落现象，各阀门、仪表工作正常。

2. 可靠性

包括作业可靠性、行驶可靠性和设备可靠性三部分。

(1)作业可靠性：罐式加油车在出厂前，泵油系统应经过100h的可靠性运行试验。在作业时，管路连接可靠、流通顺畅，无渗漏；各仪表、指示灯和操纵装置工作正常；作业平均故障间隔时间不小于60h；平均连续工作时间不小于4h；作业固有有效度不小于0.92。

(2)行驶可靠性：定型底盘改装的飞机加油车，在行驶可靠性试验中定型试验里程为3000km，出厂试验为20km。行驶时平均故障间隔里程不小于2000km；作业固有有效度不小于0.95；加油车行驶性能应满足QC/T 252《专用汽车定型试验规程》的要求。加油车应具有限速功能，可按需设置最高车速。以30km/h时速进行制动距离试验，制动距离在车辆满载时应不大于12.5m，空载时不大于11m。加油车驻车性能应符合GB 7258《机动车运行安全技术条件》的要求。

(3)设备可靠性：加油车的专用设施应固定牢靠，行驶停车后仍能正常工作；整车各零部件无变形、损伤、裂缝；信号照明系统工作正常，制动系统无过热、无异常响声、无制动不彻底等现象；泵油系统、气动控制系统、液压系统无渗漏现象；随车附件固定牢固；所有箱门不应自动开启。

3. 维修性

所有零部件拆装应简便，检测和维修时应具有良好的可达性。应能避免或消除操作、维护时的人为差错。不应降低底盘和所选机电设备原有的维修性。

4. 安全性

车辆行驶安全应符合GB 7258《机动车运行安全技术条件》中第7章的有关规定。车辆驾驶室顶部应安装一个每分钟闪烁60～90次的琥珀色警示灯，其光强为40～400cd，以起到提醒作用。加油车的每个罐体应配备两个便于取放的8kg灭火器。加油车发动机的消声器出口应加装防火帽或采用防火消声器。排气管与管路接近处应安装隔离装置。排气管出口应远离操作面、油罐和泵油系统，如不能远离，应有安全装置。油罐底部设置的导静电拖地胶带应符合JT/T 230《汽车导静电橡胶拖地带》的要求。在车辆左右两侧，便于操作处应各设置一个导静电接地装置，导静电线缆的长度应不小于25m，电缆末端带鳄鱼夹。蓄电池应设置电源总开关和防油保护装置。上装设备电路应从底盘保险丝后取电，宜设置专用接线口；应采用双线制，接地点应设置在分线盒内；外露导线应加装或包覆耐油、抗老化护管。电器元件和导线应连接可靠，并有防护措施。金属管路的任意两点之间，任意一点到接地线末端，以及油罐内部任意一点到拖地胶带末端的电阻值应不大于5Ω。加油胶管总成两端的电阻值应不大于1MΩ。收发油时，油罐的液面电位值不应大于12kV。加油车应有明显的安全标识，任何可能发生危险的部位应有明显的警告、提示标识。

5. 操作性

加油车设计应充分运用人机工程的准则和原理，做到结构紧凑、操作面集中；阀门开闭、胶管卷盘等操作性良好。操作面应安装防爆照明灯，确保夜间可以正常操作及监控。以额定加油流量加油时，主操作面处的噪声值应不大于90dB(A)。

6. 材料

管件或附件应由不锈钢、铝合金及内表层经过热镀锡防护或喷涂有经技术鉴定认可的、与航空燃料相容的环氧树脂的碳钢制成。主管线不应使用铜合金、镀铬、镀锌钢或塑料材料，与燃料接触的其他部件使用铜材料的程度应减少到最低限度，如必须使用，则应使用铜组分不超过35%的铜合金材料，且不应使用锌或锌含量超过5%的材料或镉合金材料。罐体应采用防锈铝或不锈钢制作，若采用碳素钢材质制造，其内壁应使用导静电、防腐蚀、防污染燃油的涂料，内壁的导静电性能应符合GB 13348《液体石油产品静电安全规程》的要求。接触燃油的橡胶制品应具有耐油性能，且应符合GB/T 5574《工业用橡胶板》和HG/T 3089《燃油用O型橡胶密封圈材料》的要求。管道镀层应符合QC/T 264《金属覆盖层－镍＋铬和铜＋镍＋铬电镀层》的要求。

8.1.4 罐式加油车定期检查

1. 每日例行检查

车辆整体外观检查和维护检查。

目视检查车辆油料有无泄漏，地面有无油迹或水迹。

检查车辆日志或车辆检查记录是否完整。

手持检查导静电线、卷盘、固定铜线工作是否正常，连接处有无松动，电线夹是否咬合紧密。

在加油车尾部目视检查静电拖地胶带，拖地胶带能否有效触地。

目视检查过滤器揭示牌是否清晰无破损，过滤器沉淀槽是否工作正常，压差计读数是否在正常范围内。

目视检查灭火器整体工况是否正常，是否处于有效工作期内，压力表指针是否在绿区。

目视检查流量计外观，检定标签是否正常，铅封有无断裂。

目视检查取样瓶和闭路取样器是否洁净，有无破损或存在异物。

目视检查化学测水器是否正常。

目视检查联锁功能(随机选择一个)与超越联锁铅封是否正常。

目视检查超越呆德曼铅封是否正常。

目视检查呆德曼控制手柄是否完好，气管或导线外表有无龟裂，能否良好收放。

目视检查副油箱油量，存油量是否处于低液位以下。

操作平台液压换向阀和卷盘液压换向阀，平台能否升降平稳自如，卷盘能否连续回收平稳，能否在任意位置停留。

检查紧急熄火装置，在按下紧急熄火开关或将其手动复位后，加油车发动机能否立即熄火或正常启动。

2. 每周例行检查

测试导静电线、夹子、卷盘、铜线和拖地胶带的通导性能是否正常。

目视检查各支撑梁、踏板、拖轮以及焊接部位有无缺陷，是否放置平稳。

检查卷盘胶管，外观是否完好，有无异常磨损，保持每周至少两次将胶管中的燃料循环或冲洗至燃料回收系统。

检查过滤器压差计功能是否正常。

测试全部联锁和超越系统的功能。

3. 每月例行检查

检查呆德曼性能是否正常(打开时间10~15s，关闭时间3~5s)。

测试升降平台下降性能是否正常。

检查近程/棒式传感器是否正常。

检查灭火器状况是否正常。

能否通过比色法过滤器膜片测试。

在用加油胶管和柔性接头性能测试。

加油胶管末端滤网有无破损、变形或杂质。

检查沟槽管/柔性接头管道位置是否正常。

检查油罐顶部区域排水管、阻火器和呼吸阀是否正常。

检查自动泄压系统是否正常。

测试油箱高液位自动抽油功能、高高液位报警功能、切断呆德曼功能、低液位自动关闭抽油功能和手动抽油功能是否正常。

4. 每季度例行检查

检测压力控制阀/浪涌控制器是否正常。

检查液压系统是否正常，包括液压油是否正常，管路有无渗漏，运动是否卡滞，压力表是否正常。

过滤器水击检查。

检查喷嘴和文丘里管压力表是否正常。

检查储罐内顶部装油装置是否正常。

检查储罐内部高液位切断装置是否正常。

目视检查储罐内部，检查储罐通风口和顶部孔盖垫圈状况是否正常。

5. 每半年检查

能否通过双膜片或重量法膜片测试。

在用加油胶管调试及浸润试验。

检查加油胶管制造日期和安装日期，测试加油胶管压力并记录。

加油车流量计检定。

检查差压计是否正常，活塞能否自由移动且能正确调零。

对管路法兰连接处进行导静电性能测试。

6. 每年例行检查

检查外观有无脱漆、锈蚀，并做必要的修补。

更换过滤监控器的滤芯。

检查过滤器容器、滤芯信息、空气消除器、减压阀和对应的 EI 分类(如滤芯类型、编号等)是否正常。

检查和测试分离滤芯。

检查压差计传感器功能是否正常。

检查储罐、通气孔和人孔(注：如果历史证明季度检查正常，则仅进行年度检查)。

检查主管路的法兰螺栓是否紧固。

对加油车的所有电气设备进行一次全面检查。

对加油车的所有气路控制设备进行一次全面检查。

检查各压力表是否显示正常。

7. 其他检查

检查加油车各压力表是否显示正常。对于一直处于加油状态的油车，最多可延长至 2 年检查一次。

每 2 年进行一次储罐底部灌装设备检查，进入并清洗储罐。

每 3 年更换聚结滤芯。

每 5 年对过滤器进口端压差计进行更换。

8.2 管线加油车

8.2.1 管线加油车功能与基本结构

管线加油车是装备有过滤分离器、压力控制装置、流量计、地井接头、加油胶管及接头等部件，通过机坪管网能独立完成航空器加油，并具有调压、净化、计量等用途的专用车辆，如图 8 – 15 所示。与罐式加油车相比，管线加油车无油罐及其附属设备，规模和尺寸较小。其主要功能是将机坪管网中的航空油料安全、快速地输入飞机油箱，广泛应用于大中型机场。在加油的同时具备精确调压、过滤净化、精确计量等功能，但其机动性受制于停机位和加油栓井的布局设计。管线加油车的具有的主要功能包括：

图8－15　管线加油车

(1)加油：将地井中的燃油经过调压、过滤、计量后，通过卷盘胶管或平台胶管压力加油接头注入飞机油箱。

(2)回收油箱抽油：在加油过程中，将回收油箱中的燃油经过过滤后注入飞机油箱，同时排空回收油箱。

与罐式加油车类似，飞机管线加油车也分为上装结构和下装结构两个部分，如图8－2所示。同样，上装结构主要是为保障航空燃油的加注，下装结构与汽车类似，主要保障加油车的正常行驶。接下来依次介绍燃油系统、液压系统、气控系统与下装结构。

1. 燃油系统

由于管线加油车没有油罐，燃油系统又称为管路系统。管路系统是管线加油车的功能执行系统。在气动控制系统的逻辑控制下完成通过平台胶管或卷盘胶管对飞机进行的加油作业。

在需要燃油回收时，回收油箱将自动放气阀出口、闭路取样器放油口、释压阀及压差计出口管路的航空油料回收，并由回收油箱抽油泵通过过滤分离器进口端加入飞机油箱。抽油泵还可以向管路中打增压至0.8～1.0MPa，以检查管路是否有渗漏及胶管是否有损坏部位。

此外，管线加油车的过滤设备、计量设备、静电消除装置、回收油箱等其他设备与罐式加油车类似，参看本书8.1.1节罐式加油车功能与基本结构，此处不再赘述。

2. 液压系统

管线加油车的液压系统比罐式加油车复杂，主要有以下四种功能：

(1)升降平台：升降平台由双叉架、双平台升降油缸、上下托架、平台踏板、围栏、爬梯组成。液压油经过手动换向阀、液控单向阀、单向节流阀后进入油缸，使升降平台升降。管线加油车升降平台的升降范围一般为1.5～4.2m。平台升降速度可通过调节单向节流阀来调节，其中一只调节升起速度，另一只调节下落速度。为保证安全，液压系统设有平台紧急降落阀，当平台举升后无法降落时，打开平台紧急降落阀降下平台。

(2)胶管卷盘机构：胶管卷盘用于2.5in胶管的存放和卷绕。中心部分是兼作支承座的旋转接头，两个圆盘组成绕管盘，上装滚棍防止磨损或拉伤胶管。卷盘外装有一个大链轮，支架上装有马达，液压油经手动换向阀、单向节流阀后进入摆线式液压马达，通过链条带动卷盘大链轮从而将拉出的胶管卷回。

(3)地井胶管收放机构：地井胶管收放机构由油缸和挂架构成。油缸为双作用油缸，外有导向套筒，油缸下部设有支撑脚，用以稳定加油车。液压油经手动换向阀进入双作用油缸，驱动地井胶管收放机构。操纵手动换向阀可自动收起或放下地井胶管。

(4)回收油箱抽油泵机构：回收油箱抽油泵组由高压轴向柱塞马达、齿轮泵及相应连接固定、传动机构组成。利用液压油驱动高压轴向柱塞马达带动齿轮泵抽油或增压。液压油经过气控换向阀进入轴向柱塞马达，带动抽油泵抽出回收油箱中的航空油料。

3. 气控系统

气控系统主要包括呆德曼和超越呆德曼、气控热释压装置、联锁装置、紧急熄火装置等设备，其结构和原理与罐式加油车类似，此处不再赘述。

4. 下装结构

管线飞机加油车的下装结构组成与罐式加油车类似，但注意一般说来，管线加油车的下装结构的规模比罐式加油车小。而且为适应B737、公务机等高度较低的飞机，将管线加油车的高度建造更低、重心更稳定是加油车设计的发展趋势。

【例题8-2】

从结构上试述罐式加油车与管线加油车的区别。

答：罐式加油车与管线加油车都是航空油料加注的主要设备，从结构上进行划分，都分为上装结构和下装结构两个主要部分。其中，罐式加油车与管线加油车上装结构的液压系统和气控系统，以及下装结构都非常类似。两种加油车最大的区别在于罐式加油车配备一个容量较大的储罐，用以燃油的储存和运输。而管线加油车则没有储油罐，是通过抽吸机坪下方管道内的燃油开展加油作业的。此外，管线加油车一般也不需要配备离心泵为燃油流动提供动力，而是直接利用机坪管网内的压力保证加油作业。

8.2.2 管线加油车使用方法

在了解管线加油车使用方法前，必须先知道其工艺流程。管线加油车的工艺流程如图8-16所示。其中，粗线表示主工艺流程。

从图8-16可以看出，管线加油车作业时，由地井接头与机坪上的地井阀相接而引入航空油料，经地井软管、粗过滤器、旋转接头、球阀进入过滤分离器，再经流量计后由平台球阀和卷盘球阀分为二个支路，一路经平台球阀通向升降平台2.5in软管，经压力加油接嘴与飞机油箱入口相接完成加油。另外一路经卷盘球阀、卷盘软管，再经压力加油接嘴与飞机油箱入口相接，完成加油作业。

管线加油车主要承担加油作业，其使用方法为：在飞机加油之前，加油调度员应根据每日航班信息确认需加油的航空器机型、机号、航班号、目的地、加油位置、时间、油料种类等信息，合理调配加油车辆和加油人员，保证及时供油，防止加错油料或延误航班，并填写记录。每日第一架航空器加油前航空器加油员应重点检查加油车的设备完好与油料质量。

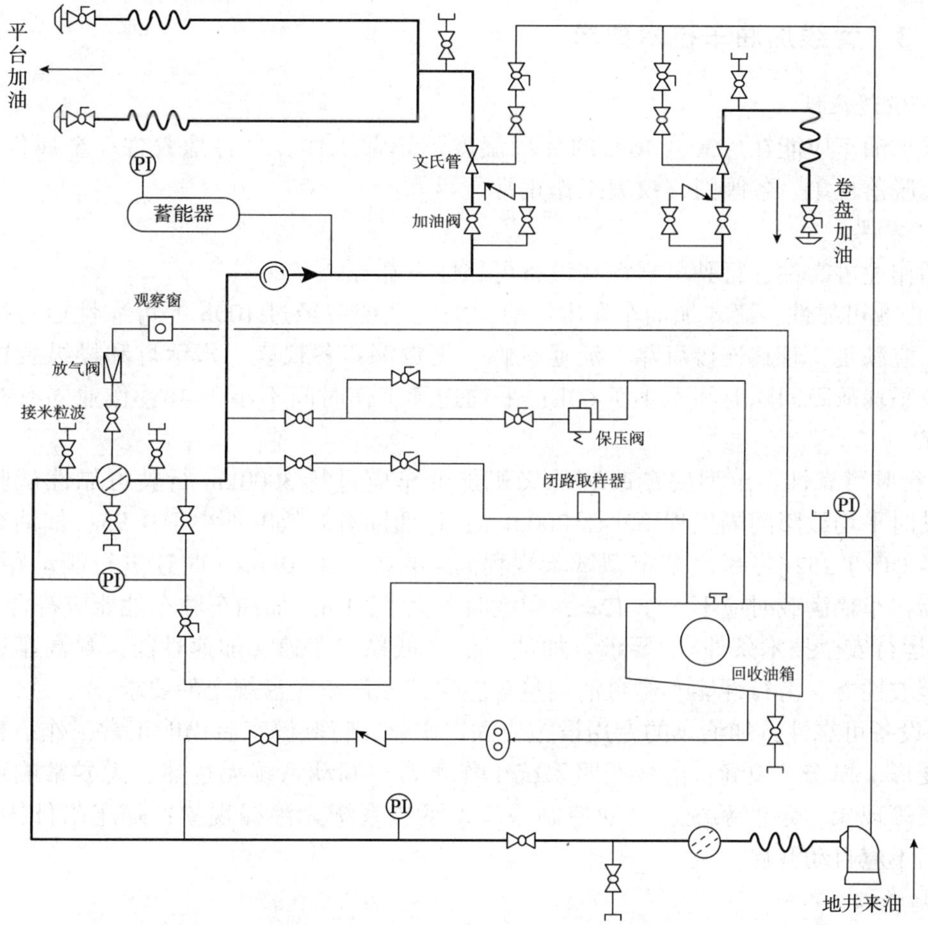

图 8－16 管线加油车工艺流程图

航空器加油员驾驶加油车缓慢接近航空器，驶入正确的加油位置停车并锁紧手制动，主动将证件交与机场护卫人员检查。放好加油车轮挡，连接导静电线至航空器上的导静电桩，放置安全警示旗。打开地井盖和加油栓盖，确认加油栓端口清洁后，连接加油栓紧急拉线，连接地井加油接头并锁牢。检查航空器加油接口，确保其接口没有损坏，加油接头没有受到任何污染、油箱盖完备无异常后，将压力加油接头与航空器加油口连接锁牢，流量计置零。由航空客户代表确认后开始加油。

加油过程中航空器加油员应注意监控加油车上的各种仪表、航空器加油接口、航空器油箱仪表等运行状况，航空器油箱排气孔应无溢油，出现溢油时，应在清理后方可加油。检查所有连接处，确保没有明显的油料泄漏。若发现异常现象，应立即停止加油。

加油完毕后，关闭呆德曼控制阀和加油阀门，卸下加油接头，盖好航空器油箱盖，关闭航空器加油接口舱盖门，收回加油胶管，将加油接头复位，关闭油罐底阀，收回静电接地线至规定位置。读取流量计实际指示数量，按规定填写加油单，并由航空客户代表签字确认，将流量计置零。卸下地井加油接头，盖好加油栓井的井盖，将地井加油接头和加油栓井紧急拉线复位，收回安全警示旗。对油单进行详细检查并绕车检查后，驶离航空器。

8.2.3 管线加油车技术要求

1. 环境适应性

管线加油车应能在 $-30\sim46$℃的环境温度下正常工作，且各橡胶件、金属件无断裂，密封件无脱落现象，各阀门、仪表工作正常。

2. 可靠性

包括作业可靠性、行驶可靠性和设备可靠性三部分。

(1)作业可靠性：罐式加油车在出厂前，加油系统应经过100h的可靠性运行试验。在作业时，应满足：管路连接可靠、流通顺畅、无渗漏；各仪表、指示灯和操纵装置工作正常；作业平均故障间隔时间不小于60h；平均连续工作时间不小于4h；作业固有有效度不小于0.92。

(2)行驶可靠性：定型底盘改装的飞机加油车应进行3000km行驶可靠性试验，并满足：行驶时平均故障间隔里程不小于2000km；作业固有有效度不小于0.95；加油车行驶性能应满足QC/T 252《专用汽车定型试验规程》的要求。以30km/h时速进行制动距离试验，制动距离在车辆满载时应不大于12m，空载时不大于11m。加油车驻车性能应符合GB 7258《机动车运行安全技术条件》的要求。加油车的最低稳定车速、加速性能、最高车速、制动性能、爬坡性能、滑行性能、燃料消耗量等应保持原汽车底盘规定的要求。

(3)设备可靠性：加油车的专用设施应固定牢靠，行驶停车后仍能正常工作；整车各零部件无变形、损伤、裂缝；信号照明系统工作正常，制动系统无过热、无异常响声、无制动不彻底等现象；泵油系统、气动控制系统、液压系统无渗漏现象；随车附件固定牢固；所有箱门不应自动开启。

3. 维修性

零部件拆装应简便，检测和维修时应具有良好的可达性。应能避免或消除操作、维护时的人为差错。不应降低底盘和所选机电设备原有的维修性。

4. 安全性

车辆行驶安全应符合GB 7258《机动车运行安全技术条件》中第7章的有关规定。加油车应配备两个8kg灭火器，且便于取放。加油车底部应设置导静电拖地胶带，导静电拖地胶带应符合JT/T 230《汽车导静电橡胶拖地带》的要求。在车辆左右两侧，便于操作处应各设置一个导静电接地装置，导静电线缆的长度应不小于25m，电缆末端带鳄鱼夹。金属管路的任意两点之间、任意一点到接地线末端、管线内部任意一点到拖地胶带末端的电阻值应不大于5Ω。加油胶管总成两端的电阻值应不大于1MΩ。

5. 材料

管件或附件应由不锈钢、铝合金及内表层经过热镀锡防护或喷涂有经技术鉴定认可的、与航空燃料相容的环氧树脂的碳钢制成。主管线不应使用铜合金、镀铬、镀锌钢或塑料材料，与燃料接触的其他部件使用铜材料的程度应减少到最低限度，如必须使用，则应使用铜组分不超过35%的铜合金材料，且不应使用锌或锌含量超过5%的材料或镉合金材料。接触燃油的橡胶制品应具有耐油性能，且应行合GB/T 5574《工业用橡胶板》和HG/T 3089《燃油用O型橡胶密封圈材料》的要求。管道镀层应符合QC/T 264《金属覆盖层－镍＋铬和铜+镍+铬电镀层》的要求。

8.2.4 管线加油车定期检查

1. 每日例行检查

①车辆整体外观检查和维护检查。

②目视检查车辆油料有无泄漏，地面有无油迹或水迹。

③检查车辆日志或车辆检查记录是否完整。

④手持检查导静电线、卷盘、固定铜线工作是否正常，连接处有无松动，电线夹是否咬合紧密。

⑤在加油车尾部目视检查静电拖地胶带，拖地胶带能否有效触地。

⑥目视检查过滤器揭示牌是否清晰无破损，过滤器沉淀槽是否工作正常，压差计读数是否在正常范围内。

⑦目视检查灭火器整体工况是否正常，是否处于有效工作期内，压力表指针是否在绿区。

⑧目视检查流量计外观，检定标签是否正常，铅封有无断裂。

⑨目视检查取样瓶和闭路取样器是否洁净，有无破损或存在异物。

⑩目视检查化学测水器是否正常。

⑪目视检查联锁功能（随机选择一个）与超越联锁铅封是否正常。

⑫目视检查超越呆德曼铅封是否正常。

⑬目视检查呆德曼控制手柄是否完好，气管或导线外表有无龟裂，能否良好收放。

⑭目视检查副油箱油量，存油量是否处于低液位以下。

⑮操作平台液压换向阀和卷盘液压换向阀，平台能否升降平稳自如，卷盘能否连续回收平稳，能否在任意位置停留。

⑯检查紧急熄火装置，在按下紧急熄火开关或将其手动复位后，加油车发动机能否立即熄火或正常启动。

2. 每周例行检查

①测试导静电线、夹子、卷盘、铜线和拖地胶带的通导性能是否正常。

②目视检查各支撑梁、踏板、拖轮以及焊接部位有无缺陷，是否放置平稳。

③检查卷盘胶管，外观是否完好，有无异常磨损，保持每周至少两次将胶管中的燃料循环或冲洗至燃料回收系统。

④检查过滤器压差计功能是否正常。

⑤测试全部联锁和超越系统的功能。

3. 每月例行检查

①检查呆德曼性能是否正常（打开时间10～15s，关闭时间3～5s）。

②测试升降平台下降性能是否正常。

③检查近程/棒式传感器是否正常。

④检查灭火器状况是否正常。

⑤能否通过比色法过滤器膜片测试。

⑥在用加油胶管和柔性接头性能测试。

⑦加油胶管末端滤网有无破损、变形或杂质。

⑧检查沟槽管/柔性接头管道位置是否正常。

⑨检查自动泄压系统是否正常。

⑩测试切断呆德曼功能是否正常。

4. 每季度例行检查

①检测压力控制阀/浪涌控制器是否正常。

②检查液压系统是否正常，包括液压油是否正常，管路有无渗漏，运动是否卡滞，压力表是否正常。

③过滤器水击检查。

④检查喷嘴和文丘里管压力表是否正常。

5. 每半年例行检查

①能否通过双膜片或重量法膜片测试。

②在用加油胶管调试及浸润试验。

③检查加油胶管制造日期和安装日期，测试加油胶管压力并记录。

④加油车流量计检定。

⑤检查差压计是否正常，活塞能否自由移动且能正确调零。

⑥对管路法兰连接处进行导静电性能测试。

6. 每年例行检查

①检查外观有无脱漆、锈蚀，并做必要的修补。

②更换过滤监控器的滤芯。

③检查过滤器容器、滤芯信息、空气消除器、减压阀和对应的 EI 分类(如滤芯类型、编号等)是否正常。

④检查和测试分离滤芯。

⑤检查压差计传感器功能是否正常。

⑥检查地井接头有无磨损。

⑦检查主管路的法兰螺栓是否紧固。

⑧对加油车的所有电气设备进行一次全面检查。

⑨对加油车的所有气路控制设备进行一次全面检查。

⑩检查各压力表是否显示正常。

7. 其他检查

①检查加油车各压力表是否显示正常。对于一直处于加油状态的油车，最多可延长至 2 年检查一次。

②每 3 年更换聚结滤芯。

③每 5 年对过滤器进口端压差计进行更换。

8.3 橇装加油设备

8.3.1 橇装加油设备功能与基本结构

图 8 – 17 橇装加油设备

橇装加油设备是一种装有油罐、油泵、过滤器、调压装置、流量计、加油枪等部件，具有泵油、调压、净化、计量的用途，能独立完成为通用航空器定点供油的专用设备，如图 8 – 17 所示。具有下述主要功能：

(1)灌油：用罐式油罐车或油桶给橇装加油设备的油罐利用快速接头进行装油。

(2)加油：将油罐中的航空油料经过滤、调压、计量后，通过压力加油接头或重力加油接头注入飞机油箱或其他受油设备。

(3)抽油：将飞机油箱中的燃油，通过加油接头经过滤、计量后抽回到油罐。

(4)移动泵站：利用自身油泵将油罐以外的航空油料进行转输泵送。

(5)循环：循环搅拌本装置油罐内的油料。

橇装加油设备暂无统一结构和相关标准要求，现以一典型橇装装置为例进行说明。该橇装加油设备由泵组、过滤分离器、流量计、过滤监视器、电动软管卷盘、加油软管、闭路取样器、油箱、橇装底座、阀件、接地装置、压力表、加油控制箱、移动装置等部件组成。

橇装加油设备配有 60L 油箱，油箱上装有液位计，便于直接观察油面。油箱的底部装有泄放阀，便于清洗排油。泵组入口前一般利用 Y 型过滤器对航空油料杂质进行预过滤，滤网为 20 ~ 25 目(710 ~ 590μm)，可有效阻挡大颗粒杂质，避免泵损坏。

过滤分离器安装有自动排气阀、自动卸压阀、窥视器、活塞式直读压差计、放沉排水阀等设备。自动排气阀、自动卸压阀出口通过窥视器接入集油箱。

过滤分离器和过滤监视器的出口均通过自动回位阀和三通阀连接至闭路取样器，实现在线取样检测。闭路取样器的排放口接入集油箱，实现燃油收集与暂存。加油装置的所有设备均安装于橇装底座上，橇装底座上带有倾斜的接油盘及泄放口，可收集加油单元使用和维修过程中泄漏的燃油，减少环境污染。真空表、压力表、活塞式直读压差计、窥视器、流量计等仪器仪表的显示面均位于加油装置操作的正面，便于观察。

其余附属装置的结构和原理大多与罐式加油车类似，此处不再赘述。

8.3.2 橇装加油设备使用方法

橇装加油设备的工艺流程如图 8 – 18 所示。其中，粗线表示主工艺流程。从图 8 – 18

可以看出，橇装加油设备加油作业时，储油罐内的燃油依次经过出油底阀、旋转接头、粗过滤器、离心泵后进入过滤分离器过滤净化，再经流量计计量后通过加油胶管和加油枪加注至飞机。

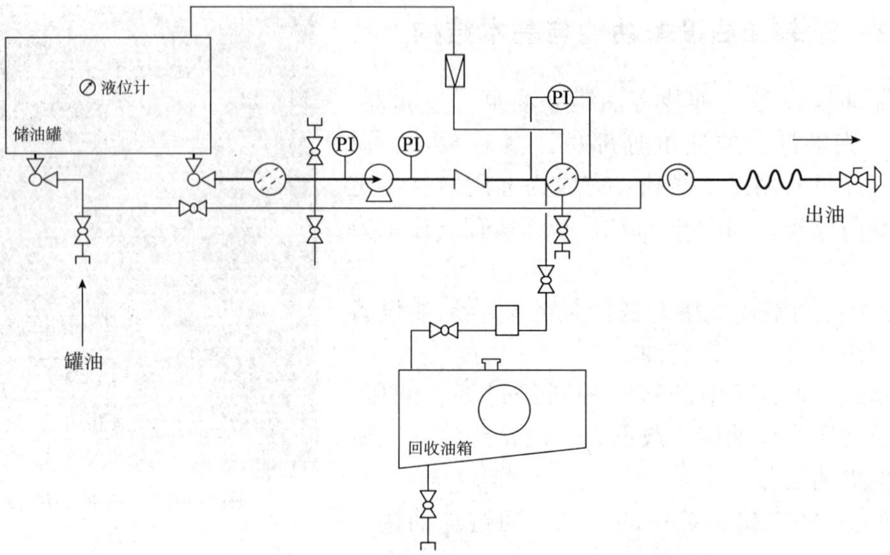

图 8－18　橇装加油设备工艺流程图

橇装加油设备的使用方法如下：加油前，加油员先对橇装加油设备和油品质量进行严格检查，然后由用户或用户代表确认或签署燃料牌号确认单，检查所提供的燃料牌号、加油枪或加油接头标识色对应的燃料牌号与所要求加注的燃料牌号相符。

加油员将导静电线从接地装置上拖出，并将其连接至飞机的导静电桩上。操作加油控制箱上卷盘正转按钮，带出加油软管。打开飞机油箱盖，将加油枪的接地线连接到飞机上，插入加油枪。在打开加油盖之前，还应先将加油枪与航空器的机翼金属表面接触，确保电位平衡后再打开加油盖。打开加油枪，并将流量计置零。操作加油控制箱，启动泵组，开始加油。

加油期间，加油员应该处在能够清楚观察加油设备仪表控制台和航空器加油口的位置，观察是否有泄露、过滤器压差是否正常，并通过观察加油设备上的压力表读数来判断压力控制设备是否正常。

加油完毕后，先关停泵组，关闭加油枪，抽出加油枪，并将飞机油箱盖盖好，再将加油枪防尘盖盖上，将加油枪的接地线收回。移走加油软管，并再次检查飞机油箱盖已经盖好，以便可以收回导静电线。操作加油控制箱上的卷盘反转按钮，收回加油软管。读取流量计实际指示数值，按规定填写加油单，并由相关人员签字确认，将流量计置零。加油结束后，应注意及时清空过滤分离器及过滤监视器中的沉淀水。

8.3.3　橇装加油设备技术要求

①橇装装置的油罐宜采用双层罐，且航空汽油油罐应设置罩棚等隔热措施。

②应设置紧急停泵、自动切断、拉断自保功能以及等电位跨接断开的显示或报警功能，

等电位连接线的长度应满足使用要求。

③简易加油装置的插入油桶中的铝或不锈钢材质的抽吸管的进口处应安装支撑装置，使距油桶底部40mm以内的燃料不会被抽出。

④应设置加油胶管绞盘，加油胶管长度宜不小于25m。

⑤重力加油枪的口径应小于飞机油箱进油口，以满足加油枪插入油箱加油口时有足够的空隙排除空气；圆柱形枪头用于加注航空汽油，其最大外径为49mm，且可根据飞机油箱进油口内径大小快速更换合适的不同外径的枪头；鸭嘴式枪头用于加注喷气燃料，其主轴外径至少为67mm。重力加油枪的扳机开关处不得有定位棘齿。

⑥在压力加油接头和重力加油枪之前的胶管末端应安装适配的不小于60目的滤网，每3个月检查、清洗一次。

8.3.4 橇装加油设备定期检查

橇装加油设备的定期检查和日常维护，应做到：

①活塞式直读压差计应每6个月检查一次指针的自由运动和正确回零情况。

②泵入口前的Y型过滤器，其滤网应每12个月进行检查并清洗。

③过滤分离器及过滤监视器的清洗与检查周期不应超过12个月，聚结滤芯更换周期不应超过24个月，分离滤芯应视测试和清洗情况决定是否更换。

④当过滤分离器和过滤监视器的压差计在系统额定流量下的压差达到0.1MPa时，应及时更换滤芯。

⑤流量计、压力表和真空表应由具备法定资质的检定单位进行检定。除使用方另有规定外，检定周期应短于6个月。

⑥每月或加油500m^{3}后应将安装在加油枪内的滤网拆下，进行检查并清洗。

⑦每周检查一次接地装置的全电阻，电阻值应不大于0.5Ω。

⑧如果加油装置停用的时间超过1个月，在再次使用之前，应进行彻底检查、冲洗和测试，确保其处于适用状态。

⑨定期检查集油箱中的燃油液位，当集油箱中的燃油达到一定液位时，应及时泄放。

⑩加油装置接地电阻的检测每年应不少于2次。

8.4 多功能油料作业车

8.4.1 多功能油料作业车功能与基本结构

多功能油料作业车是装备有油罐、油泵、高低点排放回收装置等设备，能为机场航空燃油供应系统提供高点排气、低点排水及杂质、移动泵站等功能的专用设备，如图8－19所示。有的多功能油料作业车还具备清洗加油栓井和阀井的功能，因此还配备有高压冲水和气体吹扫等设备。

图 8－19　多功能油料作业车

1. 油罐

油罐是多功能油料作业车的核心部件，用以储存排放出的油料。油罐应具备防腐防锈功能，外表面光洁无划痕，无明显凹凸不平，焊缝均匀整齐，断面形状为圆梯形或圆矩形。油罐底部纵向以不小于 5% 的坡度连续向沉淀槽处倾斜，并在沉淀槽最低处安装排污管和复位阀门。油罐顶部设置直径不小于 500mm 的人孔盖。人孔盖上连接通气阀、火焰消除装置、倾倒防溢阀、阻火器等设备。油罐侧面装有液位计，其指示误差不大于 5%。油罐内设置了横向防波挡板，并在防波挡板开有人孔，以便工作人员进入油罐进行清洗和维修。油罐内装有高液位控制阀控制安全容量，以防止溢油现象的发生。

2. 管网高低点排放系统

管网高低点排放系统是配备有自闭式快速接头、软管、过滤球阀、流量计、闭路取样器等部件，能回收输油管网高点排出的油气、低点排出的水分和杂质的系统。管网高低点排放系统主要是针对机坪管网开展高点排出气体、低点排出水分及杂质的作业。一般设置两路排放检查管路：一路通过过滤球阀，经流量计计量后回到油罐；另一路通过闭路取样器进入集油箱，闭路取样器安装位置应便于作业人员使用。

管网高低点排放系统设有便于清洗的集油箱，集油箱具备液位显示功能，底部具有带自复位阀的排油口。集油箱中燃油能通过油泵抽回油罐。设置的过滤球阀滤网的目数应不小于 40 目，可快速拆装，便于检查滤网上的油品杂质。管道或附件由不锈钢、铝合金及内表层经过热镀锡防护或喷涂有经技术鉴定认可的、与航空燃油相容的环氧树脂的碳钢制成。高低点排放系统应在管网额定工作压力下正常工作，在 1.25 倍管网额定工作压力条件下不应出现损坏、失灵和泄漏。在管路的最低点应设置有排放口。

软管卷盘应能整齐地卷绕使用长度的软管。软管收放自如，能任意停留在所需位置上，软管拉出端应有保护装置。应设置软管卷盘制动装置，防止车辆行驶时卷盘转动。软管应采用符合 GB 10543《飞机地面加油和排油用橡胶软管及软管组合件规范》或 ISO 1825《飞机地面加油和排油用橡胶软管和软管组件规范》规定的导静电软管，压力等级符合设计要求。软管末端应安装自闭式快速接嘴。

3. 泵油系统

泵油系统是主要执行系统，最主要的功能是将外部燃油抽到本车油罐内。此外，还具有在加油车辆、油料设备等进行抢修时迅速完成倒油作业；作为移动泵站进行燃油输送作业；将油罐内的燃油排出作为燃油的回收等功能。泵油系统主要包括自吸式离心泵、过滤器、卷盘、加油胶管、压力表、高液面阀、三位三通球阀等。

离心泵由柱塞马达驱动，由电磁换向阀控制工作状态，根据三通球阀不同的开合位置实现不同功能。向油罐抽入燃油时，油罐液面达到设定高度，高液面阀会自动关闭，防止燃油从油罐溢出。

4. 液压系统

液压系统的主要功能是通过摆线马达和操纵开关按钮实现胶管卷盘的制动和转动，同时通过驱动柱塞马达来驱动离心泵。通过调节节流阀可控制摆线马达的转速。液压系统应符合 GB/T 7935《液压元件通用技术条件》、GB/T 3766《液压传动系统及其元件的通用规则和安全要求》的规定。应在液压系统的液压泵出口设置液压系统压力表。液压系统应装有溢流阀，如果该阀可调，则应具有防止意外松动和未经许可而被调整的装置并设置警示标识。液压系统应装有排气装置。液压油箱应装有液位计，清晰标明最高和最低液位线，并装有过滤装置。

5. 气控系统

气控系统包括高液位控制阀、联锁装置、紧急熄火控制等设备，其结构和原理与罐式加油车类似，参见本书 8.1.1 节，此处不再赘述。

6. 下装结构

多功能油料作业车的下装结构组成与罐式加油车类似，参见本书 8.1.1 节，此处不再赘述。但注意一般说来，多功能油料作业车的下装结构的规模比罐式加油车小。

【例题 8－3】

试述多功能油料作业车与罐式加油车的区别。

答：多功能油料作业车与罐式加油车都具备储油罐，但多功能油料作业车油罐的容积一般比较小。从功能上看，罐式加油车最主要的功能是开展灌油和加油作业，而多功能油料作业车主要是开展抽油作业。多功能油料作业车的计量系统、液位计、回收油箱、闭路取样器、静电消除装置等设备与罐式加油车类似。由于多功能油料作业车不承担燃油加注作业，因此不需要配备呆德曼控制设备和超越呆德曼控制设备，且对过滤设备的精度要求不高，一般选用粗过滤器保护输油泵即可。

8.4.2 多功能油料作业车使用方法

多功能油料作业车的工艺流程如图 8－20 所示。

多功能油料作业车的使用主要是开展高低点排放作业。高低点排放用于回收机坪地井管网中的空气及水分，同时回收排放出的燃油。其使用方法是：

作业前应检查车辆工况，按要求做好行车准备。检查离心泵、液压油箱等各部件是否有异常，并检查油罐内剩余储油量。

驾驶多功能油料作业车至需要排放的位置。拉出卷盘上的软管，将自闭式快速接头与排放点上自闭式接头阀装置接通。打开排放点的球阀，排出的气体或水分与燃油混合在一起进入油罐，观察流量计示值与排放量。注意如果是抽吸加油栓井内的含油污水，或将燃油输入或输出油罐，应挂上取力装置并打开车上的自吸式离心泵。

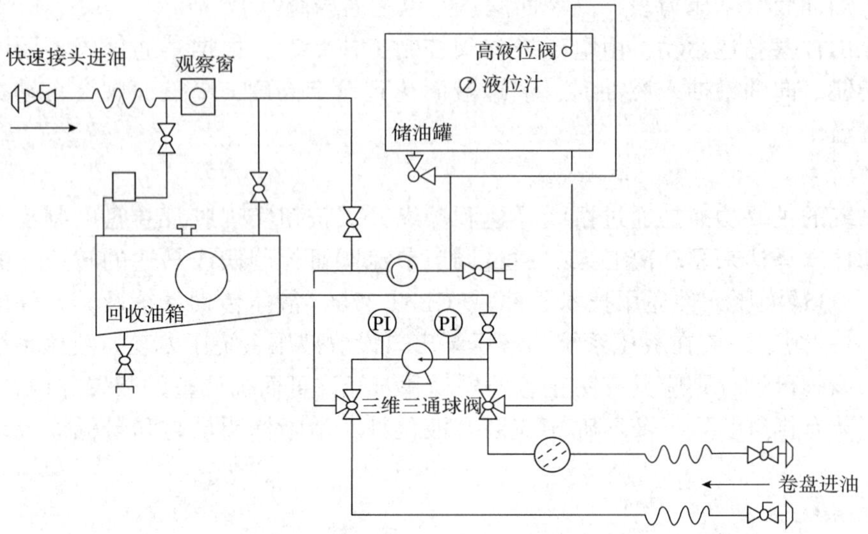

图8-20　多功能油料作业车工艺流程图

排放结束后关闭排放点的球阀，卸下自闭式快速接嘴，收回软管并做好记录。驾驶多功能油料作业车离开。

8.4.3　多功能油料作业车技术要求

1. 环境适应性

额定装载状态下，多功能油料作业车应能在环境温度-40～60℃条件下正常工作，清洗系统能在环境温度0～60℃条件下正常工作，且各橡胶件、金属件无断裂，密封件无脱落现象，各阀门、仪表工作正常。

2. 可靠性

包括作业可靠性和行驶可靠性两类。

①作业可靠性：多功能油料作业车作业固有有效度应不小于0.8。

②行驶可靠性：多功能油料作业车在良好公路行驶下定型检验行驶里程为3000km，行驶期间不出现致命故障。

3. 维修性

多功能油料作业车零部件拆装应简便，检测和维修时具有良好的可达性。

4. 安全性

多功能油料作业车应配备两个不小于8kg的干粉灭火器，以保证作业安全。底部应设置符合JT/T 230《汽车导静电橡胶拖地带》要求的导静电拖地胶带。在车辆便于操作处应至少设置一个导静电接地装置，长度不小于15m。金属管道任意两点之间、任意一点到接地线末端、油罐任意一点到拖地胶带末端的电阻值应不大于5Ω，软管总成两端的电阻值应不大于1MΩ。多功能油料作业车应设有自闭式快速接头和取力器联锁装置，在自闭式快速接头复位或取力器挂合时，多功能油料作业车应无法移动。

5. 行驶性能

多功能油料作业车外形尺寸符合 GB 1589《汽车、挂车及汽车列车外廓尺寸、轴荷及质量限值》的要求。多功能油料作业车的接近角、离去角应不小于 5°，纵向通过角应不小于 3°，最小离地间隙应不小于 127mm。

多功能油料作业车应能在通道圆内通过，通道圆直径应不大于 25m。多功能油料作业车具有限速功能，符合机场行驶规定，制动性能应符合 GB 7258《机动车运行安全技术条件》的要求，最低稳定车速、加速性能、滑行性能等应满足设计要求。

在额定装载状态下，多功能油料作业车的轴荷不应大于车轴最大设计轴荷。轮胎承载能力应与多功能油料作业车的轴荷相匹配，转向轴轴荷应不小于总质量的 20%，驱动轴轴荷应不小于总质量的 25%。

6. 材料

多功能油料作业车的外购件、外协件应符合有关标准的规定，并有制造厂的合格证。焊接质量应符合 JB/T 5943《工程机械焊接件通用技术条件》的规定。涂漆质量应符合 QC/T 484《汽车油漆涂层》的规定。涂镀层和化学处理层应符合 QC/T 625《汽车用涂镀层和化学处理层》的规定。

多功能油料作业车的成品和零部件不应有影响可靠性、功能、外观、安全的材料缺陷、加工缺陷及装配缺陷。接触燃油的橡胶制品应具有耐油性能，且应符合 GB/T 5574《工业用橡胶板》和 HG/T 3089《燃油用 O 型橡胶密封圈材料》的要求。多功能油料作业车应无漏油、漏气、漏水的现象。管道、气管和电线应安装整齐，固定牢靠。多功能油料作业车还应具备自身运行数据采集和传输功能。

7. 环保要求

多功能油料作业车的排气污染物排放限值应符合 GB 20891《非道路移动机械用柴油机排气污染物排放限值及测量方法（中国第三、四阶段）》的规定。多功能油料作业车按额定工况作业时，主操作面处的噪声值应不大于 90dB(A)，周围噪声应不超过 85dB(A)。多功能油料作业车的加速行驶车外噪声限值应符合 GB 1495《汽车加速行驶车外噪声限值及测量方法》的规定。

8.4.4 多功能油料作业车定期检查

1. 每日例行检查

①车辆整体外观检查和维护检查。

②目视检查车辆储罐有无泄漏，地面有无油迹或水迹。

③检查车辆日志或车辆检查记录是否完整。

④手持检查导静电线、卷盘、固定铜线工作是否正常，连接处有无松动，电线夹是否咬合紧密。

⑤在车辆尾部目视检查静电拖地胶带，拖地胶带能否有效触地。

⑥目视检查过滤器揭示牌是否清晰无破损，过滤器沉淀槽是否工作正常。

⑦目视检查灭火器整体工况是否正常，是否处于有效工作期内，压力表指针是否在

绿区。

⑧目视检查流量计外观，检定标签是否正常，铅封有无断裂。

⑨目视检查取样瓶和闭路取样器是否洁净，有无破损或存在异物。

⑩目视检查联锁功能(随机选择一个)与超越联锁铅封是否正常。

⑪目视检查集油箱油量，存油量是否处于低液位以下。

⑫操作卷盘液压换向阀，卷盘能否回收平稳连续，能否在任意位置停留。

⑬检查紧急熄火装置，在按下紧急熄火开关或将其手动复位后，车辆发动机能否立即熄火或正常启动。

2. 每周例行检查

①测试导静电线、夹子、卷盘、铜线和拖地胶带的通导性能是否正常。

②目视检查各支撑梁、踏板、拖轮以及焊接部位有无缺陷，是否放置平稳。

③检查卷盘胶管，外观是否完好，有无异常磨损，保持每周至少两次将胶管中的燃料循环或冲洗至燃料回收系统。

④测试全部联锁和超越系统的功能。

3. 每月例行检查

①检查灭火器状况是否正常。

②在用加油胶管和柔性接头性能测试。

③加油胶管末端滤网有无破损、变形或杂质。

④检查自动泄压系统是否正常。

⑤测试油箱高液位自动抽油功能是否正常。

4. 每季度例行检查

①检测压力控制阀/浪涌控制器是否正常。

②检查液压系统是否正常，包括液压油是否正常，管路有无渗漏，运动是否卡滞，压力表是否正常。

5. 每半年检查

①在用加油胶管调试及浸润试验。

②检查加油胶管制造日期和安装日期，测试加油胶管压力并记录。

③对管路法兰连接处进行导静电性能测试。

6. 每年例行检查

①检查外观有无脱漆、锈蚀，并做必要的修补。

②检查灭火器是否正常。

③检查主管路的法兰螺栓是否紧固。

④全面检查车辆电气设备。

⑤全面检查车辆气控系统。

⑥检查各压力表是否显示正常。

8.5 机坪管网设备

8.5.1 机坪管网主要功能

机坪管网是指埋设在机坪下方，由机场油库发油通过过滤后至加油栓井端、灌油接头阀、高低点排放口为止的供油设施设备和大小不一的管道。它包括管道、阀门、阀井、加油栓井、机坪灌油口、高低点排放装置和管道保护装置等设施设备，常见的机坪管网流程图如图 8－21 所示。机坪管网作为一种工艺特殊的管道，其设计与规划需要符合 MH 5008《民用运输机场供油工程设计规范》及机场建设的要求，施工与验收需要符合 GB 50369《油气长输管道工程施工及验收规范》和 MH 5034《民用运输机场供油工程施工及验收规范》的要求。

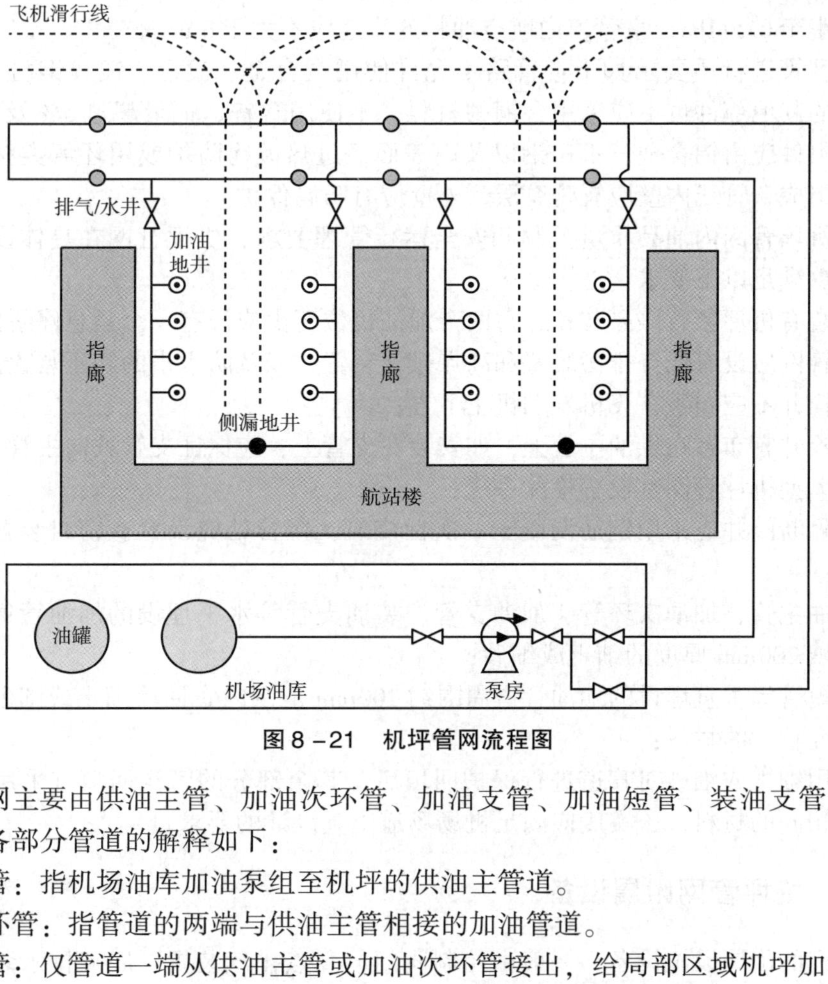

图 8－21 机坪管网流程图

机坪管网主要由供油主管、加油次环管、加油支管、加油短管、装油支管及附属设施设备构成。各部分管道的解释如下：

供油主管：指机场油库加油泵组至机坪的供油主管道。

加油次环管：指管道的两端与供油主管相接的加油管道。

加油支管：仅管道一端从供油主管或加油次环管接出，给局部区域机坪加油栓供油的非环形管道。

加油短管：管道从供油主管、加油次环管、加油支管等的一种或多种管道接出，与加油栓、高点放气装置、低点排水装置连接的管道。

装油支管：指从供油主管或加油次环管或加油支管接出，以及直接从机场油库接出，满足罐式加油车装油或给综合检测装置供油的管道。

供油主管的构型应根据同期建设的跑道数量、远期跑道最大起降架次、机坪的平面规划、布局和各种机型的停放位置、机型组合等综合确定，根据机场的规划和飞行区的构型宜分区域设置供油主管。机坪加油次环管、加油支管应按照所覆盖区域停机位的数量和机型组合进行设计，并应按所覆盖区域的远期高峰小时供油量、与主管连接的距离、摩阻等综合考虑。

供油主管、加油次环管、加油支管及装油支管的坡度宜不小于2.5‰。加油短管宜采用DN100的管道。加油短管宜采用支管台、直接开孔等形式与供油主管、加油次环管、加油支管中的一种进行连接。加油短管不宜为乙字弯的形状，若为乙字弯形状时应进行应力计算。机坪管道的土面区管顶覆土厚度应不小于1m，机坪、跑道、滑行道、车道下管顶距道面上表面应不小于1.2m。进入机坪处的机坪管道入口压力宜不大于1.2MPa，加油栓出口处压力宜不小于0.5MPa，主管道内航空油料的流速应不大于3m/s。

机坪管网管道材质要求如下：管路不允许使用铜合金、镀镉、镀锌钢材或塑料材质，与燃料接触的其他部件也不应采用含铜的材料，不使用含锌、镉量超过5%及其合金材料。所有管网和附件应由铝合金、不锈钢以及内表面经过热镀锡防护或用环氧类材料衬里的低碳钢等材料组成。管线内壁应有防腐层，外壁应有防腐保护。

为满足机坪管网内油品质量控制和安全运行管理要求，机坪管网在具体设计、施工和安装时应至少满足以下要求：

①应安装有机坪紧急停泵装置，每两个加油机位至少应设有一个紧急停泵按钮；

②机坪管网应设有低点排污装置和高点排气装置，以及防水击的卸压装置；

③加油栓井不应布置在飞机发动机正下方；

④加油栓井宜布置在供油主管上，如安装在支管上，应保证支管坡向主管；

⑤新建大型机坪管网宜设置检漏系统；

⑥机坪隔断阀井应采用钢筋混凝土一次性浇筑，接管处应设置有密封装置，以防止井外水分进入；

⑦在供油主管、加油次环管、加油支管、装油支管等水平埋设的加油管道底部、两侧和上部宜回填200mm厚度的细土或细砂；

⑧加油短管等垂直埋设的加油管道周围约200mm范围内宜回填细土或细砂。不应回填混凝土等强度较大的材料；

⑨在采用细土或细砂对管道进行保护回填后，其余部分的管沟回填宜采用与机场机坪道面下土基相同的材料，压实度应满足机场场道土基设计的要求。

8.5.2 机坪管网附属设备

机坪管网的附属设施设备，一般由控制阀门、高点排气装置、底点排水装置、加油栓井、阀井、安全阀、紧急关闭系统(ESD)和阴极保护装置等组成。此外，新建设的机坪管网一般应有管网测漏系统、保压系统、流量和压力控制装置等。下面简要介绍机坪管网常用的设备及其作用。

1. 加油栓井

加油栓井是设置于机坪下方的钢制圆桶形专用加油设备，由加油栓、加油栓隔断阀、井体、井盖等组成，如图 8－22 所示。加油栓井的作用是保护井内的加油栓，承接加油栓使用过程中发生的滴漏油料，加油栓井应按行业要求进行编号。

加油栓是为管线加油车地井接头提供连接机坪管网的专用装置，具有控制油料流动、自封、关断等功能，能将机坪管网内的油料提供给管线加油车实施飞机加油的装置。常用的加油栓为 4in 接口，有些机坪管网还安装部分 2.5in 的加油栓接口。

图 8－22　加油栓井

建设单位、设计单位应与机场管理机构、机坪设计单位、廊桥设计单位进行充分沟通，共同优化设计加油栓井。加油栓井的位置应满足该机位上设计机型加油的要求，不应设置在加油飞机的机翼加油口、发动机、起落架正下方。加油栓井不宜布置在飞机滑行的机轮下方、混凝土板缝之间。运输机场机坪 5%～10% 的 C 类机位宜在双侧各设 1 个加油栓井，且至少有一个 C 类机位在双侧各设有 1 个加油栓井，其余 C 类机位只设 1 个加油栓井。D 类兼顾 C 类机型的机位，宜不多于 2 个。E 类兼顾 D 和 C 类机型的机位，宜设置 2～3 个。F 类兼顾 E、D、C 类机型的机位(近机位滑行线在同一轴线上)，宜设置 2～4 个。F 类兼顾 2 个 C 类机型的复合机位(近机位滑行线不在同一轴线上)，可设置 4～5 个加油栓。

加油栓应无变形、无渗漏、无锈蚀，开关灵活。加油栓安装时应牢固可靠，垂直偏差不超过 50mm/m，部件完整，各部件连接螺丝满扣、齐整。加油栓为 90% 流量时，开启时间为 5～20s，100% 流量时开启时间不超过 30s，关闭时间为 2～5s。加油栓井盖本身及周边至少 20cm 以内均应当涂刷成红色，并标有栓井编号。

2. 高低点排放装置

高低点排放装置主要作用是通过定期的排放检查，将存于管网内的水分、杂质和气体，通过低点排出水分和杂质，通过高点排出管网内的气体，如图 8－23 所示。通常情况下，排放水分杂质的低点排放装置设置在机坪管网管道的底部，以便于水分和杂质的聚集；高点排放气体的排气装置设置在机坪管网管道的高处，以便于管内气体的收集和排放，部分机坪管网将加油栓设置为高点排气装置，减少机坪管网设施的投入和运行维护成本。

图 8－23　高低点排放装置

机坪管道的低处、超过 500m 的加油支管末端两加油栓之间宜设置低点排水装置，高点放气装置宜用加油栓替代。低点排水装置的设置位置应便于多功能油料作业车的行驶和操作，不宜设置在滑行道、联络道及交通要道附近等处。低点排水装置的导管末端距底部沉淀槽应不大于 20mm，导管末端应采用平口。机场油库至机坪之间的机坪管道、定向钻的管段不宜设置低点排水装置和高点放气装置。

3. 安全阀

安全阀主要起安全保护作用，机坪管网中的安全阀包括加油栓与管网连接处的快速熔断阀和卸压阀。加油栓前端的熔断阀的作用是当加油栓井发生火灾后，当井内温度超过100℃时，自动关闭阀井内的加油阀门，防止管网中的航空油料继续外溢。管网中的安全阀主要起到管线安全卸压的作用，当管网内的压力大于安全阀控制卸压的设定值时，自动卸出管网的压力，起到保护作用。如机坪管网中冬天因地温的影响使管网压力升高时，或机坪管网受水击压力影响时，安全阀都可能产生卸压作用。

4. 隔断阀

隔断阀是保证机坪安全而设置的具备阻隔功能的阀门。机坪每隔 8 ~ 12 个机位设一个隔断阀，但机场油库至飞行区之间不设置隔断阀。预留发展接口应设置隔断阀，该阀井宜位于管道延长方向上最边缘的混凝土板上，阀井一侧与土面区相邻。如预留管段伸出阀井，则宜在井内的隔断阀外侧法兰加“8”字盲板。

5. 阴极保护装置

主要是保护机坪管网防止电化学腐蚀作用，一般使用外加电流保护装置，有些管网也使用牺牲阳极保护的办法进行保护。

6. 阀井

阀井是设置在机坪内，控制某一专项功能的地下阀井。其主要作用是控制所涉及的机坪管网管段内油流的开关，整合各区域内相关阀门关闭和开启或进行管网维护维修与设备更换。机坪管网中常见的阀门有双关双断闸阀、双断闸阀、单断闸阀、球阀等。有些机坪管网的阀井内部还安装有控制机坪用的通信、防雷、供电等设施。

7. 自闭式接头阀

主要有固定式和活动式自闭接头两种。固定式自闭接头安装在固定的管网上，主要为罐式加油车灌油，也可以通过与罐式加油车的连接起机坪管网卸压作用；活动式自闭接头包括安装在罐式加油车灌油口接头阀，检测加油流量计的快速连接接头和飞机加油接口等。

8.5.3 机坪管网设备定期检查

1. 每周例行检查

进行机坪管网高低点排放作业。

检查机坪管网加油栓井状态是否正常，清洁性是否合格。

通过机坪管网加油栓井静态测试。

2. 每月例行检查

机坪管网加油栓井完整性检查。

机坪管网紧急关闭系统功能检查。

有泄漏检测装置的机坪管网，开展完整性检查与接地点检查；无泄漏检测装置的机坪管网，还需要确定操作压力下压降是否小于 10psi，并与之前的结果进行对比。

3. 每季度例行检查

检查加油栓井整体使用情况。

冲洗停用的加油栓井与加油支管。

不进入检查阀井。

4. *每半年例行检查*

通过机坪管网加油栓井动态测试。

检查预留设备和未使用的设备是否正常。

逐一检查机坪管网紧急关闭系统功能。

对于无泄漏检测装置的机坪管网，开展完整性检查，可使用气密性控制系统进行检查。

5. *每年例行检查*

对于无泄漏检测装置的机坪管网，通过管网与埋地管线压力测试。

检查机坪管网阴极保护系统是否正常。

详细的开展阀井内部目视检查。

检查机坪管网加油栓井有无磨损。

6. *其他检查*

按照制造商要求，检查机坪管网气密性控制系统是否正常。

8.6 飞机加油设备维护

飞机加油设备往往长期处于作业环境复杂的机坪，经过一段时间的使用后，容易出现设备磨损、老化、脱落、腐蚀等各种问题，严重时甚至影响加油作业的正常运行并带来燃油质量问题，因此对飞机加油设备进行定期检查与维护就显得格外重要。此外，飞机加油设备在运行时如果出现故障，作业人员应能迅速诊断故障位置、发生原因和解决方案，对于小故障应能及时排除，这个过程简称为排故。综上所述，加油作业人员应具备一定的设备维护与排故的基础知识，现简要介绍如下。

8.6.1 飞机加油设备检查与维护

飞机加油设备检查与维护的基本原则是为保证航空燃油加注过程的顺利进行，应根据加油设备使用说明书对所有加油设备进行检查、维护，确保其可靠性、安全性和密封性在任何时候均保持良好的状态。如果加油设备停用的时间超过 1 个月，在再次使用之前，应对其进行彻底的检查、冲洗和测试，确保其处于适用状态。

对于飞机加油设备，应记录所有相关的例行检查，包括过滤器比色法膜片试验、对胶管和胶管末端滤网的检查、呆德曼联锁和超越性能测试以及导静电线的连续性等的测试结果，每台设备均应建立工作记录，记录设备的使用、维护和更换等详细情况。为确保加油车辆的良好状态，应定期对加油车底盘和发动机的运转情况进行检查并记录。如果发现任何的缺陷，应立即予以排除，必要时应停用该设备。

对于新的或移交的加油设备，以及经过修理或大修之后再次使用的加油设备，在使用之前，应进行彻底的检查、冲洗和测试，确保其处于适用状态。记录所有相关的例行检查，对于新加油车应记录重量法膜片试验的测试结果。

1. *加油管路*

加油管路最容易发生的是腐蚀现象，严重时甚至导致管路穿孔和漏油。对于加油管线，要求腐蚀深度不应大于2.0mm，且任意100mm不应多于十处腐蚀点，管线不应出现异常弯曲、变形，漆层完好，无变色、起皮现象。连接加油管路的法兰盘不允许加两垫、偏垫，垫片内径比法兰内径大2~3mm，石棉橡胶垫片材料应符合GB 539《耐油石棉橡胶板》的规定。法兰螺栓齐整满扣，螺丝露出螺帽2~3扣，螺栓应规格统一，安装方向一致，法兰连接时应保持平行，其平行偏差不大于法兰外径的1.5%，且不大于2mm。其螺孔中的偏差一般不超过孔径的5%，并保证螺栓自由穿入。

对加油管路应经常进行检查和维护，检查加油管路时，依次从油罐底阀、油泵、过滤器至卷盘输油管道开始，检查有无变形，表面油漆应完好、无变色起皮。法兰连接螺栓满扣、无松动、漏油。做到定期清洁管路表面，出现问题时应及时更换部件和管道。

2. 加油胶管

虽然加油胶管的功能上类似于加油管路，但材质上却存在较大差异。加油胶管的材质应为整体长度、管壁光滑的静导电合成橡胶结构，其性能满足API 1529《航空加油胶管和胶管组件》或BS 3158-85C类《半导电胶管》的要求。加油胶管从生产日期起，储存期限为2年，使用期限为10年，符合其他标准的加油胶管使用期限为6年。在进行胶管观察检查，如果发现胶管有损伤、起泡、柔软、泄漏、缺陷等应及时更换。

在加油作业期间，应随时观察胶管的使用情况，如果发现任何的泄漏或缺陷，应立即停止作业并替换该胶管。将胶管的损坏部分去掉，剩余部分胶管仍然可以使用，但在重新使用之前，应适当修正胶管的接头，如缩短或重新安装，并进行每6个月的程序测试；如果需要，还应重新调整文式管的管径。

对于4in加油胶管的维护，应定期检查生产日期、使用年限、电导率标准、胶管型号等，并使用胶管检查镜检查胶管有无损伤、起泡、柔软、泄漏、缺陷等。并注意使用时，尽量避免加油胶管与地面、车辆和其他部件的经常性摩擦。对于2.5in加油胶管的维护，除上述规定外，还要检查胶管与卷盘连接和加油接头与胶管的连接处是否松动。

加油胶管的日常维护主要是注意储存环境和使用要求。存放时应将胶管两端封严，防止杂物进行胶管内，存放温度控制在0~28℃，相对湿度不大于80%的无阳光直接照射的库房内保管存放。

加油胶管在储存和运输中不应与油、酸、碱类和其他有害于橡胶的物质接触。距离热源不少于1m。胶管从生产日期起，在货架上的存储期限最长为2年。新胶管或停用6个月以上的胶管在投入使用之前应做好浸润工作，灌满同介质的油料并在高于15℃并低于闪点的温度下浸泡8h，当油温低于15℃时应延长浸泡时间，安装结束进行电阻率的测试后，用同介质的油品将管路冲洗一次后再用不少于2000L的油品进行彻底冲洗，直至膜片测验合格。

3. 阀门

加油车上的阀门最容易发生的是因老化而导致的漏油，因此使用的阀门必须有制造商或供销商出具的壳体试验、密封试验、倒密封试验等压力试验的证书或复印件。阀门的结构形式、压力、材料应符合使用要求。阀门必须连接正确，法兰螺丝紧力均匀，阀门密封良好，在工作压力下不应漏油、窜油、渗油。在1.5倍工作压力下5min进行强度试验，阀门严密不漏，阀门开关灵活。

对阀门的维护，主要是检查阀门开关是否灵活，定位销有无损坏，手柄固定牢固，阀门中心轴间隙密封处有无漏油，定期清洁阀门外部，发现问题及时更换。加油车补偿器应无裂纹，老化、渗油，使用期限不宜超过为10年。

4. 联锁装置

加油车上的联锁装置较多，应根据各联锁装置特点开展维护工作。对联锁和超越联锁安全装置的性能进行测试并记录。应根据书面程序，对每个联锁点进行检查。超越联锁开关应铅封在操作位置，并且每天对铅封情况进行检查。如果系统出现故障，应立即采取行动加以排除或更换设备。

(1)加油车灌油联锁：检查时，作业人员先将加油车轮挡放置在加油车驱动轮前1m处，启动加油车将加油车的储气气压加压至0.8MPa，使加油车发动机停止工作。将加油车油灌灌油口安全护栏打开，此时灌油联锁应处于联锁工作状态，联锁指示灯应指示为红色，声光报警应工作。再次启动发动机，踏下离合器，将变速器挂入1挡，解除手制动，发动机转速提至900转左右，慢抬离合器，此时加油车应不能移动，说明加油车灌油联锁为正常。加油车灌油联锁完成检查后变速器应处于空挡位置，手制动应处于制动位置，发动机熄火，绕车检查后收回轮挡。

(2)加油车加油联锁：该项目检查的停车、放轮挡等准备工作与灌油联锁类似。作业人员先拿出任意一处加油接头，此时联锁指示灯应指示为红色，声光报警应工作。启动发动机并慢抬离合器后，加油车应不能移动，说明加油车加油联锁为正常。依次重复上述步骤完成其他加油接头联锁的检查。加油车加油联锁的检查，当第一个联锁检查进行过加油制动的测试，测试为正常，再进行其他联锁的检查时不进行加油车的制动测试。

(3)加油车抽油联锁：该项目检查的停车、放轮挡等准备工作与灌油联锁类似。作业人员先打开抽油阀，抽油联锁二位三通气控阀应处于关闭状态，二位三通出口的压缩空气应从排气口排出大气，加油车底阀在弹簧的作用下自动关闭，使加油车在抽油过程中不能将油罐内的油料抽出。

(4)加油车取力器联锁：该项目检查的停车、放轮挡等准备工作与灌油联锁类似。作业人员挂上取力器，此时联锁指示灯应指示为红色，声光报警应工作。启动发动机并慢抬离合器后，加油车应不能移动，说明加油车取力器联锁为正常。加油车取力器联锁的检查，当第一个联锁检查进行过加油制动的测试，测试为正常，再进行其他联锁的检查时不进行加油车的制动测试。

5. 紧急熄火装置

加油车气控紧急熄火装置的检查，首先是加油车启动5min后检查各仪表工作是否正常，加油车储气筒压力应为0.8MPa方可实施紧急熄火的检查，然后作业人员压下(打开)紧急熄火阀，加油车发动机应在2s内停止工作，说明紧急熄火装置正常。

紧急熄火装置的完好性主要是通过检查装置的工作情况。对于加油车紧急熄火功能的检查，加油车发动机正常运行的情况下，垂直压下熄火阀控制柄，控制柄应锁住，加油车发动机应立即熄火；对于加油车紧急熄火恢复正常的检查，将加油车紧急熄火按钮向右旋转90°，控制手柄在弹簧作用下自动恢复原位。紧急熄火装置一旦出现故障，应立即检修或更换。

6. 加油车滤网

加油车滤网的检查维护主要是做到定期进行清洗。选取合适的防爆工具拆卸下滤网后，用同介质的油品浸泡滤网并从内到外仔细清洗，然后用高压空气吹干滤网或用同介质的油品反复冲洗。通过45°角逆光观察滤网，清洗后的滤网应不低于60目，不得有破损或有异物，并以此来监控过滤器滤芯、胶管或机坪管网是否异常。检查无误后将滤网安装回对应的位置，清洁设备，打扫现场，并正确填写记录。根据滤网的部位不同检查清洗要求有所不同。

(1)加油接头滤网检查清洗：加油接头滤网由滤网、滤网锥形骨架、密封圈等组成。滤网设计成锥形的目的是增大滤网有效工作面，将污物聚集在滤网的底部，方便检查和清洗。加油接头应在专用的平台上进行作业，在进行胶管与接头分离前应保持有35°以上的角度，防止将聚集污物倒入胶管内，造成污物不能及时发现和清除。加油接头滤网是油品质量控制的最后一道关口，翼下压力加油接头和翼上重力加油接头内应装有不低于60目的不锈钢滤网。

每月或加油500m^3后应将安装在加油接头内的滤网拆下并进行检查。在进行该项检查时，应确保在检查之前，已经存在的任何污物不会从滤网上冲走。经检查的滤网重新安装后，应在工作压力下对胶管进行检查，确保接头的完整性。

(2)加油车粗滤网检查清洗：加油车粗滤网由滤网、滤网锥形状骨架、密封圈等组成。滤网设计成锥形的目的是增大滤网有效工作面，将污物聚集在滤网的底部，方便检查和清洗。加油车过滤器前的入口处安装有40目的粗滤网应定期进行一次检查与清洗，该处滤网设计的目的是将输油管线内大颗粒污物去除，保护加油车上的设备，延长设备使用寿命，提高油品质量。

7. 导静电线与拖地胶带

为避免加油过程中静电积聚，要保证加油车各设备间的电阻值处于较低水平，因此导静电线与拖地胶带的检查维护主要是针对电阻值进行。每周进行管路系统导静电性能测试，测试时将导静电线拉至车辆设置的导静电测试点或直接对拖地胶带进行测试，每年对加油车所有安装有法兰的连接处进行逐个测试。

导静电性能测试前应先准备车辆，作业车辆应挂设备维修警示牌、放置轮挡。检查万用表是否在规定的有效期内，外观是否完好，电池电量满足驱动要求。然后按照检测的对象不同分为三类。

(1)导静电线检测：首先开展导静电线外观检查，主要是观察静电线转盘转动平稳，不应出现3cm以上的摆动，转盘自动应有效；静电线应使用直径3mm的钢绳或8mm的多股铜线，长度为25～30m；静电线不能打结，静电线应与转盘和静电夹连接牢固。静电夹应灵活无锈蚀。静电线外表应有绝缘层，防止裸露在地上拉动时造成火花。

对于导静电线的检测，先全部拉出导静电线，注意导静电线不能重叠。检查设备管路法兰连接、跨接设备、固定螺栓等完好无松动、无锈蚀。拉出导静电线后，使用万用表从油车上中下或前中后取三个测试点，分别测试静电夹与静电线电阻、静电线顶端与末端电阻、静电夹与油车导静电桩电阻。导静电线电阻值应不大于10Ω，对照万用表的量程、挡位进行调整，每次测试前应进行一次万用表的校验。带拖挂车辆须特别测试跨接线电阻、前后罐电阻。所有项目测试完毕后应绕车检查一周，拆除轮挡，打扫现场并正确填写记录。

(2)拖地胶带检测：对于拖地胶带导静电性能的检测，先检查拖地胶带与油车连接端，应牢固无锈蚀、空车状态下拖地胶带应拖地10cm。每周测试拖地胶带电阻值，应不大于10Ω。测试方法是拉出导静电线至拖地胶带位置，使用万用表测试静电夹与拖地胶带末端电阻值。

(3)管路系统检测：对管路系统导静电性能的检测，应每半年对安装有管路法兰连接处进行导静电性能测试。测试时将加油车导静电线拉至每一法兰连接处进行测试，测试电阻值不大于5Ω。

8. 呼吸阀与阻火器

呼吸阀是控制油罐内压力平衡的关键设备；阻火器是防止火焰进出油罐的安全设备。对于呼吸阀与阻火器的维护主要是以检查清洗为主，每月应对罐式加油车油罐呼吸阀和阻火器检查一次，每季度清洗一次。此外，新设备启用，清洗油罐后，大风、大雨、大雪或风沙过后，都应该开展呼吸阀和阻火器的检查，确保其能正常工作。

首先拆卸呼吸阀与阻火器，要正确选取合适的防爆工具、辅助设备并佩戴劳动保护用品。作业前对设备挂修理牌，挡好轮挡。将与油罐连接的螺栓拆除，取下呼吸阀、阻火器，用干净的毛巾盖住呼吸阀、阻火器孔，防止灰尘进入油罐，污染油品。拆除有机玻璃盖板上的螺栓，卸下有机玻璃盖板，取出阀壳网罩。

清洗时，将呼吸阀、阻火器放入装有热水的油盆中清洗，然后再放入装有干净同类介质的油盆中进行清洗，或使用热开水混合专用清洗剂清洗。带上耐油手套用毛刷反复清洗，并在逆光下进行检查波型散热圈是否断裂破损，有无杂质。清洗完毕后需用高压空气吹干或阳光下晒干。

晾干后用压缩空气冲刷阻火器波纹网，并检查其透光性是否达到要求。用高压气吹干设备、检查密封垫是否老化、龟裂。反顺序装回各部件，不阻碍油罐其他附件正常使用。清洁设备，打扫现场，绕车检查一周，收回轮挡并正确填写记录。

9. 呆德曼控制器

对于呆德曼控制器，主要是检查控制胶管有无磨损、漏油，密封是否良好。检查二位三通阀排气孔的清洁度，应动作灵活、控制有效。要定期在动态的情况下对压力和水击压力控制设备的有效操作性能进行检查。定期对呆德曼控制系统的有效正确操作性能和运转情况进行检查(可以在航空器加油作业期间进行)，并记录检查结果。一旦改变胶管的长度或管径，应调整文式管压力控制阀的管径尺寸。

拆装呆德曼控制器时，先关闭总气源，卸下固定的螺丝，用内六角扳手拧下螺丝。用开口螺丝刀松开气路管的管箍，卸下气路管。检查控制胶管无磨损、漏油。检查呆德曼控制器气路接口、排气孔是否清洁。检查完成后按照相反顺序安装即可。

对于二位三通阀，用扳手卸下换气开关的固定螺丝，将换气开关与手柄分离。用内六角扳手卸下弹簧压片内的螺丝。取出弹簧压片内的固定销并与弹簧脱离，取出内部弹簧。

用扳手分别拧下进出气两个连接口，取出转换开关内部的阀芯。检查阀芯是否磨损以及密封圈是否老化破损。检查完成后按照相反顺序安装即可。

更换开关及联接管路时，先检查联接管路，如发现漏气、龟裂或老化，要及时更换，并注意两根连接管路不得反接。关闭总气源，用内六角扳手松开呆德曼控制器一端的两处管箍螺栓，拆下两根连接管。全部拉出连接管，用内六角扳手松开卷盘一端的两处管箍螺栓，拆下两根连接管，并换上新的连接管。

对于呆德曼控制器的性能测试，一般每月开展一次。要求外观性能良好，对于气控呆德曼，控制胶管应无磨损、漏油，密封良好，排气孔清洁，动作灵活，控制有效。对于电控呆德曼，要求动作灵活，能有效控制加、抽油；性能测试时，在可能达到的最大流量下测试(一般为双管流量2400L/min)。阀门开启用时(即从启动到全流速)，至少为10s，最多为15s。使用呆德曼在最大流速的情况下，关闭阀门(通过流速表来显示)最少为3s，最多为5s，且关闭后流量表的通油数量不能超过200L。

10. 加油栓井与阀井

对于加油栓井，主要是目视检查外观。加油栓井红色警示标识无脱落、无变色现象。加油栓井编号与实际工艺图编号一致，字迹清晰。井内积油不应超过熔断阀与管网连接部位的法兰盘处。井内防渗油胶圈无老化、龟裂现象，密封良好。四周井壁无油漆脱落、生锈现象。井盖完好无损，井框无变形。用力拉扯井内导静电线连接牢靠、无松脱。连接点间的电限值应小于0.4Ω。加油栓井的应急拉索应具有耐火和抗机械损坏性能，并与加油车绝缘。

加油栓井的清洗维护主要是依靠多功能油料作业车开展，一般说来清洗分为三道工序，首先用高压水冲洗，然后用自吸式离心泵抽吸井内的污油和污水，最后用压缩空气吹干。其详细步骤见本书8.4.2节多功能油料作业车使用方法。

阀井的清洗检查主要是注意有限空间内的作业，进入阀井前要注意通风排气，先使用气体浓度测试仪测定气体浓度，作业人员准备好安全呼吸用具并配备井外看护人员。进入阀井后主要是检查阀门室内有无积水和杂物，检查各设备工作是否正常、标识是否清楚，对阀门转动部件进行清洁润滑，对生锈部件进行除锈和补漆，清洁各连接部位，紧固各连接螺母。

11. 加油接头

每次出车前应检查加油接头表面有无破损，各密封处是否完好，密封主件有无龟裂，接头转向部件是否灵活。在每次加油作业期间，也应检查加油接头的使用状况和泄露情况，记录所有的维修和调整情况，并注意检查接头每个零部件是否有影响产品性能的变形、磨损和腐蚀表面。检查所有活动或固定密封件是否有挤伤、划伤的痕迹，检查所有密封槽是否有损伤，检查运动的零部件在它们各自的内腔中是否滑动自如。测试整体加油接头的静电性能是否满足不大于10Ω的标准。加油接头处的末端压力应不大于0.35MPa，水击压力0.5s不大于0.84MPa，15s不大于0.42MPa。

对加油接头进行密闭性测试，先拆除接头稳压阀内活塞回位弹簧，把加油接头安装在试验台上。打开试验机相关阀门，加压至背压表显示为0.8MPa左右，检查加油接头各部件有无渗漏，并维持压力1min，仍无异常现象发生。打开试验台阀门泄压，试验结束。

对加油接头进行稳压性测试，检查稳压阀各密封件完好状况，检查活塞工作面有无划伤。加压至背压表显示为停止状态，继续加压至出口压力表显示为0.8MPa并维持1min，稳压器工作正常时背压表应处于(0.35±0.035)MPa范围内。将试验台泵出口压力释放，稳压器内释压阀工作正常时背压表显示值应逐步下降。

对加油接头进行操控性测试，将接口与试验台接口对接，等分槽旋转转动时应轻便灵活。将接头封严活门反复开关5次，然后通入流量为1136L/min的燃油，接头封严活门从打开到关闭(但不截止燃油)缓慢开关3次，手柄应无黏滞和颤动现象发生。

12. 油罐

油罐是罐式油罐车最主要的设备，其维护工作主要是开展清洗作业。检查与清洗时间要求见本书8.1.4节罐式加油车定期检查。在油罐到期前10天制定油罐清洗计划，查阅上一次油罐的清洗记录、加油车维修技术档案、罐内的设备工况以及是否需要在油罐清洗过程中进行维修，并注意满足GB 8958《缺氧危险作业安全规程》等有限空间作业的相关标准要求。

首先应准备齐进入密闭空间作业的安全绳、有害气体测试仪器、防爆通风设备、防护用品、更换维修的材料、清洗油罐的同一油品、拆装设备的防爆工具等。在进行作业的前一天应组织作业人员对清洗油罐的作业程序进行培训。

对油罐进行清洗前，先对油罐进行排空，用防爆通风设备对油罐进行强制通风，通过气体测试仪测试储罐内油蒸汽浓度满足人体安全作业要求。作业人员进入罐前由监护人员对安全绳和防爆型外送呼吸器进行安全检查，罐外监护人员每3~5min应与罐内的人员进行一次联络，作业人员每次进罐作业15min后应出罐休息。

检查时，加油车油罐内表面应平整，焊接良好，油罐内防腐层无脱落，底阀无损坏，活塞上下运行平稳，滑轮运行正常。高液位浮球无破损，控制阀工作灵活有效，油管无龟裂。低液位开关无破损，磁铁安装牢固。油罐内管道无裂痕，密封垫良好无渗漏。管道固定支架牢固，各法兰连接螺栓无松动。如果发现异常，应及时进行清理或更换设备。

13. 灭火瓶

应对加油车上所有的灭火瓶进行登记编号，并记录每个灭火瓶的检查和维护情况。应根据生产商的建议说明，对灭火瓶进行维护，定期由灭火瓶生产商或批准认可的合同方对所有的灭火瓶进行至少一次维护检查。每个灭火瓶应附有维护日期。每月应检查所有的灭火瓶是否放置在指定位置，灭火瓶的胶管和喷嘴是否通畅有效，可以通过听或目视的方法检查其是否被堵塞。

14. 液压设备

对于液压设备的维护主要开展拆卸、清洗和装配，其中以清洗液压设备的零部件最为关键。清洗主要是除去零部件表面黏附的防锈油、锈迹、铁屑、油泥或其他污物，主要利用刷洗、擦洗、浸洗、喷洗等方法。

刷洗是利用钢丝刷、毛刷等工具，对各液压元件的外部较粗糙的表面进行清洗，可除去铁锈、油泥等污物，该方法操作简单但效果一般，而且使用钢丝刷可能会划伤零件表面。

擦洗是用棉纱、抹布等对各液压元件的精密零件进行清洗，可除去铁锈、油泥等污物，其特点是操作简单但效果一般，而且难以清洗微小的缝隙。浸洗是针对形状复杂的零件或者黏附的污垢比较顽固、难以用以上方法除去污物的零件，即把零件先放在清洗液中浸泡一段时间后再进行清洗，其特点是操作简单，效果较好，但时间较长，一般与其他清洗方法搭配使用。喷洗是利用专用喷洗设备喷射出高速清洗液流，对零件上黏附程度较高的污垢进行冲刷，其特点是清洗效果好、生产率高但装备较复杂。

常用的清洗液主要有汽油、煤油、轻柴油、液压油和氢氧化钠溶液等。汽油主要用于清洗油脂、污垢和一般黏附程度的杂质，适用于钢铁和有色金属。汽油的挥发性好，清洗后零件干得快，但使用过程中应注意防火和安全。煤油和轻柴油与汽油类似，而且由于挥发性不如汽油好，清洗后零件干得慢，但使用中较汽油安全。液压油主要用于清洗一般黏附程度的杂质，适用范围广，而且对液压零部件的性能没有任何影响，但去污效果一般。氢氧化钠溶液是每升溶液中含有氢氧化钠 50 ~ 55g、磷酸钠 25 ~ 30g、碳酸钠 25 ~ 30g、硅酸钠 10 ~ 15g，其清洗的温度为 80 ~ 95℃，清洗时间为 10min 左右，适用于浸洗或喷洗。氢氧化钠溶液对严重油垢或少量难溶性油垢和杂质具有较好的去污效果，但配制溶液比较麻烦。

8.6.2 飞机加油设备故障排除

8.6.2.1 故障诊断常用方法

对飞机加油设备的故障进行排除前，必须要了解故障的发生原因、表现形式、发生位置以及可能后果，即开展故障诊断工作。故障诊断要求维修人员有一定的飞机加油设备基础知识和实践经验。在对设备进行故障诊断前，要认真阅读车辆的使用维护说明书，以对该车型系统有一个基本的认识。通过阅读技术资料，掌握其系统的主要参数。熟悉系统的工艺流程图，掌握系统中各元件符号的职能和相互关系，了解每个元件的基本结构和工作原理，并分析主路和各个支回路的功能。详细了解某一故障的现象和后果，分析导致该故障的可能原因。对照加油车实物了解每个元件所在的部位，以及它们之间的连接方式。具体诊断故障时，遵循“由外到内，先易后难”的顺序，对导致某一故障的可能原因进行逐一进行排查。

现场诊断飞机加油设备故障主要依靠经验诊断法。即维修人员利用已掌握的理论知识和积累的经验，结合设备实际工况，运用“问、看、摸、听、试”五种手段，快速地诊断出故障所在部位和原因的一种方法。具体形式为：

问：“问”就是询问操作人员故障车辆的基本情况。一是询问操作人员，了解故障的基本情况。如车辆有哪些异常现象，故障是突发的还是偶发的，是否存在违规操作，以及故障发生的时机，车辆工作环境等。二是询问维修人员，了解设备平时的工作状况。如系统工作情况，维护保养状况，最近一次维护检查的项目和日期，历史故障情况，零部件更换情况等。

看：“看”就是通过眼睛直接查看设备的工作情况。如设备外观是否正常，有无腐蚀、老化等现象出现；控制元件的机械操作部分是否卡滞，折断；执行元件是否变形、松脱、卡死；密封部位和接头等处是否漏气；各类仪表在工作中的指示值变化是否正常；各零部件有无损伤、连接件脱落和固定件松动的现象。

摸："摸"就是利用手指触觉，检查系统的管路或元件是否发生振动、温度异常，是否漏气等故障。如用手触碰疑有故障却听不到排气声或漏气声的部位，即可判断该处元件或管路是否存在故障。

听："听"就是用耳朵检查系统有无异常响声。要熟悉和掌握正常的车辆运转声响的节奏和音律，并将故障车辆与之对比，就能准确地诊断出系统是否工作正常。同时，听是否有压缩空气泄漏的声音，就可确定故障发生的位置，判定是机械设备故障还是气路系统故障，进而确定故障发生的部位和损伤程度。

试："试"就是直接操作加油系统的执行元件，从其工作情况判定故障的部位和原因。根据故障的表现形式和发生位置，操作的执行元件有所不同。如果不知道故障发生的具体位置，应根据系统的设计功能逐一实验，确定故障是在局部区域还是在全部区域。然后对系统的各阀门做出调整，比较调整前、后各设备工况的变化来诊断故障。或者对系统进行断路，即将某一设备拆下或松开接头，观察流动情况以检查故障出现在哪一段管路上。当系统中仅出现某一回路或某一功能丧失时，可与相同或相关功能的油路交换，或直接更换怀疑有故障的元件，通过比较更换元件前、后所反映的现象，确认元件是否有故障。

此外，对于复杂的系统还要加以逻辑分析进行推理。此方法有两个要点，一是结合加油设备工艺流程图，按照油料流动顺序依次检查和分析各系统；二是从系统本身故障出发，有时系统故障在短时间内并不直接影响油料流动和加油过程，如储气罐压力过低等。

8.6.2.2 故障排除参考示例

根据飞机加油设备的结构分类，故障类型主要包括燃油系统故障、液压系统故障、气控系统故障以及下装结构故障四种。不同系统的故障表现形式和排除方法有所不同，应针对各系统的特点具体分析。

现以加油车加不出油的气路故障排除为例进行说明。按照经验诊断法的"问、看、摸、听、试"五种手段，加以逻辑分析进行推理。首先诊断气动系统，通过气压表来判断气压是否正常，总气源是否正常。通过对两位三通阀的动作来判断气路的走向是否导通。调压阀的气压表如无显示将导致加不出油，应检查调压阀是否调到最小位置，进出口是否堵塞。呆德曼没有气说明软管打结或呆德曼超越进出口堵塞。压力控制阀(PCV)打不开可能由于进气口的阀门故障导致。气控底阀打不开导致加不出油，检查低液位和抽油阀是否故障导致气无法进入。加不出油的气路故障诊断步骤如图 8－24 所示。

加油车各气路元件常出现各种症状。如压缩空气中的水分、脏物、杂质使气动元件中密封圈过早老化或产生严重擦痕失去密封作用而发生泄漏。零件生锈，阀芯卡住不能动作或者动作不到位，会导致气动元件的失效。而平时在外观上又无法直接看到气控系统内部的真实情况，只有靠平时良好的维护保养。所以，日常工作中对气动元件加强维护保养，是气控系统是否正常运转的根本保障。

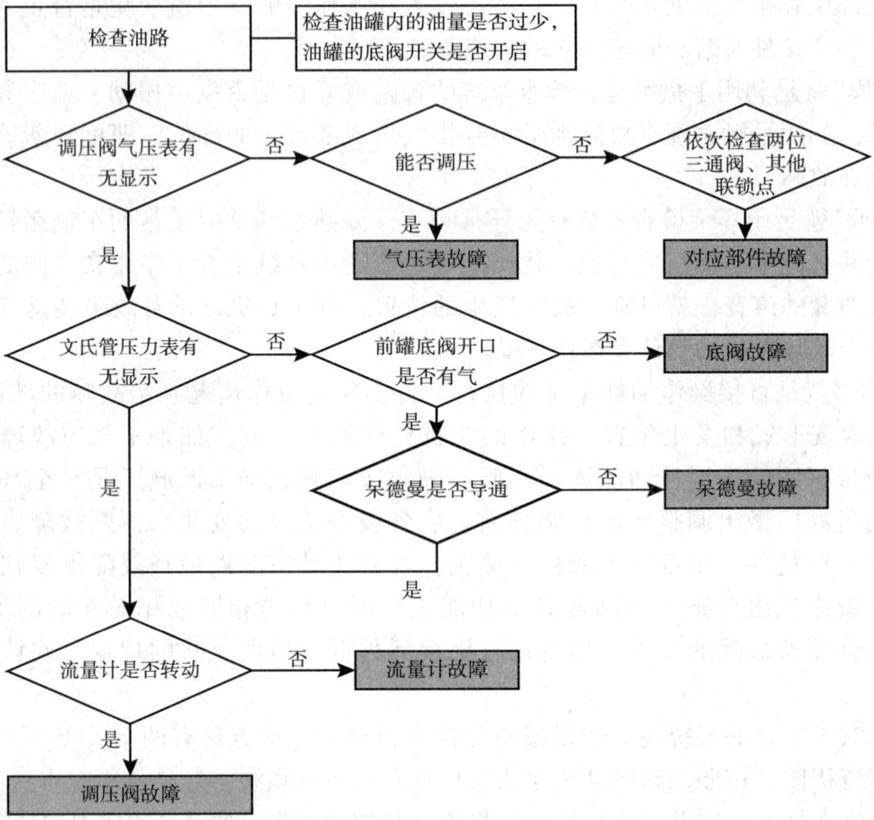

图 8-24　加不出油的气路故障诊断示意图

8.6.2.3　主要元件常见故障及排除方法

1. 加油车无法启动

加油车的动力来源主要是柴油发动机，因此加油车无法启动的主要原因是柴油发动机本身故障。其故障比较复杂，涉及燃油系统和气控系统等。此外，加油车上的联锁装置或其他附属设备也可能影响加油车正常启动。加油车无法启动常见故障与排除如表 8-1 所示。

表 8-1　加油车无法启动常见故障与排除

故障现象	产生原因	排除方法
紧急熄火装置未关闭	1. 操作失误 2. 阀门松动	1. 重新打开紧急熄火装置 2. 修护或更换紧急熄火装置阀门
加油平台防撞装置受压	存在异物挤压	检查加油平台防撞装置，排除异物
防撞雷达报警	防撞雷达附近存在异物	检查防撞雷达，排除异物
车身抖动	1. 初始启动电压低 2. 电瓶亏电	1. 勤给电瓶清洁 2. 补充电解液
车辆动力不足	燃油品质低	更换燃油，选择正规的加油站
车辆启动困难	节气门积炭	清洁节气门，并在燃油中加入一些清洁型添加剂
车辆联锁灯显示红色	车辆各联锁设备未复位	检查显示为红色联锁设备，并将其复位

2. 底阀无法打开

储罐无法出油的最大可能原因就是由于底阀无法打开导致的。底阀出现的故障大多与气控系统有关，主要有气路关闭、总气源压力表无显示、总气源出口无气体、抽油部件不正常、底阀漏气等，如表 8－2 所示。

表 8－2 底阀无法打开常见故障与排除

故障现象	产生原因	排除方法
气路关闭	油罐内液位过低	检查油罐液位，重新灌油
总气源压力表无显示	1. 气源总开关未打开 2. 储气桶内无气体 3. 三联体不通	1. 打开气源总开关 2. 重新充气 3. 维护或更换三联体
总气源出口无气体	1. 两位三通阀堵塞 2. 加油接头未离位	1. 维护或更换两位三通阀 2. 扳动加油接头联锁阀压杆，排出两位三通阀阀芯内压缩空气
抽油部件不正常	抽油阀和低液位阀未通气	维护或更换抽油阀和低液位阀气路
底阀漏气	底阀内部顶杆卡滞，无法带动活塞打开	维护或更换底阀内部的顶杆或气路

3. 过滤分离器故障

过滤分离器是航空油料系统中需要经常清洗的部件，一旦发生故障将导致燃油质量不达标，造成严重的后果。过滤分离器主要的故障包括沉淀中发现固体杂质、出口燃料游离水含量超过规定指标、压差突然下降等，常见的故障与排除方法如表 8－3 所示。

表 8－3 过滤分离器常见故障与排除

故障现象	产生原因	排除方法
沉淀中发现固体杂质	1. 聚结滤芯破损 2. 滤芯固定螺母未扭紧 3. 滤芯安装位置不正 4. 一级托盘未固定好	1. 更换滤芯破损 2. 上紧滤芯固定螺母 3. 重新安装滤芯 4. 重新固定一级托盘
出口燃料游离水含量超过规定指标	1. 聚结滤芯破损 2. 分离滤芯破损 3. 分离滤芯憎水性下降 4. 滤芯安装位置不正	1. 更换聚结滤芯 2. 更换分离滤芯 3. 更换分离滤芯 4. 重新安装滤芯
压差突然下降	1. 聚结滤芯破损 2. 聚结滤芯安装不当	1. 更换聚结滤芯 2. 重新安装聚结滤芯

4. 液压系统故障

液压系统故障主要包括升降平台故障、地井胶管收发系统故障、胶管转盘系统故障。这三种故障主要与液压油箱及管路故障有关。在故障排除时，主要注意设备和零部件的拆卸、清洗与装配。液压系统常见故障与排除见表 8－4。

表8－4　液压系统常见故障与排除

故障现象	产生原因	排除方法
升降平台故障	1. 没有挂泵 2. 液压油箱缺油 3. 调速阀关闭或开度太小 4. 紧急降落阀开启	1. 操作取力器开关挂泵 2. 补充液压油 3. 打开调速阀或加大开度 4. 关闭紧急降落阀
地井胶管收发系统故障	1. 同升降平台故障1~3 2. 溢流阀内弹簧失效 3. 换向阀内部柱塞卡滞	1. 同升降平台故障1~3 2. 维护或更换溢流阀 3. 维护或更换换向阀
胶管转盘系统故障	1. 同升降平台故障1~3 2. 卷盘链条卡滞 3. 链条与卷盘齿轮脱钩	1. 同升降平台故障1~3 2. 添加一定量的润滑油 3. 重新对接链条与卷盘齿轮

5. 空气过滤器故障

空气过滤器是为气控系统提供气源的主要辅助设备，其常见故障包括压力过大、从输出端逸出冷凝水、输出端出现异物、塑料杯破损、漏气等，出现故障将会导致气控系统运行失常。其故障与排除方法如表8－5所示。

表8－5　空气过滤器常见故障与排除

故障现象	产生原因	排除方法
压力过大	1. 滤芯选择过细 2. 滤清器的流量范围太小 3. 流量超过滤清器的容量 4. 滤清器滤芯网眼堵塞	1. 更换适当的滤芯 2. 换流量范围大的滤清器 3. 换大容量的滤清器 4. 用净化液清洗滤芯，必要时更换滤芯
从输出端逸出冷凝水	1. 未及时排出冷凝水 2. 自动排水器发生故障 3. 超过滤清器的流量范围	1. 养成定期排水习惯或安装自动排水器 2. 修理或更换自动排水器 3. 在适当流量范围内使用或更换大容量的滤清器
输出端出现异物	1. 滤清器滤芯破损 2. 滤芯密封不严 3. 存在大量异物	1. 更换滤芯 2. 更换滤芯的密封，紧固滤芯 3. 用清洁的热水或煤油清洗
塑料杯破损	1. 在有有机溶剂的环境中使用 2. 空气压缩机输出某种焦油 3. 压缩机吸入对塑料有害的物质	1. 使用不受有机溶剂侵蚀的材料 2. 更换空气压缩机的润滑油，或使用无油压缩机 3. 改为使用金属杯
漏气	1. 密封不良 2. 因物理或化学原因导致塑料杯出现裂痕 3. 泄水阀、自动排水器失灵	1. 更换密封件 2. 参看塑料杯破损一栏 3. 修理或更换对应元件

6. 气动执行组件故障

气动执行组件最容易出现故障的元件是气缸，气缸的常见故障及其排除方法如表8－6所示。由于气缸装配不当和长期使用，气缸容易发生内、外泄漏，输出力不足和动作不平稳，缓冲效果不良，活塞杆和缸盖损坏等故障现象。

表 8－6 气缸的常见故障及排除方法

故障现象	产生原因	排除方法
外泄漏	1. 衬套密封圈磨损或损坏 2. 活塞杆偏心安装 3. 活塞杆有伤痕 4. 活塞杆与密封衬套的配合面有杂质 5. 密封圈损坏	1. 更换衬套密封圈 2. 重新安装，保证活塞杆与缸筒的同轴度 3. 更换活塞杆 4. 除去杂质，安装防尘盖 5. 更换密封圈
内泄漏 活塞两端窜气	1. 活塞密封圈损坏 2. 润滑不良 3. 活塞被卡住 4. 活塞配合面有缺陷，杂质进入密封面	1. 更换活塞密封圈 2. 补充润滑油 3. 重新安装，使活塞杆不受偏心负载的影响 4. 除去杂质并消除缺陷，严重时应重新更换零件
输出力不足 动作不平稳	1. 润滑不良 2. 活塞或活塞杆卡住 3. 气缸体内表面有锈蚀或缺陷 4. 进入冷凝水、杂质	1. 补充润滑油，调节或更换油雾器 2. 检查安装情况，消除偏心 3. 视缺陷大小清理或更换元件 4. 定期排放空气过滤器以及除油器中的污水
缓冲效果不好	1. 缓冲部分的密封圈密封性能差 2. 调节螺钉损坏 3. 气缸速度太快	1. 更换密封圈 2. 更换调节螺钉 3. 研究缓冲机构的结构是否合适
活塞杆折断 端盖损坏	1. 有偏心负荷 2. 摆动气缸安装轴销的摆动面与负荷摆动面不一致 3. 摆动轴销的摆动角过大，摆动速度快 4. 有冲击装置的冲击加到活塞杆上；活塞杆承受负荷的冲击；气缸的速度太快 5. 缓冲机构不起作用	1. 调整安装位置，消除偏心 2. 使轴销摆角一致 3. 确定合理的摆动速度 4. 冲击不得加在活塞杆上，需设置缓冲装置 5. 在外部或回路中设置缓冲机构

7. 油雾器故障

油雾器是压缩空气处理组件的最主要部件，其故障现象有不滴油、油杯底部沉积有水分、油杯口的密封圈损坏等。油雾器的常见故障及其排除方法如表 8－7 所示。当油雾器不滴油时，应检查进气口的气流量是否低于起雾流量，是否漏气，油量调节针阀是否堵塞等。如果油杯底部沉积了水分，应及时排除。当密封圈损坏时，应及时更换。

表 8－7 油雾器的常见故障及其排除方法

故障现象	产生原因	排除方法
油不能滴下	1. 没有产生油滴下落所需的压差 2. 油雾器反向安装 3. 油道堵塞	1. 加上文丘里管或换成小的油雾器 2. 改变安装方向 3. 拆卸油道并进行清理
油杯未加压	1. 通往油杯的空气通道堵塞 2. 空气通孔较小	1. 拆卸空气通道并进行清理 2. 加大往油杯空气通孔，使用快速循环式油雾器
油滴数不能减少	油量调整螺丝失效	检修油量调整螺丝
空气向外泄漏	1. 油杯破损 2. 密封不良 3. 观察玻璃破损	1. 更换油杯 2. 检修密封元件 3. 更换观察玻璃

8. 气压管路故障

气压管路故障有管路接头处泄漏，软管破裂，冷凝水聚集等，如表 8 – 8 所示。管路接头泄漏和软管破裂时可从声音上来判断漏气的部位，应及时修补或更换。若管路中聚积有冷凝水时，应及时排掉，特点是在北方的冬季冷凝水易结冰而堵塞气路。

表 8 – 8　气压管路常见故障与排除

故障现象	产生原因	排除方法
管路接头处漏气	管路接头处泄漏	从声音上判断漏气部位，及时修补或更换
软管出现漏气	软管破裂	从声音上判断漏气部位，及时修补或更换
冬季气路堵塞	冷凝水聚集和结冰	及时排除冷凝水

9. 空压机故障

空压机故障将导致整个气压系统失常。空压机故障的产生原因主要是由于止逆阀损坏、活塞环磨损严重、进气阀片损坏、空气过滤器堵塞等。加油车空压机的常见故障与排除如表 8 – 9 所示。

表 8 – 9　空压机常见故障与排除

故障现象	产生原因	排除方法
空压机停机后一直排气	止逆阀损坏	更换止逆阀
出现窜油现象	活塞环磨损严重	更换活塞环
空压机压力上升缓慢出现热气外冒现象	进气阀片损坏	更换进气阀片
空压机压力上升缓慢出现吸力较小现象	空气过滤器堵塞	清洗或更换空气过滤器

8.6.3　文件管理

飞机加油设备的文件管理是保证设备正常运作、延长设备使用寿命、降低事故发生的重要前提保障，要紧密结合各设备的定期检查和维护维修记录开展。所有的检查和测试均应有原始记录文件，并至少保存一年。记录可以储存在带有备用系统的计算机里。文件应至少包括以下内容：

1. 质量控制纪录

①每天的排污记录；②过滤器膜片试验结果，包括膜片；③油样记录；④过滤设备——压差记录和压差曲线图；⑤改变燃料牌号——燃料沉降检查记录。

2. 维修记录

①建立每台设备的维护记录档案；②机动设备的机动性检查记录；③呆德曼控制系统和制动联锁的检查记录；④对压力(水击)控制设备的检查记录；⑤胶管检查和测试记录；⑥流量计检定证书；⑦压力表和真空表测试证书；⑧加油接头检查和维修记录；⑨加油枪检查和维修记录；⑩加油车油罐检查和清洗记录；⑪过滤设备的检查和维修记录；⑫胶管末端滤网检查和更换记录；⑬灭火器检查记录。

3. 事故和事件纪录

该记录应至少保存五年。

4. 签字与归档

所有的记录均应由实施检查人员签字。作为签字的另外形式，可以接受计算机生成的记录、密码保护系统和可以溯源到个人的记录。

所有的日检查、周检查和月检查记录应至少保存两个周期。所有不是经常进行的检查记录、过滤器膜片试验结果和非常规事件的登记文件，应至少保存三年。

思考题

8－1. 罐式加油车与管线加油车有什么相同点或不同点？

8－2. 管线加油车有重力加油吗？重力加油与压力加油有什么相同点或不同点？

8－3. 橇装加油设备是什么？有什么特点？为什么要使用橇装加油设备？

8－4. 多功能油料作业车是什么？有什么作用？

8－5. 机坪管网设备的特点和功能是什么？它与哪种类型的加油车配套使用？

8－6. 如何对航空油料加注设备进行维护？应重点注意什么？

8－7. 飞机加油设备可能出现的故障主要有哪些？如何开展故障诊断与排除工作？

附 录

附录 1

附表 1－1 管路扫线推荐用介质

	汽油	煤油	柴油	燃料油
蒸汽	×	×	√	√
空气	××	××	×	×
氮气	∕	∕	×	×
水	√	××	×	××

注：×表示“不用”，××表示“不能用”，∕表示“可用”，√表示“最佳”。

附表 1－2 泵入口管直径、泵入口嘴尺寸和泵入口切断阀直接的关系

泵嘴 DN	主管 DN										
	15	20	25	40	50	80	100	150	200	250	300
15	15	20	20	25	40						
20		20	25	25	40						
25			25	40	40	50					
32				40	40	50	80				
40				40	50	50	80				
50					50	80	80	100			
65						80	80	100	150		
80						80	100	100	150	200	
100							100	150	150	200	
125								150	150	200	250
150								150	200	200	250
200									200	250	250
250										250	300
300											300

附表 1-3　液体管道流速范围推荐

泵吸入管道		泵出口管道和一般压力管道	
运动黏度/(mm^2/s)	流速/(m/s)	运动黏度/(mm^2/s)	流速/(m/s)
1~10	0.5~2.0	1~10	1.0~3.0
10~30	0.5~1.8	10~30	0.5~1.8
30~75	0.3~1.5	30~75	0.3~1.5
75~150	0.3~1.2	75~150	0.3~1.2
150~450	0.3~1.0	150~450	0.3~1.0
450~900	0.3~0.8	450~900	0.3~0.8

附录 2　设备表面涂层颜色及标识

(《民用航空油料设备完好技术规范(MH/T 6002—2008)》第 11 章)

1. 油罐及附件、输油管道及附属设备、飞机加油设备、装卸油设备、电气设备、动力机械设备、监控通讯信息设备、消防设备等露天设备除不锈钢、有色金属锌钢管和转滑动部件及其他不宜刷涂料的部件(位)外，其外部表面均应刷涂层。

2. 凡在管道始终端口、交接处，泵的入口、阀门过滤分离器和油品装卸处及油罐、加油车等储油设备、输油设备、加油设备、油品装卸设备均应有清晰的标识。

3. 标识符号应能在正常的日光条件以及应急、下雨或夜光条件下迅速识别，并且在设备所在地表呈黑色、绿色或覆盖积雪等情况下均应清晰可见。

4. 设备表面涂层基础颜色应符合附表 2-1 的要求。

附表 2-1　设备表面涂层基础颜色①

序号	设备名称	表面涂层颜色
1	露天油罐	白色
2	洞内、半地下、室内油罐	白色
3	露天输油管道	灰色
4	栈桥、鹤管及主体部分	白色(鹤管铝制部分为本色)
5	过滤器、阀体等管路附件	白色(不锈钢材质为本色)
6	油泵、电动机	出厂颜色
7	各类机修设备	出厂颜色
8	变压器	出厂颜色
9	配电柜	出厂颜色
10	电力母线及有关电器材料	符合电力部门规定
11	电线管	黑色(镀锌管为本色)
12	各类接地线	黑色或黄绿相间色(镀锌材料为本色)
13	消防管道、泵及管路附件	红色
14	泡沫罐	以中心为界，上白下红
15	水管道、水泵及管路附件	绿色
16	污水管道及管路附件	黑色
17	加温设备	出厂颜色(但应设明显警示标志)

①MH/T 6002—2008 表 41。

5. 设备识别色应符合：喷气燃料为黑色，航空润滑油为蓝色。

6. 除手轮转向标记一律刷白色以外，各类阀门均应涂刷与系统所输送和加注的油品相同的识别色，航空汽油手轮转向标记应刷红色。

7. 粘贴或涂刷在装卸油设备、灌装设备、接头、法兰、油泵、过滤器及控制设备上的色标颜色应与系统中所输送和加注的油品的识别色相同。

8. 在输油管道的地面进出端、泵房出口端、油罐进出端，管道拐弯、拐角处的适当位置应粘贴或涂刷醒目标识。

9. 输油管道上的标识应粘贴或涂刷与系统输送的油品相同的识别色色带、油品标签和油品流向箭头。色带宽度应为100mm，色带与油品标签间距应为100mm，油品标签带宽度应为300mm，箭头长度应为300mm。参见附图2－1。

附图2－1　输送3号喷气燃料管道、色带、标签标示例

10. 各类油品标签、油料标牌应符合：喷气燃料为黑色，航空润滑油为蓝色。

11. 粘贴或涂刷在设备上的识别色的长宽比应为2：1；各类油品标签应按2：1的长宽比印制。

12. 各类设备的标识可选用识别色、标签和色带中的一种或两种，且应便于标识。

13. 储油罐上护栏、油罐梯子第一级和最后一级踏板、加油车平台上护栏，及其他设施、设备上可能对人员造成伤害的部位应涂刷安全警告标识。

14. 安全警告标识应为等距离(或等宽度)的黄、黑相间条纹。

附录3　阀门完好技术规范

(《民用航空油料设备完好技术规范(MH/T 6002—2008)》第4章)

1. 各工艺流程上使用的各类阀门应标识清晰。

2. 阀门的结构形式、压力、材质应符合使用要求。

3. 阀门的安装应便于操作和维修，阀门离墙距离应不小于300mm。阀门与管道支承件的距离应不小于100mm。截止阀、止回阀、减压阀安装方向应正确。在并列或交叉管道上两个阀门之间应有一定的间距，间距应符合附表3－1的要求。

附表3－1　阀门间距①

标称直径	50	65	80	100	125	150	200	225	250	275	300
管道间距	300	330	350	380	420	450	550	580	600	650	700

①MH/T 6002—2008 表10。

4. 阀门应润滑良好，开关灵活。

5. 阀门应连接正确，法兰螺栓紧力均匀。阀门应密封良好，在工作压力下不漏油、不串油、不渗油，在 1.5 倍工作压力下进行 5min 强度试验时应无渗漏。

6. 阀体大盖、支架、手轮等各处螺栓应紧固件齐全、满扣、无锈蚀。阀体外观应无损伤、变形、缺陷。阀体整洁，漆层完好，填料有效，无油迹。阀杆应无变形，无锈蚀。

附录 4　离心泵完好技术规范

（《民用航空油料设备完好技术规范(MH/T 6002—2008)》第 4 章）

1. 离心泵压力、流量应与使用工况匹配，流量应不低于额定流量的 50%。

2. 离心泵振动应符合设备技术文件的要求，或表 11 的要求，且运转平稳，无杂音与异常振动。

3. 离心泵润滑、冷却系统畅通，选用的润滑油(脂)应符合设备技术要求。

4. 滑动轴承温度应不超过 65℃，滚动轴承温度应不超过 70℃。

5. 滚动轴承承受径向或者同时承受轴向和径向二次负荷的轴承，外圆与轴承内壁下部接触角应不小于 120°。滚动轴承的滚珠或滚柱与轴承外圆表面应接触良好，无间隙，无腐蚀坑痕或斑点，转动平滑无杂音。

6. 填料温升应正常，通常在工作状态下，普通密封软填料每分钟滴漏量应不超过 10 滴，机械密封每分钟的滴漏量应不超过 3 滴。停止工作时，轴封不应渗漏。

7. 泵体应无裂纹及渗漏，外观整洁，轮轴清洁，铭牌清晰。

8. 基础、泵座应牢固完整，地脚螺栓及各部分连接螺栓应齐整、满扣、牢固。机座水平偏差每米应不超过 0.2mm。

9. 压力表及真空表应齐全、准确，进口应装有针形阀和缓冲管。压力表和真空表的精度应符合使用要求。

10. 吸入管管径应不小于泵的吸入口径。过滤网宜采用 20～25 目不锈钢质网。

11. 泵轴应符合下列要求：

①轴最大弯曲值应符合附表 4－1 的要求。多级泵的轴弯曲值不超过 0.05mm；

附表 4－1　阀门间距①

轴颈处	轴中部	
	转速为 1500r/min 时	转速为 3000r/min 时
≤0.02mm	≤0.10mm	≤0.08mm

①MH/T 6002—2008 表 13。

②轴颈的锥度、椭圆度不超过轴径的 1/2000，最大值不超过 0.05mm，表面没有伤痕、裂纹，面粗糙度应不低于 R_a 1.6；

③轴中部粗糙度应不低于 R_a 3.2；

④键与键槽应紧密配合，不许加垫片，键与键槽的配合紧密度(间隙)应符合附表 4－2 的要求；

附表 4-2　键与键槽的配合紧密度(间隙)[①]

轴径/mm	40 ~ 70	70 ~ 110	110 ~ 230
间隙/mm	0.009 ~ 0.012	0.011 ~ 0.015	0.012 ~ 0.017

①MH/T 6002—2008 表 14。

⑤轴套外圆表面没有砂眼、裂纹、气孔，轴套端面对轴线的不垂直度应小于 0.01mm。

12. 叶轮应符合下列技术要求：

①无砂眼、穿孔、裂纹或冲蚀造成的壁厚严重减薄；

②与轴配合时，键顶部应有 0.1 ~ 0.4mm 的间隙；

③用去重法进行平衡，但切去的厚度应大于壁厚的 1/3；

④新装叶轮找静平衡，转速为 3000r/min 时，叶轮外径允许剩余的不平衡量应符合附表 4-3 的要求。

附表 4-3　叶轮外径上允许剩余的不平衡量[①]

叶轮外径 D/mm	$D \leqslant 200$	$200 < D \leqslant 300$	$300 < D \leqslant 400$	$400 < D \leqslant 500$
不平衡量/g	2	4	6	8

①MH/T 6002—2008 表 15。

13. 泵轴密封的技术要求为：

①压盖与轴套的直径间隙应为 0.75 ~ 1.00mm；压盖与填料箱内壁的直径间隙宜为 0.15 ~ 0.20mm，周围间隙要均匀；

②机械密封的压盖与垫片接触的平面对轴中心线的不垂直度应为 0.02mm；机械密封的压盖与填料箱间的垫片厚度应保持在 1 ~ 3mm 之间；

③压盖中活装的静环内端面防转槽根部与防转销应保持 1 ~ 2mm 轴向间隙；

④封油环与轴套的直径间隙应为 1.0 ~ 1.5mm，其外径与填料箱内壁的直径间隙应为 0.15 ~ 0.20mm；

⑤有填料底环时，填料底套与轴套的直径间隙应为 0.70 ~ 1.00mm。

14. 联轴器两端面的间隙应符合附表 4-4 的要求，多级离心泵取上限值。

附表 4-4　联轴器两端面的间隙[①]

型号	小型泵 300m^3 以下	中型泵 300 ~ 500m^3 以下	大型泵 500m^3 以上
间隙/mm	2 ~ 4	4 ~ 6	4 ~ 8

①MH/T 6002—2008 表 17。

15. 联轴器的同轴度如无特殊要求，其允许偏差应符合附表 4-5 的要求。找同轴度时，电机下面的垫片，每组应不超过 4 块。

附表 4-5　联轴器的同轴度允许偏差[①]

联轴形式	外圆的允许偏差/mm	平面的允许偏差/mm
固定式(夹壳、凸缘)	±0.06	±0.04
弹性片式	±0.15	±0.10

续表

联轴形式	外圆的允许偏差/mm	平面的允许偏差/mm
弹性圆柱销式	±0.08	±0.06
齿型	±0.10	±0.08
爪型	±0.10	±0.30
刚性联轴器	±0.06	±0.04
弹性联轴器	±0.10	±0.30

①MH/T 6002—2008 表 18。

附录 5　齿轮泵完好技术规范

（《民用航空油料设备完好技术规范（MH/T 6002—2008）》第 4 章）

1. 齿轮泵应符合下列要求：

①泵的压力平稳，流量均匀，泵运行的实际流量和压力不低于铭牌额定流量的 90%；

②泵轴承润滑良好，轴承温度不超过 70℃；

③轴封密封良好，工作状态下机械密封每分钟滴漏量不超过 3 滴，填料密封每分钟不超过 5 滴，停止工作时不渗漏；

④管路中装设回流管、安全阀、出口装设压力表，安全阀工作压力为管路工作压力的 1.1 ~ 1.2 倍；

⑤吸入管管径不小于泵的吸入口径，入口安装过滤网，过滤网宜采用 30 ~ 40 目的不锈钢质网；

⑥泵体完整，无裂纹及渗漏，外观整洁，油漆完好，无锈蚀，铭牌清晰；

⑦泵应运转平稳，无杂音，无异常振动，其振动应符合设备技术文件的要求。

2. 齿轮轴的技术要求为：

①轴颈的锥度、椭圆度应不超过轴径的 1/2000，最大值应不超过 0.06，其表面不应有伤痕、裂缝等现象，表面粗糙度应不低于 Ra 1.6；

②轴的弯曲值：轴颈处应不大于 0.02mm；轴中部应不大于 0.05mm。

附录 6　真空泵完好技术规范

（《民用航空油料设备完好技术规范（MH/T 6002—2008）》第 4 章）

1. 真空泵运转时，真空度应达到铭牌规定的 80% 以上，泵内流出水的温度应不超过 40℃真空泵应运转平稳，无杂音、无异常振动。

2. 水环式真空泵应符合下列要求：

①泵轴颈的锥度、椭圆度不超过轴颈径的 1/2000，最大不超过 0.05mm，表面没有伤

痕，粗糙度应不低于 Ra3.2，键槽轴线对主轴线的歪斜允差为 0.04mm；两键(中轮部位)轴线歪斜允差为 0.06mm，键与键槽的配合应紧密，其间隙(紧密度)应符合附表 6-1 的要求；

附表 6-1　键与键槽间隙

轴径/mm	40~70	70~110	110~230
间隙/mm	0.009~0.012	0.011~0.015	0.012~0.017

②泵轴弯曲值：轴头(安装联轴器处)应不大于 0.02mm；轴颈应不大于 0.02mm；轴肩(轴套处)应不大于 0.02mm；轴身(轴中安装叶轮处)为 0.08~0.10mm；

③轴套表面没有砂眼、气孔、裂缝等缺陷轴套跳动值不大于 0.05mm；

④叶轮表面光洁，新装叶轮做静平衡试验，其不平衡度允差不超过 8g；键槽轴线对孔中心线的歪斜允差为 0.03mm，两键槽的歪斜允差为 0.06mm；

⑤叶轮轴向窜动不大于 0.25mm，径向跳动为 0.08~0.12mm。叶轮两端面与泵体前后之间的间隙为 0.3~0.5mm，且两端面间隙相等；

⑥联轴器外圆为 0.08mm，平面为 0.06mm，平面间隙为 2~3mm(SZ-1、SZ-2 为 2mm，SZ-3、SZ-4 为 3mm)；

⑦前后滚动轴承径向间隙为 0.10~0.15mm；滚动轴承的滚珠与滑道表面无腐蚀、坑痕、斑点，运转无杂音。轴承振动允许值为：主轴转速小于等于 3000r/min 时，机壳轴承全振幅为 0.06mm；

⑧轴向密封。压盖与轴套直径间隙为 0.75~1.00mm，压盖与填料筒内壁直径间隙为 0.15~0.20mm；填料筒底套与轴套直径间隙为 0.75~1.00mm。

3. 真空泵供水装置水量应充足，压力宜为 0.05~0.10MPa。

4. 真空泵液动轴承的工作温度应不高于 80℃。

5. 真空泵轴封在工作状态下每分钟滴漏应不超过 5 滴，停止工作时，泵轴应不渗漏。

6. 固定安装的真空泵机座应牢固，泵体安装水平，地脚螺栓应齐备、紧固、满扣。

7. 真空表、液位计应齐全准确；真空罐、水箱及油、气、水管应安装合理，不堵不漏。

附录 7　过滤器/过滤分离器完好技术规范

(《民用航空油料设备完好技术规范(MH/T 6002—2008)》第 4 章)

1. 过滤器、过滤分离器应符合 GJB 610 的技术要求。

2. 过滤器、过滤分离器的工作压力应与工况相匹配。容器在 1.5 倍的工作压力下，无抖动无变形。

3. 过滤器、过滤分离器内壁防腐涂层完好无脱落、无锈蚀，容器及各连接部件无变形、无渗漏。

4. 过滤分离器的实际流量应不超过额定流量的 1.2 倍。

5. 过滤分离器在额定流量下启始压差应不超过 0.07MPa，一般为 0.02~0.03MPa。

6. 过滤分离器在额定流量下的最大压差应不超过 0.11MPa。

7. 过滤分离器应安装放气阀、安全阀、放沉排水阀、直读差压计、在线取样装置。

8. 过滤器、过滤分离器安装基座应牢固，螺栓、螺母应齐全，导静电装置应有效。

9. 过滤器、过滤分离器应有产品出厂合格证，铭牌清晰。

附录 8　装卸设备完好技术规范

（《民用航空油料设备完好技术规范（MH/T 6002—2008）》第 5 章）

1. 装卸油栈桥应用非燃烧材料建造。栈桥桥面材料的电阻值应不大于 1MΩ。

2. 栈桥扶梯、栏杆、扶手应牢固，踏板结实，固定可靠。栈桥脱漆面积应不超过总面积的 20%。

3. 装卸油鹤管应升降方便，转动灵活，最小活动半径应不小于 3m，吸油管能插入距油槽车底部 20mm 处。

4. 鹤管密封应完好，不应漏油、进气。

5. 集油管、胶管等应不渗漏，完整清洁。

6. 鹤管刷漆部位漆层脱落每块面积应不超过 400mm^2，脱漆面积之和应不超过总面积的 10%。

7. 鹤管锈蚀点应不超过 10 个，锈蚀余厚应不小于 3mm。

8. 鹤管应设有效可靠的导静电装置。

9. 水运码头、泵船应使用非燃烧材料建造。通讯、报警、信号灯等应设备齐全，有效可靠。

10. 引桥应灵活可靠，锚、链完好有效，护栏牢固，护舰装置完整，防滑措施有效。

11. 泵船漆层应完好，无严重锈蚀，不露金属本色。固定码头应无裂纹，钢筋不外露。

12. 胶管与油船连接时，管长应保持有 2m 以上的余量，以防驳船移动时拉坏胶管。胶管平铺时应加软垫，防止震动磨损.

13. 胶管法兰连接处应有密封垫片。管径为 100mm 的连接螺栓应不少于 4 个；管径为 150mm 的连接螺栓应不少于 6 个；管径为 200mm 的连接螺栓应不少于 8 个。吊高的胶管均应上满螺栓，紧固牢靠。

14. 导静电装置应有效可靠。

15. 汽车卸油、灌油设施中的管道、泵、阀门、过滤器等设备均应符合第 4 章的相关要求。

附录 9　加油车完好技术规范

（《民用航空油料设备完好技术规范（MH/T 6002—2008）》第 6 章）

1. 加油栓井应符合以下要求：

①加油栓无变形、无渗漏，无锈蚀，开关灵活；

②加油栓安装牢固，垂直偏差不超过 50mm/m，部件完整，各部连接螺丝满扣、齐整；

③加油栓为 90% 流量时，开启时间为 5 ~ 20s；100% 流量时开启时间不超过 30s；关闭时间为 2 ~ 5s；

④加油栓井盖本身及周边至少 20cm 以内均应当涂刷成红色，并标有栓井编号。

2. 阀井盖、加油栓井盖、加油检防尘罩及固定链应完好。

3. 机坪供油管网的高点排气装置和低点排污装置应安装牢固，可靠，无锈蚀，无渗漏。

4. 快速熔断阀开关应灵活、性能可靠。

5. 阀门井(室)、加油栓井内应无杂物、无积水。

6. 加油车应外观整洁，无损伤，铭牌清晰，工艺流程图正确清晰。

7. 加油车、设备应满足国家有关的安全环保标准要求，加油车引擎宜使用柴油发动机

8. 加油车底盘系统应定期维护，符合安全技术标准要求，润滑充分，操作灵活，应无油、水、电、气渗漏现象，各部紧定正常。

9. 加油车发动机紧急停止装置应可靠并铅封，标识醒目。

10. 加油车电源总开关、照明灯及仪表指示灯应工作正常，指示准确。

11. 加油车轮胎应胎压正常，螺栓坚固，整个轮胎表面四分之一的花纹高度应不低于 1mm。

12. 加油车拖挂制动系统在加油车和拖挂偶然分离时应有效。

13. 加油车警示灯、警示旗应工作正常、醒目，管道加油车应设有警示器材。

14. 随车灭火器应有效。

15. 加油车油罐表面应平整，焊接良好，油罐外防腐层脱落面积每块应不超过 $400mm^2$，油罐内防腐层应无脱落。

16. 加油车油罐主出口阀门应开关灵活有效。

17. 加油车油罐底部装油装置应可靠并能安全联锁；高、低液位装置应性能可靠。

18. 加油车油罐顶部人孔、人孔盖、人行栈道及爬梯应无损伤。观察口、通气阀、阻火器、防护盖和量油尺应工作有效。容积表刻度应清晰，示值准确。

19. 随车回收油罐应无渗漏，罐内清洁。

20. 加油车取力器、传动轴、增速器应工作正常。

21. 加油车油泵应运行良好，无渗漏、无异常响声。加油流量、扬程、吸油高度应不低于铭牌额定值的 90%，且抽油工作正常。

22. 管道及附件应在 1.5 倍工作压力下测试无渗漏。

23. 管道加油车管道系统水击压力下缓冲器应有效，压力符合要求。

24. 管道系统热释压装置应能自动释压。

25. 加油车管道、油罐、过滤器应无渗漏，所有取样口应有防尘罩盖，且标识清楚。

26. 闭路取样器应完整、无渗漏、清洁透明。

27. 过滤装置性能应良好，符合技术性能要求。

28. 过滤装置直读压差计(表)应工作正常、指示准确。自动排气阀、安全阀应工作正常。

29. 流量计应工作可靠，在检定周期内，铅封完好；回零手柄应灵活，字码清晰，流速

表应工作正常。

30. 飞机加油胶管导电性能应符合技术性能要求。

31. 飞机加油胶管应无渗漏、无龟裂、无变形，符合压力测试要求。

32. 飞机加油胶管卡箍应与胶管匹配，安装符合要求。

33. 地井接头应工作正常，无渗漏。

34. PCV 阀应工作状况应良好，无渗漏，应能将胶管末端出口压力控制为(0.35 ± 0.0035)MPa。

35. 呆德曼控制阀控制 PCV 阀应可靠，开启时间应为 10 ~ 15s，关闭时间应为 3 ~ 5s；超越装置应有效。

36. 压力加油的接头应锁定牢固，开关灵活，密封良好，无渗漏，应能有效地将加油出口压力控制为(0.35 ±0.0035)MPa

37. 重力加油枪无开启定位棘齿应操作灵活，无渗漏。

38. 压力加油接头和重力加油枪内应装有不小于 100 目的不锈钢滤网，并应保持滤网清洁无破损。

39. 加油车液压系统平台升降、地井胶管收放、卷盘收放等机构应工作平稳，安全可靠，无渗漏。

40. 平台升降紧急下降装置应可靠，平台护栏完好。

41. 加油车取力器、平台、加油接头、地井接头等处的安全联锁装置应工作可靠。

42. 加油车安全联锁系统性能应可靠，指示灯工作正常。

43. 安全联锁超越开关应工作正常，处于铅封状态。

44. 导静电接线装置应收放正常，导静电接线长度应满足使用要求，电阻值应不大于 10Ω。

45. 加油车导静电拖地胶带应安装正确，导电良好，电阻值应小于 100Ω。

46. 地井栓紧急拉索应具有耐火和抗机械损坏性能，并与加油车绝缘。

参考文献

[1]邓雄，蒋宏业，梁光川．油气储运设备[M]．北京：石油工业出版社，2017.

[2]钱锡俊，陈弘．泵与压缩机[M]．东营：中国石油大学出版社，1989.

[3]马波，翟斌，朱俊．多级离心泵性能下降的动力学特性分析与诊断[J]．北京化工大学学报(自然科学版)，2016，43(06)：114－120.

[4]周云龙，吕远征．基于流声耦合法的离心泵空化流动噪声特性研究[J]．化工机械，2016，43(1)：83－88.

[5]赵万勇，彭虎廷，马得东，梁允昇．离心泵空化余量分析研究[J]．流体机械，2021，49(01)：29－36.

[6]竺柏康．油品储运[M]．北京：中国石化出版社，2018.

[7]郭光臣，董文兰，张志廉．油库设计与管理[M]．东营：中国石油大学出版社，2006.

[8]杨筱蘅．输油管道设计与管理(第2版)[M]．东营：中国石油大学出版社，2006.

[9]罗先武，季斌，许洪元．流体机械设计与优化[M]．北京：清华大学出版社，2012.

[10]戴天翼．过滤器——设计、制造和使用[M]．北京：化学工业出版社，2009.

[11]戴天翼．实用过滤器技术[M]．北京：化学工业出版社，2014.

[12]《油库技术与管理手册》编写组编．油库技术与管理手册[M]．上海：上海科学技术出版社，1997.

[13]李征西，徐思文．油品储运设计手册[M]．北京：石油工业出版社，1997.

[14]周人，何衍庆．流量测量和控制实用手册[M]．北京：化学工业出版社，2013.

[15]王志魁，刘丽英．化工原理(第四版)[M]．北京：化学工业出版社，2010.

[16]张德利．泵运行与管理[M]．南京：河海大学出版社，2006.

[17]贾如磊，龚辉．油库工艺与设备[M]．北京：化学工业出版社，2012.

[18]岳耀虎，黄秀勇，周海城．电机学[M]．天津：天津科学技术出版社，2018.

[19]沈红雷，麻建平，胡中建．电机学[M]．吉林：吉林大学出版社，2016.

[20]汤天浩，谢卫．电机与拖动基础(第3版)[M]．北京：机械工业出版社，2018.

[21]李金热，韩硕．电机与电气控制技术[M]．西安：西北工业大学出版社，2018.

[22]潘月斗，楚子林．现代交流电机控制技术[M]．北京：机械工业出版社，2017.

[23]马秀让．油库设计实用手册[M]．北京：中国石化出版社，2009.

[24]郭忠娟，陈安余．油库阀门故障的成因及排除方法[J]．中国化工贸易，2017(19).

[25]范继义．油库设备设施实用技术丛书：油库阀门[M]．北京：中国石化出版社，2007.

[26]贺明．油库阀门选用指南[M]．长沙：湖南大学出版社，1989.

[27]王军，宋发春，范继义．油库阀门故障原因的分析及预防[J]．油气储运，2004，23(10)：51－53.

[28]曾小舟．机场运行管理[M]．北京：科学出版社，2017.

[29]刘得一，张兆宁，杨新湼．民航概论(第3版)[M]．北京：中国民航出版社，2011.

[30]李永．中国民航机型大全[M]．北京：中国民航出版社，2015.

[31]汪楠，刘德俊．油库技术与管理[M]．北京：中国石化出版社，2014.

[32]王谊．航空油料飞机加油员[M]．北京：团结出版社，2011.